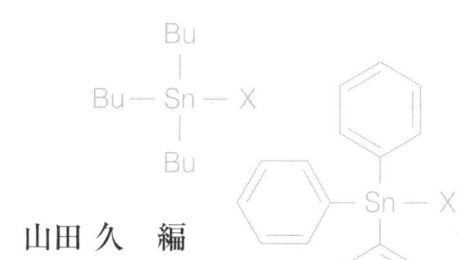

山田 久 編

有機スズと環境科学
―進展する研究の成果―

恒星社厚生閣

まえがき

　有機スズ化合物，特にスズ原子にブチル基あるいはフェニル基が3個共有結合するトリブチルスズ（TBT）あるいはトリフェニルスズ（TPT）は，藻類および甲殻類などの多数の分類群の水生生物に対して毒性が強い．他種類の水生生物の付着を防止することが期待されるために，1960年代にTBTあるいはTPTを含有する船底塗料が開発された．特に，樹脂にエステル結合させたTBT基が，加水分解し溶出することにより，常に新しい塗料表面が海水に接することで優れた防汚性能を発揮するように設計されたTBTメタクリレート共重合体（自己研磨型船底塗料）の開発に伴って，その需要が飛躍的に拡大し，全世界的に使用されるようになった．

　有機スズ化合物による海洋汚染および巻貝のインポセックス（雌に雄性生殖器官が発達し遂には不妊にいたる現象）関する研究が，英国のプリマス海洋研究所のBryanらのグループにより行われ，広範囲な海洋汚染並びに水生生物に対する有害性が危惧された．わが国においても精力的に調査研究が推進され，日本水産学会では，1992年4月にシンポジウム「有機スズ化合物による海洋汚染と水生生物への影響」を開催した．そのシンポジウムで，水域汚染の実態，魚類および環境生物に対する有害性および生物濃縮などに関する研究成果や海外における規制の動向について集約するとともに，研究の展望について検討し，その記録は恒星社厚生閣から単行本「有機スズ汚染と水生生物影響」として刊行された．

　わが国では環境庁などによる調査で広範な海洋汚染が明らかになり，関係各省庁や関係機関で使用規制や各種の対策が実施された．国際的には，有機スズ化合物の規制の在り方が，1996年に開催された国際海事機関（IMO）の第38回海洋環境保護委員会（MEPC）で審議が開始され，2001年10月にIMOが招集した外交会議において条約「船舶の有害な防汚方式の規制に関する国際条約（AFS条約）」が署名，採択された．現在，その条約の批准に向けIMO加盟国内で検討している段階である．

　このように，有機スズ化合物の使用および海域環境への排出については一定の規制措置がとられ，水域環境の汚染状況は次第に改善されている．しかし，汚染底質の有害性評価と除去の必要性の検討，水生生物に対する作用機構の深

化など多くの課題が残されている．本書では，微量分析法，沿岸から深海あるいは外洋水域における動態および生物学および化学的視点による汚染実態の評価，底質中有機スズ化合物の食物網を通した蓄積過程，受容体およびインポセックスなど生物に対する作用機構，魚類やイガイによる代謝経路，甲殻類に対する有害性，魚類の免疫や繁殖過程に対する影響および海産哺乳類への蓄積過程に焦点を当てて，日本水産学会主催シンポジウム以降の進展する研究成果を取りまとめるとともに今後の研究課題や取り組みの方向性を展望した．本書の内容が，有機スズ化合物による海洋汚染や生物影響を検討する際の基盤的な知見を提供するとともに各種対策や規制を見直す際の手がかりとなり，海洋汚染問題の解決に役立てば幸いである．さらには，有機スズ化合物に関する研究において開発された手法や研究推進の考え方が，他の多くの有機有害化学物質，とりわけ近年開発が著しい有機金属化合物の海域環境における動態や水生生物影響の研究の推進において参考に供していただければ幸いである．

2007年3月

山田　久

執筆者一覧（50音順）

大地まどか　　東京大学海洋研究所国際沿岸海洋研究センター　日本学術振興会特別研究員

大嶋雄治　　　九州大学大学院農学研究院生物機能科学部門　教授

川合真一郎　　神戸女学院大学　学長

黒川優子　　　神戸女学院大学　人間科学部　環境・バイオサイエンス学科　教学嘱託職員

河野久美子　　（独）水産総合研究センター瀬戸内海区水産研究所　化学環境部生態化学研究室　主任研究員

柴田　清　　　（独）海上技術安全研究所　環境影響評価研究グループ長

島崎洋平　　　九州大学大学院農学研究院生物機能科学部門　助手

鈴木　隆　　　元京都府立大学人間環境学部　教授

田尾博明　　　産業技術総合研究所　環境管理技術研究部門　副部門長

高橋　真　　　愛媛大学沿岸環境科学研究センター　助教授

田辺信介　　　愛媛大学沿岸環境科学研究センター　教授

中山彩子　　　神戸女学院大学大学院人間科学研究科博士後期課程

西川淳一　　　大阪大学大学院・薬学研究科　助教授

張野宏也　　　大阪市立環境科学研究所　研究主任

堀口敏宏　　　（独）国立環境研究所　環境リスク研究センター　主席研究員

本城凡夫　　　九州大学大学院農学研究院生物機能科学部門　教授

山田　久[※]　（独）水産総合研究センター中央水産研究所　所長

[※]は編者

有機スズと環境科学−進展する研究の成果
目　次

まえがき ……………………………………………………………… i

1章　微量有機スズ化合物の分析法の開発
　………………………………………………（田尾博明）………1

§1. 分析の基本的操作 ……………………………………………2
1・1　サンプリング …………………………………………………2
1・2　試料前処理法（抽出法・誘導体化法）……………………2
1・3　分離定量法 ……………………………………………………8
　　1・3・1　ガスクロマトグラフ法(8)　1・3・2　液体クロマトグラフ
　　法(13)　1・3・3　その他の分析法(17)

§2. 公定法 …………………………………………………………18
2・1　環境省「要調査項目等調査マニュアル」………………18
　　2・1・1　分析法の概要(18)　2・1・2　試薬, 器具および装置(19)
　　2・1・3　試料の採取・運搬(20)　2・1・4　試験操作(20)
2・2　米国EPA法 …………………………………………………25

§3. 分析精度管理 …………………………………………………25
3・1　標準作業手順（SOP）………………………………………26
3・2　器具・装置の性能評価と維持管理 ………………………26
　　3・2・1　試料採取と運搬(26)　3・2・2　前処理操作と機器測定(26)
　　3・2・3　測定値の精度管理と評価(27)　3・2・4　精度管理に関する
　　報告(28)
3・3　標準物質 ……………………………………………………28

2章　海洋汚染実態と海洋環境における動態 ……………………35

§1. 化学的研究手法における解析 ……………………35

 1・1　沿岸域 ……………………………………………（張野宏也）………35
  1・1・1　日本沿岸域のおける有機スズ化合物の分布(37)
  1・1・2　世界各国の有機スズ化合物汚染の現状(45)　1・1・3　水環境中での有機スズ化合物の動態(47)　1・1・4　まとめ(53)

 1・2　沖合域 ……………………………………………（田尾博明）………54
  1・2・1　国内の生物・底質モニタリング調査(54)　1・2・2　国内の海水モニタリング調査(59)　1・2・3　国外の生物モニタリング調査(65)　1・2・4　国外の海水モニタリング調査(66)
  1・2・5　大気経由の物質移動(68)

 1・3　深　海 ……………………………………………（張野宏也）………70
  1・3・1　大和堆(72)　1・3・2　駿河湾沖(72)　1・3・3　土佐湾沖(73)　1・3・4　東北地方沖(74)　1・3・5　南海トラフ(76)
  1・3・6　地中海(81)　1・3・7　まとめ(83)

 1・4　グローバルな汚染実態 …………………………（山田　久）………83
  1・4・1　スクイッドウォッチにおいて用いたイカ類について(85)
  1・4・2　肝臓中TBTおよびTPT濃度のイカの種による差異(87)
  1・4・3　有機スズ化合物（TBTおよびTPT）並びにPCBs濃度のグローバルな分布特性(88)　1・4・4　全球におけるTBT, TPTおよびPCBs濃度の差異(93)

 1・5　有機スズ化合物の微生物分解
  ……………………………………（川合真一郎・黒川優子・張野宏也）………95
  1・5・1　河川水中の細菌の増殖に及ぼす有機スズ化合物の影響(96)
  1・5・2　淀川河口のヨットハーバーで採取した水中細菌による有機スズ化合物の分解(101)　1・5・3　河川水中から単離したTBP分解菌の性質(106)　1・5・4　水環境試料中の有機スズ化合物の濃度および組成からみた現場海域での分解性(110)
  1・5・5　おわりに(111)

§2. 生物学的研究手法による解析 ……………………〈堀口敏宏〉……… 112
　2·1　巻貝のインポセックス発生状況から見た汚染実態の
　　　 変遷およびアワビ類における有機スズの影響 ……………… 112
　　　 2·1·1 有機スズ汚染によって引き起こされてきた巻貝類のイン
　　　 ポセックス（112）　2·1·2 イボニシのインポセックスと有機
　　　 スズ汚染に関する全国調査（116）　2·1·3 有機スズ汚染とアワ
　　　 ビ類における内分泌攪乱（130）
§3. 水生生物への蓄積過程 ………………………………………………… 139
　3·1　イガイによる有機スズ化合物の蓄積と排泄の動態
　　　 ……………………………………………〈鈴木　隆〉……… 139
　　　 3·1·1 イガイ研究の意義（139）　3·1·2 実験方法（140）
　　　 3·1·3 イガイ中の有機スズ化合物の確認および代謝経路（143）
　　　 3·1·4 動力学モデル（144）　3·1·5 イガイへの蓄積（146）
　　　 3·1·6 ムラサキイガイからの排泄（149）　3·1·7 結論（154）
　3·2　海洋食物網を通した蓄積過程 ……………〈河野久美子・山田　久〉……… 155
　　　 3·2·1 多毛類飼育試験による底泥中有機スズ化合物の生物へ
　　　 の移行過程の検討（156）　3·2·2 対象水域の海水および底泥
　　　 中の有機スズ化合物濃度（158）　3·2·3 日本海底層魚介類の
　　　 食物連鎖構造（159）　3·2·4 魚介類中有機スズ化合物濃度（163）
　　　 3·2·5 有機スズ化合物の蓄積における経口濃縮の寄与（167）
　　　 3·2·6 食物網の栄養段階と蓄積濃度との関係（168）

3章　水生生物に対する作用機構に関する研究の深化 …… 179

§1. 環境生物に対する作用機構 …………………………………………… 179
　1·1　有機スズ化合物に係る受容体の解明 ………〈西川淳一〉……… 179
　　　 1·1·1 核内受容体の種類と性質（180）　1·1·2 化学物質の
　　　 もつホルモン様作用（184）　1·1·3 有機スズ化合物と高い親
　　　 和性で結合する核内受容体（185）　1·1·4 脊椎動物に対する
　　　 有機スズ化合物の影響（187）

　　　　1・1・5　海産性巻貝類のRXR(189)　1・1・6　RXRとは？(191)
　1・2　甲殻類における有機スズ化合物の生物学的影響
　　　　　　　　　　　　　　　　　　　　　　　　　(大地まどか)………192
　　　　1・2・1　有機スズ化合物による海洋汚染の現状(192)　1・2・2　TBT
　　　　の生物学的影響に関する従来の知見(194)　1・2・3　ワレカラ類の
　　　　生物学的特性(196)　1・2・4　ワレカラ類におけるTBTの生物学
　　　　的影響(198)　1・2・5　総括(203)　1・2・6　今後の課題(209)
　1・3　巻貝類のインポセックス発症機構 ……………(堀口敏宏)………210
　　　　1・3・1　巻貝類の内分泌系に関する既往知見(210)　1・3・2　巻貝
　　　　類にインポセックスを誘導・発症させる有機スズ化合物の作用
　　　　機構(211)　1・3・3　おわりに(216)
§2．魚類に対する作用機構 …………………………………(鈴木　隆)………218
　2・1　魚類における有機スズ化合物の体内動態と化学形………………218
　　　　2・1・1　トリブチルスズ化合物の化学的特性並びに代謝が蓄積に及
　　　　ぼす影響(218)　2・1・2　標準品および有機スズ化合物の測定(219)
　　　　2・1・3　マダイの飼育およびTBTO処理(220)　2・1・4　試料溶液
　　　　の調製(220)　2・1・5　定性，確認(221)　2・1・6　組織内分布，
　　　　代謝および排泄(222)　2・1・7　経鰓濃縮係数(BCF)(227)
　　　　2・1・8　生物学的半減期($t_{1/2}$)(228)　2・1・9　結論(229)
　2・2　トリブチルスズの魚類血液へ蓄積と次世代への影響（雄化）
　　　　　　　　　　　　　　　　(大嶋雄治・島崎洋平・本城凡太)………231
　　　　2・2・1　トリブチルスズの魚類血液への蓄積(231)　2・2・2　TBT
　　　　結合タンパク質(231)　2・2・3　TBTの次世代への移行と孵化
　　　　毒性(232)　2・2・4　性分化に及ぼす影響（雄化）(235)
　　　　2・2・5　TBTの魚類に対するリスク(237)
　2・3　魚類の生体防御系および薬物代謝系に及ぼす影響
　　　　　　　　　　　　　　　　　　　　　(中山彩子・川合真一郎)………238
　　　　2・3・1　研究の背景－なぜ免疫毒性が重要なのか－(238)
　　　　2・3・2　魚類の生体防御系(239)　2・3・3　有機スズ化合物の免疫
　　　　毒性評価方法(240)　2・3・4　魚類の薬物代謝系(246)

2・3・5　TBT が Cytochrome P4501A（CYP1A）に及ぼす影響 (249)
　　2・3・6　おわりに (252)
§3. 海生哺乳類の汚染と影響 ....(高橋　真・田辺信介)........252
　3・1　体内分布 253
　3・2　蓄積の性差と年齢変動 256
　3・3　汚染の生物種間差 257
　3・4　広域汚染の実態 260
　3・5　リスク評価 262
　3・6　人為起源の負荷 264
　3・7　汚染の経年変化と非捕殺的モニタリング 266

4章　まとめと今後の課題 ....(山田　久・張野宏也)........277

§1. 最近の研究成果のまとめ 277
　1・1　微量有機スズ化合物の分析法の高度化 277
　1・2　汚染状況の変遷 278
　　1・2・1　沿岸・沖合域 (278)　　1・2・2　深海における汚染状況 (279)
　　1・2・3　グローバルな汚染実態 (279)　　1・2・4　インポセックス
　　発症状況から見た汚染の変遷 (279)
　1・3　水域環境における動態 280
　　1・3・1　微生物による分解過程 (280)　　1・3・2　水生生物への蓄積
　　過程の解析 (281)
　1・4　環境生物に対する作用機構 283
　　1・4・1　甲殻類に対する有害性 (283)　　1・4・2　受容体の解明 (284)
　　1・4・3　巻貝のインポセックス発症機構 (285)
　1・5　魚類に対する作用機構 286
　　1・5・1　代謝と体内動態 (286)　　1・5・2　生体防御系に及ぼす
　　影響 (286)　　1・5・3　魚類次世代に対する影響 (287)
　1・6　海生哺乳類の汚染実態と影響 287
§2. 今後の課題 288

付章 「船舶の有害な防汚方法の規制に関する国際条約」 (AFS条約) について 〔柴田 清〕……291

§1. AFS条約の内容 …………292
  1・1 条約の構成 …………292
  1・2 規制の内容 …………293
  1・3 規制物質の追加方法 …………293
  1・4 検査と証書 …………295
  1・5 発効条件 …………295
  1・6 付帯決議とガイドライン …………296
  1・7 批准状況 …………297

§2. AFS条約へ至る経緯 …………297
  2・1 TBT塗料の誕生 …………297
  2・2 諸外国での規制動向 …………298
  2・3 わが国の対応 …………299
     2・3・1 化審法 (299)　2・3・2 船主, 造船業界の対応 (300)
  2・4 IMOにおける議論 …………301
  2・5 国内関連法の改正 …………303
  2・6 日本塗料工業会のAFS条約対応 …………303

§3. まとめにかえて …………304

1章

微量有機スズ化合物の分析法の開発

　有機スズ化合物の分析方法に関しては，恒星社厚生閣より水産学シリーズとして出版された単行本に1988年までの文献が引用されている[1]．したがって本書ではそれ以降に開発された分析法を中心に解説する．水質分析に関しては，Analytical Chemistry誌に2年ごとに総説が書かれているが，2005年の最新版でも有機スズ化合物は重要物質として1項目が割かれている[2]．有機スズ化合物に対する規制措置がとられてから長い年月が経つが，環境残留性が高いため，未だに重要物質として高い関心を集めていることが分かる．また，この総説ではジアルキル体には神経毒性があり30 ppbでも脳細胞に影響すること，並びにポリ塩化ビニル（PVC）パイプで供給された水道水には1 ppbレベルのジブチルスズ（DBT）が溶出する場合があり，欧米ではPVCの使用に新たな関心が集まっていることが紹介されている．DBTは船底塗料に使用されたトリブチルスズ（TBT）の分解生成物として環境に放出されるだけでなく，プラスチック安定剤としても大量に使用されており，今後の動向には注意を払う必要がある．有機スズ化合物の中には，TBTのようにサブpptでも水生生物に悪影響を及ぼすことがあるため[3, 4]，少なくともその1/10まで測定できる方法が望まれている．

　環境試料中の有機スズ化合物は，抽出，誘導体化，分離，検出の各プロセスを経て分析されるが，プロセスごとに多数の方法が提案されている．その結果，これらを組み合わせて出来上がる分析方法の種類も膨大なものとなる．種々の方法が提案される理由は，分析目的が多様なことと関連しており，感度を重視する場合，精確度を重視する場合，迅速性を重視する場合，あるいは分析コストを重視する場合など，目的に応じた分析方法が提案されている．これはすべてを満足する分析方法はないことの裏返しでもある．したがって本書では，読者が各自の目的に応じて最適な分析法を構築できるよう，各方法の特徴を記述することを心掛けた．また，どの方法を選ぶか判断が困難な場合に役立てて戴

くため公定法を詳述した．なお，種々の分析法を分類するため，分離法に着目し，ガスクロマトグラフ（GC）法と液体クロマトグラフ（LC）法に大別した．一般的にGC法では誘導体化が必要だが，LC法では不要である．またこれらの方法とは別に，試料前処理や分離を全く必要としない非破壊分析法も開発されている．以下，プロセスごとに最近の進歩を紹介する．

§1. 分析の基本的操作

1・1 サンプリング

有機スズ化合物は疎水性が強く，静電的にも器壁に吸着しやすいため，試料採取や保存容器としてはガラスが適している．また，微生物分解や光分解を受けやすいため採取後は速やかに分析前処理を行うことが望ましいが，困難な場合は低温で遮光して保存する．長期間保存する場合は，底質や生物試料では冷凍保存が行われるが，水質試料では一般に冷凍保存は行わない．塩酸などを添加してpH2程度で低温暗所に保存する．pHを下げすぎるとフェニルスズが分解しやすいと言われている[5]．サンプリングに関しては，本章§5. 5・1・3試料の採取・運搬も参照して戴きたい．

1・2 試料前処理法（抽出法・誘導体化法）

水質試料から有機スズ化合物を抽出する方法としては，従来から液液抽出法が使用されてきた．抽出後はGC法で分析することが多く，したがって誘導体化が必要なため，抽出法は誘導体化法とのセットとして検討されてきた．この観点から抽出・誘導体化法を分類すると，抽出してから誘導体化する方法（抽出／誘導体化法）と，誘導体化してから抽出する方法（誘導体化／抽出法）に大別される．前者の方法では，様々な形態のイオンとして存在する有機スズ化合物を，塩酸酸性下（あるいは臭化水素酸酸性下）で塩化物（あるいは臭化物）の形にして有機溶媒へ抽出し，その後，有機溶媒中でGrignard試薬による誘導体化を行ってGC分析に供する．後者の方法では，水中でテトラエチルホウ酸ナトリウム（NaBEt$_4$）による誘導体化を行った後，有機溶媒に抽出する．

誘導体化に関しては，従来から水素化物発生法，Grignard試薬によるアルキ

ル化が知られていたが，最近ではNaBEt₄によるアルキル化が多用される．この理由としては，アルキル化体は水素化物に比べて安定性が高いこと，NaBEt₄は水中でアルキル化が可能なことがあげられる．また，近年重要となっている低濃度測定に応えるためには，分析試薬中の不純物の低減が不可欠であるが，NaBEt₄は精製が容易という利点もある．筆者らは5％のNaBEt₄水溶液をヘキサンで3回抽出して精製している．塩化

表1・1　有機スズ化合物の沸点（℃）[*][6]
[at 760 mmHg（1 mmHg = 133.322 Pa）]

化合物	塩化物	エチル体
MMT	171	106
DMT	188	93
TMT	154	84
TeMT	78	
MBT	230	160
DBT	286	201
TBT	300〜302	244
TeBT	285	
MPT	264〜265	221
DPT	333〜337	317
TPT	404	400〜450
MOT	305〜314	265
DOT	Not found	300〜360
TOT	Not found	420〜470

*：実測値と計算値を含む
沸点の精度：±5℃（TPT，DOT，TOTを除く）

物およびエチル体の沸点を表1・1に示す[6]．エチル化することにより沸点が低下することがわかる．沸点はGCの保持時間を推測するためにも有用である．筆者らが水質試料に採用している誘導体化／抽出法の操作を図1・1に示す[7]．抽出は分液ロートを用いず，試料保存瓶にヘキサンを加えて撹拌子で溶液を激しく回転させて行う．その後，純水を加えてヘキサン層を保存瓶の首の部分まで上昇させ，パスツールピペットで採取する．なお，NaBEt₄の類似化合物として，テトラプロピルホウ酸ナトリウム（NaBPr₄）による誘導体化も行われる[8]．試料に元々含まれるエチル体を測定する場合には，NaBEt₄を用いると誘導体化によって生成されたものと区別できないためプロピル化剤が用いられる．NaBPr₄とNaBEt₄の最適反応条件はほぼ同じである．これらの試薬は水中で長期間安定に保つことは困難であるが，テトラヒドロフラン中では4℃，暗所で少なくとも1ヶ月間は活性が維持される[9]．NaBEt₄による誘導体化の問題点は，試薬の失活による誘導体化率の低下と，共存物質による誘導体化率の低下であるが，この試薬調製法は前者の問題解決に有効であろう．また，後者の問題に対しては誘導体化を2回続けて行う方法が有効と考えられる．

　固相抽出法（SPE）は，吸着剤を詰めたカラムに試料を通水して測定成分を

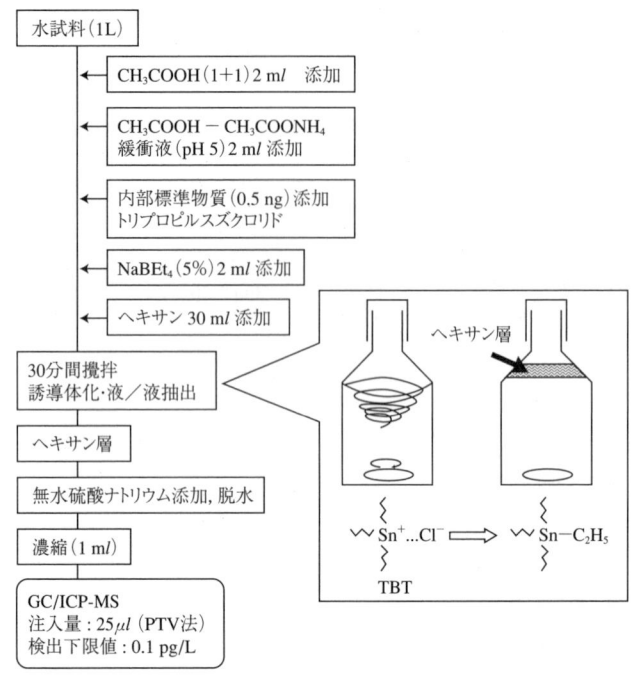

図1・1　水中の有機スズ化合物の誘導体化／抽出法

吸着させた後，適当な溶媒で溶出させる方法であり，操作の自動化や有機溶媒量の削減に有効である．有機スズに対しては液液抽出法と同様に以前から用いられてきた．吸着剤としてはC_{18}カートリッジ[10]やグラファイトカーボンブラックが用いられる．後者の例では，底質の間隙水のように複雑な試料に対して，液液抽出より透明な抽出液が得られる利点があるが，抽出効率（52〜100％）が液液抽出（97〜108％）より低く，操作に長時間を要する欠点がある[11]．

この10年間で大きく進歩した前処理法として，固相マイクロ抽出（Solid Phase Micro Extraction, SPME）と Stir Bar Sorptive Extraction（SBSE）がある．SPME はポリジメチルシロキサン（PDMS）などの吸着剤で被覆したマイクロファイバーに測定成分を吸着させる方法で，マイクロファイバーはマイクロシリンジに内蔵されており，これをGCの注入口に差し込んで吸着成分を加熱脱離して，GCカラムに導入する．また，マイクロシリンジをLC注入バル

ブに差し込んで溶媒で溶出し，LCカラムに導入することもできる[12]．マイクロファイバーを水中に直接差し込んで測定成分を吸着する場合（直接抽出法）[13]と，水中から気中に揮発した成分を吸着する場合（ヘッドスペースSPME）[6, 14, 15]がある．SPMEの主な長所は，試料量が少量で済むこと，低価格であること，オンライン分析への適合性が高いこと，有機溶媒を使用しないこと，脱離速度が大きいこと，吸着量が少量であるため試料中の化学平衡を乱さないことなどである．短所としては，長所の裏返しであるが，吸着容量が小さいため共存物質の影響を受けやすいことや，検出法として高感度な方法を用いないと低濃度の測定が困難なことなどがあげられる．有機スズ化合物のようにイオン性のものは吸着しにくいため，$NaBEt_4$で誘導体化したのち抽出する．TPTなどの高沸点物質に対しては，従来は直接抽出法が用いられてきたが，複雑なマトリックスをもつ試料では共存物質の影響が大きくなる欠点があった．最近では高沸点物質に対してもヘッドスペースSPME法が適用されている[6]．ヘッドスペースSPME法は直接抽出法に比べて，共存物質の影響が少なく，抽出速度が速い，検出限界も約11倍（DBTの場合）優れているとの報告がある[16]．ただし，ヘッドスペースSPME法は液相と気相間の分配平衡と，気相と固相（PDMS）間の吸着平衡に基づくため，すべての化学種が同じ抽出率を与えるわけではなく，TPTなどの高沸点化学種はTBTに比べて感度が低い．例えば，試料を5 mlとしたとき，DBTとTBTの検出限界0.4と0.5 ng/Lに対して，TPTでは4.6 ng/Lの値となる．この点はTBTやTPTに対してほぼ100％の抽出率が得られる液液抽出法に比べて欠点となる．一方，液液抽出法はメチルスズのような揮発性物質には適しておらず，別途パージ＆トラップ法[17, 18]が必要となるが，ヘッドスペースSPME法はメチル～オクチル体の広範な有機スズ化合物へ適用できる利点がある[6]．なお，SPMEの吸着膜には一般にPDMSが用いられるが，メチル体も含めて抽出する場合にはPDMSとジビニルベンゼン（DVB）との複合膜が適するとの報告もある[19]．

　SPME法は，ロボットシステム（Twin PAL dual-arm system）による分析の自動化に対しても有用である[20]．本システムでは，バイアル中での誘導体化，ヘッドスペースSPME，GC/MSへの注入が自動化され，水中のスズ，鉛，水銀のアルキル化合物の完全自動分析が実現されている．長時間の分析信頼性を確保するには，誘導体化試薬の失活を防ぐことが不可欠であるが，$NaBEt_4$を無水テトラヒドロフラン（THF）に高濃度（20％）で溶解することにより，2

週間（27℃）〜4週間（5℃）活性を維持した．試料量6 ml, 抽出温度60℃では，5分間でほぼ吸着平衡に達する．次試料へのキャリーオーバーを低減するため，SPMEシリンジは15分間，250℃で加熱する．SPMEに用いるPDMSは，THFやNaBEt$_4$に対して耐性があり，75回の繰り返し測定でもクロマトグラムの劣化は認められなかった．本法の検出限界は0.9 μg/Lで，分析精度は手分析の5.3％から1.2％に向上した．

SBSE法は，膜厚が約0.3〜1 mmのPDMSで被覆した1〜4 cm程度の撹拌子を水中で撹拌して測定成分を吸着させた後，取り出して吸着成分を加熱脱離してGCに導入する方法である．PDMSの体積が55〜220 μlと大きいためSPMEに比べて吸着容量が大きい．このため，感度や共存物質の影響に関してSPMEより優れた特性があるが，操作の簡便性や自動化に関してはSPME法に及ばない．SBSE法の応用例として，水中の有機スズをエチル化して撹拌子に吸着後，加熱脱離して一旦−40℃でクライオフォーカシングを行い，さらに急速加熱を行ってGCカラムに導入し，ICP-MSで検出する方法がある[21]．試料量が30 mlでも検出限界として0.1 pg/L, 分析精度として約10％の値が得られている．しかし，撹拌子から脱離するために290℃で15分間の加熱を要すること，SPMEで用いられるヘッドスペース法が適用困難なことなどの問題がある．

超臨界流体抽出法（SFE）は，超臨界流体が液体に匹敵する溶解力をもつ一方，拡散性が高いので固体試料中にも容易に浸透することを利用して試料から目的成分を抽出する方法である．魚肉中の有機スズ化合物を抽出した例では，CO_2の超臨界流体に，錯形成剤としてジエチルジチオカルバミン酸アンモニウム（DDCA）とピロリジンカルボチオ酸アンモニウム（PCA）を加え，さらに水やメタノールなどのモディファイヤーを加えることによって，抽出率を向上させ，共存物質の影響を抑制する試みがなされているが，抽出率は約50％に留まっている[22]．底質試料を用いたラウンドロビンテストでは，底質に添加した有機スズ化合物を5％メタノール含有CO_2超臨界流体（450気圧，60℃で20分間staticモードで，さらに30分間dynamicモードで運転）で抽出した場合，トリ体とテトラ体に関しては比較的再現性のよい値が得られたが，モノ体とジ体に関しては抽出率が5〜35％程度と低く再現性も悪かった[23]．その他，底質中の有機スズ化合物をGrignard試薬でヘキシル化した後，CO_2の超臨界流体で抽出した例では，TBTは標準物質の認証値と一致したが，DBTは

PACS-1で38％，BCR-462で68％の回収率しか得られなかった[24]．以上のように超臨界流体抽出法は回収率が低く，高圧装置を必要とするため，有機スズの有望な抽出法とするのは困難であろう．

マイクロ波抽出法は，試料および溶媒にマイクロ波を照射して分子運動を活発にすることによって迅速に試料から目的成分を抽出する方法である．底質試料[25, 26]，や生物試料[26, 27]に適用されている．筆者らが，生物試料に対して適用したときの操作フローを図1・2に示す．但し，筆者らの経験では底質試料ではフェニルスズの抽出率が低くなったため，底質試料に対しては機械的な振と

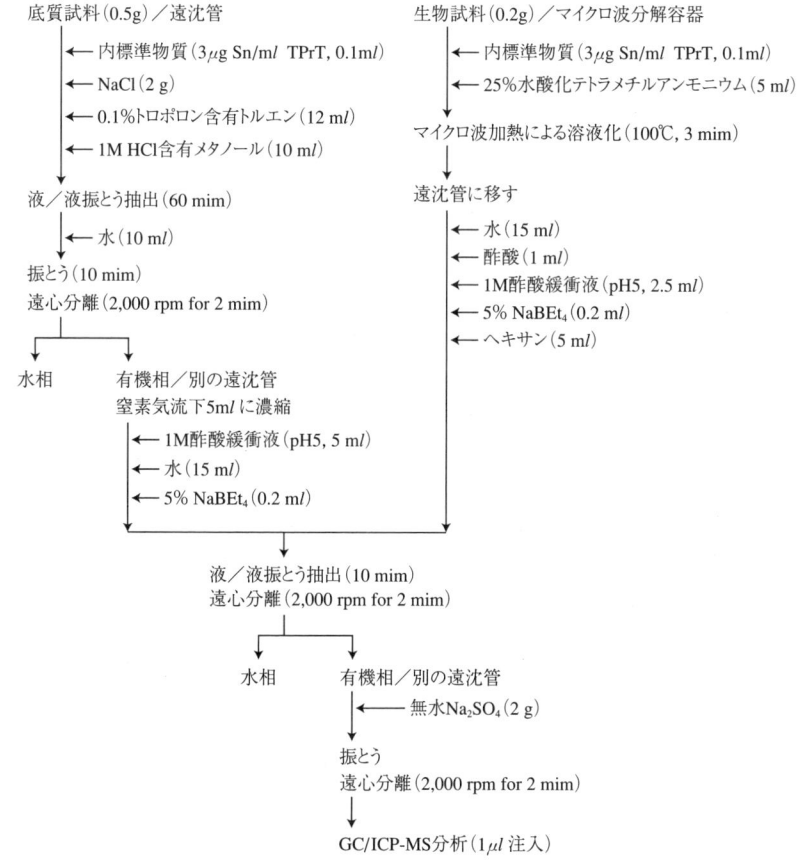

図1・2 底質・生物試料中の有機スズ化合物の抽出／誘導体化法

う法を用いた．底質試料に対しては炭酸塩を溶解する必要性から一般に酸性条件で抽出するが，pHが低いとフェニルスズが分解しやすく，マイクロ波照射により分解が加速される懸念がある．生物試料では分解は認められなかったが，アルカリ性で抽出することと関連があるのか否かは不明である．同位体を利用して，底質試料から有機スズを抽出する3方法（機械的な振とう法，超音波抽出法，マイクロ波抽出法）の比較がなされている[28]．^{119}Sn でラベル化したMBTとTBT，^{118}Sn でラベル化したDBTを標準物質（PACS-2，BCR-646）に添加したものを，メタノール−酢酸溶液（1:3）で抽出した場合，機械的な振とう法（15分間）と超音波抽出法（50W）では有機スズの分解は起こらないが，マイクロ波抽出（90と150W）では出力を高くすると，TBTからDBTへの分解が7％，DBTからMBTへの分解が16％起こる．したがって，マイクロ波抽出法では抽出率と分解率の妥協点から出力と時間を設定する必要がある．一方，機械的な振とう法は，他の2法より抽出力が弱くMBTで低い値を出した．この点に関しては，筆者らの経験では機械的な振とう法でも錯形成剤としてトロポロンを用いると同程度の抽出率が得られることがわかっている[29]．

　高速溶媒抽出法（Accelerated Solvent Extraction, ASE）は，密閉容器の中に試料と抽出溶媒を充填し，これを高温・高圧下に保つことによって短時間のうちに溶媒に抽出する方法であり，有機スズ化合物に対しても適用されている[11, 30, 31]．底質試料0.25 gを珪藻土物質と混合後，酢酸−メタノール溶液（1:9）によって110℃，120気圧で抽出した例では，10分間で標準物質（PACS-2）中のMBT，DBT，TBTをほぼ100％抽出できる[31]．高温・高圧下での分解が懸念されるが，TBTからDBTへの分解は175℃で約2％，140℃以下では殆ど無視でき，DBTからMBTへの分解は80〜110℃で2〜3％，140〜175℃でも3〜4％とマイクロ波抽出法より低い．ASEは短時間に全自動抽出ができるため，多試料を分析する場合には今後有力な方法になるであろう．なお，抽出液に酢酸ナトリウムを添加すると，Na$^+$が粘度表面に吸着した有機スズのカチオン種と交換し，抽出率が向上すると報告されている[11]．

1・3　分離定量法

1・3・1　ガスクロマトグラフ法
1）ガスクロマトグラフ

GCは分離能が高いため，多種類の有機スズ化合物を分別定量するのに適している．また，検出感度も高いため極低濃度の分析が可能である．GCに関連する最近の進歩としては，マルチキャピラリーカラムと大量試料導入法（PTV法）があげられる．

　マルチキャピラリーカラムは極細（内径0.04 μm，長さ1 m）のキャピラリーカラムを数百本（900本）束ねたもので，分離能を損なわずに高速分離を可能とする．この高速分離を活かすためには，検出器にも高速応答が要求される．一例として，モノ～トリ体のメチルスズとブチルスズ，ジメチル鉛，トリメチル鉛，無機水銀，メチル水銀の計10種類の化合物に適用した場合，200秒以内で分離できるが，ピークの半値幅が約0.3秒と短くなるため，通常の四重極型ICP-MSでは追随できない．一方，飛行時間（TOF）型ICP-MSは0.05 msの時間分解能を得ることができる．時間分解能を上げるとデータ処理が膨大となるため，現実的には10 ms程度に抑えているが，その場合でも0.3秒程度のピークを測定することは容易である[19]．マルチキャピラリーカラムは，短時間で分離ができるため，ガス消費量の多いICP-MSでは有望な方法であるが，現状では固定相の種類が限られるため広く普及するには至っていない．

　高速分離法として低圧GCカラムも検討されている[32]．低圧GCカラムは，GC注入口にリストリクションキャピラリー（0.6 m × 0.10 mm i.d.）を介して接続された内径0.53 mmのワイドボアカラムをMSインターフェイスに接続したもので，MS側の高真空のためカラム内が減圧となり，通常のGCに比べて2倍以上の速さで分離できる．これは低圧では最適なガス線速度が大きくなるためである．低圧GCでは通常より低い温度で分離できるため，カラムからのブリードが低くなる利点もあるが，現状では広く普及した技術とはなっていない．

　PTV（Programmable Temperature Vaporization）法は，GCの注入口温度を制御することにより，低温で溶媒を気化して除去する一方，測定成分は気化させずに濃縮し，その後急速に昇温して測定成分をカラムに導入する大量試料導入法の一種である．本法により通常1～2 μlに限定される試料注入量を10～100 μlに増加でき，その分だけ低濃度の測定が可能となるため広く普及しつつある[7, 32]．本法は溶媒と測定成分の沸点の差が大きいものに適用できる．ヘキサンを溶媒に用いた場合，注入口温度を−10℃に冷却すると，テトラエチルスズを含む高沸点有機スズ化合物を濃縮できるが，メチルスズ化合物は揮散して分析できない[7]．

GC法では誘導体化が分析の精確度を損なう大きな原因であるが，誘導体化せずに分離する方法が報告されている[33]．GCカラムをあらかじめHBr-メタノール溶液で処理しておくと，塩化物の形で注入されたTBTやTPTはカラム内で臭化物に変換され鋭いピークとなって現れるため，アルキル化しなくても分析が可能となる．試料200 mlを1 mlに濃縮した場合，負イオン化学イオン化（NICI）質量分析法によりTBT，TPTの検出限界として0.10, 0.13 ng/Lの値が得られる．これは電子衝撃イオン化（EI）を用いる場合に比べて250～400倍優れた値である．なお，本法はトリ体に有効な方法であるが，ジ体，モノ体に対する適用性は報告されていない．

2）検出器

以上は主にGC側の進歩について見てきたが，以下では検出器の進歩について概説する．GCの検出器としては，質量分析装置（MS），炎光光度計（FPD）[34]，パルスドFPD（PFPD）[35, 36]，マイクロ波誘導プラズマ発光分光装置（MIP-OES）[37, 38–41]，原子吸光装置（AAS），ICP発光分光装置（ICP-OES）[42]，ICP質量分析計（ICP-MS）[7, 21, 27, 29, 43–45]などがある．このうち最も普及しているのは質量分析計（MS）である．

GC/MSはほぼ完成された装置であり原理的な進歩は見られないが，感度の向上は続いている．イオン化法としてEI（Electron Impact Ionization）とCI（Positive Chemical Ionization）を比較した研究では，前者の方が高感度であった[16]．EIでエチル誘導体をイオン化した場合，主要なフラグメントはTBTではブチル基が解離した[M-C$_4$H$_9$]$^+$であるが，それ以外はエチル基が解離した[M-C$_2$H$_5$]$^+$である．一方，GC/MSの精確度を上げるため，内標準物質として重水素化体を用いる方法が開発されている[11, 46, 47]．従来，内標準物質としてはトリプロピルスズやトリシクロヘキシルスズが用いられたが，誘導体化率や抽出率は測定成分であるTBTやTPTと異なる恐れがあった．一方，TBTやTPTの重水素化体はTBTやTPTとほぼ同じ挙動をとるため，高い精確度が得られる．重水素化体を添加した海水のクロマトグラムを図1・3に示す[11]．重水素化体の保持時間は僅かではあるが短くなる．本法の欠点は試薬が高価なことである．

MS以外の検出器として，従来からICP-OESやMIP-OESなどの発光分光装置が用いられてきた．MIP-OESはICP-OESに比べて優れた検出限界を与えるが，プラズマのガス温度が低く共存物の干渉が大きい欠点がある．最近では，

これらの検出器に替わってICP-MSの利用が進んでいる．ICP-MSの特長は，検出限界が低いこと，元素選択性が高いこと，共存物質の干渉が少ないことである．

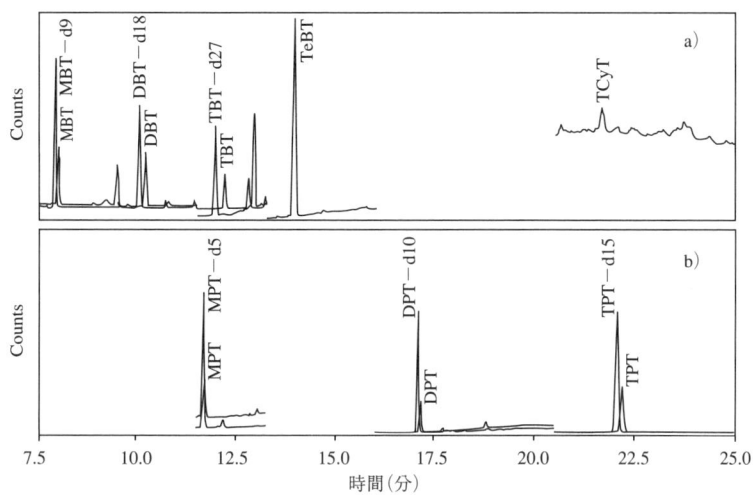

図1・3　港海水のGC/MSクロマトグラム．(a) アルキルスズ化合物，(b) フェニルスズ化合物．MBT, 8.4; DBT, 6.7; TBT, 7.8; MPT, 6.5; DPT, 5.4; TPT, 9.7 ng/L．[11]

筆者らは，水中の有機スズ化合物を$NaBEt_4$でエチル化したものをヘキサンに抽出した後，窒素気流下で濃縮し，PTV法によりGC/ICP-MSに導入する方法を開発した[7]．本法の装置検出限界はSnの絶対量として0.7〜1.6 fgで，これは海水1L中の有機スズ化合物を誘導体化後1 mlに濃縮し，PTV法により100 μlを注入した場合，海水中の濃度として7〜16 fg Sn/Lに相当する．実際には操作ブランクのため方法検出限界は絶対量で3.8〜170 fgとやや高くなったが，それでも十分な検出能を有している．ブランクの寄与は$NaBEt_4$中の不純物が最も大きかった．本法で得られたクロマトグラムの一例を図1・4に示す[48]．

GC/ICP-MSの更なる高感度化の試みとして，セクター型（SF）ICP-MSが用いられている[25]．底質試料（0.5 g）の有機スズ化合物をマイクロ波抽出後，$NaBEt_4$により誘導体化してGC/SF-ICP-MSで分析すると，DBT，TBTの検出限界として0.3，0.4 ng/gと，四重極型ICP-MSに比べて約3倍優れた値が

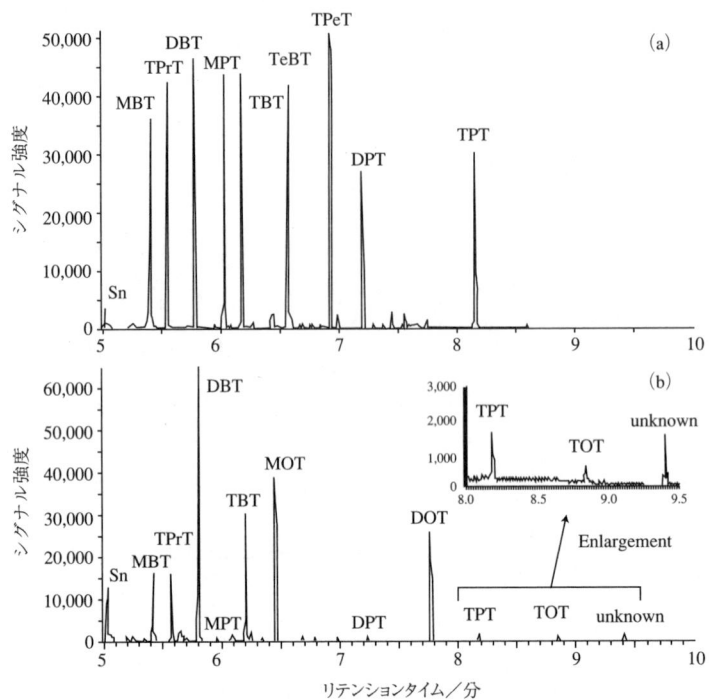

図1・4　GC/ICP-MSクロマトグラム．(a) 混合標準液（各有機スズ濃度0.5 ng Sn/L），(b) 海水試料[48)]

得られたが，検出限界向上の程度は予想より小さい．原因としては，検出限界が装置感度ではなく，試薬ブランクなどに支配されているためと考えられる．

GC/ICP-MSの精確度を上げるため，特定の化学種に含まれる金属を同位体でラベル化した同位体希釈法（species-specific isotope-dilution）が検討されている[25, 30, 49~52)]．GC/MSでは重水素でラベル化したものを用いるが，ICP-MSでは金属の同位体でラベル化したものを用いる．^{117}Snでラベル化したTBTをPACS-2底質標準物質に添加し，$NaBEt_4$でエチル化後，ヘッドスペースSPMEで抽出してGC/ICP-MSで分析した場合，同位体希釈法は外部検量線法に比べて18倍優れた精度を与えた[50)]．同位体希釈法で精確な結果を得るためには，添加したスパイクと試料中に元々存在する測定成分との間に同位体平衡が成立しなければならない．スパイクは単純な組成の標準液であるが，試料中

の測定成分は共存物質と複合体を形成しており，この間に平衡が成立するには長時間を要するため，スパイクを添加後，数時間～1昼夜機械的に振とうすることなどが行われている．この時間を短縮する試みとして，マイクロ波抽出法が検討されている．本法では，生物試料にスパイクを添加後，TMAH（テトラメチルアンモニウムハイドロオキサイド）を加え，直ちにマイクロ波を照射して抽出を行い，1昼夜振とうした場合とほぼ同じ結果を得ている[51]．しかし，このことは必ずしも平衡が成立したことを証明したものとは考えられない．

GCの検出器としてFPD, PFPD, MIP-OES, ICP-MSを比較した研究では[53]，検出限界はICP-MSが最も優れていたが，価格や簡便性を考慮するとPFPDやMIP-OESも広い応用が可能であると報告されている．PFPDはMIP-OESより高感度であるが，検量線の直線範囲が狭いこと，バックグラウンドが下がりにくいことが欠点である．その他の検出法として，グロー放電を用いる方法[54]や，減圧He ICP-MSを用いる方法[55]が検討されているが，普及していないため詳細は割愛する．

1・3・2　液体クロマトグラフ法

液体クロマトグラフ／質量分析装置（LC/MS）の進歩は著しく，感度も環境分析で十分使用できるところまで向上している．これは大気圧でイオン化する（API）方法，すなわち，エレクトロスプレーイオン化（ESI）法と大気圧化学イオン化（APCI）法の進歩に因るところが大きい．ESI法は，酸などによりイオン状態となっている試料分子を含む溶液に，高電圧（3～5 kV）をかけて大気中にスプレーして多プロトン化分子に溶媒分子が多数会合したミクロンオーダーの液滴をつくり，これに窒素などを吹き付けて溶媒を乾燥除去させた後，質量分離部に導く方法である．タンパク質などの測定に有用であることから近年急速に発達している．APCI法は，溶媒をネブライザー用のガスやヒーターを用いて大気圧で蒸発させて化学イオン化用の試薬ガスとする．これにコロナ放電などによって生成した一次イオンを反応させて二次イオンを生成し，これが試料分子のイオン化を行う．いずれのイオン化法も，GCでは測定が困難な高分子量，高極性化合物のイオン化を可能とするため，精確度の点から問題が多い誘導体化を行わずに有機スズ化合物の測定が可能となる．

MSを溶液中の有機スズ化合物に適用した最初の例は，1989年のSiuらの研究で，ESIの一種であるイオンスプレー法を用いて，底質標準物質（PACS-1）

中のTBTを分析した[56]．その検出限界は5 pgと優れていたが，ESIはその後使われず，替わりにサーモスプレー[57, 58]やパーティクルビーム[59]が使用された．再びESIが使われたのは1996年になってからである[60]．これらの研究ではLCは使用されず，溶液は直接MSに導入された．しかし，環境試料のような複雑なマトリックスをもつ試料では，LCによる分離が必要である．

　LC/MSで有機スズ化合物を分析する際の課題は移動相の選定である．イオン化にICPを用いるLC/ICP-MSでは，イオン交換[61]や，イオンペア[62]，ミセルLC[63, 64]を使用できるが，これらの移動相は高濃度の緩衝成分（酢酸アンモニウム，リン酸塩）や非揮発性イオンペア剤（ドデシル硫酸ナトリウムなど）を含むことが多く，LC/MSには適用できない．LC/MSに適した移動相を探索した結果，0.05％のトリエチルアミンを含むアセトニトリル（MeCN）−酢酸−水（65:10:25）を用いる方法[65]，あるいはトリフルオロ酢酸（TFA）をイオンペア剤として水−1％TFA水溶液−メタノールでグラジエント分離する方法[66]によってDBT，TBT，DPT，TPTが分離できることがわかった．これらの方法ではAPCIが用いられた．TBTClのAPCIマススペクトルを図1・5に示す[65]．親イオン[M]$^+$（291）以外に[M-Bu＋H]$^+$（235），[M-2Bu＋2H]$^+$（179）の

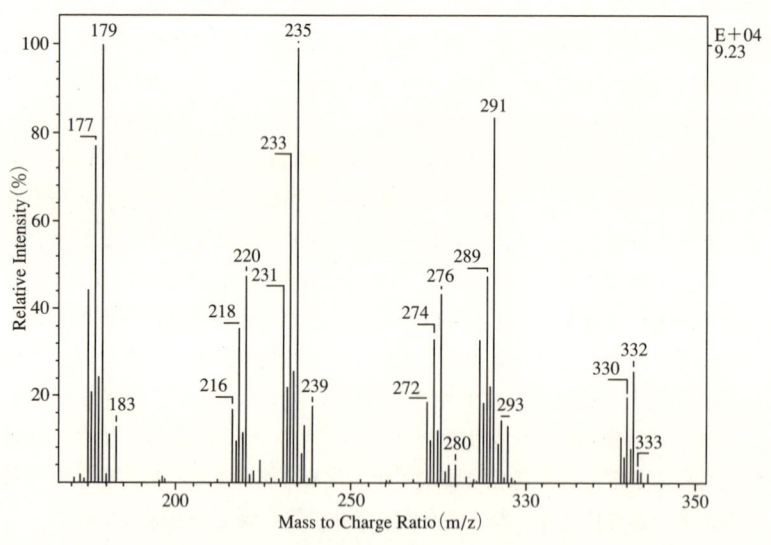

図1・5　TBT塩化物のAPCIマススペクトル[65]

フラグメントイオンが見られ，さらにMeCN分子のアダクツが観測されるため複雑なスペクトルとなる．APCIでは専ら1価イオンが生成するため，DBTやMBTは溶液中の陰イオンとアダクツを形成して1価になろうとする（酢酸＞塩化物＞水素化物の順）．また，例外的に気相中でSn(IV)からSn(II)への還元が起こり[Sn(II)Bu]$^+$や[Sn(II)Ph]$^+$も観測される．検出限界として2.5～5.0 ngとICP-MSに比べ250～500倍高い値[65]から，20～65 pgとICP-MSと同程度の値[66]まで幅のある結果が報告されている．

ESIを用いる例では，0.02％TFAを含むMeCN-水（50:50）を移動相としてジ体，トリ体を分離し，TBT，TPTの検出限界として100～200 pg（濃度としてはng/Lレベル）の値が得られている[10]．モノ体も含めて分離するためには，固定相にC_{18}マイクロカラム（10 cm×160 μm i.d.），移動相に0.1％トロポロン含有メタノール-水-酢酸（80:14:6）を用いる方法がある．ただし，この条件でもモノ体とジ体の溶出時間が近いので，両者の精確な定量には質量分析が不可欠である[67]．本法は米国EPAの公定法と同じであり，船底塗料だけでなく，PVCパイプから溶出する有機スズ化合物や[68]，米国の河川水および魚類中のDBTとTPTの調査に用いられた[69]．TBTClのESIマススペクトルを図1・6に示す[12]．フラグメント電圧が35 V以下では主に[M]$^+$(291)が見られる．電圧を上げるにつれて[M-Bu+H]$^+$(235)，[M-2Bu+2H]$^+$(179)，[M-3Bu+3H]$^+$(123)，となり，150 V以上では[SnH]$^+$(121)となる．$DBTCl_2$では[DBTCl]$^+$(269)が観測されるがTBTに比べて約3％の強度しかない．また，[DBT]$^{2+}$は観測されなかった．$MBTCl_3$では有用なフラグメントは観測されなかった．

MS以外の検出器としてICP-MSが用いられる．ICP-MSでは移動相の選択の幅が広いこと，元素選択性が高く，共存物質の干渉が少ないことが長所だが，Arガス消費量が大きいことが短所となる．LC/ICP-MSをGC/ICP-MSと比較すると，検出限界は後者が約100倍優れているが，操作の迅速性・簡便性は前者が優れている[30]．したがって，LC/ICP-MSはスクリーニングに，GC/ICP-MSはバックグラウンドレベルの研究に適している．

図1・7にLC/MSとLC/ICP-MSのクロマトグラムを示す．濃度レベルは5,000倍異なる[65]．LC/MSとLC/ICP-MSに共通する問題点は，LCの分離能が有機スズ化合物に対しては悪いことである．また，LC/MSに特有な問題としては，複雑なマトリックスをもつ試料に適用した場合，再現性と定量性が劣

ることである.今後,これらが改善されれば,LC法はさらに普及すると期待される.

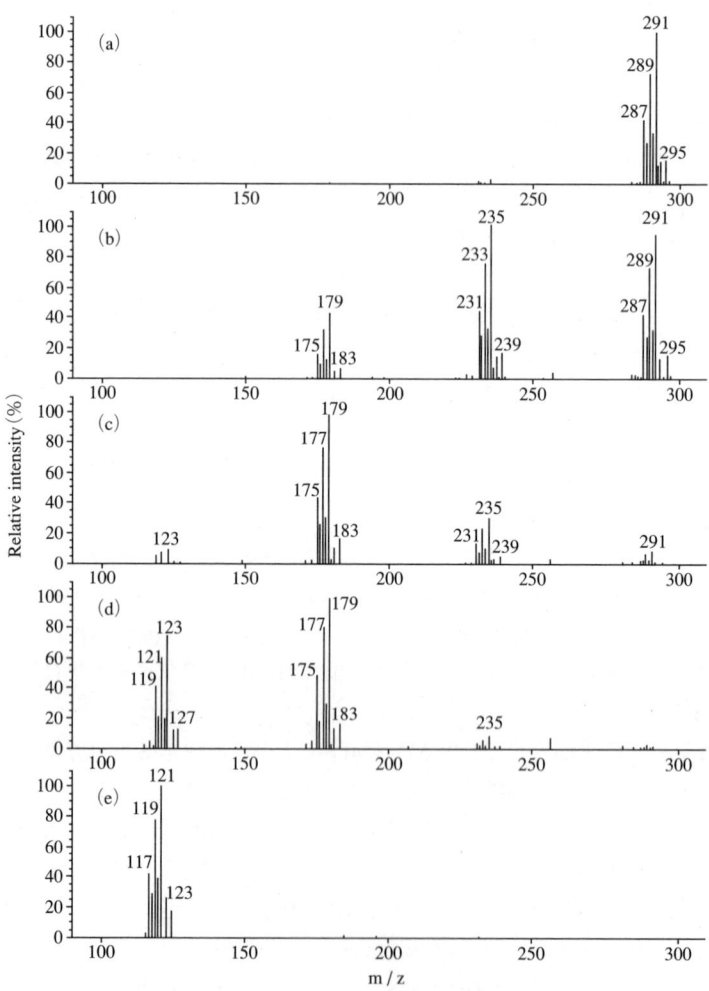

図1・6 TBT塩化物のESIマススペクトル.フラグメント電圧 (a) 30 V, (b) 60 V, (c) 80 V, (d) 100 V, (e) 150 V.[12]

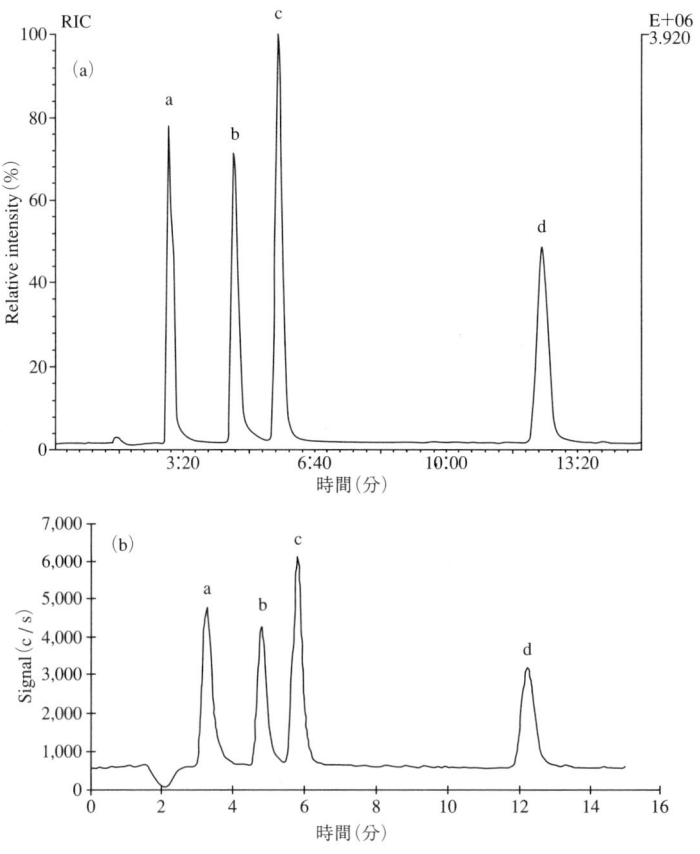

図1・7 (a) LC/APCI-MS クロマトグラム．塩化物として 50 mg/ml．
(b) LC/ICP-MS クロマトグラムの比較．塩化物として 10 ng/ml．
a：DPT，b：DBT，c：TPT，d：TBT．[65]

1・3・3 その他の分析法

試料の前処理を行わず，試料中の有機スズ化合物をあるがままの状態で測定する方法として，XANES（X-ray absorption near-edge structure spectroscopy）が検討されている[70]．物質にX線を入射すると，あるエネルギーで急激に吸収係数が増加する．このエネルギー点をX線の吸収端と呼び，吸収端近傍（吸収端から数十 eV まで）の吸収スペクトルの微細構造は，原子の結合状態を反映

しており，XANES 領域と呼ばれる．シンクロトロン放射光を利用して，スズの L および K 吸収端の XANES 領域を測定すると，スズと共有結合している置換基の数や置換基の種類（メチル基，ブチル基，フェニル基）に応じてスペクトルが変化する．逆にこのスペクトルからスズと共有結合している置換基の数の平均値を求めることができる．本法は底質試料や船底塗料に適用され，10 μg/g 程度のスズを含む試料にも適用できる感度を有している．本法はクロマトグラフィーに基づく方法と比べると，化学種の種類や濃度に関して得られる情報は限られるが，前処理を全く必要としない利点がある．また，ビーム強度を上げれば 0.1 μg/g 程度まで感度を向上できる点や，ビームラインを絞れば 1～10 μm の微小領域の測定が可能であり，組織や細胞レベルで有機スズの動態を観測できる可能性がある．

§2. 公定法

公定法として，わが国の環境省「要調査項目等調査マニュアル」では GC/MS 法が採用されており[71]，米国 EPA では LC/MS 法が採用されている[72]．「要調査項目等調査マニュアル」で採用されている GC/MS 法の概要を転載する．

2・1 環境省「要調査項目等調査マニュアル」

2・1・1 分析法の概要

水質試料は，サロゲート物質を添加後，NaBEt$_4$ を加えて誘導体化する．次に，ヘキサンを加えて誘導体化物を抽出し，脱水・濃縮後，GC/MS-SIM（選択イオン検出）で測定する．

底質試料および生物試料は，サロゲート物質を添加後，1 M 臭化水素酸-メタノール／酢酸エチル混合溶液を加えて抽出し，さらに酢酸エチル／ヘキサン混合溶液で再抽出する．抽出液を脱水・濃縮後，エタノールに溶解して水および緩衝液を加え，NaBEt$_4$ を加えて誘導体化する．次に 1 M KOH-エタノール溶液を加えて室温で 1 時間振とうし，アルカリ分解を行う．分解液に水およびヘキサンを加えて振とう抽出し，脱水・濃縮後，フロリジルカートリッジカラムによるクリーンアップを行い，GC/MS-SIM で定量する．

2・1・2 試薬,器具および装置

1) 試薬

a) ヘキサン,アセトン,メタノール,エタノール,酢酸エチル:残留農薬試験用(1,000倍濃縮検定品以上)
b) 塩酸,酢酸,臭化水素酸:試薬特級
c) 酢酸ナトリウム,塩化ナトリウム,臭化ナトリウム,水酸化カリウム:試薬特級
d) 無水硫酸ナトリウム:残留農薬試験用
e) 二塩化ジブチルスズ,塩化トリブチルスズ,三塩化フェニルスズ,二塩化ジフェニルスズ,塩化トリフェニルスズ:市販試薬
f) サロゲート物質:二塩化ジブチルスズ $DBT\text{-}d_{18}$,塩化トリブチルスズ $TBT\text{-}d_{27}$,三塩化フェニルスズ $MPT\text{-}d_5$,二塩化ジフェニルスズ $DPT\text{-}d_{10}$,塩化トリフェニルスズ $TPT\text{-}d_{15}$,テトラブチルスズ-d_{36}:市販試薬
g) テトラエチルホウ酸ナトリウム:市販試薬(注:試薬は密栓して冷凍保存する.空気に触れると自然発火する.また,キムワイプなどに付着したものは数十秒後に発火するため,拭き取ったキムワイプなどは直ちに水に浸ける.)
h) 2% $NaBEt_4$ 溶液,10% $NaBEt_4$ 溶液:用事調製し,残った溶液は捨てる.
i) 酢酸-酢酸ナトリウム緩衝液(pH5):2M酢酸と2M酢酸ナトリウムをpH5となるように混合する(酢酸:酢酸ナトリウム=5.9:14.1 (v:v)).

2) 器具および装置

a) 共栓付三角フラスコ:200 ml
b) 減圧濾過装置
c) 分液ロート:200 ml,300 ml
d) スピッツ管:10 ml
e) ナス型フラスコ:300 ml
f) 減圧KD濃縮器:100 ml
g) 振とう機
h) 遠心分離機
i) ロータリーエバポレーター
j) フロリジルカートリッジカラム:使用前にヘキサン10 mlで洗浄する.
  ガラス器具は使用前に1M塩酸(または臭化水素酸)-メタノール,精製

水，アセトンの順で洗浄する．

2・1・3　試料の採取・運搬
有機スズ化合物は保存容器に吸着されやすいため，以下の方法で試料を採取，保存し，試料採取後速やかに前処理操作を行う．

1）水質試料
2 L の共栓付ガラス瓶を洗剤で洗浄後，水道水でよくすすぎ，1 M 塩酸-メタノール，精製水，アセトンの順で洗浄，乾燥したものを使用する．この容器に試料水を正確に 1 L 採取し，直ちに試験を行う．直ちに行えない場合はサロゲート物質を添加して冷暗所（4 ℃以下）に保存する．

2）底質試料
水質試料と同様の方法で洗浄した広口ガラス瓶に入れ密栓し，-20 ℃以下で保存する．

3）生物試料
水質試料と同様の方法で洗浄した広口ガラス瓶にホモジナイズした試料を入れて密栓し，-20 ℃以下で保存する．

2・1・4　試験操作
1）前処理
a）水質試料
試料水に 1 μg/ml サロゲート混合溶液 10 μl および塩化ナトリウム 30 g（海水の場合は不要）を添加し，軽く振り混ぜる．これに酢酸-酢酸ナトリウム緩衝液（pH 5）2 ml を加えて pH を調整し，2% $NaBEt_4$ 水溶液 0.5 ml を添加して軽く振り混ぜ 10 分間誘導体化を行う．次に試料を 2 L 分液ロートに移し，容器をヘキサン 100 ml で洗浄する．洗浄したヘキサンは分液ロートに移し，10 分間振とう抽出する．静置してヘキサン層を分取し，水層を別の分液ロートに移す．ヘキサン 50 ml で再び容器を洗浄し，抽出操作を繰り返す．ヘキサン抽出液を合わせ，無水硫酸ナトリウムで脱水後，減圧 KD 濃縮装置を用いて約 2 ml に濃縮し，試料前処理液とする．

b）底質試料
均一化した試料 0.5 g（乾泥換算）を精秤して 200 ml 三角フラスコに取り，1 μg/ml サロゲート混合溶液 50 μl およびアスコルビン酸 1 g を加え，十分撹拌

して1時間放置する．これに1M臭化水素酸-メタノール／酢酸エチル（1:1）混合溶液70 mlを加えて30分間振とう抽出し，No.5Aの濾紙で吸引濾過する．三角フラスコを1M臭化水素酸-メタノール／酢酸エチル混合溶液30 mlで洗浄して，洗浄液を抽出液と合わせる．得られた抽出液をあらかじめ飽和NaBr溶液100 mlを入れた300 ml分液ロートに移し，酢酸エチル／ヘキサン（3:2）混合溶液30 mlを加えて10分間振とう抽出する．静置後水層を別の分液ロートに移し，さらに酢酸エチル／ヘキサン（3:2）混合溶液30 mlを加えて，同様の抽出操作を繰り返す．有機層を合わせ，ヘキサン200 mlを加えて混合し，20分間放置する．生じた水層を廃棄後，無水 Na_2SO_4 で脱水する．これをロータリーエバポレーターで約5 mlまで濃縮し，さらに乾固しないように注意しながら窒素ガスを穏やかに吹き付けて溶媒を揮発させる．残渣にエタノール5 mlを加えて溶解し，試料前処理液を得る．

c）生物試料

ホモジナイズした試料5 gを精秤して200 ml三角フラスコに取り，1 μg/mlサロゲート混合溶液50 μlを添加し，十分攪拌して1時間放置する．以後，底質試料と同様の操作を行って，試料前処理液を得る．

2）試料液の調製

a）水質試料

試料前処理液をヘキサン10 mlでコンディショニングしたフロリジルカートリッジカラムに負荷し，負荷時に流出する液も回収する．次に5％ジエチルエーテル-ヘキサン6 mlで溶出し，負荷時の流出液と合わせ，溶出液とする．この溶出液に窒素ガスを穏やかに吹き付け，0.2 mlまで濃縮する．これに1 μg/mlの内標準溶液10 μlを正確に添加したものを測定用試料液とする．なお，妨害物質の少ない水質試料の場合は，フロリジルカートリッジカラムによるクリーンアップ操作を省略できる．

b）底質試料，生物試料

試料前処理液を少量のエタノールを用いて200 mlの分液ロートに洗い込む．これに酢酸-酢酸ナトリウム緩衝液（pH5）5 mlおよび精製水10 mlを加えて混合後，10％ $NaBEt_4$ 溶液1 mlを添加し，10分間振とうして有機スズ化合物を誘導体化する．これに1M KOH-エタノール溶液40 mlを加えて1時間振とう・アルカリ分解する．分解終了後，精製水25 mlおよびヘキサン40 mlを加えて10分間振とう抽出する．水層を別の分液ロートに移し，ヘキサン40 mlを

加えて同様の抽出操作を繰り返す．ヘキサン層を合わせ，無水Na_2SO_4で脱水後，減圧KD濃縮装置を用いて約2 mlまで濃縮する．得られた濃縮液をあらかじめコンディショニングしたフロリジルカートリッジカラムに負荷し，流出液を回収する．さらにカートリッジカラムに5％ジエチルエーテル含有ヘキサン6 mlを流して有機スズ化合物を溶出する．溶出液を合わせ，窒素ガスを穏やかに吹き付けて1 mlまで濃縮し，1 μg/mlの内標準溶液50 μlを正確に添加して，測定用試料液とする．

3）空試験液の調製

a）水質試料

試料と同量の精製水を用いて，「1）試料の前処理」および「2）試料液の調製」と同様の操作を行って得た試料液を空試験液とする．

b）底質試料，生物試料

試料を用いずに，「1）試料の前処理」および「2）試料液の調製」と同様の操作を行って得た試料液を空試験液とする．

4）添加回収試験液の調製

任意の試料水1 L，底質試料0.5 g（乾泥換算），生物試料0.5 gに検出下限値の5～10倍になるように対象物質の混合標準液を加え，十分に混合した後,「1）試料の前処理」および「2）試料液の調製」と同様の操作を行って得た試料液を添加回収試験液とする．

5）標準液の調製

a）対象物質

二塩化ジブチルスズ，塩化トリブチルスズ，三塩化フェニルスズ，二塩化ジフェニルスズ，塩化トリフェニルスズをそれぞれ10 mg正確に秤り取り，ヘキサンでそれぞれ正確に100 mlとして標準原液（100 μg/ml）を調製する．各標準原液の所定量を混合し，酢酸エチルまたはアセトンで希釈して0.1 μg/ml～1 μg/mlの混合標準溶液を調製する．

b）サロゲート物質

二塩化ジブチルスズDBT-d_{18}，塩化トリブチルスズTBT-d_{27}，三塩化フェニルスズMPT-d_5，二塩化ジフェニルスズDPT-d_{10}，塩化トリフェニルスズTPT-d_{15}をそれぞれ10 mg正確に秤り取り，ヘキサンでそれぞれ正確に100 mlとしてサロゲート標準原液（100 μg/ml）を調製する．各サロゲート標準原液を混合し，酢酸エチルまたはアセトンで希釈してサロゲート混合溶液（1 μg/ml）

を調製する．

　c）内標準物質

　テトラブチルスズTeBT-d_{36}を10 mg正確に秤り取り，ヘキサンで正確に100 mlとして内標準原液（100 μg/ml）を調製する．内標準原液から1 mlを正確に分取し，ヘキサンで100 mlとして内標準溶液（1 μg/ml）を調製する．

　d）検量線作成用混合標準溶液

　あらかじめ3％塩化ナトリウム溶液30 mlを入れた50 ml分液ロートに混合標準溶液（0.1 μg/mlまたは1 μg/ml）の所定量とサロゲート混合溶液（1 μg/ml）500 μlを添加した後，酢酸-酢酸ナトリウム緩衝液（pH 5）1 mlを加えて軽く振り混ぜる．次に，2％NaBEt$_4$溶液0.5 mlを添加して10分間振とうする．これをヘキサン3 mlで2回抽出し，抽出液を合わせて脱水後，内標準溶液（1 μg/ml）500 μlを正確に添加し，ヘキサンを加えて10 ml定容として検量線作成用混合標準溶液とする．

6) 測　定

a）GC/MS 測定条件の例

ガスクロマトグラフ部

カラム：溶融シリカキャピラリーカラム（30 m × 0.25 mm i. d.）

液相：5％フェニルメチルシリコン　膜厚0.25 μm

カラム温度：60℃（2 min）→20℃/min→130℃→10℃/min→210℃→5℃/min→260℃→10℃/min→300℃（2 min）

注入口温度：270℃

注入法：スプリットレス（1分間パージオフ）

注入量：1 μl

キャリアーガス流速：1 ml/min（定流量モード）

質量分析部

イオン化法：EI

イオン化電圧：70 eV

インターフェイス温度：280℃

イオン源温度：230℃

測定イオン

DBT：261（263）　　DBT-d_{18}：279（281）

TBT：263（261）　　TBT-d_{27}：318（316）

MPT：253（255）　MPT-d$_5$：260（258）
DPT：303（301）　DPT-d$_{10}$：313（311）
TPT：351（349）　TPT-d$_{15}$：366（364）
TeBT-d$_{36}$：318（316）　（　）は確認用イオン

b）検量線

検量線作成用標準溶液1μlをGC/MSに注入し，各対象物質の重水素化物（サロゲート）を内標準として，内標準法により検量線を作成する．また，サロゲート物質の回収率を計算するため，TeBT-d$_{36}$に対する各サロゲート物質のピーク面積比をそれぞれ求めておく．

c）試料液の測定

検量線作成後，空試験液，測定用試料液および添加回収試験液の各1μlをGC/MSに注入して測定を行う．一定時間ごとに，検量線の中間濃度の標準液を測定し，期待値の20％以内の変動であることを確認する．もし，この範囲を外れた場合は，GC/MSを再調整後，検量線を作成し直して測定を行う．

7）同定，定量および計算

a）同定

対象物質，サロゲート物質および内標準物質の定量イオンおよび確認イオンのピークが予想保持時間の±5秒以内に出現し，定量イオンと確認イオンのピーク強度比が予想値と±20％以内で一致した場合，物質が存在していると見なす．

b）定量および計算

対象物質と対応するサロゲート物質とのピーク面積比を求め，検量線から濃度比を求める．また，サロゲート物質と内標準物質とのピーク面積比を同様に求める．

トリブチルスズ化合物は，次式によりTBTO換算として試料中の濃度を求める．

計算値（μg/Lまたはμg/kg）＝0.916×［濃度比×サロゲート物質添加量（μg）/試料量（Lまたはkg）］

その他の有機スズ化合物は次式により塩化物換算としての濃度を求める．

計算値（μg/Lまたは（g/kg）＝濃度比×サロゲート物質添加量（（g）/試料量（Lまたはkg）

なお，底質の試料量は乾燥試料量とする．

2・2 米国EPA法

米国EPAで採用されているLC/MSの概要を記す．測定対象は水質試料および生物試料中のMBT，DBT，TBT，MPT，DPT，TPTの6種類である．水質試料（2 L）は塩酸でpH 2.5とした後，固相抽出ディスクに通して吸着させる．これをメタノール-酢酸（99:1 v/v）10 mlで3回繰り返し溶出した後，窒素気流下約30℃で0.5 mlに濃縮したものを測定用溶液とする．生物試料（0.5～2.0 g）はホモジナイズしたものをヘキサン-酢酸-トロポロン（99:1:0.1 v/v/w）20 mlで45分間超音波抽出する．これに塩酸を加えてpH 2とした後，約30分間遠心分離して上澄み液を採取し，水質試料と同様に濃縮したものを測定用溶液とする．この測定用溶液（0.5 μl）を逆相系のマイクロ液体クロマトグラフ（μ-LC）で分離し，ESIイオントラップ型質量分析計（ITMS）で検出する（μ-LC/ES-ITMS）．ITMSの替わりに四重極型質量分析計（QMS）も使用できる．ITMSを用いた場合はMS/MS機能により確実な同定が可能となる．分析用のカラムの例としては，C_{18}逆相カラム（10 cm × 160 μm i.d.，粒径5 μmのODS-Hypersil）を，溶離液としてはメタノール-水-酢酸-トロポロン（80:14:6:0.1 v/v/v/w）を流速4～6 μl/minで用いる．内標準やサロゲート物質は用いず，外部検量線法によって定量する．測定イオンはTBTではm/z 291を用いる．検出限界はTBT塩化物として780 pg（元の水質試料に換算すると390 ng/L，生物試料1 gを用いたとき390 ng/g），他の化合物に関してもほぼ同等の値が得られる．

§3. 分析精度管理

有機スズ化合物は分析が比較的困難な物質に属するため，精確な値を得るためには分析精度管理を行うことが重要である．そのためには，標準作業手順（SOP：Standard Operating Procedure）を作成するとともに，試料採取と分析操作に用いる器具・装置および測定値の評価と管理を適切に行い，その結果を記録しなければならない．

3・1　標準作業手順（SOP）

SOPとしては，以下の作業手順を設定しておく．
①試料採取・運搬用器具などの準備，メンテナンス，保管および取扱い方法．
②前処理用試薬類の準備，精製，保管および取扱い方法．
③分析用試薬，標準物質などの準備，標準溶液の調製，保管および取扱い方法．
④水質，底質および生物試料における前処理操作の手順．
⑤分析機器の測定条件の設定，調整，操作手順．
⑥分析方法全工程の記録（使用するコンピュータのハードおよびソフトを含む）．

3・2　器具・装置の性能評価と維持管理

3・2・1　試料採取と運搬

目的に応じて，適切な地点と時期を選定し，代表性のある試料採取を行い，試料媒体と測定成分に変質が無いよう運搬する試料容器は事前に洗浄しておく．

3・2・2　前処理操作と機器測定

標準液は可能な限りトレーサビリティーの保証された標準物質を用いて調製する．試料前処理操作の出来不出来が分析結果に大きく影響するので，あらかじめ添加回収試験を行い，回収率とその再現性を確認しておく．回収率は80～120％程度，サロゲート標準物質の回収率は50～120％程度が望ましく，この範囲を大きく逸脱する場合はその原因を究明する．また，操作ブランクの有無と程度を確認し，その改善に努める．分析装置の感度は装置検出下限値（IDL：Instrument Detection Limit）で評価する．IDLの決め方は種々の方法があるが，環境省「要調査項目等調査マニュアル」では，最低濃度の検量線作成用標準液（もしくはS/N比5～15程度の標準液）を5回以上繰り返して測定し，その標準偏差の2倍（t検定片側，危険率5％）をIDLとする．この値が目標とする検出下限値以下であることを確認する．

3・2・3 測定値の精度管理と評価

試料の分析に先立ち，分析検出下限値（MDL：Method Detection Limit）を求め，目標とするMDLが達成できることを確認する．達成できない場合は，試料量を増やしたり，測定試料液を濃縮するなどで対応してもよいが，報告書にその手順を記載しておく．

MDLは，空試験において対象物質が検出される場合，空試験を5回以上繰り返し，個々の測定値を試料中濃度に換算して標準偏差を求め，次式によりMDLを計算する．

$$\text{MDL} = t(n\text{-}1, 0.05) \times s$$

ここで，$t(n\text{-}1, 0.05)$ は自由度n-1の危険率5％（片側）のt値であり，表1・2の値となる．

また，空試験において対象物質が検出されない場合は，検量線の最低濃度（またはIDL）の2～5倍になるように，水質試料にあっては精製水に，底質および生物試料にあっては使用する抽出溶媒に対象物

表1・2　tの値

繰り返し回数 (n)	自由度 (n-1)	t (n-1, 0.05), 片側
5	4	2.13
6	5	2.02
7	6	1.94
8	7	1.89
9	8	1.86
10	9	1.83

質を添加して，所定の前処理，試料液の調製，測定の操作を行い，個々の測定値を試料中濃度に換算して標準偏差を求め上記の式からMDLを計算する．定量下限値はMDLの3倍値とする．

装置の感度変動の日常チェックは1日に1回以上，または10試料に1回以上，定期的に検量線の中間程度の標準液を測定して，装置感度が検量線作成時に比べて±20％以内であることを確認する．これを超えた場合は原因を精査して取り除いた後，それ以前の試料を再測定する．

操作ブランク試験は，試料前処理，試料液の調製，測定に起因する汚染を確認し，試料の分析に支障がない測定環境を設定するために行う．操作ブランクが大きいと定量下限値が大きくなり，測定値の信頼性が低下するため，極力低減を図り，試料濃度への換算値が目標定量下限値以下になるように管理する．試験頻度は10試料ごとに1回，または1日に1回（試料数が10以下の場合）が目安である．

二重測定では，試料採取，前処理操作および機器分析における総合的な信頼

性を確保するため，同一条件で採取した2つ以上の試料について同様に分析する．頻度は10試料ごとに1回が目安であり，2つ以上の測定値の差が平均値に比べて30％以下であることを確認する．それ以上となる場合は原因を精査して取り除き，再測定をする．

トラベルブランク試験は，試料採取準備時から試料測定時までの汚染の有無を確認するためのもので，採取操作以外は試料と全く同様に行いトラベルブランク値とする．移送中に汚染が考えられる場合には，一連の試料採取において試料数の10％程度の頻度で，少なくとも3試料以上行う．

測定操作の記録として，以下の情報を記録し，整理・保管しておく．
① 試料採取に使用する装置や器具の調整，構成および操作．
② 容器などの取扱いおよび保管の状況．
③ 採取対象の条件および状況（採取方法，採取地点，採取日時）．
④ 試料に関する調査項目．
⑤ 試料調製条件．
⑥ 分析装置の校正および操作．
⑦ 測定値を得るまでの各種の数値．

3・2・4　精度管理に関する報告

精度管理に関する以下の情報を記録し，データとともに報告する．
① SOP に規定されていること
　・日常的点検，調整の記録（装置の校正など）．
　・標準物質などのメーカーおよびトレーサビリティー，分析機器の測定条件の設定と結果．
② 検出下限値および定量下限値の測定結果．
③ 操作ブランク試験およびトラベルブランク試験の結果．
④ 試料採取，前処理操作などの回収試験の結果．
⑤ 分析装置の感度の変動．
⑥ 分析操作の記録（試料採取から前処理・分析に関する記録）

3・3　標準物質

日常の分析精度管理や，各自が開発した分析法の正しさを評価するうえで，

§3. 分析精度管理

表1·3 標準物質とその認証値

species	NMIJ CRM 7306-a Marine sediment (mg/kg as Sn)	NRCC PACS-2 Harbour sediment (mg/kg as Sn)	NRCC HIPA-1 Marine sediment (mg/kg as Sn)	NRCC SOPH-1 Marine sediment (mg/kg as Sn)	IRMM BCR-646 Freshwater sediment (mg/kg)	IRMM BCR-462 Coastal sediment (mg/kg)	NIES NIES No.12 Marine sediment (mg/kg)	IRMM ERM-CE477 Mussel tissue (mg/kg)	NIES NIES No.11 Fish tissue (mg/kg as chloride)
TBT	0.044±0.003	0.890±0.105	0.078±0.009	0.125±0.007	0.48±0.08 (0.20 as Sn)	0.054±0.015 (0.022 as Sn)	0.19±0.03 (0.078 as Sn)	2.20±0.19 (0.900 as Sn)	1.3±0.1 (0.47 as Sn)
DBT	0.051±0.002	1.047±0.064		0.174±0.009	0.77±0.09 (0.39 as Sn)	0.068±0.012 (0.035 as Sn)		1.54±0.12 (0.785 as Sn)	
MBT	0.067±0.003				0.61±0.12 (0.41 as Sn)			1.50±0.28 (1.01 as Sn)	
TPT	0.0069±0.0012				0.029±0.011 (0.0098 as Sn)				
DPT	0.0034±0.0005				0.036±0.008 (0.016 as Sn)				
MPT					0.069±0.018 (0.042 as Sn)				
Toal Sn							10.7±1.4		2.4±0.1

標準物質を有効に用いることが重要である．有機スズ化合物の標準物質としては，底質ではわが国のNMIJ（産総研，計量標準総合センター）でCRM 7306-a，NIES（国立環境研究所）でNIES No.12，国外では欧州IRMMでBCR-646とBCR-462，カナダNRCCでPACS-2，HIPA-1およびSOPH-1が作られている[73]．これらのうちHIPA-1およびSOPH-1については，国際度量衡委員会の下にある物質量諮問委員会（CCQM）が主催した各国の代表的な計量標準機関や大学による国際比較試験の結果を基に，各認証値が付与されている．水生生物ではNIESでNIES No.11，IRMMでERM-CE477が作られている．これらをまとめたものを表1・3に示す．日常の精度管理では，試料マトリックス，化学種，濃度を基に各自の分析目的に最適な標準物質を選び，精度管理に用いることが重要であろう．また，開発した分析法の適用範囲を知るうえでは，1種類だけでなく種々の標準物質に適用し，試料マトリックスの影響などを把握することも重要であろう．なお，PACS-2はHIPA-1およびSOPH-1と同様，CCQM主催の国際比較試験においてコントロールサンプルとして分析されており，その結果を基に，TBTおよびDBT濃度については再認証が行われた．また，この再認証に伴い，MBT濃度が認証項目から外されている．これは，以前のMBTの認証値が，実際の濃度よりも低いことが明らかとなったためである[28]．これは標準物質作成当時，認証値決定に使用した抽出法の抽出能が十分でなかったことに起因している．標準物質の認証値といえども，その当時に利用可能な最適な分析法で決定されたものであり，真の値を保証するものではない．また，先のCCQMによる国際比較試験におけるPACS-2中TBTの分析結果は[74]，様々な試料前処理法と分析法による分析結果ではあるが，6.4〜8.8 μmol/kg（TBTカチオンとして）とかなり広い範囲の値が出された．有機スズ化合物は，各国の代表的な分析機関でもこの程度のバラツキが出る難しい分析であることを認識して，各自の分析にも十分な注意を払う必要がある．

〈田尾博明〉

文　献

1) 森田昌敏：有機スズ汚染と水生生物影響（里見至弘・清水誠編），恒星社厚生閣，1992，pp.34-55.
2) S. D. Richardson and T. A. Ternes: *Anal. Chem.*, **77**, 3807-3838（2005）.
3) K. Fent: *Crit. Rev. Toxicol.*, **26**, 1-117（1996）.
4) R. J. Maguire: *Appl. Organomet. Chem.*, **1**, 475-498（1987）.

5) M. D. Muller: *Anal. Chem.*, 59, 617-623 (1987).
6) M. L. Gac, G. Lespes and M. Potin-Gautier: *J. Chromatogr. A*, 999, 123-134 (2003).
7) H. Tao, R. B. Rajendran, C. R. Quetel, T. Nakazato, M. Tominaga, and A. Miyazaki: *Anal. Chem.*, 71, 4208-4215 (1999).
8) T. De Smaele, L. Moens, R. Dam, P. Sandra, J. Van der Eycken , and J. Vandyck: *J. Chromatogr. A*, 793, 99-106 (1998).
9) P. Schubert, E. Rosenberg , and M. Grasserbauer: *Fresenius J. Anal. Chem.*, 366, 356-360 (2000).
10) E. Gonzalez-Toledo, R. Compano, M. D. Prat, and M. Granados: *J. Chromatogra. A*, 946, 1-8 (2002).
11) C. G. Arnold, M. Berg, S. R. Muller, U. Dommann, and R. P. Schwarzenbach: *Anal. Chem.*, 70, 3094-3101 (1998).
12) J. Wu, Z. Mester and J. Pawliszyn: *J. Anal. At. Spectrom.*, 16, 159-165 (2001).
13) G. Lespes, V. Desauzier, C. Montigny, and M. Potin-Gautier: *J. Chromatogr. A*, 826, 67-76 (1998).
14) C. C. Chou and M. R. Lee: *J. Chromatogr. A*, 1064, 1-8 (2005).
15) E. Millan and J. Pawliszyn: *J. Chromatogr. A*, 873, 63-71 (2000).
16) C-C. Chou and M-R. Lee: *J. Chromatogr. A*, 1064, 1-8 (2005).
17) R. Reuther, L. Jaeger, and B. Allard: *Anal. Chim. Acta*, 394, 259-269 (1999).
18) C. Pecheyran, C. Quetel, C. R. Lecuyer, and O. F. X. Donard: *Anal. Chem.*, 70, 2639-2645 (1998).
19) P. Jitaru, H. G. Infante, and F. C. Adams: *J. Anal. At. Spectrom.*, 19, 867-875 (2004).
20) D. R. Parkinson, I. Bruheim, I. Christ, and J. Pawliszyn: *J. Chromatogr. A*, 1025, 77-84 (2004).
21) J. Vercauteren, C. Peres, C. Devos, P. Sandra, F. Vanhaecke, and L. Moens: *Anal. Chem.*, 73, 1509-1514 (2001).
22) N. P. Vela and J. A. Caruso: *J. Anal. At. Spectrom.*, 11, 1129-1135 (1996).
23) V. Lopez-Avila, Y. Liu, and W. F. Beckert: *J. Chromatogr. A*, 785, 279-288 (1997).
24) Y. Cal, R. Alzaga, and J. M. Bayona: *Anal. Chem.*, 66, 1161-1167 (1994).
25) L. Yang, Z. Mester, and R. E. Sturgeon: *J. Anal. At. Spectrom.*, 18, 1365-1370 (2003).
26) J. Szpunar, V. O. Schmitt, and R. Lobinski: *J. Anal. At. Spectrom.*, 11, 193-199 (1996).
27) R. B. Rajendran, H. Tao, A. Miyazaki, R. Ramesh, and S. Ramachandran : *J. Environ. Monit.*, 3, 627-634 (2001).
28) J. R. Encinar, P. R. Gonzalez, J. I. G. Alonso, and A. Sanz-Medel: *Anal. Chem.*, 74, 270-281 (2002).
29) R. B. Rajendran, H. Tao, T. Nakazato, and A. Miyazaki: *Analyst*, 125, 1757-1763 (2000).
30) R. Wahlen and C. Wolff-Briche: *Anal. Bioanal. Chem.*, 377, 140-148 (2003).
31) J. R. Encinar, P. Rodriguez-Gonzalez, J. R. Fernandez, J. I. G. Alonso, S. Diez, J. M. Bayona, and A. Sanz-Medel: *Anal. Chem.*, 74, 5237-5242 (2002).
32) J. L. M. Vidal, A. B. Vega, F. J. Arrebola, M. J. Gonzalez-Rodriguez, M. C. M. Sanchez, and A. G. Frenich: *Rapid Commun. Mass Spectron.*, 17, 2099-2106 (2003).
33) K. Mizuishi, M. Takeuchi and T. Hobo: *J. Chromatogr. A*, 800, 267-273 (1998).

34) J. Gui-bin and Z. Quan-fang: *J. Chromatogr. A*, **886**, 197-205 (2000).
35) Ch. Bancon-Montiny, G. Lespes, and M. Potin-Gautier: *J. Chromatogr. A*, **896**, 149-158 (2000).
36) A. F. L. Godoi, R. S. Montone, and M. Santiago-Silva: *J. Chromatogr. A*, **985**, 205-210 (2003).
37) L. Lobinski, W. M. R. Dirks, M. Ceulemans, and F. C. Adams: *Anal. Chem.*, **64**, 159-165 (1992).
38) S. Girousi, E. Rosenberg, A. Voulgaropoulos, and M. Grasserbauer: *Fresenius' J. Anal. Chem.*, **358**, 828-832 (1997).
39) J. C. Botana, R. R. Rodriguez, A. M. C. Diaz, R. A. L. Ferreira, R. C. Torrijos, and I. R. Pereiro: J. *Anal. At. Spectrom.*, **17**, 904-907 (2002).
40) S. Tutschku, M. M. Schantz, and S. A. Wise: *Anal. Chem.*, **74**, 4694-4701 (2002).
41) I. R. Pereiro and A. C. Diaz: *Anal. Bioanal. Chem.*, **372**, 74-90 (2002).
42) S. Aguerre, C. Pecheyram, G. Lespes, E. Krupp, O. F. X. Donard, and M. Potin-Gautier: *J. Anal. At. Spectrom.*, **16**, 1429-1433 (2001).
43) A. Prange and E. Jantzen: *J. Anal. At. Spectrom.*, **10**, 105-109 (1995).
44) R. Ritsema, T. de Smaele, L. Moens, A. S. de Jong, and O. F. X. Donard : *Environ. Pollut.*, **99**, 271-277 (1998).
45) J. Vercauteren, A. De Meester, T. de Smaele, F. Vanhaecke, L. Moens, R. Dams, and P. Sandra: *J. Anal. At. Spectrom.*, **15**, 651-656 (2000).
46) 岩村幸美・門上希和夫・陣矢大助・花田喜文・鈴木 學：分析化学（Bunseki Kagaku），**48**, 555-561 (1999).
47) 岩村幸美・門上希和夫・陣矢大助・花田喜文・棚田京子：分析化学（Bunseki Kagaku），**49**, 523-528 (2000).
48) 田尾博明・R. B. Rajendran・長縄竜一・中里哲也・宮崎 章・功刀正行・原島 省：環境化学, **9**, 661-671 (1999).
49) J. R. Encinar, J. Alonso, and A. Sanz-Medel: *J. Anal. At. Spectrom.*, **15**, 1233-1239 (2000).
50) L. Yang, Z. Mester, and R. E. Sturgeon: *J. Anal. At. Spectrom.*, **17**, 944-949 (2002).
51) M. Monperrus, R. C. R. Martin-Doimeadios, J. Scancar, D. Amouroux, and O. F. X. Donard: *Anal. Chem.*, **75**, 4095-4102 (2003).
52) K. Inagaki, A. Takatsu, T. Watanabe, Y. Aoyagi, and K. Okamoto: *Analyst*, **128**, 265-272 (2003).
53) S. Aguerre, G. Lespes, V. Desauziers, and M. Potin-Gautier: *J. Anal. At. Spectrom.*, **16**, 263-269 (2001).
54) N. G. Orellana-Velado, R. Pereiro, and A. Sanz-Medel: *J. Anal. At. Spectrom.*, **16**, 376-381 (2001).
55) J. W. Waggoner, L. S. Milstein, M. Belkin, K. L. Sutton, J. A. Caruso, and H. B. Fannin: *J. Anal. At. Spectrom.*, **15**, 13-18 (1999).
56) K. M. W. Siu, G. J. Gardner, and S. S. Berman: *Anal. Chem.*, **61**, 2320-2322 (1989).
57) W. Nigge, U. Marggraf, and M. Linscheid: *Fresenius J. Anal. Chem.*, **350**, 533-537 (1994).
58) G. Lawson, E. D. Woodland, T. Jones, and T. Wilson: *Appl. Organomet. Chem.*, **10**, 135-145 (1996).

59) E. Magi and C. Ianni: *Anal. Chim. Acta*, **359**, 237-244 (1998).
60) G. Lawson, R. H. Dahm, N. Ostah, and E. D. Woodland: *Appl. Organomet. Chem.*, **10**, 125-133 (1996).
61) J. I. Garcia-Alonso, A. Sanz-Medel, and L. Ebdon: *Anal. Chim. Acta*, **283**, 261-271 (1993).
62) H-J. Yang, S-J. Jiang, Y-J. Yang, and C. Hwang: *Anal. Chim. Acta*, **312**, 141-148 (1995).
63) Y. Inoue, K. Kawabata, and Y. Suzuki: *J. Anal. At. Spectrom.*, **10**, 363-366 (1995).
64) 郡 宗幸・佐藤幸一・井上嘉則・井出邦和・大河内春乃：分析化学（Bunseki Kagaku），**44**, 537-542 (1995).
65) S. White, T. Catterick, B. Fairman, and K. Webb: *J. Chromatogr. A*, **794**, 211-218 (1998).
66) E. Rosenberg, V. Kmetov, and M. Grasserbauer: *Fresenius, J. Anal. Chem.*, **366**, 400-407 (2000).
67) T. L. Jones-Lepp, K. E. Varner, M. McDaniel, and L. Riddick: *Appl. Organomet. Chem.*, **13**, 881-889 (1999).
68) T. L. Jones-Lepp, K. E. Varner, and B. A. Hilton: *Appl. Organomet. Chem.*, **15**, 933-938 (2001).
69) T. L. Jones-Lepp, K. E. Varner, and D. Heggem: *Arch. Environ. Contam. Toxicol.*, **46**, 90-95 (2004).
70) Y. Takahashi, N. Sakakibara, and M. Nomura: *Anal. Chem.*, **76**, 4307-4314 (2004).
71) 環境省水環境部企画課：要調査項目等調査マニュアル（水質，底質，水生生物），平成14年3月 http://w-chemdb.nies.go.jp/bunseki-asp/pdfs/water/yochosa/H13/y14-03.pdf
72) EPA Method 8323, "Determination of Organotins by Micro-Liquid Chromatography-Electrospray Ion Trap Mass Spectrometry", 2003年. http://www.epa.gov/epaoswer/hazwaste/test/new-meth.htm#8323.
73) K. Inagaki, A. Takatsu, T. Watanabe, T. Kuroiwa, Y. Aoyagi, and K. Okamoto: *Anal. Bioanal. Chem.*, **378**, 1265-1270 (2004).
74) R. E. Sturgeon, R. Wahlen, T. Brandsch, B. Fairman, C. Wolf-Briche, J. I. Garcia Alonso, P. Rodriguez Gonzalez, J. Ruiz Encinar, A. Sanz-Medel, K. Inagaki, A. Takatsu, B. Lalere, M. Monperrus, O. Zuloaga, E. Krupp, D. Amouroux, O. F. X. Donard, H. Schimmel, B. Sejeroe-Olsen, P. Konieczka, P. Schultze, P. Taylor, R. Hearn, L. Mackay, R. Myors, T. Win, A. Liebich, R. Philipp, L. Yang, and S. Willie: *Anal. Bioanal. Chem.*, **376**, 780-787 (2003).

2章

海洋汚染実態と海洋環境における動態

§1. 化学的研究手法における解析

1・1 沿岸域

　沿岸域とは「海岸線をはさんだ陸域・海域のある一定の幅をもつ範囲」と定義された区域で，ほとんどが港湾，漁業，観光などなんらかの用途に使用されていることから，人間活動がさかんな水域である．近年，利便性や効率化のために，化学物質の多様化および使用量が増大し，それにより，生息する生態系への影響がもっとも懸念される水域となった．1992年6月の地球サミットで採択された行動計画「アジェンダ21」では，人間活動と生態系における沿岸域の重要性を強調し，2020年には世界人口の3/4が沿岸域に住むとして，「沿岸国は，自国の管轄下にある沿岸域および海洋環境の総合管理と持続可能な開発を自らの義務とする」と定めた．このようなことから，沿岸域の環境保全はもっとも重要度および緊急性の高い課題となり，何らかの改善にむけての努力が必要となった．

　沿岸域での化学物質汚染を想定した際，代表的な汚染物質として船底防汚塗料や漁網に使用されていた有機スズ化合物があげられる．1960年頃より防汚塗料として使用されてきた有機スズ化合物は，フジツボなどの付着生物および海藻の付着に対して高い防汚効果があるとともに，溶出量が制御でき，その効果の持続性も高いため，その需要は年々増加してきた．しかし，カキの形態異常をはじめとして，新複足類に対するインポセックス（メスにペニスが形成される現象）などの環境ホルモン作用による水生生物に対する影響が懸念された．アメリカ，イギリスなどをはじめ先進国では，1980年頃より各国独自で環境目標値の設定，全長25m以下の船舶への使用禁止，溶出量の制限などの規制を行った．諸外国の規制状況の詳細については，水産学シリーズ『有機スズ汚

染と水生生物影響』[1]を参照されたい．また，わが国でも「化学物質による審査および規制に関する法律」に基づき，1990年1月にトリブチルスズオキシド（TBTO）は第1種指定化学物質に，同年1月に7種のトリフェニルスズ化合物（TPT）が，また同年9月に13種のトリブチルスズ化合物（TBT）が第2種指定化学物質に指定された．1990年7月には，水産庁次長通達により，有機スズ系漁網防汚剤および船底塗料の全面使用禁止の決定を通知している．

　有機スズ化合物とは，図2・1に示すようにスズ原子にブチル基やフェニル基が共有結合した化合物の総称であり，これらの物質は金属的および有機物的な両性質を有するため，物性から予測した環境中での挙動が従来の有機汚染物質とは異なることが知られている．また，環境中に放出された有機スズ化合物は水中で分解することにより，TBTは，ジブチルスズ化合物（DBT）やモノブチルスズ化合物（MBT）が，TPTは，ジフェニルスズ（DPT）やモノフェニルスズ化合物（MPT）が生じる．環境中での有機スズ化合物の動態を把握するためには，これら物質をすべて測定する必要があるが，極性が幅広くなるため，同時分析方法を確立することが非常に困難であった．しかし，前章の「微量有機スズ化合物の分析法の開発」や「最新の計測技術」[2]で解説されているように，ここ10年間の分析方法のめざましい進歩により，かなり有機スズ化合物の環境中での動きが解明されてきた．本章では，フィールド調査および実験室レベルの結果から得られた新たな知見を中心に，有機スズ化合物の沿岸域での濃度の推移や動態について解説する．この章で使用している有機スズ化合物の単位は，基本的にはスズとして換算したものである．有機スズの単位は，スズイオン（Sn）の他に，有機スズイオン，塩化物イオンおよびトリブチルスズオキサイド（TBTO）として表記されている場合がある．以下にスズイオンへの換算係数を示す．

有機スズイオン

　　$Sn = 0.41 \times TBT^+ = 0.34 \times TPT^+$

塩化物イオン

　　$Sn = 0.36 \times TBT\ Cl = 0.31 \times TPT\ Cl$

　　TBT Cl：塩化トリブチルスズ

　　TPT Cl：塩化トリフェニルスズ

TBTO

　　$Sn = 0.20 \times TBTO$

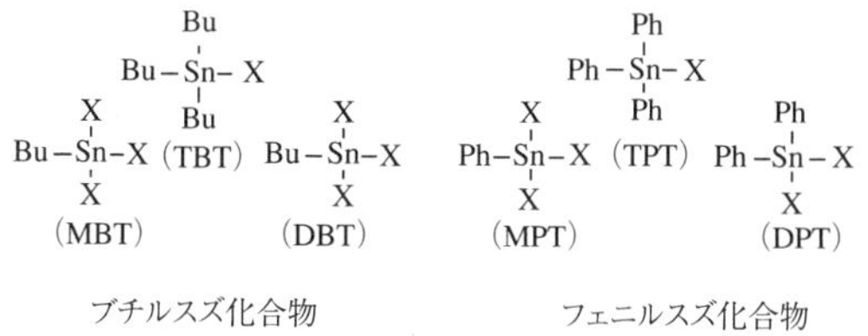

```
              Bu                           Ph
           Bu–Sn–X                      Ph–Sn–X
         X   |   X                    X   |   X
             Bu                           Ph
   Bu–Sn–X (TBT) Bu–Sn–X      Ph–Sn–X (TPT) Ph–Sn–X
      X           X              X            X
   (MBT)       (DBT)          (MPT)        (DPT)
```

　　　ブチルスズ化合物　　　　　　　フェニルスズ化合物

図2·1　ブチルおよびフェニルスズ化合物の構造
Bu：C_4H_9, Ph：C_6H_5, X：Cl, OHなど

他の文献などと比較する場合は注意をしていただきたい．

1·1·1　日本沿岸域のおける有機スズ化合物の分布

　環境省[3]は，TBTは1988年度，TPTは1989年度から，北海道から九州にいたる日本沿岸域約35地点で水および底泥を対象に調査を実施してきた．経年的な濃度レベルの変化を見ると，水中のTBTとTPTは減少し，2002年度では，水のTBTは＜0.003〜0.023 μg TBTO/L（96検体中13検体検出），TPTは＜0.001〜0.002 μg TPT Cl/L（96検体中3検体検出）となった．底泥中では，TBT，TPTともに調査開始時から最近に至るまで若干減少傾向にあり，TBTは＜0.8〜210 ng TBTO/g dry（102検体中83検体検出），TPTは＜1.0〜29 ng TPT Cl/g dry（102検体中49検体検出）になった．TBTは1986年度から，TPTはその翌年から貝類，鳥類および魚類の調査が実施されている．これらの生物中に蓄積しているTBTは，調査開始当初は減少傾向にあったが，近年は変化が見られず，貝類では30検体すべてから10〜50 ng TBTO/g，鳥類では，すべて10 ng TBTO/g以下，魚類では，＜10〜100 ng TBTO/g（72検体中31検体検出）で検出され続けている．生物中のTPTは，TBTよりも顕著な減少が見られ，現在TPTは貝類では≦20 ng TPT Cl/g（30検体中5検体検出），鳥類では，10検体中いずれの検体からも検出されず（＜20 ng TPT Cl/g）魚類では，20〜50 ng TPT Cl/g（72検体中6検体検出）であった．環境省の総合的な見解は，「国内における開放系用途の生産および使用はほとんどないことを考慮すれば，TBTやTPTの汚染状況は改善されていくものと期待されるが未規制国・地域の存在に伴う汚染も考えられることから，今後も引き続き環境汚染対策を継続するとともに環境汚染状況を監視していく必要がある」と評価している．

38   2章　海洋汚染実態と海洋環境における動態

　日本各地の港湾域の利用方法は，大きく分けると外航船が入港する貿易港と小さい内航船舶や漁船が使用する漁港に分類することができる．そこで，沿岸域の利用方法に注目し，有機スズ化合物の分布の特徴を見ていくこととする．貿易港の例として大阪港を，漁港は岩手県の大槌湾を代表として有機スズ汚染の特徴を以下に述べる（図2・2）．

　大阪港は，港湾区域が4,774ヘクタールと比較的小さな港域であるが，図2・3に示すように沿岸域は多くの工場が立ち並び，わが国でも有数の国際的貿易

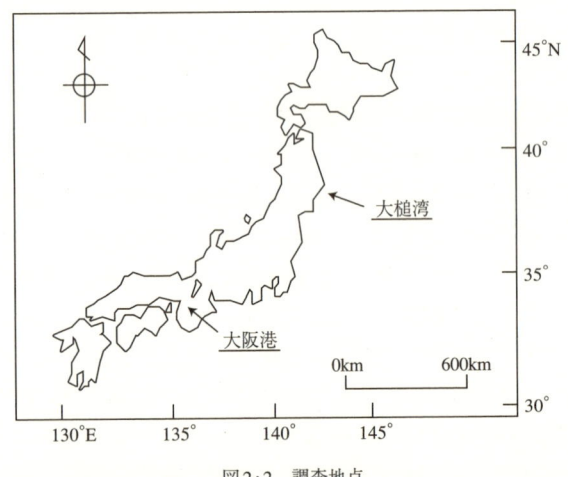

図2・2　調査地点

図2・3　大阪港の沿岸域

港である．船舶係留施設を181バースを有し，毎年約80,000隻の船舶（外航船は約50％）が入出しているというような船舶密度が非常に高い水域である．この大阪港における有機スズ化合物の調査結果から，経年的な汚染レベルの推移，現状について述べる．

大阪港内7地点と大阪港外1地点を試料採取地点として，規制が行われた1990から有機スズ化合物のモニタリング調査が行われている[4]．この約10年間の結果から，各々の地点での水中のTBTの減衰傾向を3つのグループにまとめると，①1990年の規制当初から2年ほどの間に急激に減少し，その後の変化がほとんど見られていない水域，②規制当初から2年ほど若干減少し，その

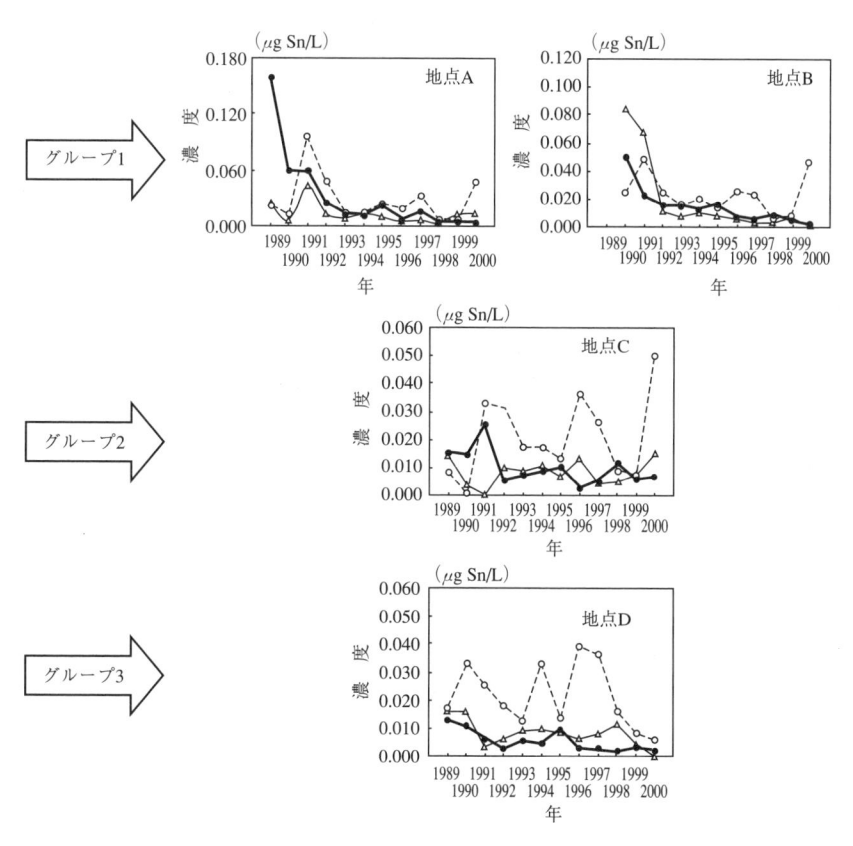

図2·4　大阪港の水中におけるブチルスズ化合物の濃度レベルの推移
●TBT，△DBT，○MBT

後は横ばいの水域，③規制当初からほとんど変化が見られない水域に分けることができる（図2・4）．グループ1に属するのはマリーナおよび小型船舶係留施設が多く存在し水の交換の悪い水域である．また，グループ2は一般的な港内の減衰パターンで，グループ3は港外に位置する地点である．ブチルスズ化合物の組成を見ると，グループ1や2では，規制当初ではTBTの割合が高かったが，その後TBTの分解物であるDBTやMBTの割合が高くなってきていた．これは，船舶などからの負荷に対して環境中での分解速度が勝ったためであり，つまり，TBTの使用量の減少が水中濃度に反映していることを示している．グループ3は規制当初からTBTの分解物が優先していた．一方，底泥に蓄積したTBTはほとんど減少せず，比較的高い濃度で残留していた（図2・5）．ただ，底泥の場合，塗料片が混入している場合もあり，採取地点の異なりにより，大きく値が変化している．ブチルスズ化合物の組成は，ほとんどの地点でTBTが優先していた．プランクトンやムラサキイガイ中の濃度は，図2・6，2・7に

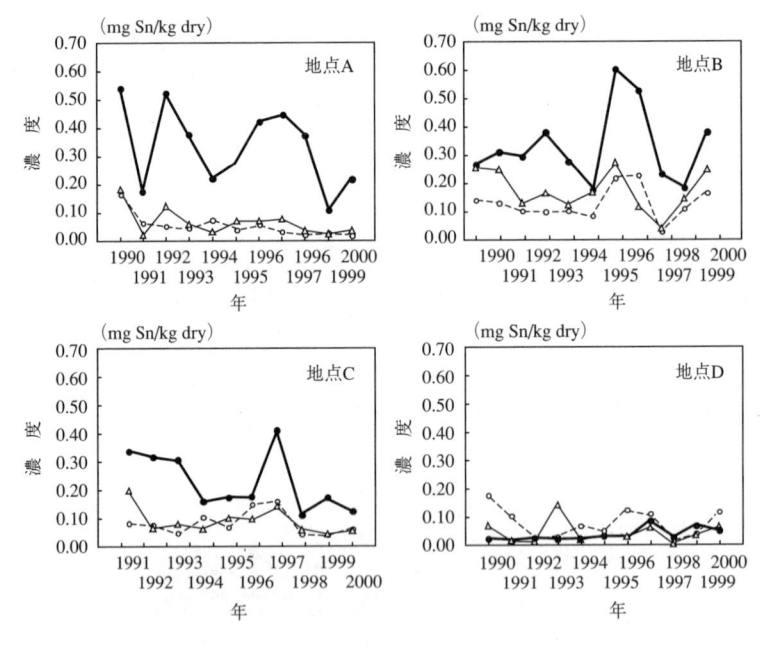

図2・5 大阪港の底泥中におけるブチルスズ化合物の濃度レベルの推移
● TBT, △ DBT, ○ MBT

§1. 化学的研究手法における解析　41

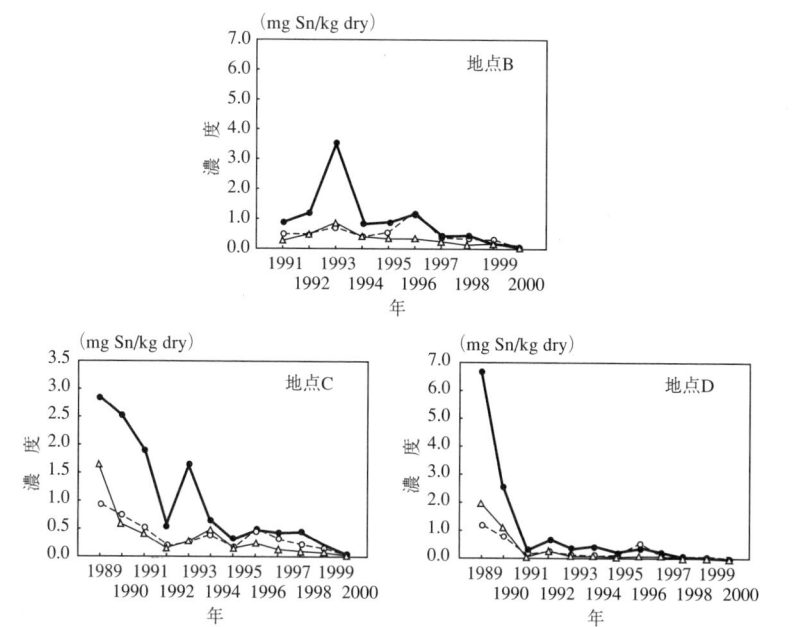

図2·6　大阪港で採取したプランクトン中におけるブチルスズ化合物の濃度レベルの推移
● TBT, △ DBT, ○ MBT

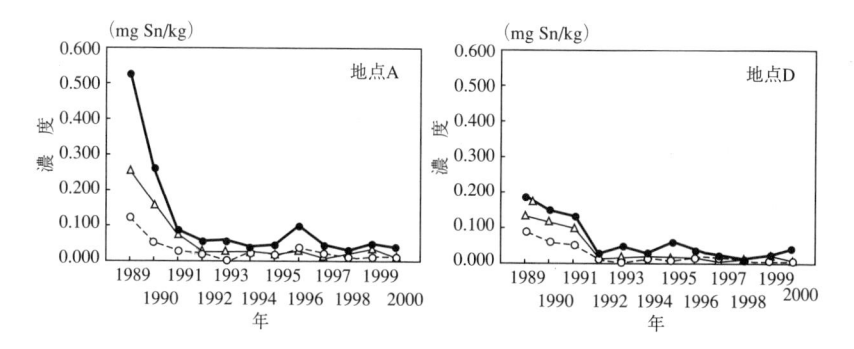

図2·7　大阪港で採取したムラサキイガイ中におけるブチルスズ化合物の濃度レベルの推移
● TBT, △ DBT, ○ MBT

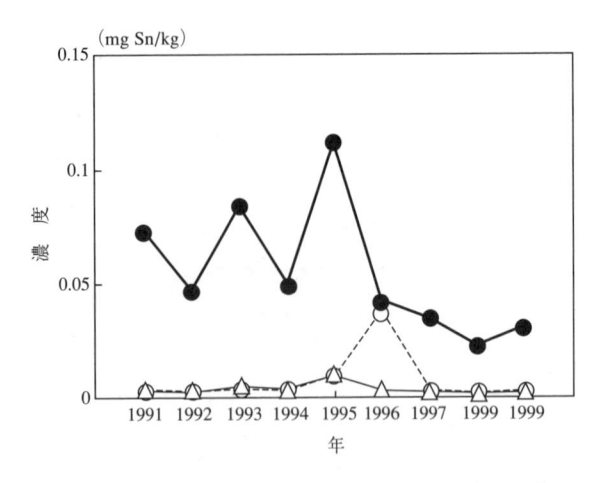

図2・8　大阪港で採捕した魚（*Lateolabrax japonicus*）の可食部
　　　中におけるブチルスズ化合物の濃度レベルの推移
　　　● TBT,　△ DBT,　○ MBT

示すように規制後2年ほどは減少しているが，それからは横ばいであった．魚では，他の生物のような規制後の著しい濃度の減少は見られていない（図2・8）．なお，生物中のブチルスズ化合物の組成は，どの種も同じでTBTが優先していた．

現在，大阪港におけるTBTの水中の濃度レベルは数 10 ng Sn/L レベル，底泥では10～100 μg Sn/kg dry，ムラサキイガイでは10～100 μg Sn/kg，魚では数10 μg Sn/kgであり，船舶密度が高く，水の交換の悪い水域では濃度が高い傾向が見られた．特に，小規模の塗料の塗り替えのみ行う造船所周辺で，濃度が局所的に高かった．

TPTは，1990年の規制当初から水中ではほとんど検出されず，底泥，プランクトンおよびムラサキイガイでも規制後急減に減少し，最近では水の交換が悪く，船舶密度の高い地点のみしか検出されなくなっている．しかし，フェニルスズ化合物の組成はTPTが優先していた．魚の可食部中のTPTはゆっくりと減少しているが，現在，他の媒体からは検出されなくなったにもかかわらず，検出され続けている（図2・9）．

漁港の例としては，三陸沿岸域に位置する大槌湾を代表として，有機スズ化合物汚染の現状を示す．大槌湾は水域面積が20.2 m^{2}と小さく，湾口幅が4.1

kmと狭く閉鎖された湾であり，見た目は非常に美しい水域である（図2・10）．この湾内には，小さな漁港がいくつか存在するほか，湾口部の岩礁域にはワカメ，コンブ，ホンダワラ類の藻場があり，ホタテガイ，ノリの養殖も行われている．このような水域でも，有機スズ化合物の使用規制以前には，漁網防汚剤

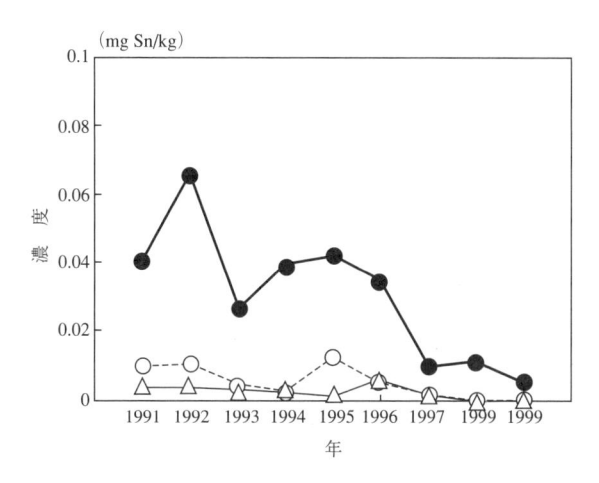

図2・9　大阪港で採捕した魚（*Lateolabrax japonicus*）の可食部中におけるフェニルスズ化合物の濃度レベルの推移
● TPT，△ DPT，○ MPT

図2・10　大槌湾の沿岸域の様子

44　2章　海洋汚染実態と海洋環境における動態

表2·1　大阪湾における水、底泥、プランクトンおよびムラサキイガイ中の有機スズ化合物濃度の経年的変化

		MBT	DBT	TBT	MPT	DPT	TPT
表層水	1996	0.009 (0.007-0.013)	0.008 (0.004-0.028)	0.014 (0.010-0.030)	0.004 (0.003-0.005)	<0.002 (<0.002)	<0.002 (<0.002-0.003)
	1997	0.008 (0.007-0.009)	0.006 (0.006-0.007)	0.015 (0.006-0.024)	<0.002 (<0.002)	<0.002 (<0.002)	<0.002 (<0.002)
	1999	0.004 (<0.002-0.007)	0.007 (0.006-0.009)	0.010 (<0.002-0.022)	<0.002 (<0.002)	0.003 (<0.002-0.005)	<0.002 (<0.002)
底 泥	1996	0.016 (<0.003-0.045)	0.021 (<0.003-0.051)	0.062 (0.003-0.262)	<0.003 (<0.003-0.007)	<0.003 (<0.003)	0.006 (<0.003-0.013)
	1999	0.031 (0.009-0.078)	0.019 (0.004-0.049)	0.049 (0.008-0.148)	0.014 (<0.003-0.068)	0.003 (<0.003-0.012)	0.012 (<0.003-0.037)
	2000	0.020 (0.008-0.035)	0.016 (<0.003-0.044)	0.051 (0.009-0.164)	<0.003 (<0.003)	<0.003 (<0.003)	<0.003 (<0.003)
	2001	0.017 (0.005-0.036)	0.014 (<0.002-0.035)	0.056 (0.016-0.110)	<0.003 (<0.003)	<0.003 (<0.003)	<0.003 (<0.003-0.006)
プランクトン	1996	0.154 (0.057-0.227)	0.035 (0.027-0.058)	0.199 (0.097-0.401)	0.089 (0.006-0.179)	0.008 (<0.003-0.040)	0.055 (0.007-0.228)
	1997	0.038 (0.025-0.052)	0.017 (0.012-0.023)	0.101 (0.053-0.148)	<0.003 (<0.003)	<0.003 (<0.003)	0.007 (<0.003-0.014)
	1999	0.043 (0.015-0.133)	0.026 (0.004-0.098)	0.067 (0.010-0.255)	0.010 (<0.003-0.046)	<0.003 (<0.003)	0.004 (<0.003-0.015)
ムラサキ イガイ	1995	0.019 (0.006-0.058)	0.024 (0.006-0.073)	0.059 (0.022-0.123)	<0.003 (<0.003)	<0.003 (<0.003)	0.008 (<0.003-0.018)
	1996	0.021 (0.009-0.036)	0.018 (0.006-0.036)	0.033 (0.018-0.075)	0.006 (<0.003-0.012)	<0.003 (<0.003)	0.018 (0.004-0.043)
	1997	0.007 (<0.003-0.011)	0.019 (<0.003-0.037)	0.027 (<0.003-0.058)	<0.003 (<0.003)	<0.003 (<0.003)	0.011 (<0.003-0.023)
	1999	0.007 (0.003-0.013)	0.007 (0.005-0.015)	0.021 (0.012-0.048)	<0.003 (<0.003)	<0.003 (<0.003)	<0.003 (<0.003)

表層水：μg Sn/L、底泥とプランクトン：mg Sn/kg dry、ムラサキイガイ：mg Sn/kg

として有機スズ化合物が使用されたと考えられる．この水域で1995～2001年の6年間，水，底泥，プランクトン，ムラサキイガイ中の濃度を調査した報告がある[5-6]（表2・1）．この間，水中のTBT濃度の変化は見られなかったが，プランクトンやムラサキイガイ中のTBTは減少した．通常，水中濃度の減少より若干遅れてプランクトンやムラサキイガイの減少が見られるので，1995年以前に水中濃度が減少したということが予測できる．底泥中のTBTは大阪港と同様，調査期間では濃度レベルの減少は見られなかった．

現在，大槌湾における水中のTBTの濃度は数10 ng Sn/L，底泥は10～100 μg Sn/kg dry，ムラサキイガイは10～100 μg Sn/kg，魚は数10 μg Sn/kgであり，大阪港と比較すると，ほぼ同レベルであった．さらに，大槌湾全体の底泥中において，地点間分布を見ると，造船所を中心として拡散している状況が見られ，現在でも造船所周辺の底泥では，局所的に1 mg Sn/kg dry近い濃度で検出されているところもあり，過去，造船所を中心として，相当量のTBTの水環境中への負荷があったことを物語っている．また，水中の有機スズ化合物の組成は，大阪港ではTBTの分解物が優先していたにもかかわらず，大槌湾ではなおTBTの割合が高く，これは，水中への侵入速度が分解速度よりも勝っていることを示している．

TPTは水中からは検出されなかった．しかし，底泥，プランクトンおよびムラサキイガイでは，調査が開始された1995～1996年では検出されたが，その後は減少し1999年では検出されなくなった．しかし，魚中には数10 μg Sn/kgで蓄積していた．

大阪港のような国際的な貿易港と大槌湾のような漁港での汚染の異なりは，漁港では規制の効果が環境中の濃度に反映されるのが遅いということである．一方，共通していることは，水中の濃度レベルは現在でも巻貝にインポセックスを発症させる1 ng Sn／L以下には減少していないということ，水，生物中の濃度は減少したが，底泥中の蓄積したTBTは変化が見られないということ，魚中からは2000年の時点でも，TBTに加えてTPTも検出されてることである．

1・1・2　世界各国の有機スズ化合物汚染の現状

かつては，世界中の至る所の港湾域が有機スズ化合物により汚染されていたため，1980年後半より先進国を中心に，全長25 m以下の船舶に使用禁止，溶出量の制限，環境目標値の設定などのなんらかの規制措置がとられた．これら

の規制の効果を環境中のTBTの濃度から評価した報告がいくつかある．スイスの港において，1988～1990年の濃度と，1991～1994年の濃度を比較すると，水中の濃度は減少しているが，底泥や生物の汚染状況はほとんど変わっていないと報告している[7]．ドイツでは，1985～1999年には貝類中のTPTは減少したが，TBTについては変化が見られなかったことから，TPTは現在使用されていないが，TBTは使用されていると推測している[8]．また，スペインでは，フェニルスズ化合物は現在水中からは検出されていないが，ブチルスズ化合物はすべての地点から検出されており，底泥からも比較的高い濃度で検出されている[9]．他の国に比べて比較的早く有機スズの影響を懸念し，使用の規制をしたイギリスでは，現在もテームス川やマージー川の底泥やムラサキイガイ（*Mytilus edulis*）にTBTが蓄積しており，テームス川では上流域から下流域に向かい，その濃度が減少するため，上流域にはなんらかの汚染源があることを推測している[10]．アメリカのクース湾では1986～1997年にかけ底泥およびハマグリ中の濃度は減少し続けていると報告している[11]．また，アイスランドでは，小規模港ではインポセックスの回復が見られたが大規模港では回復は見られなかったというように，港の規模で回復状況が異なっていることを示している[12]．これらの報告から，日本で見られた傾向と同様に，先進国においては，ブチルスズ化合物は，沿岸域の水環境中に負荷を与えつづけており，現在でも何らかの影響を与えている可能性がある．一方，フェニルスズ化合物は減少し，検出頻度は低くなっていることがわかる．

　規制が全く行われていない東南アジアなどの開発途上国では，分析技術などの遅れのため，化学物質による汚染の状況がほとんど不明であった．日本の大学関係者が中心となって，東南アジアの諸大学と共同研究を行うことにより，これらの開発途上国の汚染の現状を把握する試みが行われ，有機スズ化合物に関しても1995年より次第に汚染の状況が解明されてきた．貝類中の有機スズ化合物濃度は水中の有機スズ化合物濃度を反映することに基づき，有機スズ汚染の指標として貝類を用いるマッセルウォッチが，1995年頃より東南アジアを中心に行われている．この調査によると，東南アジアの中でも，最近急速に経済成長した香港，マレーシアやタイの底泥やミドリイガイ（*Perna viridis*）から比較的高い濃度でTBTが検出され，船舶はもとより養殖においてもかなり使用されている傾向が見られている[13-14]．さらに，人間活動の盛んな水域では，総スズのうちブチルスズ化合物が高い割合を占めているといった状況で

ある[13]．また，タイでは底泥に比較的高い濃度でTBTが蓄積しているが，1995年と2004年を比較すると減少している傾向を示している[15]．一方，ベトナムは経済活動が急速に発展した国であるにもかかわらず，比較的有機スズ汚染レベルの低い国であったと報告されている[16]．フェニルスズ化合物に関しては情報が少ないが，タイ，ベトナムの底泥やハマグリ（*Metetrix* spp.）中では，ブチルスズ化合物に比べ検出頻度や濃度がかなり低く，有機スズ化合物はTBTが主であることがわかってきている．

最近では，調査地域が拡大され，台湾[17]，メキシコ[18]，アラブ首長国連邦やオマーン[19]，韓国[20]，北極周辺[21]でも有機スズ化合物汚染に関する情報が多く報告されており，各国において，濃度レベルの多少の違いはあっても，かなり有機スズ化合物汚染が広範囲に広がっていることが解明されつつある．

1・1・3 水環境中での有機スズ化合物の動態
1）水中での有機スズ化合物の挙動

船底および漁網から水中に溶出したTBTは，まず水中の懸濁物質に分配する．TBTの懸濁物質への吸着係数（Kp）は$1.5 \sim 27.3 \times 10^3$と幅広い[7]．これは，TBTの溶存態と懸濁態の割合が懸濁物質の濃度により変化するためで，たとえば，懸濁物質の濃度が高い都市の生下水では，TBTの88％が懸濁物質に吸着して存在した．しかし，懸濁物質の濃度が低い放流水では，TBTが懸濁物質に吸着している割合は53％と低くなった．また，ヨットハーバーの海水では，95〜99％が溶存態として，残りは懸濁物質に吸着した．溶存態として存在しているTBTの存在形態はpHにより変化する[22]．TBTの酸解離定数（pKa）は6.25であることから，pKa以下の場合はTBT$^+$として，pHが上昇するにつれ，TBT$^+$は減少し，水中に共存するOH^-，Cl^-やNO_3^-のような各種イオンと結合した．pH8の海水では，TBTの93％がTBTOHとなっていた．

水中のTBTは，油，炭化水素およびタンパク質などからなる表層ミクロレイヤーに濃縮されており，モデル実験の結果から，約1日でミクロレイヤーの濃度は下層に比べて3倍になったという報告がある[23]．ミクロレイヤーから表層下30cm位までは急激に濃度が減少し，それ以下は徐々に減少していた[24-25]．水深が数十mの沿岸域では，船舶などによる水の攪乱および季節の変化による水の上下混合の影響を受け，TBTは鉛直方向に均一に分布していた[26]．

水中に溶出しているTBTは，夏季には長期間残留することができず，半減期は7～30日と早かった．しかし，冬季では2ヶ月以上と遅くなった[7]．このような，水中でのTBTの残留を制御する因子として，加水分解，揮散，光分解，微生物分解がある．TBTは化学的に安定な物質であるので，中性の自然水中では加水分解は受けないと考えられる．太陽光による分解の半減期は淡水では89日以上であったが，海水では10.5日と早くなった．しかし，1日の太陽光の照射時間を夏季では約5時間，冬季ではその1/10程度を見積もるとTBTの光分解による消失は少ないと想定できる．また，TBTの大気中への揮散について蒸気圧から半減期を見積もると70日となり，水中のTBTが大気に揮散していることは考えがたい．微生物分解の半減期は，水域によって異なったが，ほぼ1週間程度と早かったことから，水中濃度を制御する重要な因子であるといえる[27]．また，緑藻類（*Ankistrodesmus falcatus*）は，TBTを蓄積した後無機スズまで分解し，その半減期は約25日であったと報告されている[28]．微細藻類もTBTを分解し，TBTの初期濃度を0.4～1.0 μg/Lに調製すると，半減期が3～13日であることが見積もられている[29]．サンディエゴ湾の水を使ってTBTの分解物をも含めた微生物分解試験を行い，それらの消失速度を比較すると，DBTがMBTに分解する速度はTBTがDBTに分解する速度より遅く，TBTが最終的に無機スズになるまでは50～75日必要であると見積もっている[30]．

TPTに関する情報は非常に少ないため，水中での挙動は不明な部分が多く残されている．限られた情報から挙動を集約すると，TPTのKpは21～113×10^4であり，TBTよりも懸濁物質に吸着しやすい物質であることがわかっている．したがって，TPTが水中に溶解すると63～87％は懸濁物質に吸着したと報告されている[7]．また，TPTは，水中ではTBTよりも安定であり，淡水，海水および排水中にTPTを溶解し，28日の保存後でも75％が残留していた．

2）底泥中での有機スズ化合物の挙動

TBTの底泥への分配は，水や底泥の成分により変化するため，淡水および海域の底泥を用いて水と底泥間の分配係数（Kp）を算出すると，0.34～64×10^3（1/kg）と幅広い．底泥への吸着力は，水中の塩分濃度やpHが増加するにつれ減少したことがわかっている．また，底泥の有機物濃度とTBT濃度に正の相関があったことも報告されている[7]．TBTの粘土層への吸着は可逆的で，3日間海水と振とうすることで80％のTBTが溶出してきたが，振とうしない

場合は全く溶出してこなかった[31]. 振とうした時の脱着速度は,はじめは速く,その後は低下した. また,吸脱着は底泥の粒子サイズ,有機炭素の割合や粘土鉱物の割合によっても異なった. 底泥中に蓄積した有機スズ化合物は,水中に比べ分解が非常に遅く,1～5年と推定されている[7]. 嫌気的な条件になるとさらに長くなり,柱状試料における垂直分布と底泥の蓄積速度から有機スズの使用開始時期見積もることができたと報告されている[26].

TPTのKpは$21～113×10^4$であり,TBTよりも約1オーダー高く,さらに底泥に蓄積しやすい物質であることがわかる[7]. 底泥に吸着したTPTの分解に関する情報はほとんどないが,柱状試料におけるフェニルスズ化合物の組成を見ると,ほとんどの層でTPTの割合が分解物より勝っており,かなり分解は遅いことが推測されている.

このように,有機スズ化合物は底泥に蓄積しやすく,一度底泥に蓄積すると長期間にわたり残留していることがわかる.

3) 生物体内での有機スズ化合物の挙動

貝類,魚類および海生哺乳類などの有機スズ化合物の蓄積傾向は,種類によってかなり違いがある. イギリスのマージー川で採取した6種類の貝類 (*Mytilus edulis*, *Littorina littorea*, *Mya arenaria*, *Cerastoderma edule*, *Scrobicularia plana* および *Macoma Balthica*),藻類(*Fucus vesiculosus*)およびゴカイ類(*Nereis diversicolor*)に蓄積しているブチルスズ化合物の濃度を比較すると,一般的に水中に生息している貝類よりも底泥中に生息する貝類の濃度が高い傾向が見られた[32]. また,底泥に生息する種の中でも,貝の種類により蓄積性が異なり,特に *M. arenaria* はTBTを蓄積しやすく,ブチルスズ化合物の組成からもTBTがその代謝物であるDBTやMBTよりも優先していた(図2・11). これは,TBTの代謝速度が非常に遅いためであり,底泥中のTBTの指標としてもっとも有効な生物であると考えられる. 一方,*N. diversicolor* 中のTBT濃度は,他の底泥に生息する種に比べ最も低く,ブチルスズ化合物の組成は,TBTよりもその分解物であるMBTの濃度が著しく高かった. この種では,TBTの代謝がかなり活発に行われていることが伺える.

水中のTBTの指標としてしばしば利用されている *M. edulis* は,水中に生息する種の中では比較的蓄積濃度が高かったが,組成を見ると分解物であるMBTが優先しており,TBTを代謝していることがわかる. 一方,藻類の *F. vesiculosus* はTBT濃度がもっとも低かった.

50   2章　海洋汚染実態と海洋環境における動態

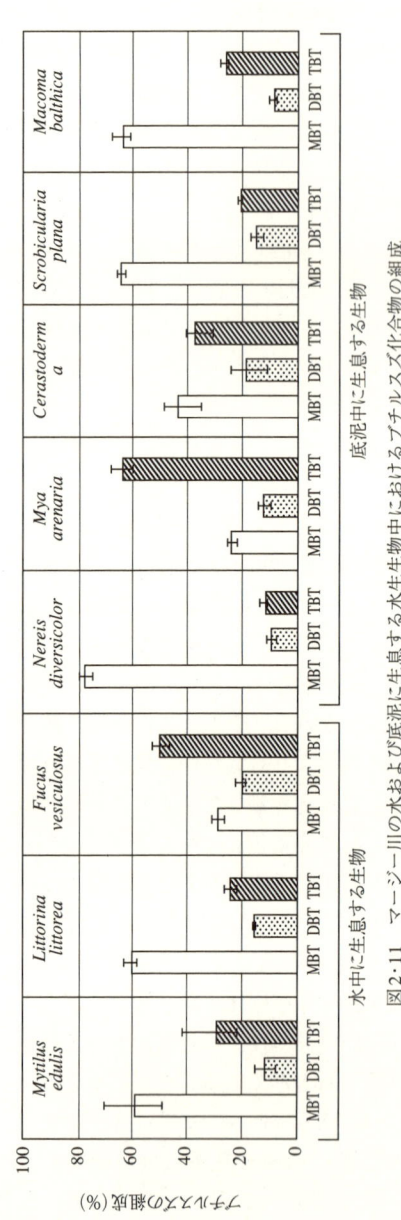

図2・11　マージー川の水および底泥に生息する水生生物中におけるブチルスズ化合物の組成

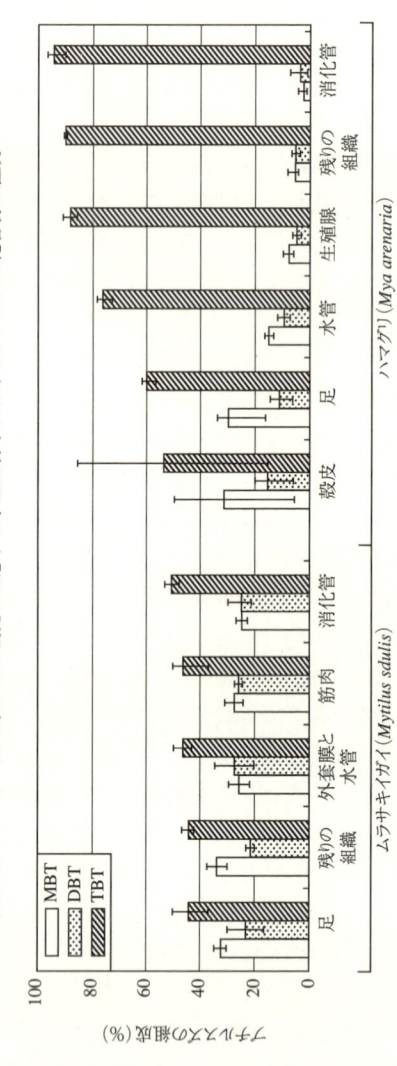

図2・12　ムラサキイガイ (*Mytilus edulis*) とハマグリ (*Mya Arenaria*) 中に蓄積しているブチルスズ化合物の組成

貝類の体内を詳細に見ていくと，組織や器官においても濃度が異なっていることがわかった．M. edulis の体内分布を見ると，鰓＞生殖腺＞消化管＞腎臓，筋肉の順に TBT 濃度が高い傾向が見られている[33]．特に，消化管や鰓は外套膜や筋肉よりも2〜3倍濃度が高かった．また，足，外套膜と水管，貝柱および消化管中のブチルスズの組成は MBT が 25〜34 %，DBT が 23〜28 %，TBT が 44〜51 % といずれの器官もほぼ同じ割合であった（図2·12）．M. arenaria では殻皮，足，水管，生殖腺および消化管における TBT 濃度を比較すると，消化管よりも足のほうが TBT 濃度は高く，ブチルスズ化合物の組成は，いずれの組織も TBT が優先していた（図2·12）．しかし，M. edulis とは異なり，その割合は組織や器官により異なっていた．

魚類に関しても有機スズ化合物の体内分布が研究されている．大阪港の汽水域から採捕した8種の魚（カワハギ（Stephanolepis cirrhifer），スズキ（Lateolabrax japonicus），イボダイ（Psenopsis anomala），イシモチ（Pennehia argentatus），ハマチ（Seriola quinqueradiata），タチウオ（Trichiurus japanicus），シマフグ（Takifugu xanthopterus），キス（Sillago japonica））と大阪市内河川域の3種の魚（ボラ（Mugil cephalus），ニゴイ（Hemibarbus barbus），ブルーギル（Lepomis macrochirus））中の筋肉部の TBT および TPT 濃度を比較すると，汽水域から採捕した魚のほうが，有機スズ化合物濃度が高かった[34]（図2·13）．また，有機スズ化合物濃度と魚の体長，脂質含量および雌雄間に相関は見られなかった．また，スズキ，イシモチおよびハマチの

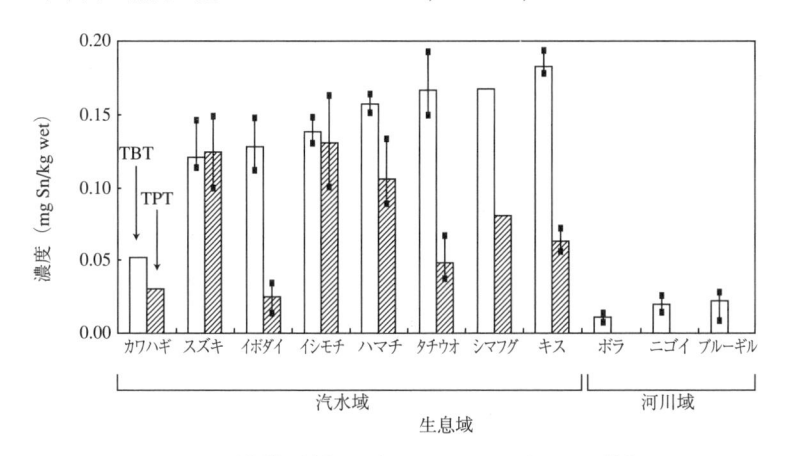

図2·13 大阪港で採捕した魚中における TBT と TPT の濃度

体内分布を見ると，肝臓や血液の多く含まれている腎臓や心臓で高く，鱗や鰓で低い傾向が認められた（図2・14，2・15）。イギリスのマージー川やテームス川の底泥に生息するウナギ（*Anguilla anguilla*）では，心臓や胆嚢でTBT濃度が高く，筋肉や生殖腺で低かったと報告されている[35]．また，ウナギ肝臓中の濃度は底泥の濃度を反映していることから，底泥中のTBT汚染の指標生物としての可能性が示唆されている[35]．

沿岸域に生息するイルカなどの組織および臓器からも高濃度のブチルスズやフェニルスズ化合物が検出されており，特に肝臓で高い傾向が見られた[36-38]．一方，アザラシなどは鯨類に比べて濃度が低く，これは，毛を通してブチルス

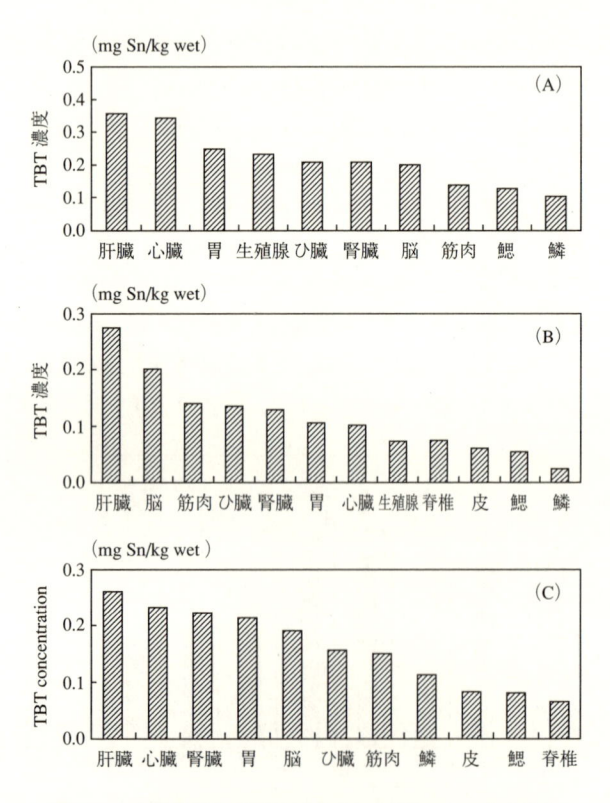

図2・14 大阪港湾域で採捕した魚中におけるTBTの体内分布
(A) スズキ，(B) イシモチ，(C) ハマチ

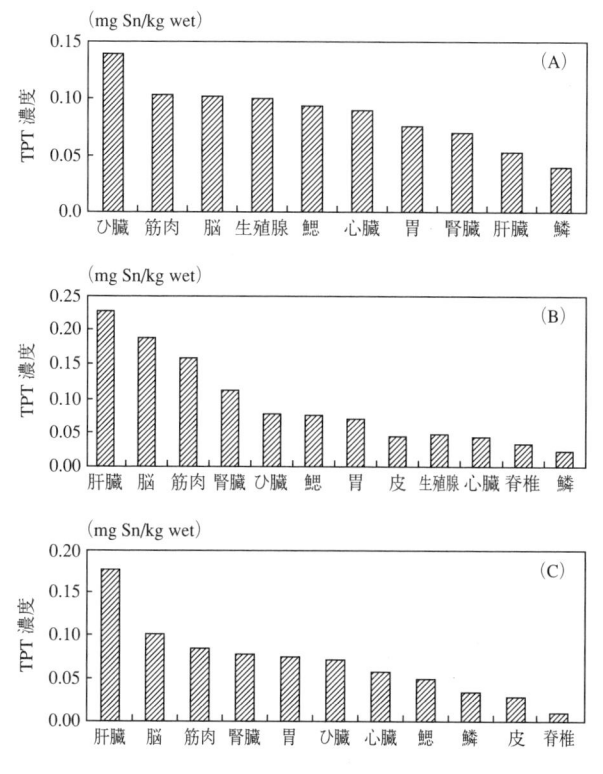

図2·15 大阪港湾域で採捕した魚中におけるTPTの体内分布
(A) スズキ, (B) イシモチ, (C) ハマチ

ズ化合物を排出していることによると考えられている[39]. 海生哺乳類における有機スズ化合物の代謝に関しては, 後章で詳細に述べられているので本章ではこれまででとどめておきたい.

1·1·4 まとめ

沿岸域における有機スズ化合物汚染は各国において規制されたため, フェニルスズ化合物に関してはかなり改善されてきた. ブチルスズ化合物に関しては, 若干の改善は見られているものの, なお沿岸域の水域環境中に残留し, 水, 底泥から水生生物に影響を及ぼすレベルで検出され続けている. 2008年のIMOによる世界的な規制により, 有機スズ化合物の水中濃度はさらに低減すること

が予測される．しかし，沿岸域の環境における有機スズ汚染の将来を想定した場合，懸念される多くの事象が残されている．その主なものに，これまで底泥に蓄積した有機スズ化合物は，残留し続けるため，船舶などからの有機スズ化合物の水中への溶出が減少したとしても，底泥中に蓄積している有機スズ化合物が新たな汚染源となり，今後も水中に影響を及ぼしていくことが予測できる．そのため沿岸域の環境保全を考えていく上では，底泥に残留している有機スズ化合物の除去を考えていく必要がある．また，魚からはTBTのみならずTPTも検出され続けている．今後は，水中にはほとんど検出されなくなったTPTがなおも魚類に蓄積している原因についても研究を進めていく必要がある．その他，東南アジアで使用された船舶の解体が行われているが，解体の際における有機スズ化合物の影響の有無についても検討していかなければならない課題である．このように，多くの問題点が山積みされているため，規制後も沿岸域を中心にモニタリング調査を継続することで，有機スズ化合物の推移を監視し，規制の効果を評価していくことが重要であると思われる． (張野宏也)

1・2 沖合域

1・2・1 国内の生物・底質モニタリング調査

海水中の有機スズ化合物濃度は極めて低いため，海水を直接分析する代わりに，有機スズ化合物を濃縮していると考えられる生物を分析することにより汚染状況を把握することが古くから行われている．環境省では，1974年以来，化学物質環境実態調査として，一般環境中における化学物質の残留状況を継続調査している[40]．生物中のTBTは1985年度から，TPTは1989年度から実施しており，2003年度にはTBT，TPTにDBT，DPT，MPTを加えた5種類の有機スズ化合物について，また，2004年度にはジオクチルスズ化合物（DOT）

表2・2 沖合域魚類中の有機スズ化合物濃度（ng/g wet）[40]

		2002年度		2003年度	
		TBT	TPT	TBT	TPT
北海道釧路沖	ウサギアイナメ	nd	12～40	3～4	5.3～6.9
北海道日本海沖	アイナメ	nd～2	5.1～8.0	nd	3.6～5.6
茨城県常磐沖	サンマ	4～6	1.2～1.9	2～5	1.2～1.8

nd：検出限界以下

について調査した．これらの調査対象海域はほとんどが沿岸域であるが，一部，沖合域（北海道釧路沖，北海道日本海沖，茨城県常磐沖）が含まれている．この3海域の魚類中の分析結果は，2001年度まではほぼすべて検出限界以下であるが，2002，2003年度には表2·2に示す値が検出されている．2002年度以降検出されるようになった理由は，2002年度の定量下限値が2001年度に比べてTBTで3/10，TPTで3/40と低くなったためである．他の海域の汚染状況は徐々に改善していることから，この沖合域でも汚染は減少しているものと考えられる．

環境省の別の調査として「海洋環境モニタリング調査」が1998年度から行われている[41]．この調査は，日本周辺海域の調査地点における陸域からの汚染による水質・底質への影響や，海洋生物に蓄積される汚染物質の濃度などについて調査することにより，海洋の汚染状況を把握することを目的としている．調査海域を図2·16に示す．2003年度の「廃棄物の海洋投入処分による汚染を対象とした調査」において，無機性汚泥などの投入処分海域（B海域のX-2-2）の底質で，ブチルスズ化合物とフェニルスズ化合物が高い値（乾燥重量濃度として，ブチルスズ化合物：410 ng/g，フェニルスズ化合物：120 ng/g）を示した．また，有機性汚泥などの投入処分海域（C海域のY-3-2）の底質で，フェニルスズ化合物が非常に高い値（3,800 ng/g）を示した．これらの測点においては，過去に有機スズ化合物を測定したことはないため，この汚染がいつ頃から起きているものかは不明である．2004年度の再調査では，各測点で2回の採取を行い，1回目の採取は2003年度と同じ地点とし，2回目の採取は西方に約300 m離した地点で行った．その結果，X-2-2測点ではブチルスズ化合物については，2003年度よりも高い値が観測された（740〜5,100 ng/g）．ブチルスズ化合物のうちTBTは，最大で3,700 ng/gであった．フェニルスズ化合物についても，2004年度はさらに高い290〜810 ng/gの値が検出された．Y-3-2測点ではフェニルスズ化合物が，2003年度の3,800 ng/gと比較すると低いものの，320 ng/gという高い値が検出された．これらの結果から，X-2-2の堆積物中には，高濃度のブチルスズ化合物とフェニルスズ化合物が，Y-3-2の堆積物中には高濃度のフェニルスズ化合物が存在していることが確認された．大阪湾では，ブチルスズ化合物は約30 ng/g，フェニルスズ化合物は約3 ng/g程度であり，沖合域において大阪湾よりも1〜3桁高い値が検出されることは通常あり得ない．したがって，この汚染は海洋投棄が主な原因と推察される．これ

らの地点は水深が4,400 mもあり，底層は現在のところ漁場として利用されておらず，海底付近の魚介類をヒトが直接摂取することはない．また，食物連鎖を介してヒトの食用となる魚介類に有機スズ化合物が濃縮される可能性も低い．これらのことから，これらの海域の有機スズ化合物がヒトの健康に影響を及ぼす可能性は低いが，今後汚染の拡大を監視する適切なモニタリングが必要と考えられる．

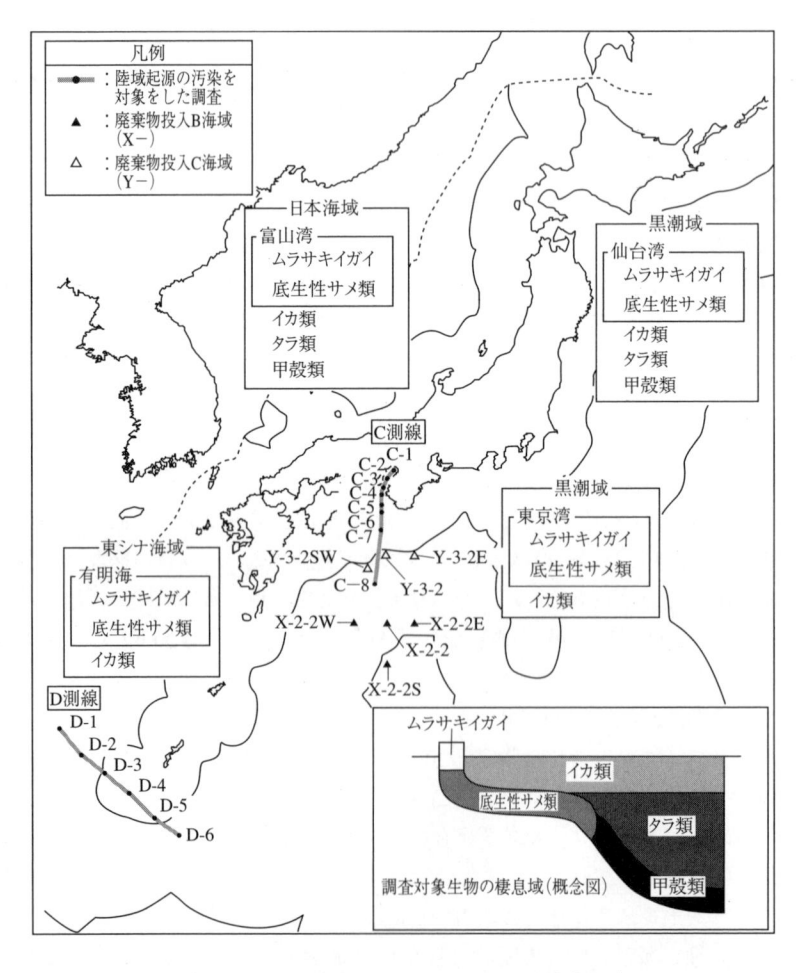

図2・16　2003年度海洋環境モニタリングの調査位置[41]

同調査の「陸域起源の汚染を対象とした調査」において，図2·16のC測線とD測線の底質中の有機スズ化合物が測定されている．結果を図2·17に示す．ブチルスズ化合物はC-5を除き沿岸寄りで高く沖合寄りで低くなっており，陸域からの負荷を反映していると考えられる．一方，フェニルスズはC-7において高くなっており，その原因は不明である．また，日本近海域で採取した海洋生物の体内濃度の分析結果を図2·18に示す．ここに示した生物のうち，ムラサキイガイは沿岸の潮間帯・海底，底生性サメ類は沿岸の海底付近，イカ類は沖合の表層，タラ類は沖合の中層から底層，甲殻類は沖合の海底付近の汚染を反映していると考えられる．1998～2002年度の平均値および検出範囲と比べると，東シナ海域のフェニルスズ化合物がやや高くなった以外は，過去5年間の値と同等の値を示しており，汚染の進行は認められなかった．なお，同調査では，有機スズ化合物の他にも，大阪湾沖C-5付近の海底質から，海洋投棄が原因と考えられるPCBの高濃度汚染が見出されている．このような海洋投棄や不法投棄による汚染は極めて稀な事象なのか，それとも氷山の一角であるのか，今後十分な調査が必要であろう．全世界の海洋の体積は1.37×10^9 km³である．この海水すべてを1 ppq（10^{-12}g/L）の濃度とするには，わずか1.37×10^3 tの物質量があればよい．地球はわれわれの実感以上に小さい存在であり，

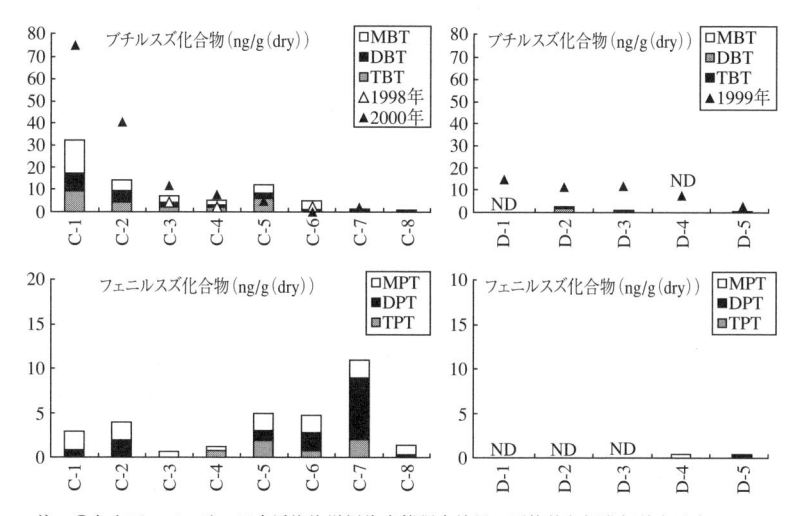

注：○と上下のバーは，日本近海海洋汚染実態調査結果の平均値と標準偏差を示す

図2·17 底質調査結果（C測線）[41]

58　2章　海洋汚染実態と海洋環境における動態

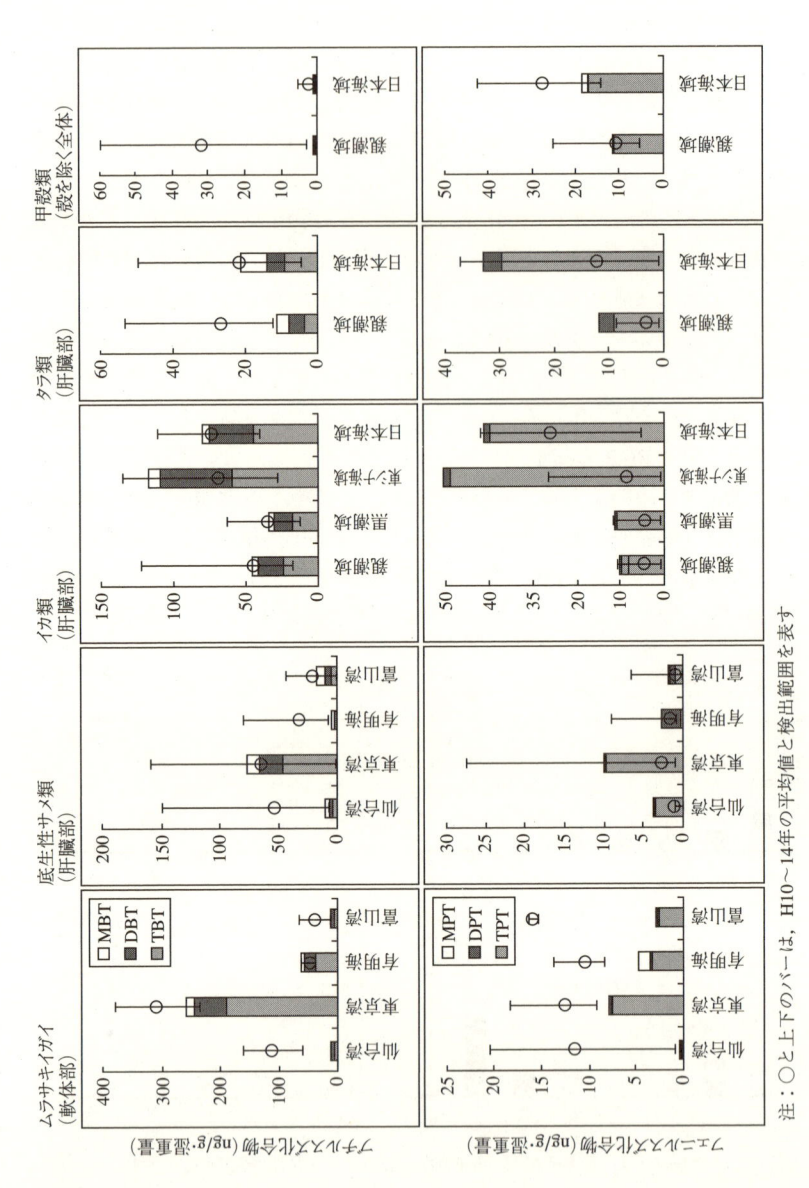

図2・18　生体濃度の測定結果[41]

注：○と上下のバーは、H10〜14年の平均値と検出範囲を表す

§1. 化学的研究手法における解析　59

大切にすべきものである．海洋投棄のように局所的，一過性と考えられるものでも，地球環境に及ぼす影響は意外と大きいかもしれない．

1・2・2　国内の海水モニタリング調査
1）瀬戸内海における有機スズ化合物の分布

海水中の有機スズ化合物を直接分析した例として，筆者らの研究を紹介する[42]．この研究は港のように高濃度の汚染が観測された地点だけではなく，瀬戸内海全般にわたる有機スズ化合物の分布を明らかにすることを目的とした．得られた分布を図2・19に示す．海水試料は，1999年1月28〜29日に，国立環境研究所が大阪〜別府間のフェリーに設置した自動採水設備を利用して，海面下約5mの海水をステンレス鋼製パイプに通してポンプより連続的に船内に供給し，これをガラス製保存瓶に採取した．各地点で2試料ずつ採取し，1試料は直ちに孔径$0.45\mu m$のメンブレンフィルターで濾過して溶存態分析用とし，他方は濾過せず全量分析用とした．分析方法には，テトラエチルホウ酸ナトリウム（$NaBEt_4$）によるエチル化，ヘキサン抽出，GC/ICP-MS による測定を採用した．本法の装置検出限界はSnとして絶対量で約$1\,fg\,(10^{-15}g)$，元の海水中濃度にして $40\,fg/L$ である[43]．TBT濃度は大阪湾（Sta.1）から別府湾（Sta.12）に向かうにつれて徐々に低下した．各海域のTBT濃度には，①TBT含有塗料を用いている外国船舶の通航量と，②外洋水との交換量が大きく影響すると考えられる．①に関しては，わが国の貿易貨物輸送に占める外国船籍の割合は輸出で98％，輸入で84％であり[44]，瀬戸内海の港湾貨物取扱量は年間16億万tとわが国の48％に上る[45]．また，瀬戸内海の港湾の入港船舶万t数（1996年）は，多い順に神戸（2.7億），大阪（1.6億），水島（0.8億），堺泉北（0.8億），高松（0.6億），大分（0.6億），広島（0.5億）と瀬戸内東部が多い[44]．②に関しては，水温および電気伝導度の測定結果から，外洋水が豊予海峡から瀬戸内海に流入していると推測された．この流入量に関しては$0.23\times10^8\,m^3/$日の値が報告されており，モデルを用いた数値計算により伊予灘（Sta.9〜12）の海水は外洋水と速やかに交換することが解析されている[46]．以上のように，外国船舶量，外洋水との交換量のいずれも，瀬戸内海の東部でTBT濃度が高くなることを示唆しており，観測結果と一致した．また，大阪湾の海水の50％が外洋に出ていく時間は約0.1年と速いにもかかわらず[46]，1 pptの濃度が観測されたことは，わが国のTBT使用が全廃されていた観測当時でも依然

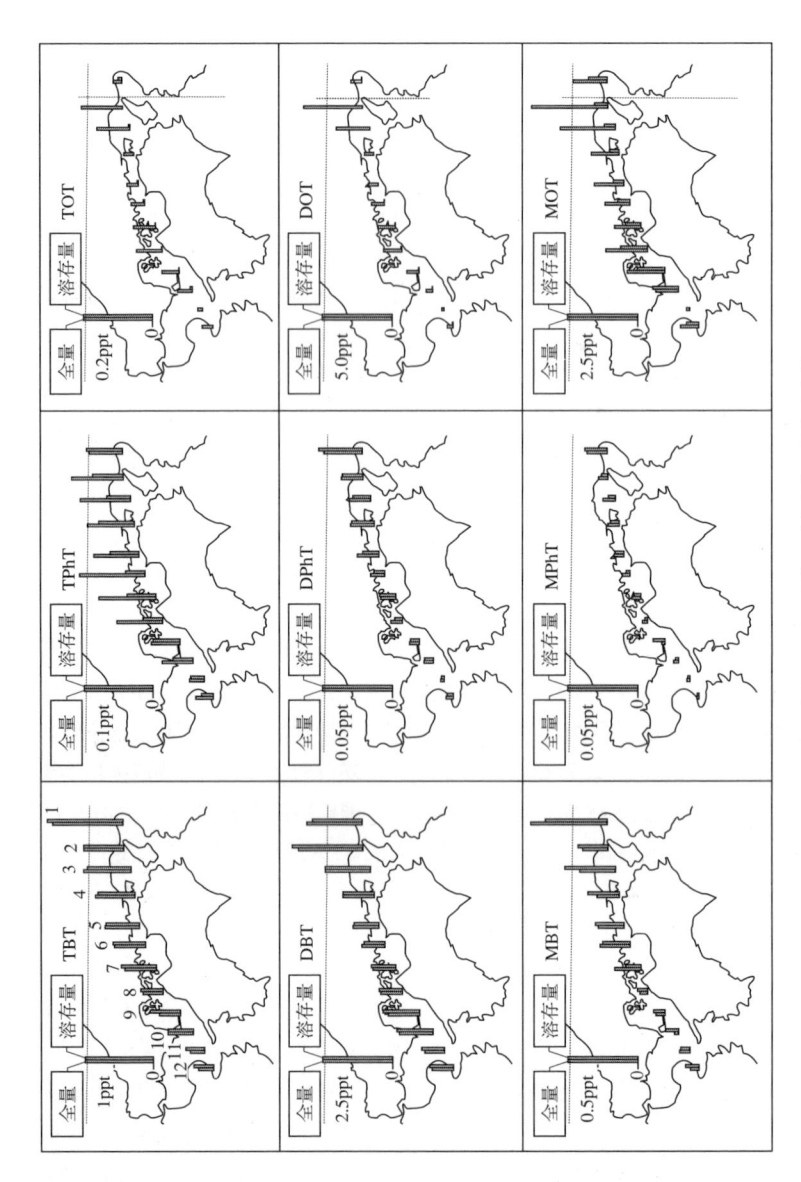

図2·19　瀬戸内海における有機スズ化合物の濃度分布[42]

として船舶（および底質）からの溶出量が大きかったことを示している．

　他のブチルスズおよびフェニルスズ化合物に関しては，Sta.2においてDBT濃度が高くなること，およびTPTの全量分布が異なることを除けば，TBTとほぼ同じ分布パターンが得られた．TPTはTBTの約1/10の濃度で，溶存態分布はTBTと似ているが，懸濁態として存在する割合が高く全量分布は大きく異なっていた．これまでの研究において，底質−水間の分配係数（K_d）はTPTが$21{\sim}113\times10^3$ L/kg，TBTが$1{\sim}3.0\times10^3$ L/kgと報告されており（この値は底質の有機物含量により大きく変わり，有機物含量1〜2％の砂でははるかに小さい値$0.5{\sim}2\times10^3$ L/kgとなる）[7]，TPTはTBTより懸濁態として存在しやすいと考えられる．オクチルスズは疎水性が高く，トリ体（TOT）とジ体（DOT）は大部分が懸濁態として存在した．局所的（Sta.2）に高濃度が観測されたが，オクチルスズ化合物は主にプラスチック安定剤に使用されているため，その発生源は陸域と考えられるが，岸から5 km以上離れたSta.2〜3の海域で数ng/Lの濃度となることから，岸に近い海域ではより高濃度の汚染が懸念される．播磨灘（Sta.3）の海水も3ヶ月後には大阪湾に拡散すると計算されていることから[46]，Sta.2の汚染は容易にSta.1に拡がると考えられるが，実際にはSta.1のオクチルスズ（特にTOC，DOT）濃度は低いままであったのは，これらが懸濁態として海水から底質へ沈降しているためかもしれない．これに加えて，他の観測時期ではオクチルスズ濃度は低値となったことから，オクチルスズは懸濁態として海水から底質へ速やかに沈降することが示唆された．オクチルスズは一般に哺乳動物に対する毒性は低いため，それ自体が問題となる濃度ではないが，有機スズの環境挙動を考慮する上で有用な情報を与えてくれる．

　TBTやTPTは船底塗料に，オクチルスズ化合物はプラスチック安定剤に使用されている．DBTはプラスチック安定剤に使用される一方，TBTの分解生成物でもある．わが国でPVCの安定剤として使用されるスズの量は1996年，1997年とも約2,500 tと報告されている[47]．これまでTBT, DBT, MBTの比率からその起源が推定されているが[48]，本研究ではより多くの化学種が測定されたことから更に詳細な情報が抽出できると期待される．各化学種の存在パターンから各Stationの汚染形態を明らかにするため，階層的クラスター分析（HCA）と主成分分析（PCA）を行った．図2·20には全量濃度に関するPCAのスコアープロットとローディングプロットを示す．第1主成分の寄与率は59％で，ローディングプロットからわかるようにTBT, DPTなど船底塗料起

源の化学種の寄与が大きい．第2主成分の寄与率は28％で，オクチルスズなどのプラスチック安定剤起源の化学種の寄与が大きい．HCAにおいて類似度0.5で分類すると，各StationはSta.1，Sta.2～3，Sta.4～7，Sta.8～12の4グループに分かれる．このうちSta.1は主に船底塗料起源の汚染であり，Sta.2～3は船底塗料およびプラスチック安定剤起源の汚染がともに激しいことが特徴である．Sta.4～7は両起源の汚染とも瀬戸内海の平均的な汚染であり，Sta.8～12は船底塗料起源の汚染が低いことが特徴である．図2・19でSta.2のTBT濃度がSta.1より低いにもかかわらず，Sta.2のDBT濃度がSta.1より高くなった原因は，DOT同様プラスチック安定剤に使用されているDBTがTBT分解生成物であるDBTに加わったためと考えられる．

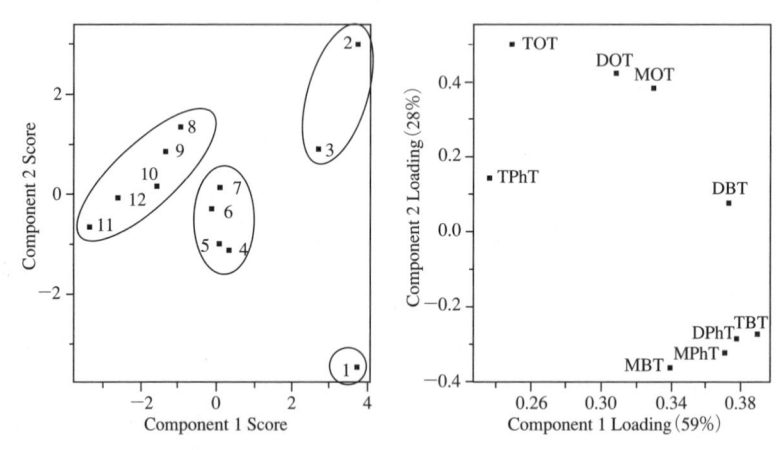

図2・20 瀬戸内海海水中の有機スズ化合物の主成分分析（PCA）．スコアープロットおよびローディングプロット[42)]

図2・21には各Stationにおけるブチルスズ，フェニルスズ，オクチルスズの有機スズ化合物に占める割合を示した．他の海域に比べて，Sta.11はオクチルスズの割合が低いのが特徴であるが，これはオクチルスズ濃度の低い外洋水が流入しているためと考えられる．Sta.9からSta.12にかけての伊予灘の水系に，豊予海峡から特性の異なる外洋水が流入していることは，図2・20のスコアープロットにおいて，Sta.10とSta.12の距離が近い一方，Sta.11が離れていることにも現れている．図2・21からわかるように，TBTの有機スズ化合物全体に占める割合は，全量では5～15％（溶存態でも10～23％）しかない．しかも今回の分析法では蒸発濃縮の段階でメチルスズ化合物は揮散するため測定されていな

い．これらを含めればTBTの割合は更に低下する．TBTとTPT以外の有機スズ化合物はインポセックス作用が報告されていないが[49]，DBTには細胞毒性[50]や遺伝毒性[51]も報告されている．生物に対する毒性が必ずしもすべて解明されていない現段階では，海洋生態系に及ぼす影響を考察する場合にはTBTのみでなく，他の化学種を含めて検討することが重要ではないかと考えられる．

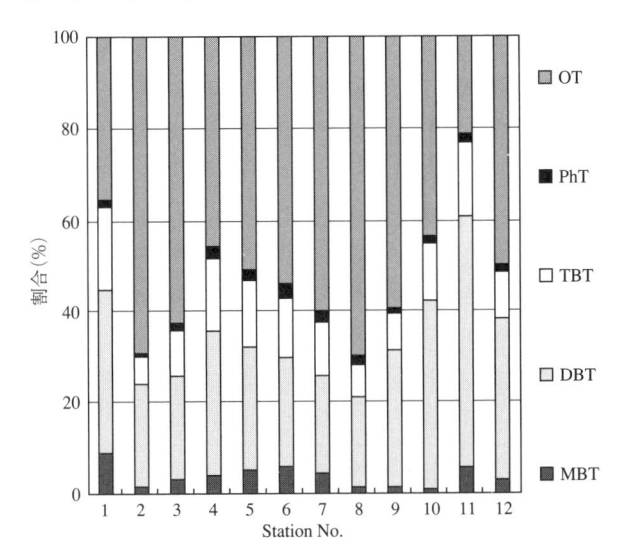

図2・21 瀬戸内海海水中の有機スズ化合物の割合．
PhT = MPT + DPT + TPT and OT = MOT + DOT + TOT．[42]

2）東シナ海および日本近海における有機スズ化合物の分布

東アジア海域は，著しく経済が発展している地域と接しており，また海流などによりこれらの海域から日本近海への物質輸送が考えられることから，わが国にとって，この海域での物質循環メカニズムの解明は急務であろう．図2・22に，筆者らが東シナ海，対馬，隠岐，室戸，久米島，および波照間島で採水した海水中のTBT濃度を示す[52]．東シナ海域のTBT濃度は予想以上に高く，0.3 pptを超える海域もあった．この海域は漁業が盛んであり，船底塗料を施した漁船からの汚染が考えられる．また，東シナ海における水塊構造や海流[53]，並びに，対馬最南端豆酸崎や隠岐などでは海岸にハングル文字や中国語が書かれた漁具やペットボトルが多数漂着している事実から考えて，東シナ海域に放出された有機スズ化合物は日本近海に到達していると推察される．図2・23に

64　2章　海洋汚染実態と海洋環境における動態

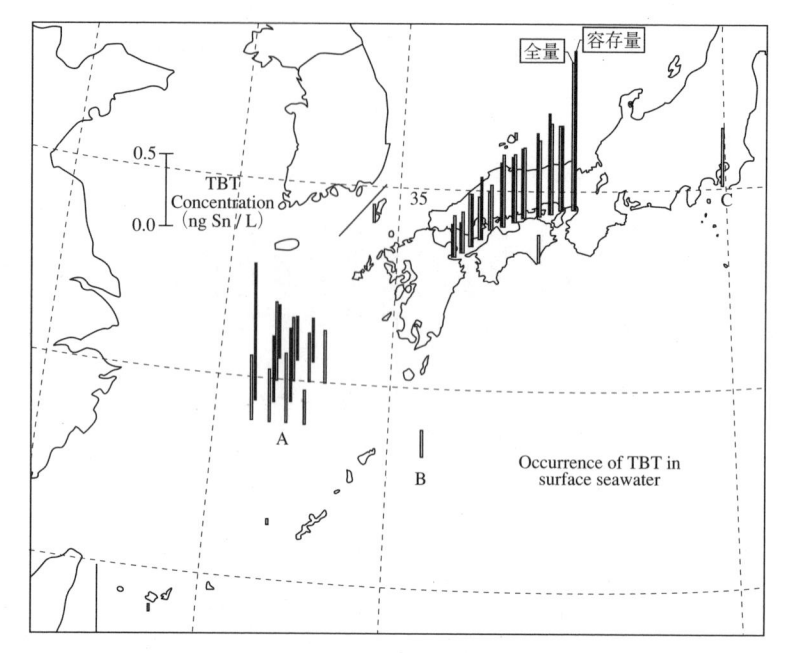

図2・22　日本西部海域および東シナ海におけるTBT濃度分布[52]

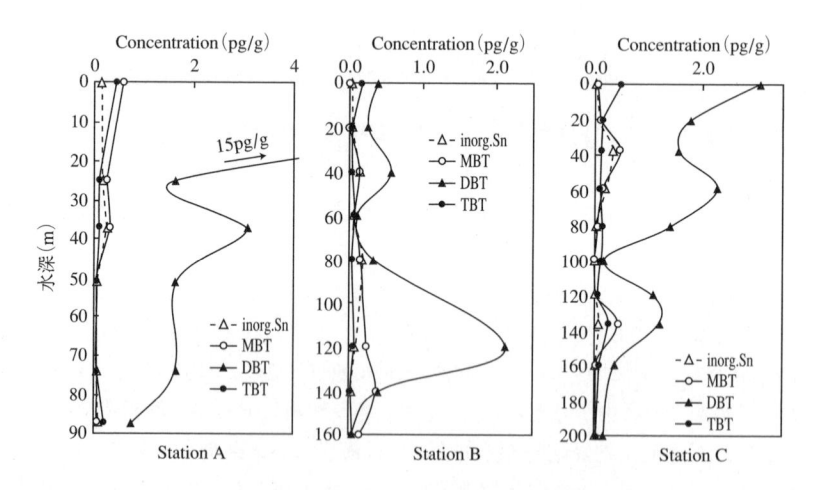

図2・23　ブチル系スズ化合物の深度分布（StationA, B, Cは図2・22に示す）[52]

は図2・22の試料採取ポイントA～Cにおけるブチルスズの深度分布を示した．A地点では表層水の濃度が非常に高いのが特徴的であり，特にDBT濃度に顕著に現れている．このDBT濃度はTBT濃度に比べて極めて高いことから，TBTの分解生成物と考えるよりも，むしろプラスチック安定剤のDBTと考えた方がよい．東シナ海の有機スズ化合物の起源については今後の調査を待たねばならないが，船底塗料のTBTだけでなく，プラスチック安定剤であるDBTやDOTなども調査することが重要であろう．

1・2・3　国外の生物モニタリング調査

カツオ（*skipjack tuna*）に蓄積されたブチルスズ化合物を測定して，世界各地の沖合域のモニタリングが行われている[54]．海域としては日本近海，東シナ海，南シナ海，フィリピン沖，インドネシア沖，ベンガル湾，セイシェル諸島沖，ブラジル沖が調査されている．カツオの器官の中ではブチルスズ化合物は肝臓に比較的蓄積されやすい．性差は認められず，また，体長に関わらずほぼ一定の濃度であり，脂質量との間にも相関は認められなかった．胃の中の小魚とカツオの全濃度から求めたBiomagnification Factor（BMF）はTBT，DBT，MBTに関して0.24，0.58，0.27であり，食物連鎖を介して濃度が高くなる傾向は認められなかった．この点はPCBやDDTとは大きく異なっている．これまでの研究によると，幾つかの魚種でTBTの半減期は7.4から28.8日と短いと報告されており[55]，また一般に鰓呼吸をする生物中の汚染物質濃度は海水濃

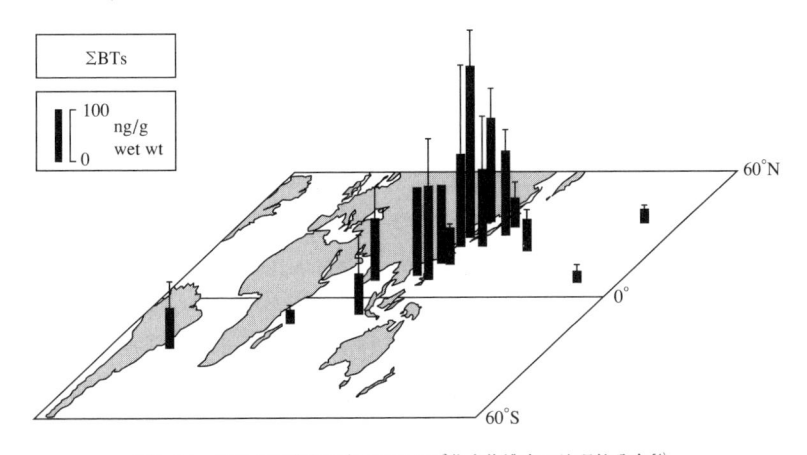

図2・24　カツオ肝臓中の全ブチルスズ化合物濃度の地理的分布[54]

度を比較的早く反映することから，カツオは広範囲に回遊する魚種ではあるが，捕獲された海域での汚染モニタリングに適していると考えられる．肝臓中の全ブチルスズ濃度の分布を図2・24に示す．日本近海の濃度が他の海域に比べて高いこと，また，東シナ海，南シナ海，ベンガル湾でも太平洋の外洋域に比べればかなり高濃度であり，アジア地域での経済発展につれて，これらの汚染が進行していることが認められた．生体内ではTBTの割合が最も高く（最高90%），代謝産物であるDBTとMBTは少なかったことから，新たなTBTの排出が現在も続いていることが推察された．また，有機スズと全スズ量の比較から，これらの海域では生体内のスズの多くは人為起源の有機スズに由来すると推測されたが，これは水銀やカドミウムが天然起源のものであることとは大きく異なっていた．

1・2・4 国外の海水モニタリング調査

沖合の海水中の有機スズ化合物を直接分析した研究として，マラッカ海峡からベンガル湾のタンカールートに沿って調査した例[48]や地中海のフランス南海岸とコルシカ島の間を調査した例[56]がある．
マラッカ海峡からベンガル湾の調査地点を図2・25に，分析結果を表2・3に示す．採水に際しては，海水のマイクロレイヤー（高濃度に疎水性の汚染物質を濃縮した層）の影響を避けるため，深さ1.5 mの海水をGoFlo採水器で採水した．分析方法は未濾過海水に対して，トロポロンを含むベンゼン-酢酸エチル抽出，Grignard試薬によるプロピル化，GC-FPD測定を採用している．この海峡ではタンカーの通行量に比例して海面に油膜が見られ，その頻度はシンガポー

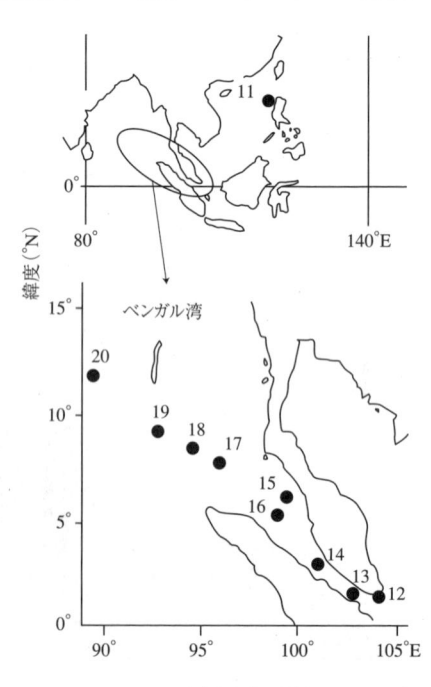

図2・25 ブチルスズ化合物の採水ポイント[48]

§1. 化学的研究手法における解析　67

ルから遠ざかるにつれて減少する．ブチルスズ化合物濃度もシンガポールから遠ざかるにつれて同様に減少し，ベンガル湾ではほぼ検出限界（0.1 ng/L）以下となることから，ブチルスズ化合物の主な汚染源はタンカーの船底塗料と考えられた．マラッカ海峡におけるTBT濃度は最大で5.2 ng/Lであり，これは東京湾の1996年の結果とほぼ同じであった．この濃度は巻貝

表2·3　東南アジア海域における表層海水中のブチルスズ化合物濃度（ng/L 塩化物として）[48]

採水ポイント	MBT	DBT	TBT
11	nd	nd	nd
12	5.7	2.1	5.2
13	1.1	nd	2.9
14	0.4	0.9	0.7
15	1.1	2.1	1.8
16	0.3	nd	0.2
17	0.2	nd	0.3
18	nd	nd	nd
19	nd	nd	nd
20	nd	nd	nd

採水時期：1996年2月
nd：検出限界以下

（gastropods）にimposexを引き起こす可能性が十分高いレベルである．また，TBT濃度とその分解物であるDBT，MBT濃度の比が高いことから，この海域で見出されたTBTは比較的新しく放出されたものであると推察された．

　地中海の調査では，水深25 mの海水をポンプで採水し，未濾過海水を分析している．分析方法は，$NaBEt_4$によるエチル化，イソオクタン抽出，GC-

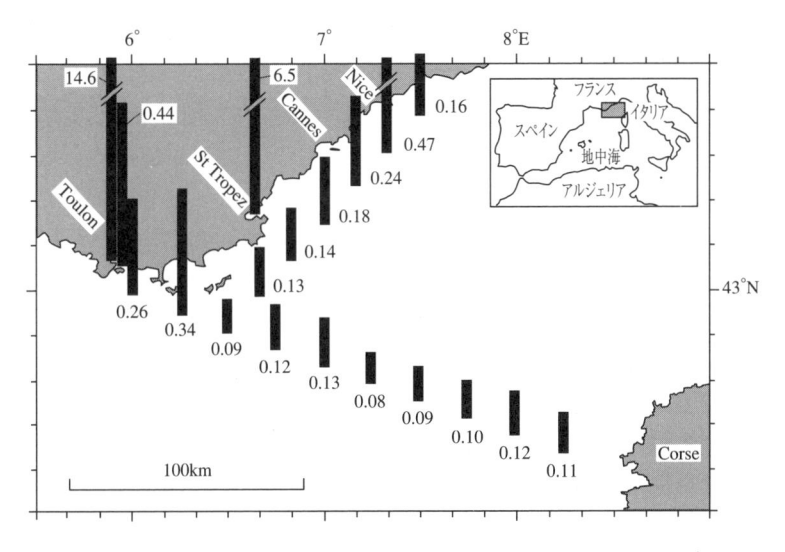

図2·26　地中海北西部海域における表層水中（25 m）のTBT濃度（ng/L）[56]

FPD測定を採用している．本法の検出限界は0.01 ng/Lである．港湾では14.6 ng/Lの高濃度の汚染が見られ，その影響は海岸から20 kmの沖合でも認められたが，それ以降はコルシカ島までの約200 kmの間ではほぼ一定の濃度（約0.1 ng/L）であった．その様子を図2・26に示す．また，25 mから2,500 mまでの深度分布も測定されている．これまで海水中でのTBTの半減期としては4～19日程度が報告されているが，本研究では深度分布などから，外洋域や深海では光やバクテリアによる分解が起こりにくく，またTBT濃度が1 ng/Lより低い海域ではバクテリアの順応が沿岸域とは異なる可能性があることから，従来よりはるかに長い4年の半減期を提案している．

1・2・5　大気経由の物質移動

有機スズ化合物は，トリメチルスズ化合物のようなものを除いて一般に揮発性が低いため，汚染経路としては海水経由が主なものと考えられているが，大気経由の可能性も検討されている．

オランダの干拓地でジャガイモに噴霧された酢酸トリフェニル（TPT使用量はSnとして3,500 kg/月，3ヶ月間）の約40％が気化され，20 km離れた雨水からも8 ng Sn/Lの濃度で検出されたと報告されている[57]．ただし雨水から検出されたものが気化したものか，細かい霧となったものが雨滴に取り込まれたものかは検討されていない．

底質中の有機スズ化合物が気化する反応として，メチル化と水素化物生成の2つの過程が研究されている[58]．底質中の揮発性有機スズ化合物の捕集方法は次の通りである．現場において底質10 gを50 mlのパージ用ガラス瓶に移し，20 mlの水を加え，マグネティックスターラーで連続的に撹拌する．これにHeガスを流し，-20℃で水分除去管を通した後，液体窒素温度（-196℃）で冷却したU字管（シリル化されたガラスウールを詰めた管）に捕集する．30分間捕集した後，ガスタイトキャップで両端を閉じ，-196℃で冷却したまま，1週間以内にGC/ICP-MSで分析する．また，水中の揮発性有機スズ化合物は，現場において海水1 Lを1.5 Lのパージ用ガラス瓶に移し，これにHeガス（700 ml/分）を1時間流して揮発した成分を底質の場合と同様に処置した．この方法により得られたクロマトグラムを図2・27に示す．揮発性化合物として，メチル化体（Me_4Sn，$BuSnMe_3$，Bu_2SnMe_2，Bu_3SnMe），水素化物（H_4Sn，$BuSnH_3$，Bu_2SnH_2）が検出されているが，水素化物はごく僅かである．回収

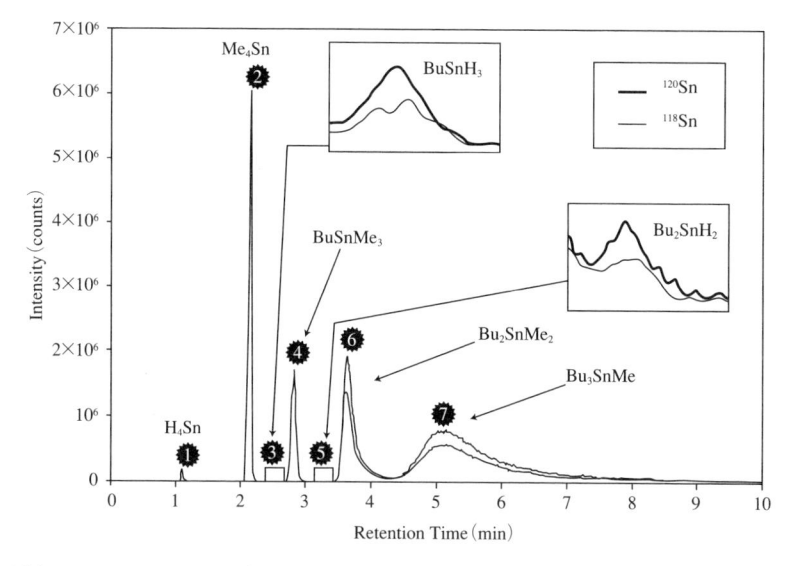

図2·27 Arcachon harbor 表層底質中の揮発性有機スズ化合物のクロマトグラム（パージ＆低温トラップ-GC/ICP-MS 法）[58]

率は求められていないが，Bu_3SnMe は沸点が 255 ℃ と高いため[59]，すべてが捕集されたとは考えられず，水分除去管でも一部は捕捉されていると考えられることから，回収率はかなり低いと推定される．例えば，底質中の Bu_3SnMe/Bu_3SnX の比として最大でも 0.0016 の値しか報告されていないが，筆者らの宇和海での観測では，この比は 1.16 に達した[60]．海域が異なるため直接比較することは困難であるが，筆者らが用いた溶媒抽出法では Bu_3SnMe の全量が抽出されており，このことと関係があるかもしれない．彼らはこの分析結果を用いて，Arcachon harbor における底質から水中へ，水中から大気への揮発性有機スズ化合物の Flux が各々，50〜470 nmol/m²/年，90 nmol/m²/年と計算している．これによると Arcachon harbor 全体では底質から水中へ 10 g Sn/年が移動し，その内約半分が大気へ移動する．harbor の表層底質には全体で 1〜10 kg の Sn が存在するが，これがすべて気化により除去されるためには 100〜1000 年を要すると推測している．この値の妥当性は今後更なる検討が必要であるが，本研究は，最終的な sink と考えられていた底質が，source となり得ることを示した点で評価される．

（田尾博明）

1・3 深海

深海とは,通常 2,000 m よりも深いところをいう場合が多いが,Abyssal という言葉が 600 m よりも深いところを指すというように非常に曖昧な表現である.通常,水中では温度躍層が生じるが,それが生じない水深を深海という場合もある.このような深海に対する研究は,深層までの潜水や試料の採集が困難であったため進んでいなかった.近年,潜水船を含む潜水技術のめざましい発展があり,深海の研究も急速に進展した.わが国では,独自の観測システムとして,室戸岬の沖合 100 km の水深 3,572 m にビデオカメラを設置して恒常的な観測やビデオ記録が続けられているという興味深い試みが行われており,日本での深海に関する研究は世界のトップレベルといっても過言ではない.

深海の研究が進むにつれ,地学および生物学のみならず,環境化学の分野でも著しい進歩が見られた.そして,深海の底泥や生物へ人工有機化合物が進入していることが明らかにされ,深海生物への影響が懸念されるようになった.しかし,深海に対する環境影響および進入メカニズムに関しては不明な部分が多く残されているのが現状である.

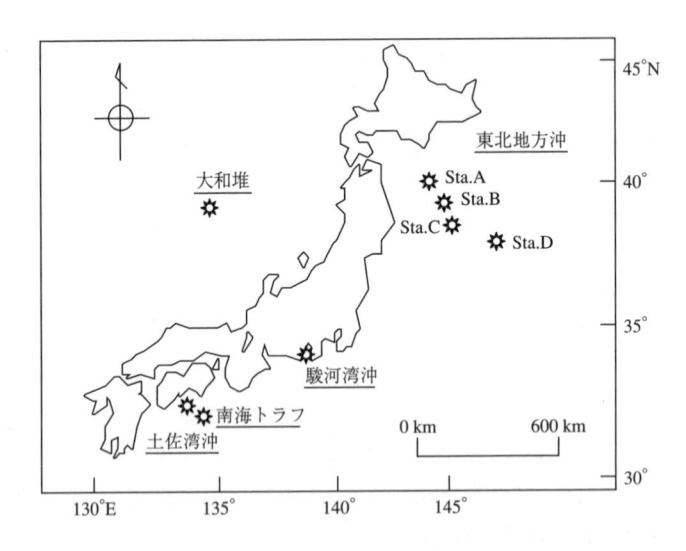

図 2・28 日本における有機スズ化合物の深海調査が行われている水域

§1. 化学的研究手法における解析　71

　日本周辺の沖合にも深海域が多く存在し，そのいくつかの深海では，有機スズ化合物の調査が行われている（図2·28）．ここでは，日本海の山陰沖および大和堆，駿河湾沖，土佐湾沖，東北沖および室戸沖の南海トラフでの底泥，生物中の有機スズ化合物の汚染実態および深海での挙動について解説する．さらに，海外での調査例として，地中海に位置する深海域の有機スズ汚染についてもあわせて解説する．

　本章を執筆するにあたり，写真提供などをはじめ，貴重なご助言をしていただきました高知大学の岩崎望先生に深謝いたします．

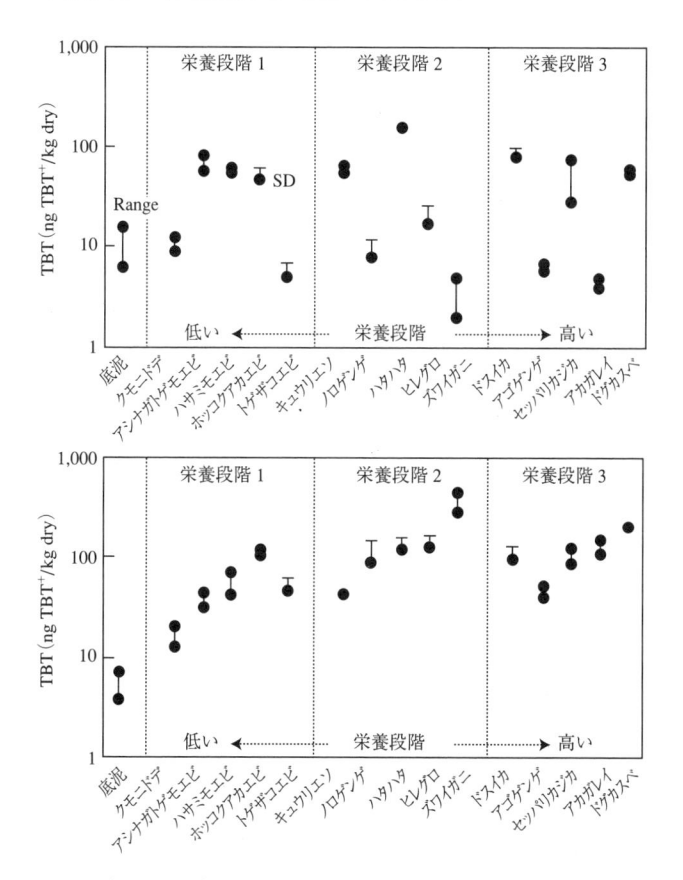

図2·29　大和堆に生息する深海生物中のTBTおよびTPT濃度と底泥および食物連鎖網との関係．池田ら[61]の報告を引用

1・3・1　大和堆[61)]

　大和堆は，水深が3,000 mを超す日本海盆の南に位置し，水深が350〜400 mの水域である．この水域で，底層水，底泥および生物（甲殻類，底生魚類，イカ類）中に蓄積している有機スズ化合物の調査が行われた．底層海水からトリブチルスズ化合物（TBT）が0.6〜0.8 ng TBT$^+$/L，底泥からは5.6〜16 μg TBT$^+$/kg dryで検出された．底泥のTBT濃度は，山陰沖合水域や若狭湾口と差がなかったことから，底泥への蓄積経路については，有機スズ化合物が懸濁物質に吸着し沖合水域の深層に移行，拡散したと推測している．また，底層海水でトリブチルスズ化合物（TBT）が検出されたのは，底泥からの再溶出の可能性が大きいことを示唆している．トリフェニルスズ化合物（TPT）に関しては，底層海水からは検出されなかったが，底泥からは3.9〜6.7 μg TBT$^+$/kg dry検出され，東京湾底泥から検出された濃度である1.3〜15 μg TPT$^+$/kg dryとほぼ同レベルであった．

　大和堆で採取された魚介類中のTBT濃度と栄養段階との関係を見ると，デトライタスを摂食する低栄養段階の生物中の濃度が，高次栄養段階の生物よりも高く，食物連鎖網を通して濃縮されていないことがわかった（図2・29）．一方，TPTは，高次の栄養段階になるほど濃度が高い傾向が見られている．また，大和堆に生息する魚介類中のTPT濃度は，三陸沖合域よりも高く，東京湾のスズキで検出された濃度と同程度であった．

1・3・2　駿河湾沖[62)]

　本州の太平洋側の駿河湾は，太平洋の水の流れを強く受け，水の循環が良好に行われている水域である．その湾内の伊豆半島の西の沖合に水深が200〜1,000 mの細長い海溝が存在する．この深海に生息する水生生物中のブチルスズ化合物（BTs：TBT，ジブチルスズ化合物（DBT）およびモノブチルスズ化合物（MBT）の合計）による汚染が調査されている．魚類，甲殻類，頭足類，棘皮動物および腹足類から検出されたBTsの最大濃度は980 μg BT$^+$/kg，460 μg BT$^+$/kg，460 μg BT$^+$/kg，130 μg BT$^+$/kgおよび21 μg BT$^+$/kgであり，東京湾の浅海性生物の濃度よりも若干低いが近いレベルであった．これは，明らかに工業および人間活動の影響をうけていることを示唆している．また，魚類，甲殻類，頭足類，棘皮動物および腹足類から検出されたTBTの最大濃度は680 μg TBT$^+$/kg，260 μg TBT$^+$/kg，240 μg TBT$^+$/kg，22 μg TBT$^+$/kgお

よび13 μg TBT$^+$/kg であった．TBT に対して感受性の高い生物は，体内濃度が 20〜100 μg TBT$^+$/kg になると何らかの影響をうけることが見積もられていることより，それを超えるレベルが駿河湾沖の深海生物から検出されており，影響が懸念される．

駿河湾内の深海に生息する魚類，甲殻類，頭足類，棘皮動物および腹足類間のBTs の残留濃度に統計的な差は見られていないが，浅海生物と深海生物のTBT 濃度を比較すると，浅海生物の濃度が高い傾向が見られた．この結果から，深海における水中濃度が浅海より低いことが考えられる．しかし，魚や甲殻類では総BTs 中，TBT の占める割合が，浅海生物より深海生物中が高いことから，深海生物体内でのTBT の代謝能力が浅海性生物に比べて低いことが推測されている（図2·30）．また，深海生物のBTs の体内分布は，浅海生物と同様，肝臓または，肝すい臓で濃度が高い傾向が見られている．

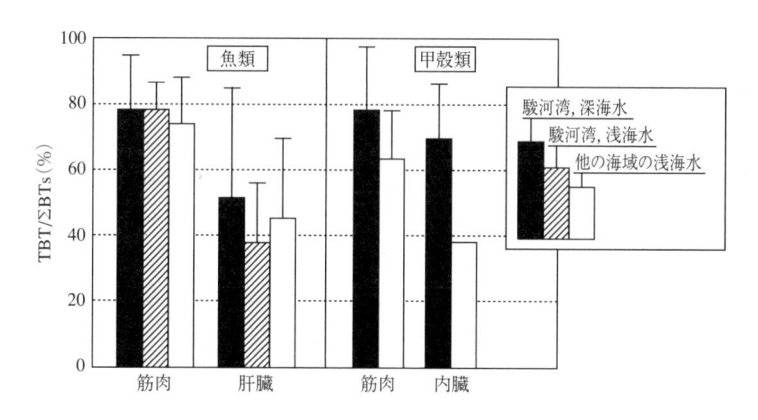

図 2·30　駿河湾の深海生物の組織中の総BTs に対するTBT の割合
Takahashi et al. [62)] を引用，
浅海域の水中濃度については Suzuki et al. [63)], Takayama et al. [64)] およびKannan et al. [65)] を引用

1·3·3　土佐湾沖[66)]

土佐湾沖には水深153〜306 m の海溝があり，この深海で採取したニギス（*Glossanodon semifasciatus*），アオメエソ（*Chlorophthalmus albatrossis*），オキアナゴ（*Congriscus megastomus*）およびシロエビ類中のBTs の残留濃度が報告されている（表2·4）．BTs の濃度が，ニギスでは 50 μg BT$^+$/kg，アオ

表2・4 土佐湾沖合の深海生物から検出された有機スズ化合物の残留濃度（ng BTs$^+$/g）
Tanabe and Takahashi[66]を引用

Species		MBT	DBT	TBT	BTs	TBT/BTs
アオメイソ	ChlorophAthalmus albatrassis	17	3.9	7.7	29	27
アオメイソ	Chlorophthalmus albatrassis	11	5.1	5.7	22	26
アオメイソ	Chlorophthalmus albatrassis	9.0	3.9	6.6	20	34
オキアナゴ	Congriscus megastomus	13	12	13	38	34
ニギス	Glossanodon semifasciatus	18	14	18	50	36
シロエビ類	n.i.	13	8.5	17	39	44

n.i.：未同定種

メエソでは20〜29μg BT$^+$/kg，オキアナゴでは38μg BT$^+$/kg，シロエビ類では39μg BT$^+$/kgであった．これらの残留濃度は駿河湾の深海生物の濃度と同レベルであったが，他水域の浅海生物の濃度と比較すると低い値であった．また，土佐湾の深海生物の中で，最も沿岸よりの浅い海底（水深152〜153 m）で採捕したニギスで最も高い値を示したことや，アオメイソの採捕地点と検出されたBTsの濃度を比較すると，沿岸域の浅海に近い地点から採取した検体で濃度が高かったことから，BTs汚染は沿岸表層域に局在していることがわかる．

底生肉食性であるオキアナゴのほうがアオメイソよりもBTsの濃度が高く，深海生物の食性や食物連鎖による栄養段階の違いにより，BTsの蓄積性が異なっていた．土佐湾の深海性生物中のBTsの組成は，TBTよりもMBTやDBTのような分解代謝物が優先していた．一方，駿河湾沖の深海生物や日本沿岸域の浅海魚介類ではTBTが優先しており，土佐湾の生物は異なった組成を示した．これは，土佐湾での試料の採取地点は沿岸域からかなり離れた沖合であるため，港湾域および造船所からの影響を直接受けないことや生物種間の代謝能力の差が要因として考えられている．

1・3・4　東北地方沖[67]

東北地方の沖合に水深約1,000 mの深海がある．そこに生息する6種類のハダカイワシ（Myctophids）中の有機スズ化合物濃度を測定している．ハダカイワシ中のBTs濃度は，駿河湾で認められたのと同様に，一般的に浅海域に生息している生物中の濃度よりも明らかに低かった．

また，ハダカイワシは1日の間に鉛直移動を行う種がいる（図2・31）．その

§1. 化学的研究手法における解析 75

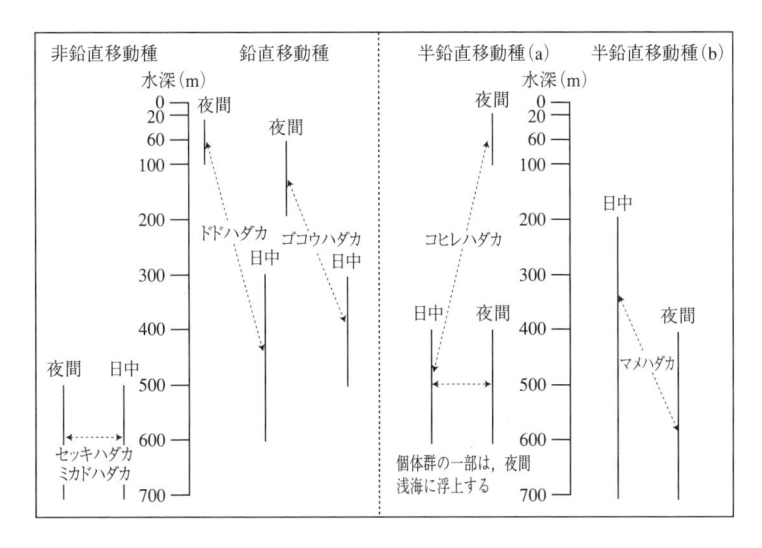

図2·31 東北沖に生息するハダカイワシの行動パターン
Takahashii et al. [67] を引用

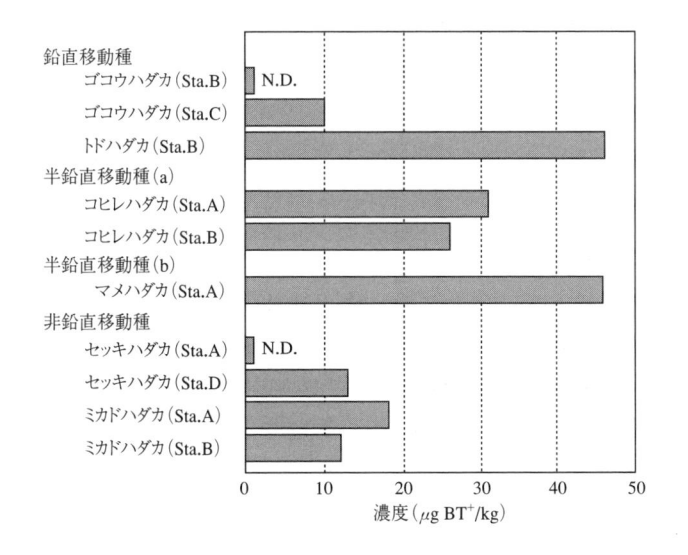

図2·32 東北沖に生息するハダカイワシの可食部中へのBTsの蓄積. NO：検出されず
Takahashii et al. [67] を引用

日周鉛直移動パターンから①非鉛直移動種：1日中500～700mで生息するセッキハダカ(*Stenobrachius nannochir*)とミカドハダカ(*Lampanyctus regalis*)，②鉛直移動種：昼間は300～600m付近に生息し，夜になると60～200mの水深に餌を食べるため浮上するトドハダカ(*Diaphus theta*)と，昼間は300～500mに夜間は60～200mに生息するゴコウハダカ(*Ceratoscopelus warmingi*)，③半鉛直移動種(a)：ほとんどは1日中400～600mで生活しているが，個体群の一部は夜間に20～100mに浮上するコヒレハダカ(*Stenobrachius leucopsarus*)，④半鉛直移動種(b)：夜間は400～700m，昼間は200～700mで生息するマメハダカ(*Lampanyctus jordani*)の4つに分けることができる．生息域から分類した4グループを比較すると，浅海域に浮上する魚のほうが，深海にのみにとどまる種よりBTsの濃度が高かった（図2・32）．これは，TBTが船舶などから進入しているため，水中濃度が深海に比べ浅海で高くなることから浅海に生息するTBT濃度の高い餌生物を採取するチャンスのある魚種で，魚体中濃度が高くなると考えられる．

1・3・5　南海トラフ[68]

室戸岬の沖合いに位置する南海トラフは，フィリピンプレートがユーラシアプレートにもぐりこんでいる地域であり，そこは，水深が3,000～4,000mある．この深海で，ROV海溝という海洋開発研究機構（JAMSTEC）の深海艇を使用し底泥および貝類の試料採取が行われた．試料採取方法は，底泥の場合は，熊手やコアーサンプラーを用いて行われ，生物試料はロボットやスラープガンという掃除機のようなもので吸い込むことで採取している（図2・33）．

この南海トラフの底泥中のBTsは，表層下0～1cmのほうが0～15cmよりも高かったが，フェニルスズ化合物（PTs：TPT，ジフェニルスズ化合物（DPTおよびモノフェニルスズ化合物（MPT）の合計）の濃度はBTsと反対の傾向を示した（図2・34）．深海底泥は約10年で1cmの底泥が蓄積している（年間の蓄積量：1.09mm/年）ことから，ここ10年間の深海の底泥へのBTsの蓄積量は増加しているが，PTsの負荷量は減少していることがわかる．また，底泥からTBTが4～5μg Sn/kg dry，TPTが<1～7μg Sn/kg dryで検出され，このレベルは日本沿岸域の底泥の濃度と同程度であった．

深海から採取した生物試料として，ノチールシロウリガイ（*Clyptogena nautilei*），ツバサシロウリガイ（*Clyptogena tsubasa*），ナンカイチヂワバイ

(*Colliloconcha nankaiensis*), コシオリエビ (*Munidopsis subsquamosa*), コシオリエビの一種 (*Munidopsis albatrossae*) およびトキンナマコ (*Psychropotes verucosa*) が分析された (図2・35). これらの深海生物から BTs が 7〜198 μg Sn/kg, PTs が 13〜363 μg Sn/kg で検出され,巻き貝やナマコで濃度が高い傾向が認められた. これら深海生物を栄養源となる有機物から分類すると

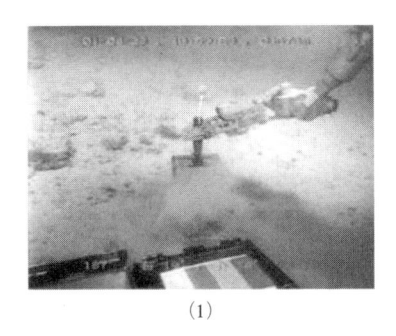

図2・33 深海での底泥および生物試料の採取風景
(1) 熊手による採泥
(2) コアーサンプラーによる採泥
(3) トキンナマコ (*Psychropotes verucosa*) の採取
(写真提供:海洋研究開発機構)

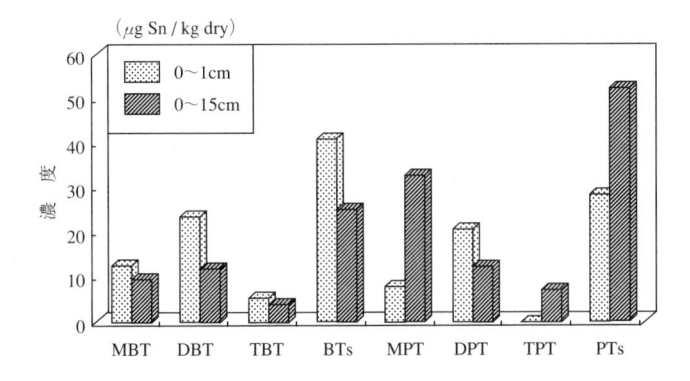

図2・34 南海トラフにおける底泥中の有機スズ化合物の蓄積

図2·35 南海トラフで採取した生物試料
(1) ノチールシロウリガイ（*Clyptogena nautilei*）Okutani *et al*.,[69)] より引用
(2) ナンカイチヂワバイ（*Colliloconcha nankaiensis*）Okutani and Iwasaki [70)] より引用
(3) コシオリエビ（*Munidopsis albatrossa*）写真提供：東京シネマ新社
(4) トキンナマコ（*Psychropotes verucosa*）写真提供：海洋研究開発機構

2グループに分けることができる．1つは，深海域での冷水域ではメタンが多く，メタンを利用して硫化水素をつくるバクテリアが底泥中に存在する．そのバクテリアが作り出した硫化水素を利用する化学合成バクテリアがシロウリガイなどの体内に棲み，そのバクテリアがつくりだす有機物を餌としている化学合成依存のグループである．他方は，光合成のできるプランクトンなどの死骸を餌としている光合成依存のグループである．これらの生物がどのグループに属するかは炭素の同位体比を用いて判別することができ，化学合成依存グループにシロウリガイ（*Cl. Nautilee, Cl. tsubasa*）およびナンカイチヂクバイ（*C. nankaiensis*）が属する．また，光合成依存グループにコシオリエビ（*M. subsquamosa, M. albatrossae*）およびトキンナマコ（*P. verucosa*）が属する．

§1. 化学的研究手法における解析　79

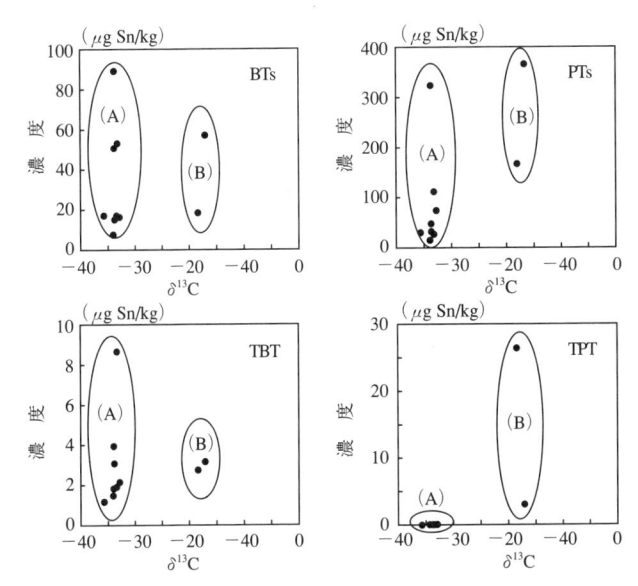

図2·36　炭素同位体比と有機スズ化合物の蓄積量との関係
栄養源による生物の分類　(A) 化学合成依存，(B) 光合成依存

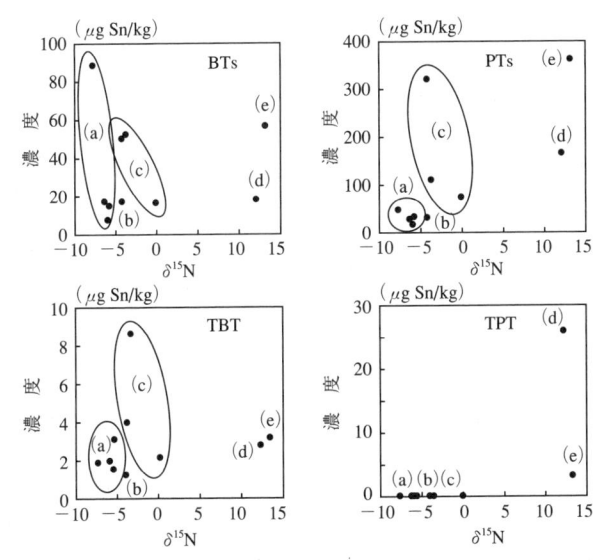

図2·37　栄養段階と各々の生物に蓄積している有機スズ化合物との関係
　(a) *Clyptogena nautilei*　(b) *Clyptogena tsubasa*　(c) *Colliloconcha nankaiensis*　(d) *Munidopsis albatrossa*　(e) *Psychropotes verucosa*

これらの生物の栄養源とBTsやTBTの蓄積量については，違いは見られなかったが，PTsやTPTに関しては，光合成依存グループの生物が化学合成依存グループに比べて高い傾向が認められた（図2・36）．栄養段階についても高くなるにつれ，BTsやTBTの蓄積に違いはなかったが，PTsやTPTは濃度が高くなった（図2・37）．また，BTsの組成から見ると，栄養段階が高くなるにつれ，TBTの割合は変化しないものの，DBTの割合が減少し，MBTが増加した．このことは，栄養段階の高い生物は，高いDBTの代謝活性を有することが考えられる．PTsは顕著な傾向が見られず，いずれの生物も，TPTの分解物であるMPTが優先していた（図2・38）．

有機スズ化合物はプランクトン，魚類および鯨類に高濃度に蓄積することが知られているため，これらの死骸がマリンスノーとなり，有機スズ化合物を深海にもたらしているという可能性を推測しているが，それを解明するのが今後の大きな課題として残されている．

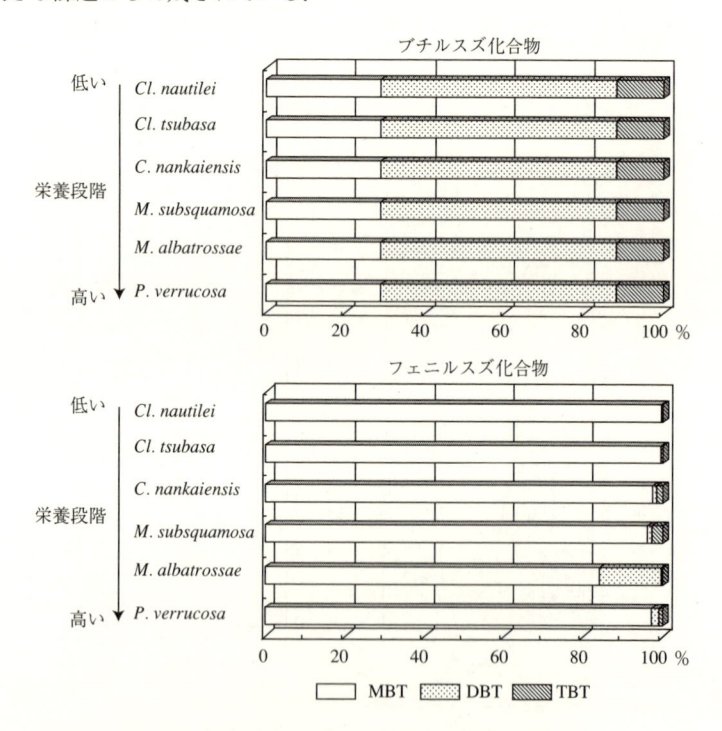

図2・38　栄養段階とBTsおよびPTsの組成との関係

1・3・6 地中海[56, 71]

　地中海は，イタリア，フランス，スペインに囲まれており，多くの船舶が航行している水域である．この地中海の北西部に水深2,000～2,500mの深海がある（図2・39）．この地点で，表層から深海までの塩分濃度とTBT濃度の垂直分布が調査された（図2・40）．それによると，TBT濃度は表層から深さ方向に減少し，水深500 mで最も低くなっていた．この層の塩分濃度は，他の水深

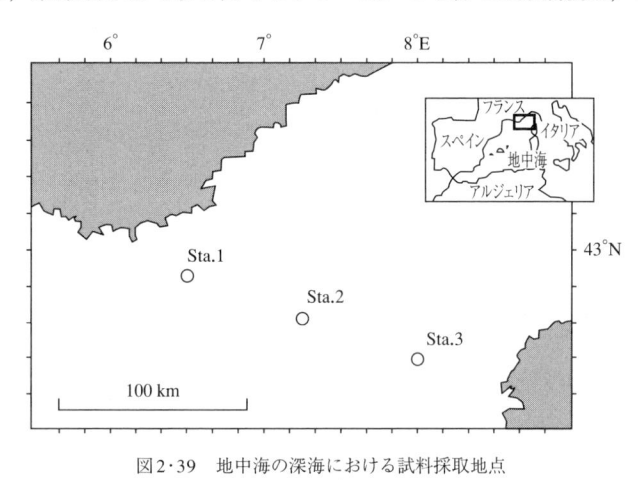

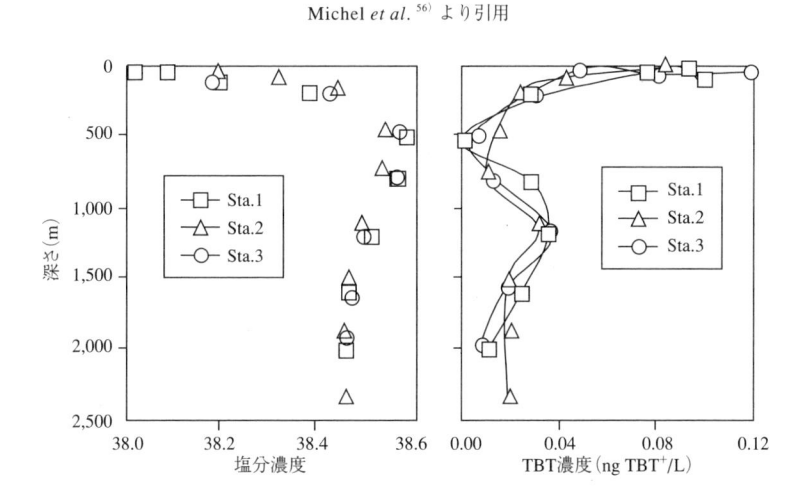

図2・39　地中海の深海における試料採取地点
Michel et al.[56] より引用

図2・40　水深と水中の塩分濃度およびTBT濃度との関係
Michel et al[56] より引用

に比べもっとも高くなっていることから，TBTに汚染されていない海水の混入であると推察している．それ以深は，若干TBT濃度は上昇し水深1,200 mで0.04 ng Sn/Lとなり，それ以深2,500 mまではわずかに減少していた．深海での懸濁物質濃度は0.28 mg/Lと低いうえに，TBTは懸濁粒子への吸着係数（水中の濃度／懸濁粒子中の濃度）も低く（3 L/g以下），底泥の蓄積速度も遅い（0.01 cm/年）ため，深海へのTBTの侵入メカニズムとしては，懸濁粒子へ吸着したTBTが沈降しているとは考えがたく，溶存態のTBTが，季節変化にともなう水の温度差による混合で深海へ浸入している可能性が高いと考察している．

この水域の水深1,000～1,800 mで採捕した魚5種（*Mora moro*（タラ目，チゴダラ科），*Lepidion lepidion*（タラ目，チゴダラ科），*Coryphaenoides guentheri*（スズキ目，ワニギス科），*Alepocephalus rostratus*（ニギス亜目，セキトリイワシ科）および*Bathypterois mediterraneous*（ヒメ目，アオメエソ科））の肝臓，鰓，消化管および筋肉中のBTsおよびPTs濃度が測定されている．肝臓中に蓄積していたBTs濃度は種により異なり，*M. moro*と*L. lepidion*の濃度は高く，もっとも低かったのは*A. rostratus*であった．また，鰓においても*M. moro*と*L. lepidion*の濃度は高く，この要因として，水中のTBT濃度が若干高い1,000～1,400 mの層に生息するためと考察している．*C. guentheri*，*A. rostratus*および*B. mediterraneous*の鰓からは検出されなかったのは，水中のTBT濃度が低い1,600～2,200 mに生息しているため，鰓からのBTsの取り込みが低かったと推察している．

餌からの取り込みを検討するために，消化管の濃度を測定した．*C. guentheri*，*A. rostratus*中の濃度は検出限界近傍の値であった．一般的に，*C. guentheri*，*A. rostratus*を除く魚は，有機スズ化合物を高濃度で蓄積している小魚，甲殻類，頭足類，コペポーダおよび十腕類を食べているため暴露量も多い．しかし，*A. rostratus*は，有機スズ化合物をほとんど蓄積していないゼリー状のマイクロプランクトンを食べているので，他の魚種と比較して濃度が低かったと考察している．また，餌中の濃度を魚中の濃度で除することで算出した生物濃縮係数（BMF）は，TBTは*M. moro*で0.02，*L. lepidion*で0.04，TPTは*M. moro*で0.27，*L. lepidion*で0.93となった．いずれの種もTPTはTBTよりも高くなり，TPTは食物連鎖を通して濃縮される割合が高いことを示している．

これらの魚中のBTsおよびPTsの体内分布を比較すると，肝臓でもっとも高

く，消化管，鰓，筋肉の順に低くなった．また，PTsの濃度がBTsに比べて高かった．各臓器中の有機スズ化合物の組成を見ると，BTsにおいては，消化管や鰓では，TBTが優先していたが，肝臓ではDBTの割合が高かった．それに反して，PTsはいずれの器官でもTPTが優先しており，この要因として，餌からの取り込みがTBTよりもTPTの方が多いことと，沿岸域の魚と同様，TBTに比べてTPTは代謝されにくいことが大きな要素となると考えられている．

地中海北西部の深海で採捕した魚中のTBT濃度は，港湾域や沿岸および沖合域の魚の濃度よりも低かった．また，深海魚で検出されたTPTの最高値は，沿岸域で検出された濃度よりも高かった．これらのことから，TPTは代謝されにくい上，濃度も高いため，深海魚にとっては，TBTよりもTPTによる汚染のほうが深刻な問題として捉える必要性を暗示している．

1・3・7 まとめ

深海の研究を進めていく上では，潜水艇の開発をはじめ試料採取方法の進歩が重要な課題となる．幸い，現在では多種多様の試料を採取できるようになった．その結果，有機スズ化合物汚染が深海域の数千mにまで拡散していたことは，驚くべき事実である．さらに，BTsにとどまらず浅海域では濃度が低かったPTsまでが，深海に定着する貝類および底泥に残留していたことは，大変興味深いことである．しかし，深海での有機スズ化合物の挙動は，まだまだ不明な部分が多く，たとえば，TBTは大和堆や南海トラフでは，食物連鎖網による濃縮はほとんど起こらないとしているが，駿河湾や土佐湾の生物では濃縮が生じているというように，地域差により結果がばらついている．また，深海への有機スズ化合物の移行経路についても，ほとんどが仮説の段階である．今後は，さらに，深海の底泥および生物中の有機スズ調査を進めていくとともに，深海への侵入経路を解明していくことが重要課題である． 〔張野宏也〕

1・4 グローバルな汚染実態

沿岸域における有機スズ化合物濃度は，海水[24, 72-75]，底泥[76, 77]や生物[76, 78]について多くの研究者によって報告されている．Champ and Pugh[72]は種々の水域におけるトリブチルスズ（以下TBTと記載する）濃度を取りまとめ，港湾やマリーナなどの沿岸域におけるTBT濃度は検出限界（通常のモニタリン

グ調査では10 ng/L）以下から1,300 ng/Lの範囲であると報告した．また，環境庁（現在は環境省）の調査[79]では，TBTおよびトリフェニルスズ（以下TPTと記載する）が，わが国沿岸域の海水や底泥に広く分布することを初めて明らかにした．しかし，外洋海水のTBTおよびTPT濃度を測定した研究はなく，地球的規模での汚染実態は明らかにされていない．

外洋海水中の有害物質濃度は沿岸域に比較して非常に低いと推察される．したがって，海水試料を分析してその濃度を測定することは，大量の海水が必要なことなどのために非常に困難であるので，生物に蓄積した有害物質濃度により海洋汚染実態を評価する手法（生物モニタリング調査）が一般的に用いられる．生物モニタリング調査は，海洋汚染の現状やその変動傾向を把握する上で非常に有効であり，カキやムラサキイガイの二枚貝を試験生物として用いる生物モニタリング調査がGoldbergら[80]により「マッセルウォッチ」として提案され，国際的にも広く普及している．しかし，二枚貝は定着性で沿岸域に生息する生物であるために，モニタリングの対象となる水域もおのずと沿岸域に限定される．

イカ類は全球的に分布・生息[81]し，その寿命は一般的に1年であると報告されている[82]．また，イカ類はアミなどの動物プランクトン，小魚あるいはイカそれ自体を餌として摂取するので，海洋食物連鎖におけるその栄養段階は比較的高いと考えられ，多くの微量な有害物質を蓄積している可能性がある．Tanabeら[83]やKawanoら[84]の研究結果によれば，イカはPCBs，ヘキサクロロシクロヘキサン（HCH）やクロルデンなどの有害物質を蓄積していることが明らかにされている．したがって，イカ肝臓を試料とする生物モニタリングは，微量な有害物質による海洋汚染の実態を全球的に把握することにおいて有効な手段であると考えられる．

そこで，本稿では，1988年から1993年に漁獲したイカ類の肝臓を試料とする生物モニタリング調査（スクイッドウォッチ）において測定したTBTおよびTPT濃度を用いて，1988年から1993年における全球的な汚染実態を明らかにするとともに，TBTおよびTPT濃度の全球的な分布の特徴をPCBsと比較しながら考察する．

1・4・1 スクイッドウォッチにおいて用いたイカ類について

1) イカ類の分類

イカ類とは軟体動物門頭足綱に属する動物の総称であり,コウイカ目およびツツイカ目に大きく2つに区分される[82].コウイカ目はコウイカ科など5科で構成され,わが国の代表的な種であるコウイカは,コウイカ科に,また,ボウズイカはダンゴイカ科に分類される.一方,ツツイカ目はジンドウイカ科やアカイカ科など15の科に区分される.わが国の代表的な種であるアオリイカおよびヤリイカはジンドウイカ科に,ホタルイカはホタルイカモドキ科に,ツメイカはツメイカ科に,タコイカはテカギイカ科に,スルメイカやアカイカはアカイカ科に分類される.アカイカ科は,イレックス亜科,スルメイカ亜科およびアカイカ亜科に区分される.カナダイレックス,ヨーロッパイレックス,ヨーロッパスルメイカ,アルゼンチンイレックス,オーストラリアスルメイカおよびアメリカオオアカイカもアカイカ科に属する種であり,アカイカ科に属するイカは全球的に生息しているといえる.

2) 試料として用いたイカについて

1988年から1993年の間に図2・41,2・43および2・44に示される地点におい

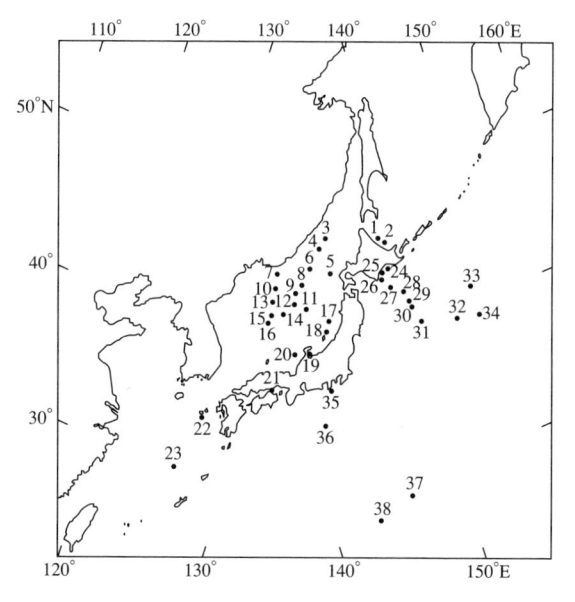

図2・41 わが国周辺水域におけるイカの漁獲地点

て水産庁北海道区水産研究所（現：（独）水産総合研究センター北海道区水産研究所），日本海区水産研究所および遠洋水産研究所が漁獲した13種のイカを試料として用いた．フランス西岸のビスケー湾のイカは，フランス国立海洋開発研究所（IFREMER）が実施した調査において漁獲され，IFREMERのAlziue部長の好意により分与された．試料として用いたイカの種類，漁獲した年および水域を表2・5に示したが，コウイカ（コウイカ目コウイカ科），アオリイカお

表2・5　調査水域，調査した年および研究に用いたイカの種類

観測点	調査水域		イカの種類	調査した年
1, 2		オホーツク海	スルメイカ	1993
3～20		日本海	スルメイカ	1991～1993
21		瀬戸内海	コウイカ	1993
22		東シナ海	アオリイカ	1992
23		東シナ海	コウイカ	1992
21～29	北太平洋	北海道南東沿岸・沖合	スルメイカ	1991～1992
30		北海道南東沖合	アカイカ	1991
31～34			スルメイカ	1992
39, 41			ツメイカ	1992
35		本州南沿岸・沖合	スルメイカ	1991～1992
36			スジイカ	1991
42～45		北部中央域	アカイカ	1992～1993
46～50		北部東方域	アカイカ	1992～1993
37, 38		本州南沖合	アカイカ	1992
60, 61			トビイカ	1993
57～59		南部中央域	トビイカ	1993
51～56		南部東方域	アカイカ	1992～1993
64, 66	南太平洋	ペルー西方沖合	アメリカオオアカイカ	1988, 1991
65			トビイカ	1989
67		中緯度東方域	アメリカオオアカイカ	1989
74		タスマニア海	アカイカ	1989
75			オーストラリアスルメイカ	1991
76, 77		ニュージーランド南東沖合	ニュージーランドスルメイカ	1991～1992
62	北大西洋	カナダ南東沖合	カナダイレックス	1989
63		ビスケー湾	ヨーロッパヤリイカ	1992
68～70	南大西洋	アルゼンチン南東沖合	アルゼンチンイレックス	1989, 1991～1992
71			アカイカ	1989
72		アンゴラ西方沖合	アカイカ	1991
73	インド洋	オーストラリア北東沖合	トビイカ	1991

よびヨーロッパヤリイカ（ツツイカ目ジンドウイカ科），ツメイカ（ツツイカ目ツメイカ科）以外はアカイカ科に分類されるイカであった．

肝臓中TBTおよびTPT濃度のイカの種類による差異を検討するために，富山湾に来遊するコウイカ，ホタルイカおよびスルメイカな9種のイカを採集した．

1・4・2　肝臓中TBTおよびTPT濃度のイカの種による差異

富山湾で漁獲した9種のイカおよび北西太平洋において漁獲された複数種のイカ類の肝臓中TBTおよびTPT濃度を表2・6に示した．富山湾で漁獲したイカでは，コウイカ，ボウズイカおよびホタルイカで肝臓中TBT濃度が他のイカに比較して低い傾向であった．ツツイカ目のイカでは，ジンドウイカ科のアオリイカ，ヤリイカおよびジンドウイカでTBT濃度が$0.09 \sim 0.38\,\mu$g/g，テカギイカ科のドスイカで$0.61\,\mu$g/g，また，アカイカ科のスルメイカで$0.22\,\mu$g/gであり，その差は2から6倍であった．北西太平洋で漁獲されたツメイカ科（ツメイカ），テカギイカ科（タコイカ）およびアカイカ科（スルメイカ，アカイカ）のTBT濃度は，それぞれ，$0.06\,\mu$g/g, $0.06\,\mu$g/gおよび$0.03 \sim 0.05\,\mu$g/gであっ

表2・6　各種イカの肝臓中有機スズ化合物（TBTおよびTPT）濃度

調査水域	イカの種類	TBT (μg/g)	TPT
富山湾	コウイカ	0.034 ± 0.006	0.218 ± 0.004
	ボウズイカ	0.050 ± 0.008	0.448 ± 0.159
	アオリイカ	0.091 ± 0.017	0.281 ± 0.073
	ヤリイカ	0.228 ± 0.047	0.185 ± 0.062
	ジンドウイカ	0.378 ± 0.089	0.461 ± 0.068
	ホタルイカ	0.064 ± 0.003	0.099 ± 0.006
	ドスイカ	0.606 ± 0.208	0.261 ± 0.060
	スルメイカ	0.219 ± 0.050	0.312 ± 0.098
	ソデイカ	$0.162 \sim 0.178$	$1.267 \sim 1.468$
北太平洋 40°〜42°N 150°〜153°E	ツメイカ	0.053 ± 0.018	0.050 ± 0.013
	タコイカ	0.063 ± 0.014	0.073 ± 0.014
	スルメイカ	0.051 ± 0.013	0.049 ± 0.011
	スルメイカ	0.044 ± 0.006	0.033 ± 0.010
	アカイカ	0.033 ± 0.003	0.039 ± 0.010
	アカイカ	0.031 ± 0.008	0.016 ± 0.002
北大西洋 ビスケー湾	ヨーロッパヤリイカ	0.036 ± 0.012	0.085 ± 0.004
	ヨーロッパイレックス	$0.010 \sim 0.011$	nd ~ 0.002
	ニセイレックス	0.016 ± 0.006	0.004 ± 0.003
	ヨーロッパヤリイカ	0.015	0.023

た．富山湾および北西太平洋における限られた調査結果ではあるが，イカ類肝臓中TBT濃度はツツイカ目のジンドウイカ科，ツメイカ科，テカギイカ科およびアカイカ科では大差ないと推察できる．

イカ肝臓中TPT濃度は，富山湾で漁獲されたホタルイカで低い傾向が認められるのに対し，ソデイカでは1.3～1.5 μg/gと著しく高かった．北西太平洋で漁獲されたツメイカ，タコイカ，スルメイカおよびアカイカのTPT濃度は，それぞれ，0.05 μg/g，0.07 μg/g，0.03～0.05 μg/g，0.02～0.04 μg/gであり，その差は最大でも数倍であった．少数の調査結果ではあるが，ツツイカ目のジンドウイカ科，テカギイカ科およびアカイカ科のイカ類をスクイッドウォッチのモニタリング生物として選定することが適切であると考えられる．

1・4・3　有機スズ化合物（TBTおよびTPT）並びにPCBs濃度のグローバルな分布特性

1）TBT

日本近海，北太平洋および全球におけるイカ肝臓中TBT濃度の分布をそれ

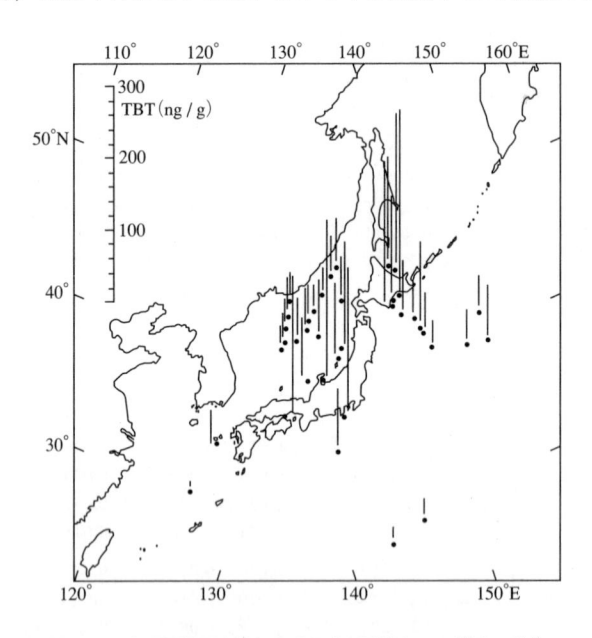

図2・42　わが国周辺水域におけるイカ肝臓中TBT濃度の分布

ぞれ図2・42, 2・43, 2・44に示した. 日本近海におけるTBT濃度は, オホーツク海で153〜217 ng/g, 日本海で28〜219 ng/g, 北海道沖合の北西北太平洋で33〜256 ng/g, 本州沖合の北西北太平洋で17〜279 ng/g, 瀬戸内海で187 ng/g, また, 東シナ海で7〜49 ng/gであった. 瀬戸内海の値はコウイカについて測定した値である. 上述したようにコウイカの値はアカイカ科のイカに比べると低いことも考えられるので, イカ肝臓中TBT濃度は沖合域に比較して沿岸域で高いと考えられる. 有機スズ化合物は主として船底塗料からの溶出により海域に負荷されると推察されるので, イカ肝臓中TBT濃度はTBT汚染の実態をある程度反映しているものと考えられる.

北太平洋におけるTBT濃度(図2・43)は, 北太平洋西部域(漁獲地点, 37, 38, 60および61)では17〜25 ng/gであり, また, 北太平洋中部から東部域では, 検出限界以下〜8 ng/gであり, 北太平洋の西部域から東部域へと移行するにしたがってその濃度は低下した. また, 北太平洋における濃度は, 日本近海の濃度(28〜279 ng/g)に比較して低かった.

全球における分布(図2・44)を見ると, TBT濃度は日本近海で特に高く, 次いでビスケー湾(36 ng/g), 北太平洋(検出限界以下〜25 ng/g), カナダ沖合の北西北大西洋(18 ng/g)で高かった. 南半球では, TBT濃度は, アルゼンチン

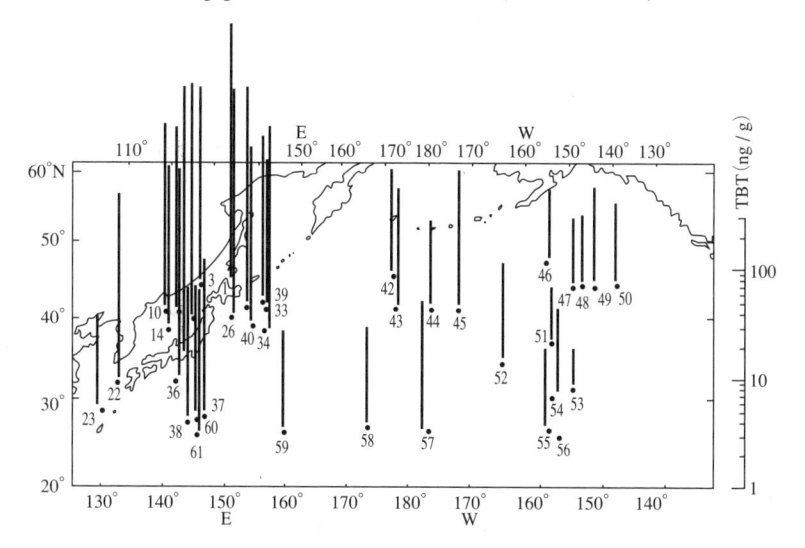

図2・43 北太平洋におけるイカ肝臓中TBT濃度の分布
図中の数字はイカを漁獲した地点を示す.

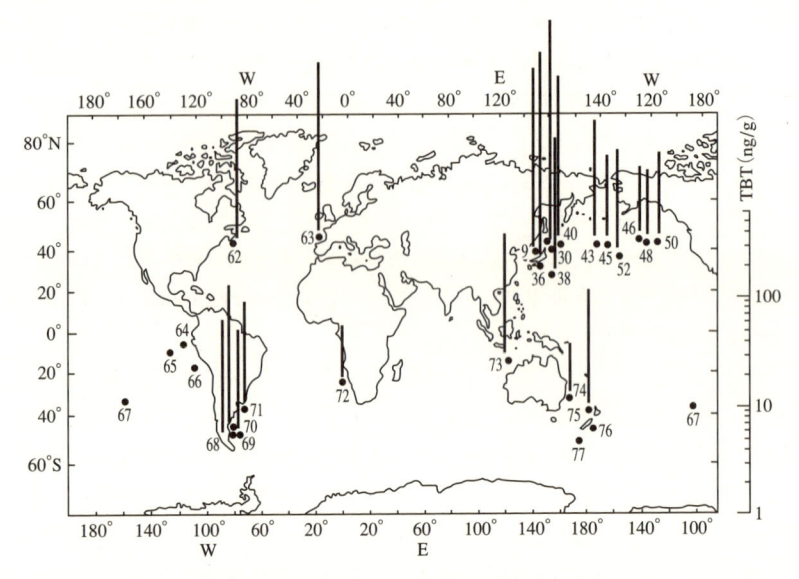

図2・44 全球におけるイカ肝臓中TBT濃度の分布
バーの表示のない地点の濃度は検出限界以下である．図中の数字はイカを漁獲した地点を示す．

沖合の南西南大西洋で8～28 ng/g，オーストラリア沖合のインド洋で13 ng/g，ニュージーランド近海で検出限界以下～11 ng/g，アンゴラ沖合の南東南大西洋で3 ng/g，また，ペルー沖合の南大西洋で検出限界以下～1 ng/gであった．これらの結果から，イカ肝臓中TBT濃度は南半球に比べて北半球で高いことが明らかである．船舶の航行も含めて経済活動が南半球に比較して北半球で活発であることを考えると，有機スズ化合物の海域への流入量も北半球で多く，海水あるいはイカ肝臓中TBT濃度が北半球で高いことは当然の結果であると考えられる．

2) TPT

日本近海，北太平洋および全球におけるイカ肝臓中TPT濃度の分布をそれぞれ図2・45, 2・46, 2・47に示した．オホーツク海のイカからはTPTが検出されなかったが，日本海で8～312 ng/g，北海道沖合の北西北太平洋で30～229 ng/g，本州沖合で168～428 ng/g，瀬戸内海で101 ng/g，また，東シナ海で25～252 ng/gであった．TPT濃度は，本州沖合の北西北太平洋，瀬戸内海および東シナ海で高く，TBT濃度が高かった北海道沖合の北西北太平洋では低か

§1. 化学的研究手法における解析　91

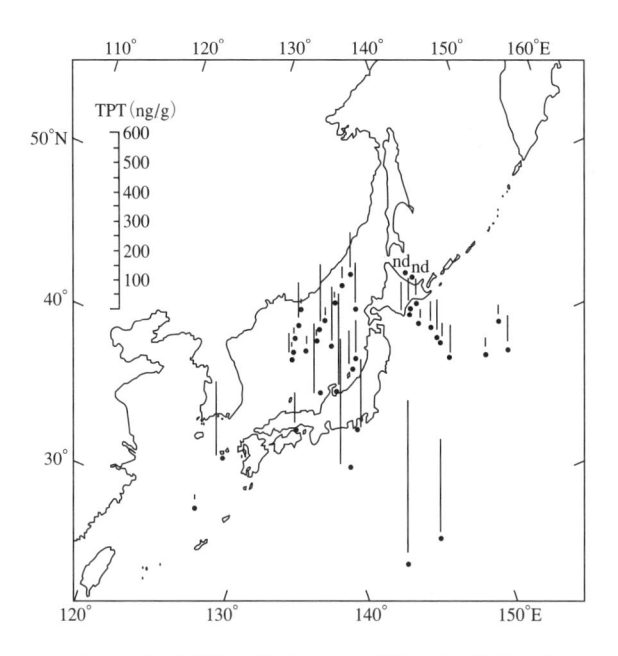

図2・45　わが国周辺水域におけるイカ肝臓中TPT濃度の分布

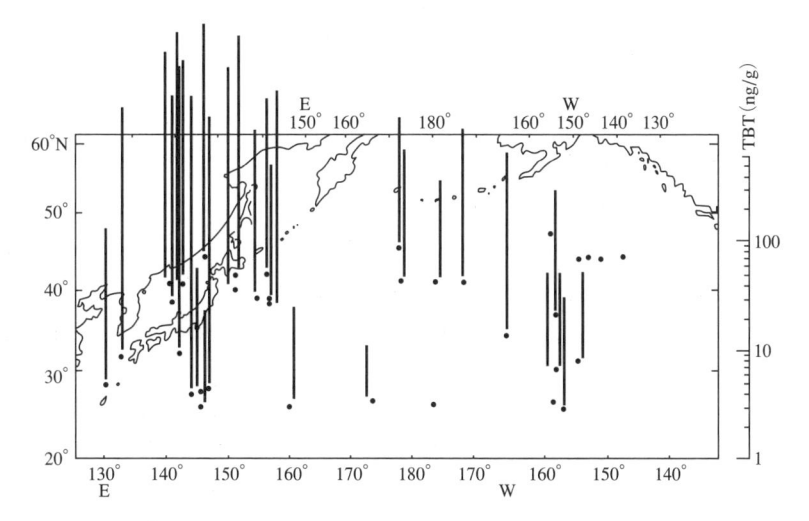

図2・46　北太平洋におけるイカ肝臓中TPT濃度の分布
バーの表示のない地点の濃度は検出限界以下である．

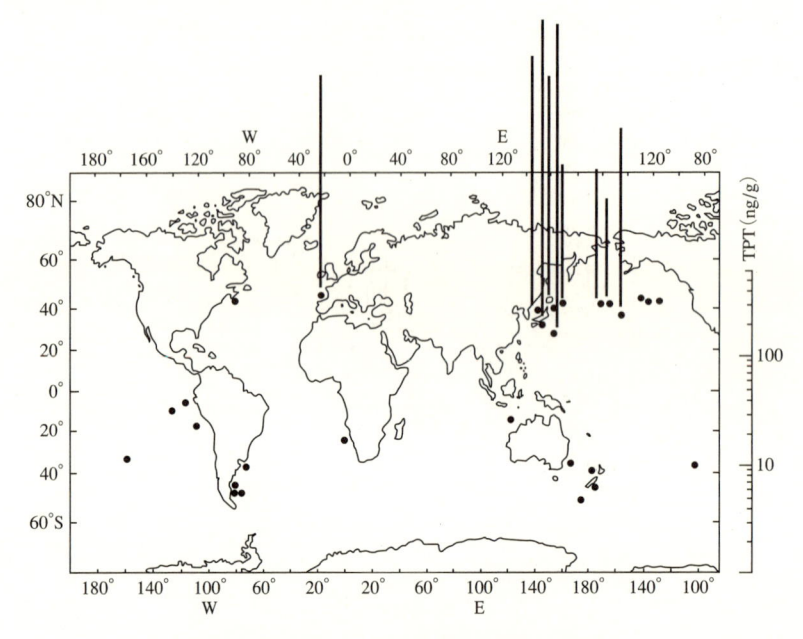

図2・47　全球におけるイカ肝臓中TPT濃度の分布
バーの表示のない地点の濃度は検出限界以下である.

った．特に，本州沖合（漁獲地点，37および38）で高く，その濃度は309〜519 ng/gであった．すなわち，日本近海におけるTPTの分布は，TBTとは異なっていた．

北太平洋におけるイカ肝臓中TPT濃度は，日本近海において高いが，中央部あるいは東部水域では検出限界以下〜45 ng/gであり，著しく低い値であった．全球について見ると，TPT濃度は，ビスケー湾で85 ng/g，北太平洋東部水域で検出限界以下〜45 ng/gであるのに対し，カナダ沖合および南半球の水域において漁獲されたイカ肝臓からは検出されなかった．すなわち，TPT汚染は北半球で特に著しいことが明らかであった．

イカ肝臓中TPT濃度は，日本近海においてはTBT濃度とほぼ同レベルであったが，その他の水域ではTBT濃度に比較して低かった．わが国では，TPTも船底塗料の殺生物剤として使用された経緯から判断すると，イカ肝臓中TPT濃度がわが国近海で高いことは当然であり，イカ肝臓中TPT濃度は，TPT化合物による海洋汚染の実態を反映していると推察できる．

§1. 化学的研究手法における解析　93

3) PCBs

　肝臓中TBTおよびTPT濃度を測定したイカの肝臓中ΣPCBs濃度の全球における分布を図2・48に示した．ペルー，アルゼンチンおよびニュージーランド沖合など南半球において漁獲されたイカの肝臓中ΣPCBs濃度は，検出限界（10 ng/g）以下から25 ng/gであった．一方，北半球におけるΣPCBs濃度は，日本近海で50〜310 ng/g，カナダ沖合の北西北太平洋で110 ng/g，また，フランス沖合のビスケー湾で280 ng/gであった．ΣPCBs濃度もTBTやTPTと同様に南半球に比較して北半球で高かった．この傾向はIwataら[85]による海水のΣPCBs濃度の分布と同様な傾向であり，イカ肝臓中ΣPCBs濃度はPCBsによる海洋汚染の実態を反映していると考えられる．

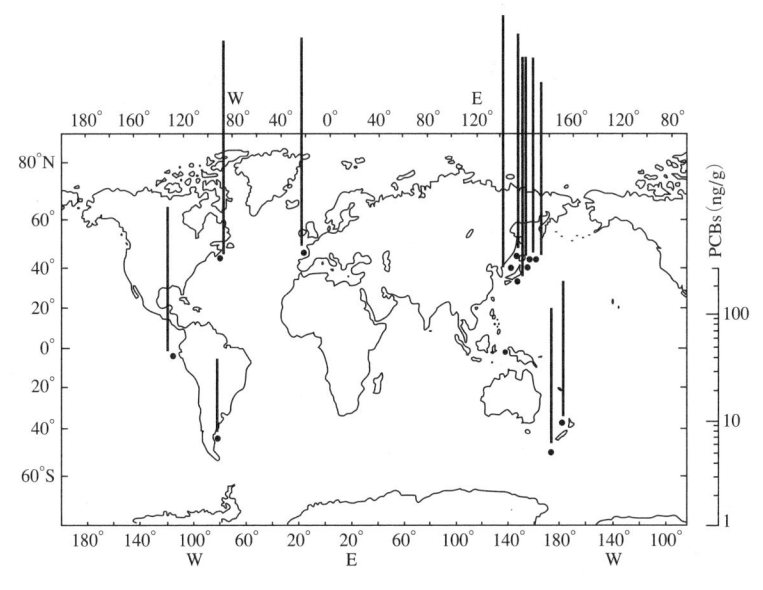

図2・48　全球におけるイカ肝臓中ΣPCBs濃度の分布

1・4・4　全球におけるTBT，TPTおよびPCBs濃度の差異

　TBT，TPTおよびPCBsともにイカ肝臓中濃度は南半球に比較するといずれも北半球で高かった．その濃度差は，PCBsで60倍であるのに対し，有機スズ化合物濃度の最大較差は，TBTで280倍，また，TPTで260倍であった．すなわち，南半球と北半球の濃度差は，PCBsの場合に比較してTBTやTPTで大

きかった.

　有害物質の地球上での分布は, 有害物質の製造・使用量や使用期間などの使用実態および大気への拡散や分解など有害物質の環境中での挙動など多くの要因によって支配されていると考えられる. したがって, ここでは, PCBs と TBT および TPT について使用実態や挙動を比較してそれらの分布の相違について考察してみたい.

　UNEP, ILO and WHO による報告[86)] によれば, PCBs は1930年代から製造され, 生産量は着実に増加し, 年間生産量は1970年代に最大に達した. アメリカ, フランス, イギリス, 日本, スペインおよびイタリアにおける1980年代までの総生産量は, 1,054,800 t であると報告されている. わが国では, 「化学物質の審査および製造等の規制に関する法律」の制定に伴って1972年に第1種特定化学物質に指定され, その製造, 販売, 使用が禁止された.

　有機スズ化合物は, 1950年代に製造が開始され, 1965年からその生産量は次第に増加し, 1985年の世界の年間生産量は36,000 t である. 1950年から1985年までの世界の総生産量は, 310,000 t と推定されている. 有機スズ化合物の総生産量に対する TBT のようなトリ体の有機スズ化合物の占める割合は, 25～30％であると報告されている[87)]. したがって, 35年間におけるトリ体の有機スズ化合物 (TBT および TPT) の生産量は78,000～93,000 t と推定され, PCBs の生産量に比較して1/10以下と考えられる.

　PCBs は, 難燃剤, 熱媒体, プラスチックの可塑剤やノーカーボン紙などとして主として陸上において使用されてきた. 一方, 有機スズ化合物は, TPT が農薬として, DBT がプラスチックの可塑剤として使用されたが, TBT および TPT の大部分は船底塗料の殺生物剤として, 主として海洋環境において使用された. 有機スズ化合物が直接海水に放出される点において PCBs の海洋への流入経路とは異なる.

　大気を経由する有害物質の海洋への流入は, 有害物質が短期間に地球全体に拡散・分布するためには重要な経路であると考えられている[85, 86)]. 大気中の PCBs 濃度や大気から海水への沈降・移行量が試算されている[85)]. しかし, 大気中有機スズ化合物濃度は不明であり, また, 大気中への拡散・移行の可能性は PCBs に比較して小さいと考えられている.

　有機スズ化合物と PCBs の南半球および北半球における濃度の差異は, 有機スズ化合物の物理化学的物性およびその使用実態の相違により引き起こされて

いると考えられる．すなわち，有機スズ化合物はPCBsに比較して使用期間が短く，使用量が少なく，また，大気を経由した移動の可能性も小さいために，使用開始後約40年が経過した時点（1990年代）では，北半球の工業先進国を中心として使用された有機スズ化合物が，南半球まで移行・分布していないと考えられる．

有機スズ化合物の使用は，「船舶における有害な防汚方法の管理に関する国際条約」の制定および各国の自主的な規制などにより世界的にもその使用量は減少していると推察できる．規制効果の評価および使用規制によるグローバルな分布状況の変動を把握するために，グローバルな分布や濃度の変動を定期的に把握することが望まれる．

（山田　久）

1・5　有機スズ化合物の微生物分解

有機スズ化合物は本書の別のところで詳しく述べられているように，インポセックスだけでなく水生生物に強い毒性を示すことが知られている．淡水産および海水産の魚類に対するトリブチルスズ（TBT）やトリフェニルスズ（TPT）の急性毒性は数多くの化学物質の中でも抜きんでいる．たとえば，現在多量に使用されている有機リン系農薬の魚類に対する急性毒性（LC_{50}：半数致死濃度）が0.1～10 mg/L，つまりppmレベルであるのに対し，TBTのそれが10 μg/L，すなわちppbレベルである．魚毒性は供試魚の種類，成長段階，飼育条件などにより左右されるが，これらを考慮に入れたとしても，TBTの毒性は極めて高い．また，魚類以外の水生生物（甲殻類，多毛類，動物および植物プランクトンなど）に対する毒性も強い．毒性発現のメカニズムに関してもかなりの知見が得られており，本書の別の章で述べられている．いずれにしろ，水生生物に対する毒性が強い有機スズ化合物が水中でいかなる挙動・運命を辿るかを明らかにすることは生態毒性学的観点からも重要であり，近年，かなりの知見が得られている．

環境中での分解は大きく2つに分けることができる．すなわち，光による分解と生物による分解である．水銀ランプによる照射実験からTBTの半減期が求められているが，数時間から11日間とかなりの幅があり，さらに実海域や湖水では数日から100日というように研究者によって見解が異なる．内湾などでは光の強度が水深とともに急激に変化するので，内湾全体での分解を考える

際には光分解は生物学的な分解に比べ寄与は大きくないといわれている[88]．水中でのTBTの分解（半減期）は一般に，常温では1〜2週間といわれており，生分解においては脱アルキル化反応が当然生起するが，逆にアルキル化反応も生じることが知られている．光分解と生物学的分解について，分解への寄与度合は現場の環境条件により異なるが，ごく一般的には上にも述べたように生物による分解，特に細菌による分解の寄与が大きいといわれている．しかし，光分解にしろ生物学的分解にしろ，測定条件などにより変動すること，とくに現場の水域では光，温度，有機汚濁のレベルなどの環境条件により左右されるのでデータの解析の際には注意しなければならない．

　本稿では有機スズ化合物の生物学的分解のうち，細菌による分解を中心におき，細菌の増殖に及ぼす影響，水中の細菌による数種の有機スズ化合物の分解，そして，環境中から単離したトリブチルスズ分解菌の性質について述べる．

1・5・1　河川水中の細菌の増殖に及ぼす有機スズ化合物の影響

　水中の細菌による有機スズ化合物の分解について述べる前に，有機スズ化合物が水中の細菌の増殖にいかなる影響を及ぼすかを取り上げる．分解にかかわる以前に細菌が有機スズ化合物により増殖阻害を受けるならば，分解を期待することができないからである．また，有機スズ化合物の中には抗菌剤として使用されているものもある．供試した細菌は図2・49に示した琵琶湖・淀川水系の5地点で1991年5月に採取した湖水や河川水中のものである．三角フラスコに各地点の試

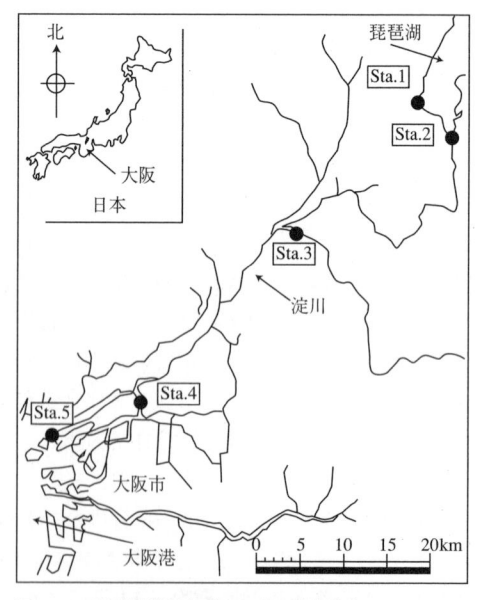

図2・49　琵琶湖淀川水系における調査地点
　　Sta.1：琵琶湖疏水，Sta.2：南郷洗堰，Sta.3：木津川御幸橋，Sta.4：毛馬橋，Sta.5：淀川河口マリーナ

水を 500 ml 入れ，有機スズ化合物として塩化トリブチルスズ（TBT），二塩化ジブチルスズ（DBT），三塩化モノブチルスズ（MBT），塩化トリフェニルスズ（TPT），二塩化ジフェニルスズ（DPT）および三塩化モノフェニルスズ（MPT）のジメチルスルホキシド（DMSO）溶液を 0，0.01，0.1，1.0 および 10 mg Sn/L となるように試水に加え 28 日間，30℃，暗所で振とう培養した．0，1，5，12，19，28 日の計 6 回フラスコ中から試水を少量サンプリングし，1/10 普通寒天培地（ニッスイ）を用いて生菌数を計測した[27, 50]．0.01～1.0 mg Sn/L の有機スズ化合物の濃度ではいずれの地点の水中細菌数も対照の有機スズ無添加試水と同程度，すなわち増殖阻害は認められなかった．水中の細菌の増殖阻害が顕著に認められたのは，TBT を 10 mg Sn/L となるように添加したときで，かつ培養 1 日後においてのみであった（図 2・50）．試水の採取地点によって実験開始時の生菌数には差があり，1.4×10^4 CFU/ml（琵琶湖疏水）～1.6×10^5 CFU/ml（木津川御幸橋）の範囲内であった．培養 1 日後には琵琶湖疏水 2×10，毛馬橋 6.1×10^3，南郷洗堰 5.2×10^2，木津川御幸橋 6.1×10^2 CFU/ml となり，いずれの地点も 0 日目より 2～3 オーダー低い生菌数を示した．しか

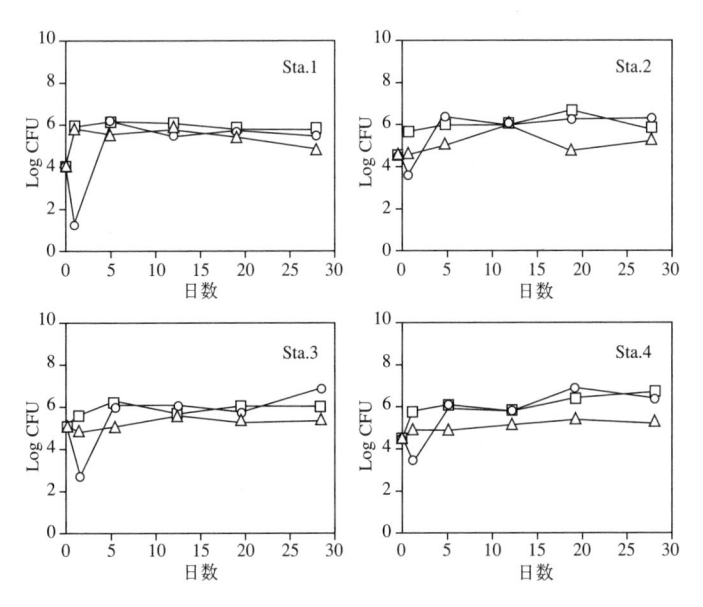

図 2・50 河川水中の細菌の増殖に及ぼす TBT の影響
TBT 濃度 ○：10 mg/L，□：1 mg/L，△：対照

し，5〜28日の間ではいずれの地点も3.6×10^6〜1.0×10^7 CFU/mlの範囲内にあり，琵琶湖疎水でやや低い傾向が認められたものの，対照区よりむしろ高い生菌数が計測された．これらの結果から培養1日では10 mg Sn/LのTBTにより水中の細菌の大部分は死滅するが，そこで生き残った細菌群は以後，活発に増殖することが明らかであった．しかし，TBTを炭素源として利用しているかどうかは不明である．

　DBTの場合，Sta.1（琵琶湖疏水）の水中細菌は10 mg Sn/Lの濃度において培養1日後に顕著な増殖阻害が見られたが，その後はTBTで見られた状況と同様に増殖への影響は観察されなかった（図2・51）．フェニルスズ化合物のうちではMPTが10 mg Sn/Lのとき，Sta.2（南郷洗堰）の細菌は1日後における増殖が阻害された（図2・52）．TPTやDPTよりもMPTで増殖阻害が見られたことは予想外であった[27, 50]．

　筆者らが実験室に保存している標準株について有機スズ化合物が増殖にどのような影響を及ぼすかを調べた．*Escherichia coli*, *Bacillus subtilis*, *Alcaligenes faecalis* および大阪市内の河川から単離したリン酸トリブチル分解菌の

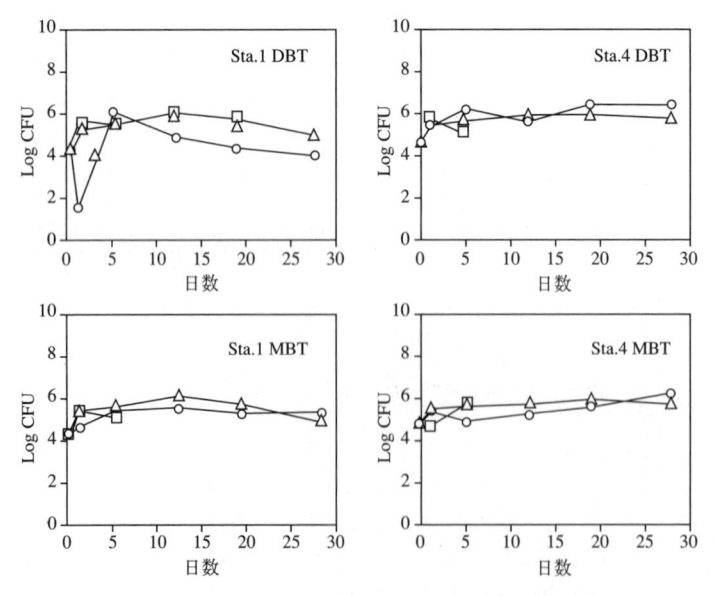

図2・51　河川水中の細菌の増殖に及ぼすDBTの影響
DBT濃度　○：10 mg/L，□：1 mg/L，△：対照

Pseudomonas diminuta の計4株を供試菌とし，1/10乾燥ブイヨン培地（ニッスイ）中に，TBT，TPT，DBTをそれぞれ10μg/mlとなるように加えて30℃，暗所で6日間振とう培養した．0，26，48，100および146時間後にサンプリングし，1/10普通寒天平板培地で生菌数を計測した[50]（図2・53）．*E. coli* ではTPT含有培地において48時間後にやや増殖を示したが，以後は生菌数の減少が顕著に見られた．*B. subtilis* や *A. faecalis* においてはTBTによる増殖抑制効果は他の有機スズ化合物に比して緩やかであった．また，リン酸トリブチル分

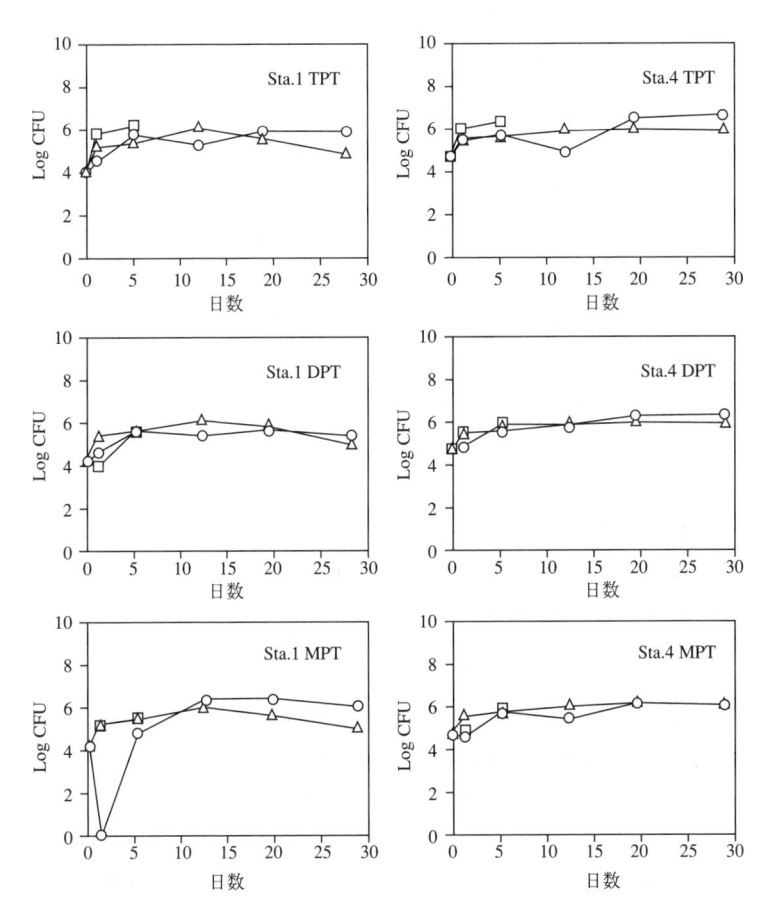

図2・52 河川水中の細菌の増殖に及ぼすフェニルスズ化合物の影響
フェニルスズ濃度 ○：10 mg/L，□：1 mg/L，△：対照

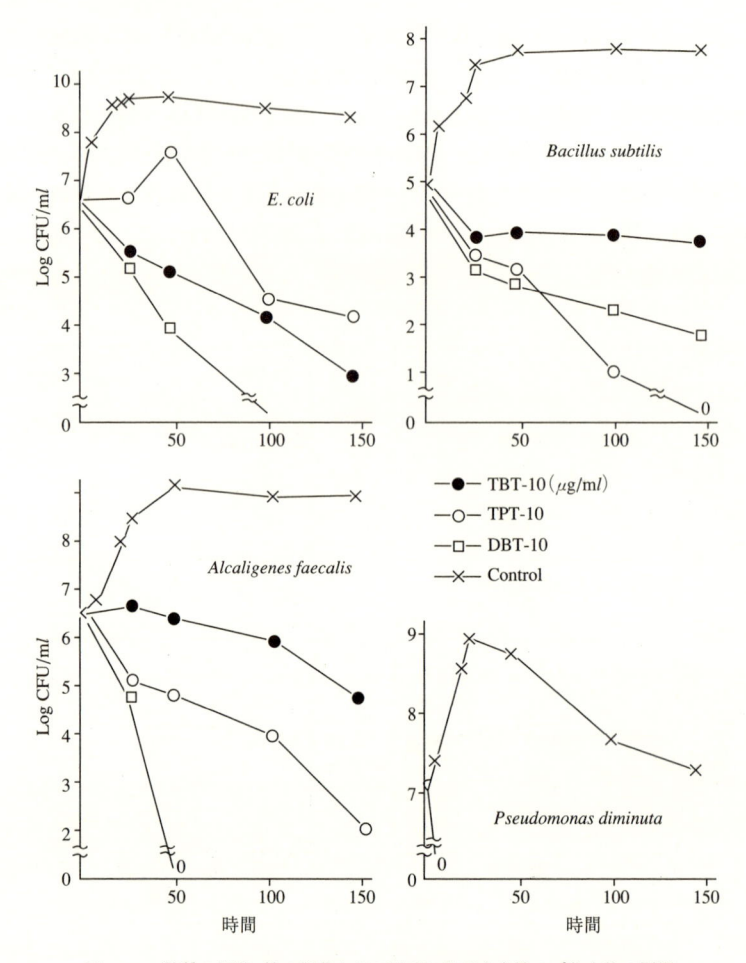

図2·53 数種の標準j株の細菌などの増殖に及ぼす有機スズ化合物の影響

解菌[89]の P. diminuta ではいずれの有機スズ化合物によっても増殖を強く阻害された.3種の有機スズ化合物の中では DBT の細胞毒性が強い傾向が見られた.ブチルスズやフェニルスズ化合物の毒性を HeLa 細胞やクロダイの胚細胞を用い,細胞増殖阻害濃度(IC_{50}:50%細胞増殖阻害濃度)から調べた結果, TBTに次いで DBT の毒性が強いことがわかっている[50].このように標準株に対しては有機物の添加の有無という実験条件の違いはあるものの,前述の環境水中の細菌よりも有機スズ化合物による増殖阻害効果が強いことが明らかであっ

た．換言すれば環境水中には有機スズ化合物に対して耐性を有する菌が普遍的に存在するといえよう．

Wuertzら[90]はTBTに耐性を示す細菌を河口域や淡水域の底泥から分離して諸性質を調べ，これらの細菌が数種の抗生物質やCd，Pbなどの重金属にも耐性を示し，かつプラスミドを保有していることを明らかにしている．しかし，有機スズ化合物への耐性がプラスミドに支配されているかどうかは現在のところ不明である．

1・5・2　淀川河口のヨットハーバーで採取した水中細菌による有機スズ化合物の分解

海水や河川水中の細菌による人工有機化合物の分解に関する研究の意義としては以下の2つのことがあげられる．

まず第1に，水環境中に負荷された汚染物質がその後，いかなる運命を辿るかを把握しようとする際に，微生物分解に関する情報は必須である．微生物分解を受けにくい，いわゆる難分解性物質は一般的に要注意物質群と考えてよい．それらの物質については用途や使用方法を限定するなどの使用規制措置がとられることが多い．さらに類縁化合物を新規に開発する際にも配慮されるべきである．最近，"地球にやさしい物質を"という術語，または標語がよくとり上げられるゆえんである．

第2の意義としては次のようなことが考えられる．すなわち，自然界には変わり種の微生物が存在し，ヒトの感覚からいえば途方もない極限環境に生息するものや，生物が地上に誕生して以来，遭遇したことのない複雑な人工の有機化合物を分解，代謝する能力を獲得したり，ときにはそれらの化合物を唯一の炭素源として利用するものもある．このような特殊機能を有する微生物を単離し得たとき，それを特定の排水や廃棄物の処理に役立てる，すなわち環境浄化へ利用しようとする研究も多い．自然界が有する環境の浄化作用，つまり自浄作用をさらに一歩進めようというわけである．

有機スズ化合物の微生物分解を追究する意義も上述の2点にある．筆者らは1991年12月に淀川河口のヨットハーバーにおいて（図2・54のA2）表層の海水を採取し，River die-away法を用いて数種の有機スズ化合物の微生物分解を調べた[27]．

供試化合物としてはTBT，DBTおよびTPTを用いたが，これは先に述べた，

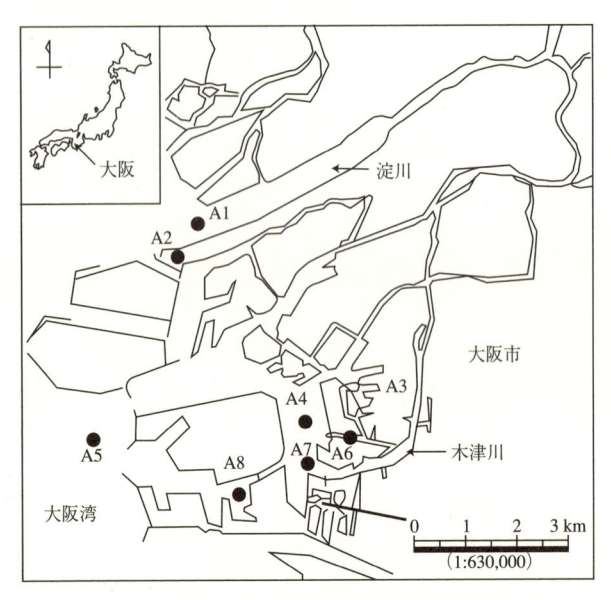

図2・54 大阪港周辺海域の調査地点

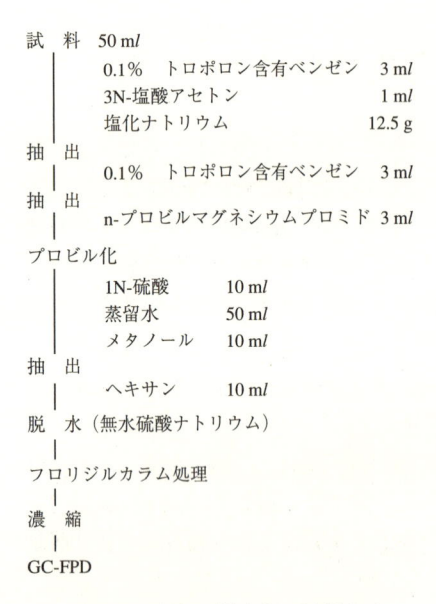

```
試　料  50 ml
  │    0.1% トロポロン含有ベンゼン     3 ml
  │    3N-塩酸アセトン              1 ml
  │    塩化ナトリウム              12.5 g
抽　出
  │    0.1% トロポロン含有ベンゼン     3 ml
抽　出
  │    n-プロピルマグネシウムブロミド    3 ml
プロピル化
  │    1N-硫酸                  10 ml
  │    蒸留水                   50 ml
  │    メタノール                10 ml
抽　出
  │    ヘキサン                 10 ml
脱　水（無水硫酸ナトリウム）
  │
フロリジルカラム処理
  │
濃　縮
  │
GC-FPD
```

図2・55 有機スズ化合物の分析法概略

細菌や培養細胞の増殖に及ぼす有機スズ化合物の影響に関する実験で得られた結果をもとにしている．100 ml容三角フラスコに50 mlの海水を入れ，上述の有機スズ化合物のDMSO溶液をそれぞれ10 μg Sn/L，または100 μg Sn/Lの濃度となるように添加し，30℃，暗所で60日間振とう培養した．培養液中に残存する有機スズ化合物の分析法の概略は図2・55に示したとおりである．なおこの方法における検出限界はブチルおよびフェニルスズイオンとして0.2 μg/Lである．

有機スズ化合物の微生物分解実験における対照としては，オートク

レーブにより滅菌した海水を用い，同様の操作を行なった．また供試海水中にもともと含まれていた有機スズ化合物はTBTが63 ng/Lであった．

図2・56はTBTを10 μg Sn/Lとなるように添加して，60日間振とう培養したときの濃度変化とブチルスズ化合物の組成を示したものである．培養9日から15日までの濃度低下が顕著であり，以後は60日までゆっくりと減少した．TBT濃度の減少が著しい10日前後においてはMBTの生成も明らかに増加し，DBTにおいても若干の濃度上昇が認められた．図2・56から単純に半減期を求めると12日となった．半減期については先にも述べたように初期濃度や培養温度，光の条件などの実験条件により異なるので既往の知見との直接比較は難しいが，Stewart & Moraの総説[91]を参考にすると初期濃度が0.3〜5 μg Sn/L

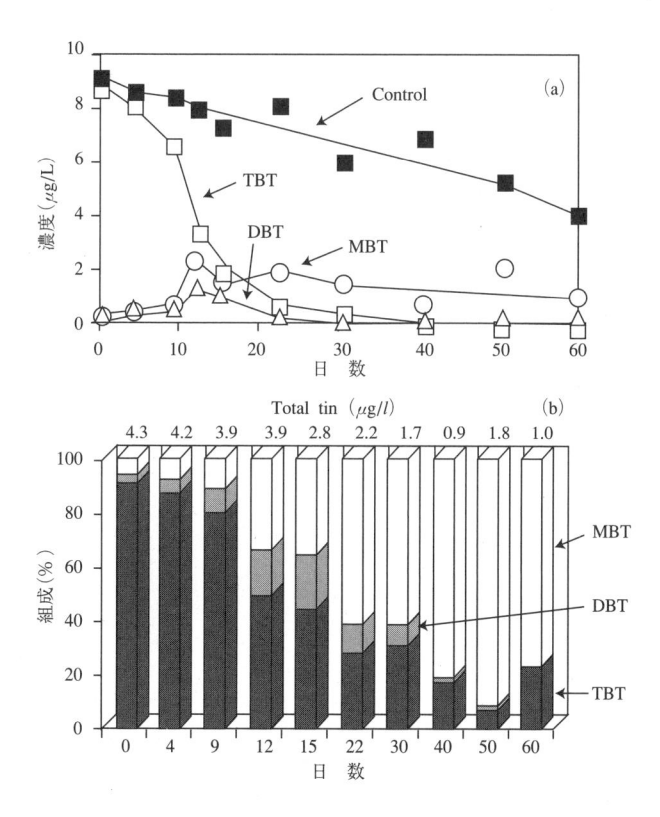

図2・56　河口域の水中細菌によるTBTの分解
（a）60日間の培養期間中のブチルスズ化合物の濃度，（b）ブチルスズ化合物の組成

のとき半減期は3〜20日の範囲内にあり，図2・56における結果と近似している．対照に用いたオートクレーブ処理海水においてもTBTの減少は明らかであるが，暗所で培養していることや雑菌の混入がないことを確認していることなどからこの減少が何に起因するのかは現時点では不明である．

TBTの初期濃度を$100\,\mu g\,Sn/L$に設定して同様の実験を行った結果，30〜40日には初期濃度の約40％まで緩やかに減少し以後は60日まで平衡状態を示し，MBTやDBTの生成も顕著に認められ，TBTの半減期を求めると27日となった[27]．

DBTの微生物分解は図2・57に示したように，初期濃度が$8\,\mu g\,Sn/L$のとき培養22日後には海水中から完全に消失した．分解速度が大きい10日前後におけるMBTの生成は顕著であったが，MBTはその後も減少することから無機化

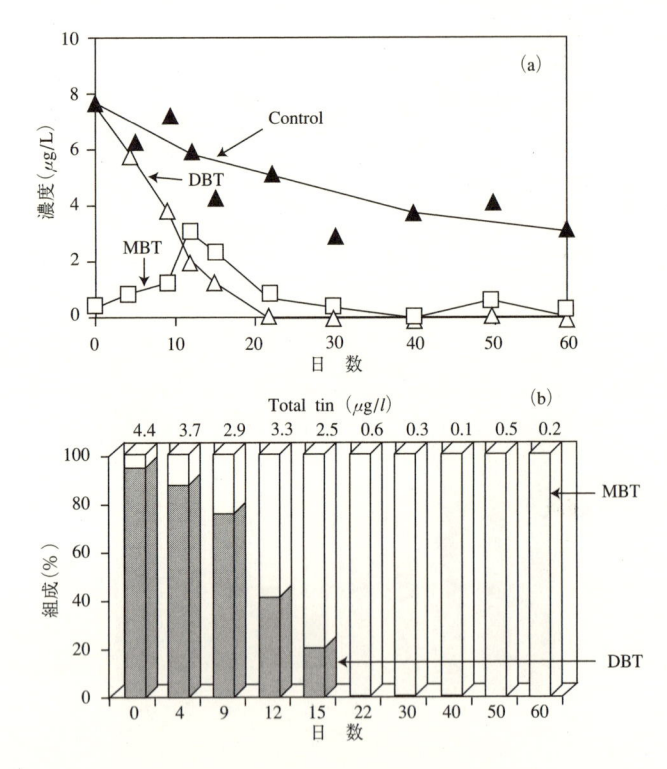

図2・57 河口域の水中細菌によるDBTの分解
(a) 60日間の培養期間中のブチルスズ化合物の濃度，(b) ブチルスズ化合物の組成

の反応も進行していると思われる．一方，対照区におけるDBTの減少もTBT以上に速やかであり，光分解や微生物分解以外の要因も関与しているようであった．

TBTやDBTなどのブチルスズ化合物については微生物分解に関する知見が多いがフェニルスズ化合物ではそのような報告が見当らない．図2・58はTPTについて同様の実験を行った際の結果を示したものである[27]．ブチルスズ化合物に比してTPTの分解は緩やかであり，60日間の培養後も初め（8μg Sn/L）の約20％の分解にとどまり半減期も求められなかった．また分解産物であるDPTやMPTの生成もさほど顕著ではなかった．対照区についてはDBTやTBTと異なり60日間における減少はほとんど認められなかった．初期濃度を100μg Sn/Lとしたときも同様の傾向が見られた．TBT，DBTおよびTPTの

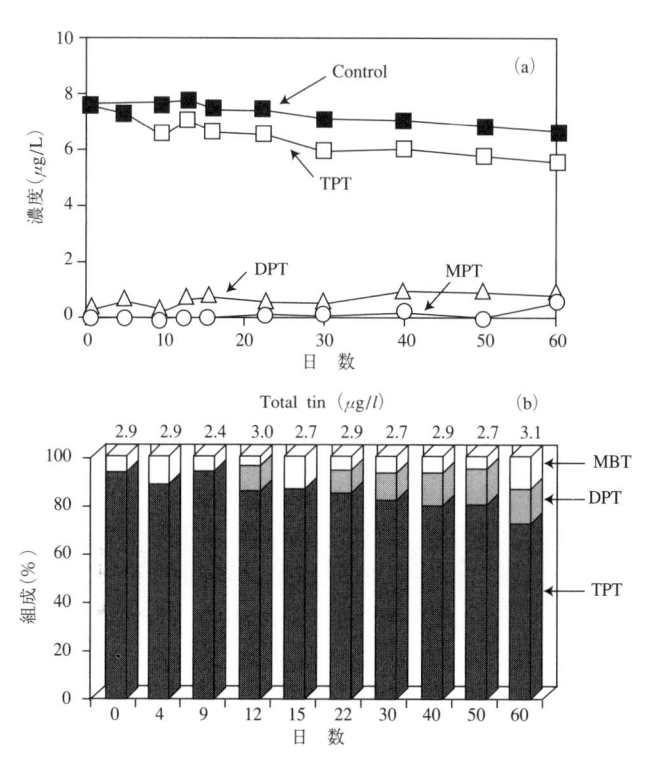

図2・58　河口域の水中細菌によるTPTの分解
（a）60日間の培養期間中のフェニルスズ化合物の濃度，（b）フェニルスズ化合物の組成

表2・7　有機スズ化合物の生物学的半減期

有機スズ化合物	初期濃度 ($\mu g/L^{-1}$)	半減期 (日数)
TBT	9.3	15
	104	>60
DBT	8.0	10
TPT	8.0	>60

生物学的半減期を示すと表2・7のとおりである.

大阪港周辺海域の4地点において採取した海水と底泥中の細菌を用いてTBTの分解性を調べたところ, 分解速度は両者で大きな差はなかったが, どちらかといえば水中細菌の方が分解は速かった (図2・59)[27].

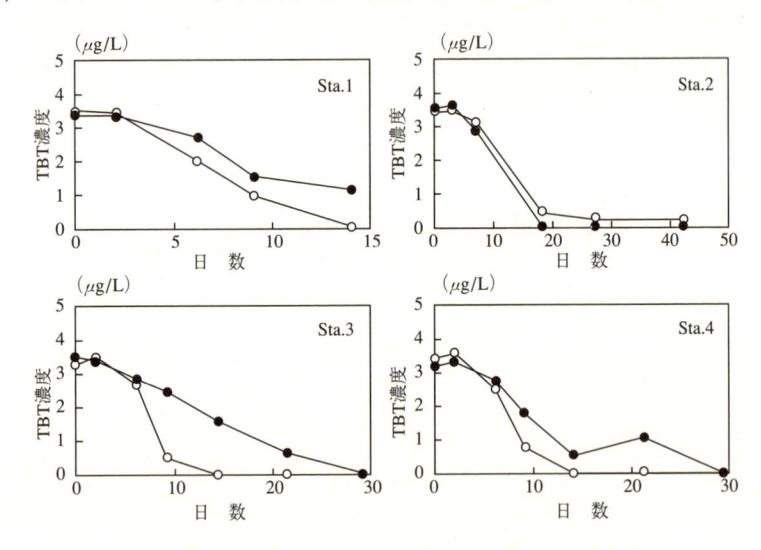

図2・59　海水および底泥中の細菌によるTBTの分解
○:海水中の細菌, ●:底泥中の細菌

1・5・3　河川水中から単離したTBP分解菌の性質

人工の有機化合物が環境中の微生物により分解される状況を混合培養系で調べることは重要であるが, 分解の様相を詳細に把握するためには, 分解菌を単離し, 純粋培養の条件下で実験を進める必要がある. これまでに, 水中からTBTを分解する細菌を単離したという報告は見当たらない. 筆者らも, 上述の混合培養系での分解性実験の中で分解菌の単離を試みたが, ことごとく不成功に終わった. ところが, 実験室に保存していた有機リン酸トリエステルの一

種であるリン酸トリブチル（TBP）を分解する細菌[89]をTBTの分解性試験に供したところ，TBTを分解することがわかった．TBPとTBTの化学構造を図2・60に示した．

TBPをはじめとした有機リン酸トリエステル類は難燃性可塑剤として使用され，その中には魚毒性や変異原性を示すものがあることも知られている．

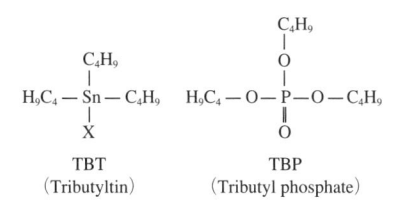

```
       C4H9                    C4H9
        |                       |
        |                       O
        |                       ‖
  H9C4—Sn—C4H9         H9C4—O—P—O—C4H9
        |                       ‖
        X                       O
                                |
                               C4H9
       TBT                     TBP
   (Tributyltin)         (Tributyl phosphate)
```

図2・60　TBTとリン酸トリブチル（TBP）の化学構造

このTBP分解菌は，筆者らが1986年に大阪市内の寝屋川水系の河川水から単離した *Pseudomonas diminuta* であり，便宜的にNo.4株と称している[89]．

TBTの初期濃度を$3.2\,\mu g\,Sn/L$とし，植菌濃度が$5\times10^6\,CFU/ml$のとき，培養7，17および25日における分解率はそれぞれ3，21および53％であった（図2・61）[92]．TBTの分解に応じて7日目から代謝産物のDBTが生成し，25日目にはMBTの生成も顕著であった．なお，100℃で10分間の加熱処理を施した菌体を対照として用いた．次にTBTの分解に有機物濃度がどのように影響するかを調べた．乾燥ブイヨン培地（Nutrient Broth：NB）1L中にはペプトン15g，肉エキス5gが含まれているが，通常の使用量の1/100〜1/10000の濃度となるように培地に加えたところ，表2・8に示したように，TBTの分解は

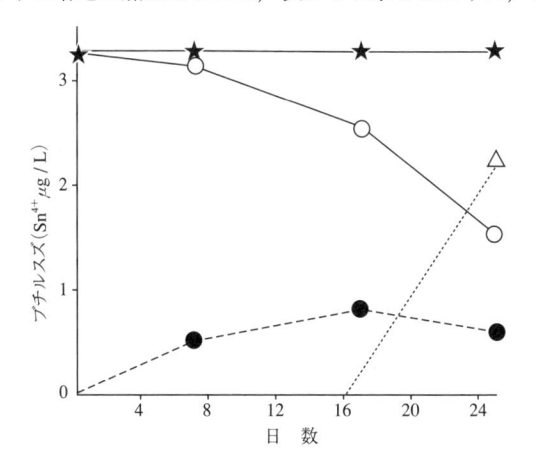

図2・61　No.4株によるTBTの分解とDBTおよびMBTの生成
〇；TBT，●；DBT，★：対照

表2・8 No.4株によるTBTの分解におよぼす有機物濃度の影響

NB[a]	分解率（％）
Control[b]（NBなし）	0
0（NBなし）	44
10^{-4}	62
10^{-3}	72
10^{-2}	100

[a]：NB（乾燥ブイヨン培地）を通常の使用濃度の1/100～1/10,000に希釈した．
[b]：10分間煮沸した菌懸濁液を対照として用いた．

有機物濃度が上昇するにつれて明らかに促進された．次に，TBTの添加濃度を4，8，20μg Sn/Lの3段階に設定し，NBを通常の1/100の濃度となるように加えて7日間培養した．図2・62に示したように，培養3日後には初期濃度

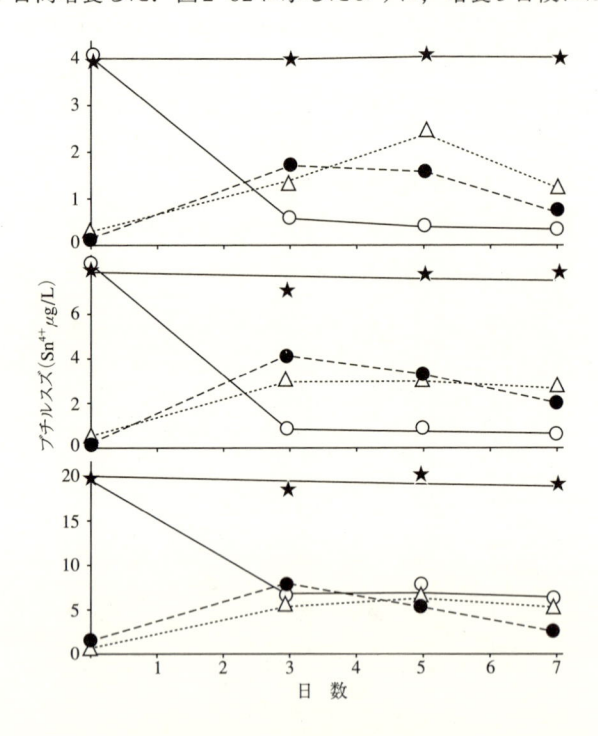

図2・62 TBTの3段階の濃度における分解の経時変化とDBTおよびMBTの生成
〇：TBT，●：DBT，△：MBT，★：対照

が4および8 μg Sn/L の実験区では約90％のTBTが分解され，分解に応じてDBTの生成が見られ，やや遅れてMBTの生成も顕著に認められた．培養液中の全有機スズ含量は7日間の培養期間中にそれぞれ4.79から2.61へ，9.29から5.94へ，22.6から15 μg Sn/L へと減少した．このことはMBTから無機スズへの代謝的変換が生じたことを示している．No.4株によるTBTの分解，とくに培養24時間以内の分解を詳細に調べるためにサンプリング間隔を短く設定した．初期濃度が4および20 μg Sn/L のとき，培養4時間後には約15％が分解され，8～24時間後にはそれぞれ40％および90％が分解された（図2・63）[92, 93]．TBTの分解に応じて代謝産物のDBTやMBTの生成が顕著に見られたことは図2・61および2・62に示した結果と同様である．7日間の培養期間中の生菌数の変化は図2・64に示したとおりである．培養開始時の生菌数は7.9×10^7CFU/ml であり，4 μg Sn/L の実験区では2日後に菌数は一時的に増加したが，その後は減少した．40 μg Sn/L 区では培養4時間後で早くも生菌数は減

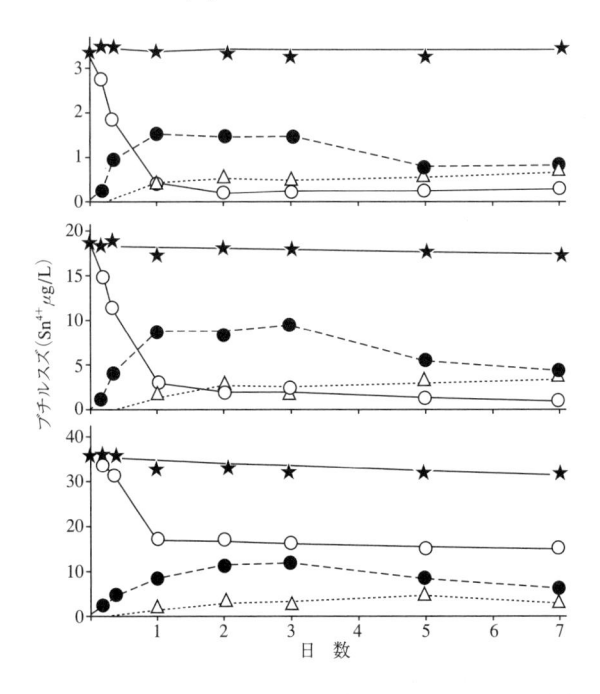

図2・63　No.4株によるTBTの迅速な分解とDBTおよびMBTの生成
　　　　○：TBT，●：DBT，△：MBT，★：対照

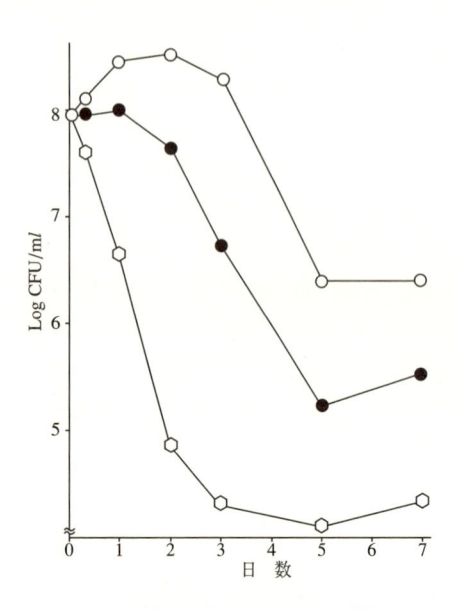

図 2·64 No.4 株の増殖に及ぼす TBT の影響
CFU：コロニー形成単位
TBT 濃度（μg Sn/L）　○：4.1，●：20.5，△：41

少し，以後の生菌数の減少はとくに急激であった[92]．これらの結果は TBT の添加により No.4 株の増殖が阻害されることを示しており，培養 2 日以後の TBT の分解が進んでいないことを裏付けている．さらに 4 および 20 μg Sn/L の実験区いずれも TBT の分解は顕著に認められるが（図 2·63），菌体自身も TBT による増殖阻害を受けている，すなわち相打ち的様相を呈しているといえよう．

分解菌を有機スズで汚染された水域の浄化に直接的に利用することはできないが，水界における有機スズの挙動や運命を知る上で役立つと思われる．

1·5·4 水環境試料中の有機スズ化合物の濃度および組成からみた現場海域での分解性

筆者らがこれまでに行なってきた大阪港周辺海域や岩手県三陸沿岸部の大槌湾における海水，底泥，プランクトンおよびムラサキイガイにおける有機スズ化合物濃度と有機スズの組成は海域によって，また測定対象とした試料によって異なる．さらに，同一海域においても有機スズ化合物の使用規制後，経年的に組成を追跡してみると明らかな変化が見られる．これらのことには光分解や微生物分解が関与していると考えられるが，とくに細菌による分解の寄与が大きいように思われる．なぜなら，ブチルスズ化合物のうち TBT や DBT の半減期は先に述べたように一般に 10〜20 日であり，実際の環境中では室内実験における状況と比べて分解速度は緩やかになる可能性はあるが，月単位で見ると生物学的分解は環境中でのブチルスズ化合物の運命に大きく係わっていると考えられる．環境試料ごとに見ると，海水中のブチルスズ化合物の組成は大阪湾

の場合，1989〜1996年の間に，TBT優先からMBT優先へと変化している[4]．また，海域別に見ると岩手県三陸沿岸部の大槌湾に比して，大阪港周辺海域のほうがMBTの占める割合が高くなっている（図2·65）[94]．これはおそらく，TBTの分解に関与する細菌が清浄海域よりも汚染海域において卓越しているためと考えられる．最終的な結論を得るためには両海域の海水を用いてTBTの半減期を求め，比較する必要があろう．また，底泥中のブチルスズ化合物の組成を見ると，いずれの地点においてもTBTの占める割合が高く，このことは底泥中の細菌による分解の速度が海水中と比べて緩やかであるといえる．底泥中の細菌によるTBTの分解性については先に述べたが，海水中の細菌に比して分解速度はさほど変わらないことを考えると，分解菌の生育および生理活性にとって，底泥中は必ずしも適正な環境ではないのかもしれない．

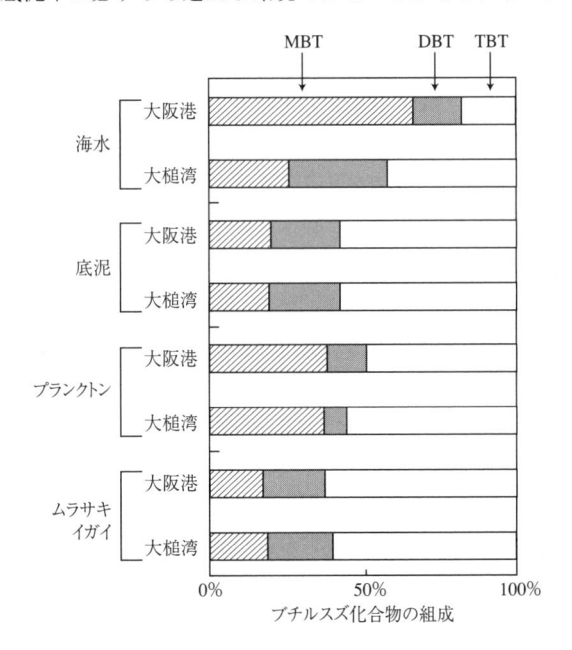

図2·65 大阪港および三陸大槌湾で採取した海水，底泥，プランクトンおよびムラサキイガイにおけるブチルスズ化合物の組成

1·5·5 おわりに

沿岸域の海水中の有機スズ化合物濃度は年々低下しつつあるが，海域の底泥

中の有機スズ化合物濃度に関しては顕著な低下傾向が見られないといわれている．有機スズが底泥と強固に結合していることが報告されており，生物学的半減期も数ヶ月以上といわれている．したがって，底泥中の細菌による分解については今後の重要な検討課題であろう． (川合真一郎・黒川優子・張野宏也)

§2. 生物学的研究手法による解析

2・1 巻貝のインポセックス発生状況から見た汚染実態の変遷およびアワビ類における有機スズの影響

2・1・1 有機スズ汚染によって引き起こされてきた巻貝類のインポセックス

船底防汚塗料や漁網防汚剤などとして使用されてきた有機スズ化合物（トリブチルスズ（TBT）およびトリフェニルスズ（TPT））がng/L レベルのごく低濃度でも特異的に作用して巻貝類にインポセックスを引き起こすことが知られている[95-98]．筆者らは，1990年以降，本邦産巻貝類におけるインポセックスと有機スズ汚染に関する野外調査と室内実験を行ってきたが，特にイボニシを用いた室内実験でインポセックスを引き起こす有機スズの化学種やインポセックス発症の閾値を推定し，イボニシのインポセックスが有機スズ汚染を反映する生物指標（bioindicator）として活用できることを明らかにした[95, 99, 100]．そして，イボニシを対象とした全国規模の実態調査と定点観測を継続的に実施することにより，有機スズ汚染やインポセックスの実状として，その地理的分布や経年変化とともに有機スズ汚染がイボニシ個体群に及ぼす影響を検討してきた[101, 102]．本稿では，現在までに実施されてきたイボニシのインポセックスと有機スズ汚染に関する全国調査の結果を基に論議する．最初にインポセックスの定義，特徴および既往知見を整理することとしたい．

1）インポセックスの特徴

インポセックス（imposex）の語源はimposed sexual organsであるとされ，この言葉を最初に用いたSmith[103]によれば，それが指す意味は，概して，雌雄異体である巻貝類（前鰓類）の雌にペニスや輸精管という雄の生殖器官が形成されて発達する現象および雄性生殖器官が形成された雌の巻貝類である．その後，今日までの研究により，インポセックスの特徴的な症状は，形態および機能の双方の面における巻貝類の雌の雄性化であると考えられる[104]．具体的

には，雌にペニスまたは輸精管という雄性生殖器官の一方もしくは両方が形成されて発達し，卵巣の機能低下（卵形成不全）や精巣化を伴い，輸卵管が摂護腺化する（卵囊腺組織中への摂護腺組織の形成）などの場合もある[97, 103, 105]．インポセックスが重症になると産卵能力が低下もしくは喪失する場合があるが，こうした産卵能力の低下あるいは喪失の様式には次の3つが知られている．すなわち，①輸精管形成に伴う周辺組織の増生による陰門（産卵口）の閉塞[106]，②卵巣の精巣化を含む卵形成能の低下あるいは喪失[105]，および③輸卵管の開裂（発生途上の閉鎖不全）もしくは摂護腺化による交尾・産卵障害である[107]．一例として，イボニシ*Thais clavigera*のインポセックス個体と，輸精管の形成に伴って陰門が閉塞した重症（産卵不能）のインポセックス個体を，それぞれ，図2・66に示す．

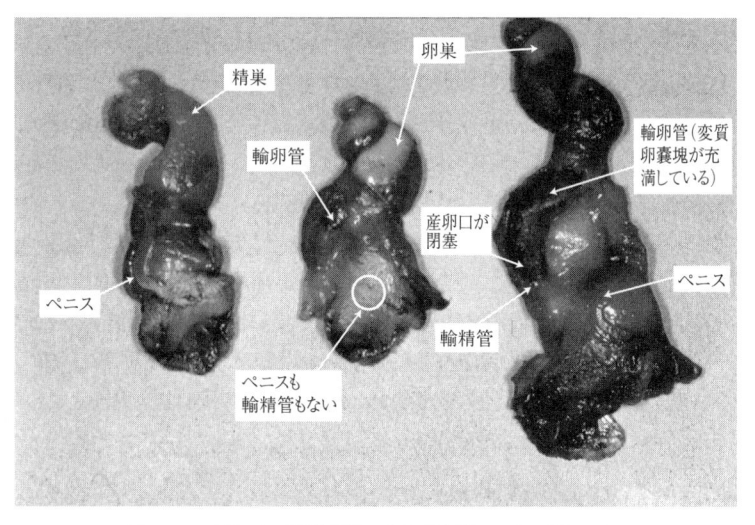

図2・66　イボニシ（新腹足目アクキガイ科）のインポセックス
左から，イボニシの雄，正常な雌および産卵障害をもつ重症のインポセックス個体．右の個体には輸卵管があり，元来は雌であったが，雄並みの大きさのペニスと輸精管も併せもつインポセックスである．また輸精管の発達により産卵口が塞がり，産卵できなくなっている．輸卵管内部に黒く見えるのは充満した変質卵囊塊（腐った卵の塊）である．これは肉眼観察でも確認できるが，産卵口周辺の組織標本を光学顕微鏡で観察すると明らかである．

インポセックスは不可逆的な症状であり，いったんそうなると個体レベルでは元に戻らないとされている[97, 108]．すなわち形成されたペニスや陰門閉塞な

どの症状が解消することはないと考えられている．しかし，個体群レベルでは，有機スズ汚染の軽減に伴い，若齢個体のインポセックス症状が軽症となるため，その個体群のインポセックス症状が緩和・軽減され，個体数が増加して回復すると考えられている[109]．なお，インポセックスに伴う産卵障害が主因となってその種の生息量の減少に帰結するかどうかは，孵化後の初期生活史における生態と関連するとも考えられ，単純に論じることはできない[110]．すなわち，卵内で発生が進み稚貝として孵出する種や浮遊幼生期の短い種では，インポセックスに伴う産卵数の減少などの産卵障害が生じると，その個体群に対する幼生や稚貝の外部からの加入による補填効果が期待されにくいため，比較的短期間のうちに生息数の減少に至る可能性がある[110]．これに対して浮遊幼生期の長い種ではインポセックスに伴う産卵障害が生じても，その個体群への外部からの幼生の加入がある程度期待されるため，顕著な生息数の減少は比較的起きにくいと考えられている[110]．

また卵巣中あるいは変質卵囊塊を含む輸卵管（卵囊腺）中でTBTやTPTの濃度が極めて高いことにも注目する必要があろう[95, 111]．すなわち，卵における有機スズ化合物の高濃度での蓄積が疑われ，卵の発生や孵化に何らかの悪影響を及ぼしてきた可能性が考えられるためである．

巻貝類における再生産阻害あるいは生息量減少に関与する要因を考える際には，インポセックスに付随した産卵障害とともに卵への有機スズ化合物の蓄積が胚発生や孵化に及ぼす潜在的影響，初期生活史における生態の特徴とそこで有機スズが及ぼすと考えられる潜在的影響なども考慮する必要があろう．

なお，インポセックスと逆の現象である，雄の巻貝類の雌性化現象は，現在までのところ，実験室レベルでの報告に止まり，野外においては観察例がない[112]．

2）インポセックスの原因物質と誘導メカニズムをめぐる仮説
インポセックスの原因物質

インポセックスは，これまでのところ，TBTやTPTなどのある種の有機スズ化合物によってほぼ特異的に，しかもTBTの場合には1 ng/L程度のごく低濃度でも引き起こされ，また成長段階（年齢）に無関係にこうした有機スズ化合物に曝露されると誘導されることが知られている[95, 97, 98, 100, 113]．しかし，インポセックスを引き起こす有機スズの化学種を詳細に見ると作用の強弱とともに影響の有無に関して種差がある[98, 100, 113-115]（表2・9）．すなわち，TBTとト

リプロピルスズ (TPrT) はイボニシにおいてもヨーロッパチヂミボラ *Nucella lapillus* においても陽性であるが，TPT の作用は両種間で全く逆である[98, 100, 113)]（表2·9）．また最近，淡水巻貝 *Marisa cornuarietis* で TPT によりインポセックスが引き起こされることが確認された[115)]．現在のところ，こうした結果は，各種有機スズに対する感受性の種差によるものと考えざるを得ず，その差の由来を詳しく解明することは今後の課題である[100, 112)]．

表2·9　インポセックスを誘導もしくは発達させる有機スズ化合物[98, 100, 113, 114)]

有機スズ化合物	イボニシ[100, 113)]	ヨーロッパチヂミボラ[98)]	イギリスヨウラクガイ[114)]
メチルスズ			
モノメチルスズ	×	−	−
ジメチルスズ	×	−	−
トリメチルスズ	×	−	−
テトラメチルスズ	×	−	−
エチルスズ			
ジエチルスズ	×	−	−
トリエチルスズ	×	−	−
テトラエチルスズ	×	−	−
プロピルスズ			
トリプロピルスズ	△	△	−
ブチルスズ			
モノブチルスズ	×	×	−
ジブチルスズ	×	×	−
トリブチルスズ	◎	◎	−
テトラブチルスズ	×	×	−
ペンチルスズ			
トリペンチルスズ	×	−	−
シクロヘキシルスズ			
トリシクロヘキシルスズ	○	−	−
オクチルスズ			
テトラオクチルスズ	×	−	−
フェニルスズ			
モノフェニルスズ	×	−	○
ジフェニルスズ	×	−	−
トリフェニルスズ	◎	×	−

◎：強度，○：中度，△：微弱，×：効果認められず，−：データなし

インポセックスの誘導メカニズムを巡る仮説

TBT や TPT が巻貝類にインポセックスを引き起こす誘導メカニズムに関していくつかの仮説が提出されている[116−119)]．それらの詳細は，巻貝類の生殖生

理あるいは内分泌に関する基礎的知見と併せて,別章(3章§1.1・3)で述べることとし,ここでは概略のみを以下に述べる.

インポセックスの誘導メカニズムに関して,①アロマターゼ阻害説[116],②アンドロゲン排出阻害説[117],③脳神経節障害説[118]および④APGW-amide関与説[119]の4つの仮説が知られてきた.いずれの仮説もそれぞれ複数の実験により導き出されたものであるが,なお十分でない.一方,これら4つの仮説の矛盾点を克服する形で,最近,核内受容体の一種であるレチノイドX受容体(RXR)がインポセックスの発症と増進に深く関与しているとするRXR関与説[120]が新たに提起された.RXR関与説[120]は,ごく低濃度のTBTやTPTあるいは9-cisレチノイン酸の影響を in vitro とともに in vivo においても矛盾のない形で実証しているため,極めて有力な説である.今後,RXR関与説に沿って,インポセックスの誘導・発現に至る有機スズの詳細な作用機序のほか,critical period(感受性が最も高い時期など,影響を被る際に重要と考えられる発生・発達段階)やそこでの作用閾値などについて明らかにされることが期待される.

2・1・2 イボニシのインポセックスと有機スズ汚染に関する全国調査

筆者らが巻貝類のインポセックスに関する研究を開始した1990年当時,日本では詳しい報告がほとんどなされていなかったため,当初は,有機スズ汚染とインポセックスの空間的拡がり(地理的分布)の評価を第1の目的として全国規模の調査に取り組んだ.すなわち,各地でイボニシを採集してインポセックス症状を精査し,体内有機スズ濃度をGC-FPDで測定することにより,その概要の把握を試みた.とりわけ,有機スズ化合物による高度汚染海域およびインポセックスが重篤である海域の解明に主眼を置いた.

1) 汚染拡大・進行期:規制導入前および導入直後(1990~1992年)

1990年5月から1992年10月までの主として夏季に全国32地点で実施した初めての全国規模の調査では,イボニシとレイシガイのインポセックス出現率が,佐渡・相川の1地点を除いて,100%もしくはほぼ100%であった[99].インポセックスの症状の重さを表す相対ペニス長指数(Relative Penis Length (RPL) Index:{(その地点の雌の平均ペニス長)/(その地点の雄の平均ペニス長)}×100)は,マリーナや漁港の近傍など船舶存在量の多い海域および航行の激しい海域で高く,またマリーナなどの近傍では輸精管形成に伴って陰門

が閉塞した，いわゆる産卵不能個体の雌に占める割合も増加し，船舶とインポセックスとの関連性が浮かび上がった（図2・67および図2・68）[99]．またこうした重症のインポセックス個体ほど体内有機スズ濃度が高い傾向にあり，TBTやTPTなどの有機スズ化合物とインポセックス症状との間に高い相関が観察された（図2・69および図2・70）[99]．また両種の体内のTBTとTPTの間で相関係数が0.857～0.966と極めて高く，両スズ化合物がイボニシやレイシガイの生息する環境に共存し，且つその体内で代謝されにくいことも示唆された[99]．船底塗料としてTBTとTPTは併用されることが多かったことを反映する結果と考えられた．また，TBTおよびTPTの体内濃度は雌において雄よりも有意に

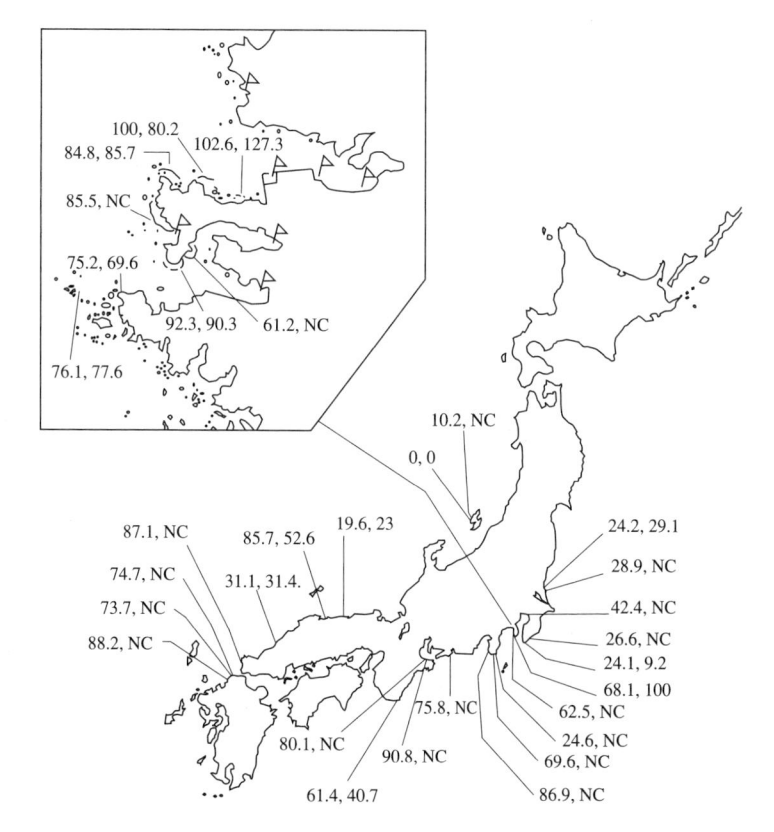

図2・67 イボニシとレイシガイにおける相対ペニス長指数（RPL Index）の地理的分布（1990～1992年）
左側（の数値）：イボニシ，右側：レイシガイ，NC：算出されず．

高かった（$p < 0.05$）[99]．これは，雌の付属生殖器官（輸卵管と総称される部分で，イボニシなどの場合，卵白腺，貯精嚢および卵嚢腺から成る）に有機スズが高濃縮するためと推察された[99]．さらに，体内有機スズ濃度とインポセックス症状（RPL Index）との関係から，イボニシおよびレイシガイのインポセックス発症の閾値は，TBTおよびTPTのいずれにおいても10～20 ng/g wet wt. と推定された[99]．

この後に実施した筋肉注射試験によって，イボニシにインポセックスを発症

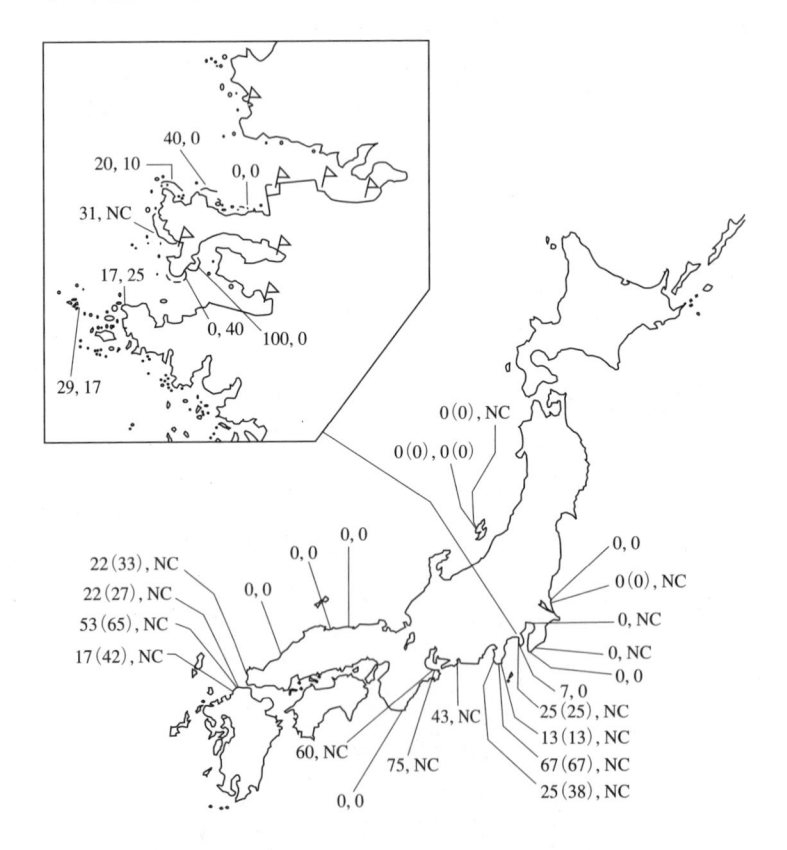

図2・68　イボニシとレイシガイにおける産卵不能個体の出現率の地理的分布（1990～1992年）
　　　　左側（の数値）：イボニシ，右側：レイシガイ，NC：算出されず．
　　　　括弧なしの数値は変質卵嚢塊を有する雌の出現率を，括弧内の数値は産卵口が閉塞していた雌の出現率を，それぞれ示す．

§2. 生物学的研究手法による解析　119

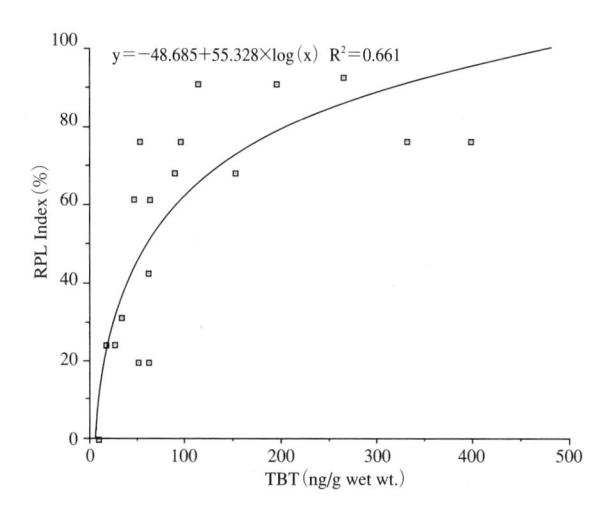

図2·69　イボニシにおける全組織中TBT濃度と相対ペニス長指数（RPL Index）との関係（1990〜1992年）

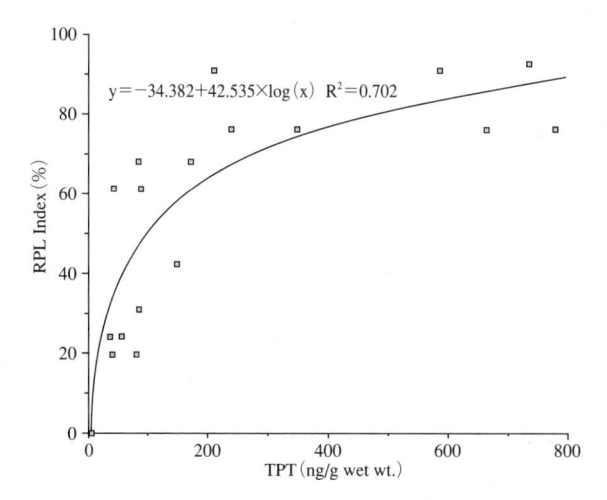

グラフ内の式: $y = -48.685 + 55.328 \times \log(x)$　$R^2 = 0.661$

図2·70　イボニシにおける全組織中TPT濃度と相対ペニス長指数（RPL Index）との関係（1990〜1992年）

グラフ内の式: $y = -34.382 + 42.535 \times \log(x)$　$R^2 = 0.702$

あるいは増進させる有機スズの化学種はTBTとTPTであり，両者の代謝産物にはその効果がほとんどないことが確認され[100]，また正常な雌イボニシに対してTBTを用いて3ヶ月間実施された流水式連続曝露試験の結果より，イボニシのインポセックス発症の閾値がおよそ20 ng/g wet wt.（= 0.06 nmol/g wet wt.）と推定された[95]．また海水中TBT濃度に対するイボニシのインポセックスのEC_{50}（半数の雌イボニシがインポセックスになると推定されるTBT濃度）は概ね1～2 ng/Lと推定された[121]．

以上の結果を基に，上述の全国調査の結果で得られた体内有機スズ濃度とインポセックス症状（RPL Index）との関係を，TBTとTPTの含有量のモル総和とRPL Indexとの関係に変換して検討すると，イボニシのインポセックス発症閾値は0.05～0.10 nmol/g wet wt. と推定され，TBT流水式連続曝露試験の結果より推定した値とよく一致した[121]．

2）汚染縮小・低減期：規制導入後数年経過以降
（1993年～：1993～1996年，1996～1999年，1999～2001年）

1993～1996年

1993年6月から1995年3月にかけて全国の35地点で実施した調査[122]および1996年2～3月にかけて瀬戸内海と三陸沿岸の30地点で実施した調査[123]の結果，各地で採集されたイボニシのインポセックス出現率は依然として100％か，それに近い高率を示し，またRPL Indexも産卵不能個体の出現率も依然として高水準であった（図2・71～図2・73）[122,123]．イボニシ体内の有機スズ濃度は地点によって異なったが，TBTもTPTもなお高値が観察された（図2・74～図2・77）[122,123]．イボニシが採集できない地点ではマガキやムラサキイガイなどを採集して体内有機スズ濃度を測定した結果，いくつかの地点で高値が観察された（図2・78および図2・79）[122,123]．後述するように，日本において有機スズ化合物の製造，輸入および使用に対する厳しい規制が導入された1990年から数年が経過していたが，有機スズによる海洋汚染は広範に残存し，イボニシのインポセックスも重篤なままであった．

1996～1999年

この頃になると，有機スズ汚染とインポセックスの空間的拡がり（地理的分布）の評価による高度汚染海域および重篤影響海域の解明とともに，有機スズ汚染とインポセックスの経年変化の評価に重心が移りつつあった．いずれの場合も，有機スズの製造，輸入および使用を厳しく制限してきたという現行法

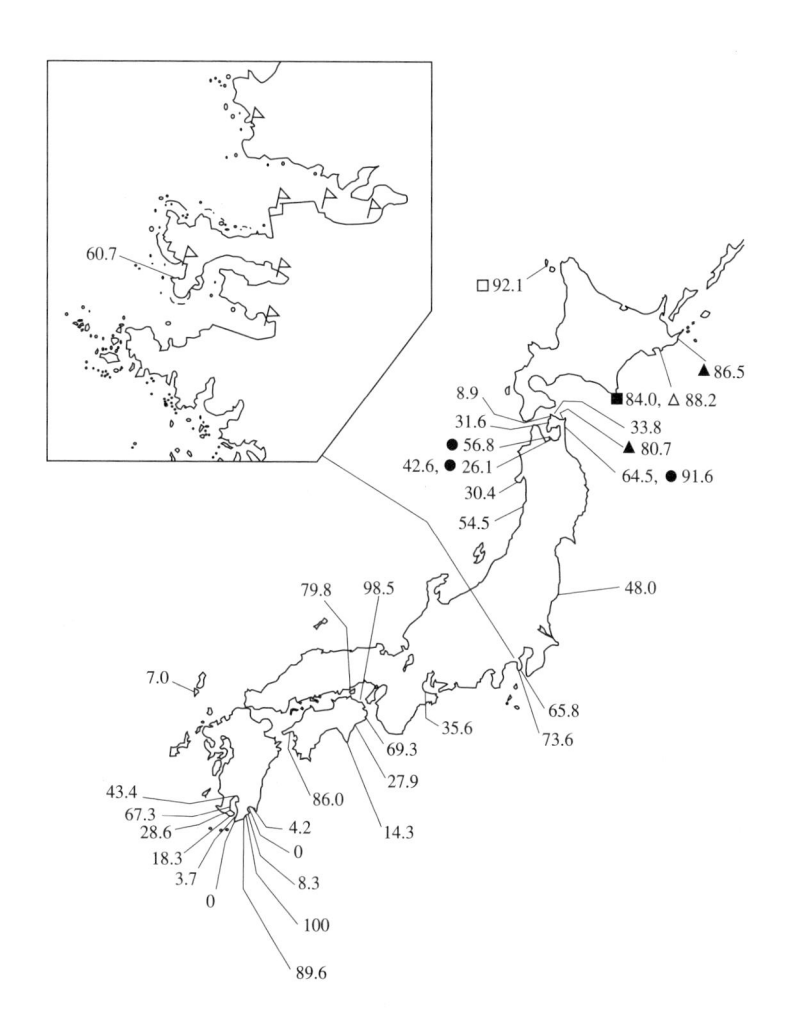

図2・71 イボニシなどにおける相対ペニス長指数（RPL Index）の地理的分布（1993～1995年）
無印：イボニシ，●：レイシガイ，▲：チヂミボラ，△：シマチヂミボラ，■：オオチヂミボラ，□：ホソスジチヂミボラ
図中の旗印はマリーナなどを示す．

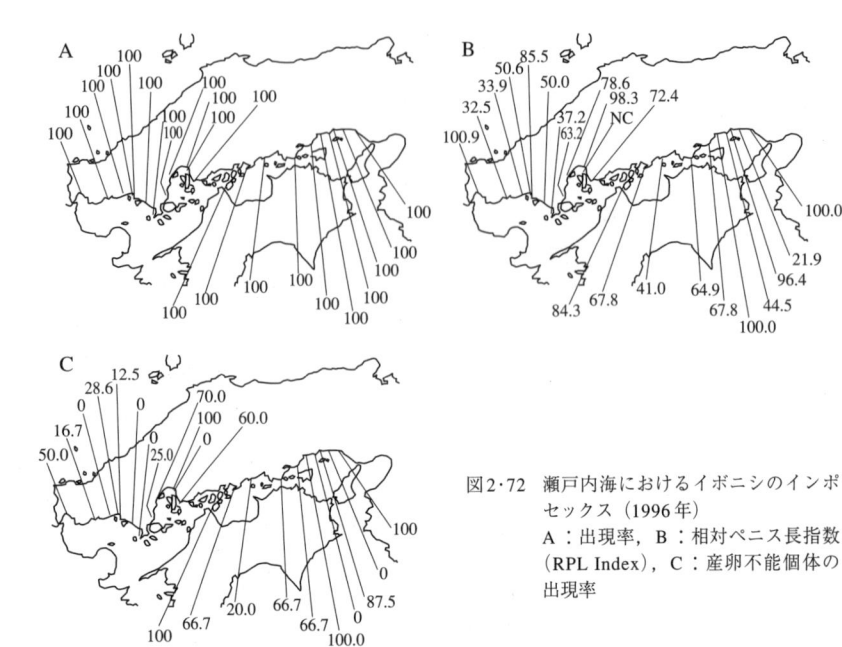

図2·72 瀬戸内海におけるイボニシのインポセックス（1996年）
A：出現率，B：相対ペニス長指数（RPL Index），C：産卵不能個体の出現率

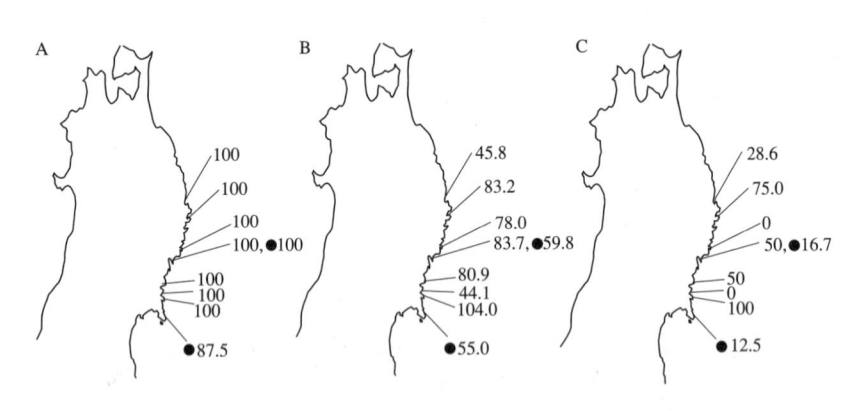

図2·73 三陸沿岸におけるイボニシのインポセックス（1996年）
A：出現率，B：相対ペニス長指数（RPL Index），C：産卵不能個体の出現率

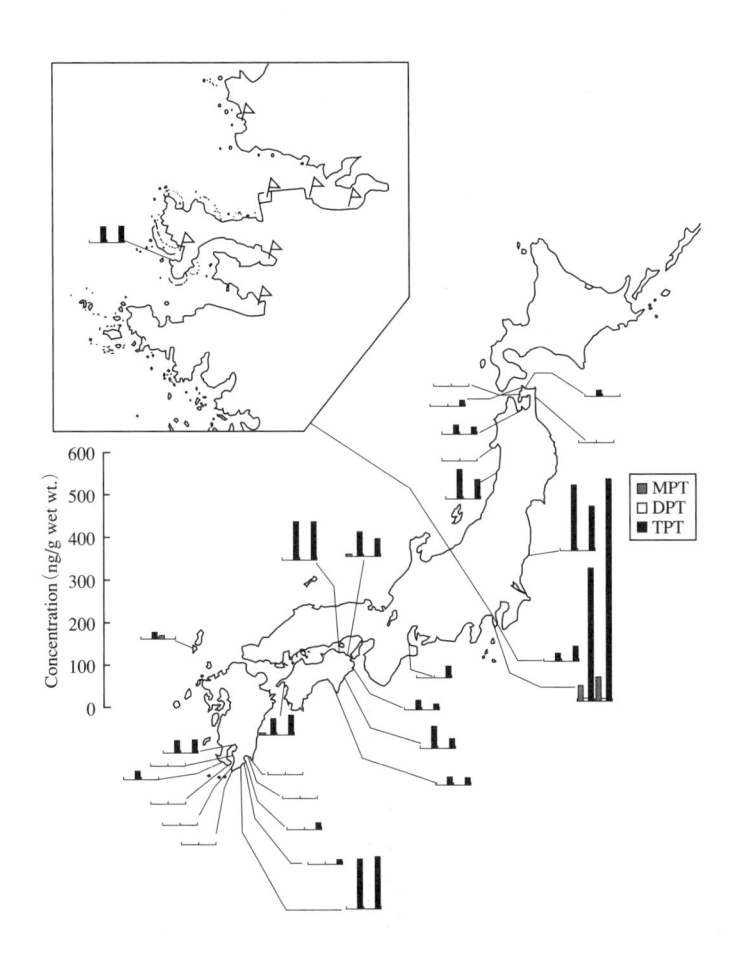

図2・74 イボニシにおける全組織中フェニルスズ濃度（1993〜1995年）

124 2章　海洋汚染実態と海洋環境における動態

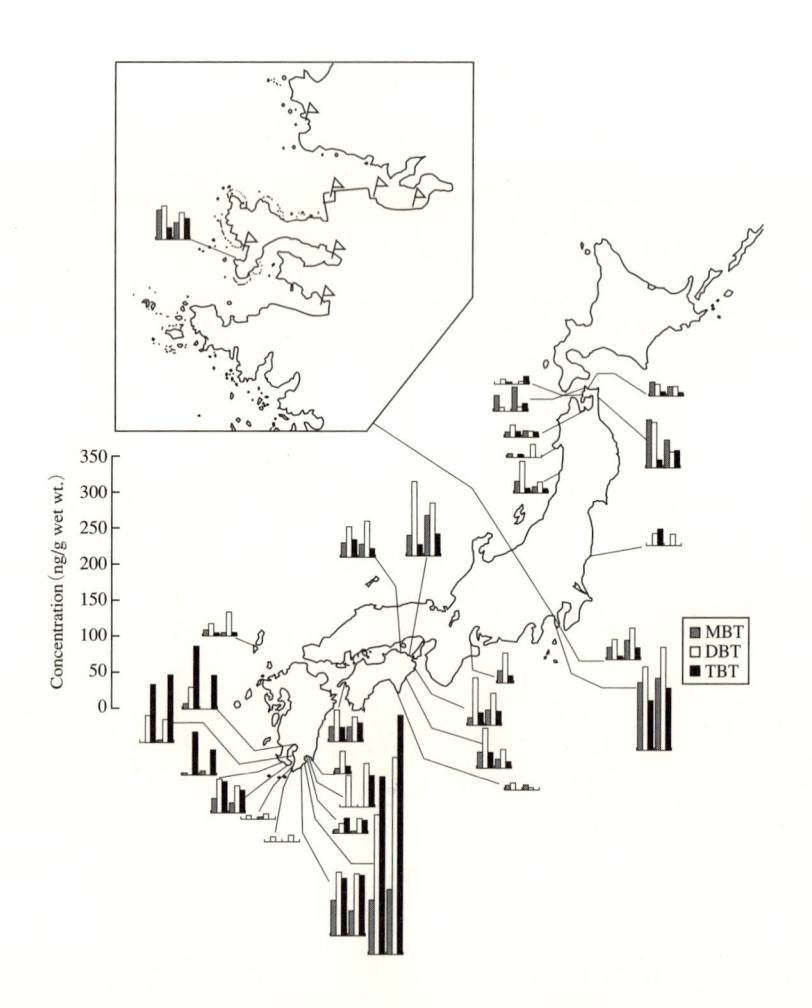

図2・75　イボニシにおける全組織中ブチルスズ濃度（1993〜1995年）

§2. 生物学的研究手法による解析　125

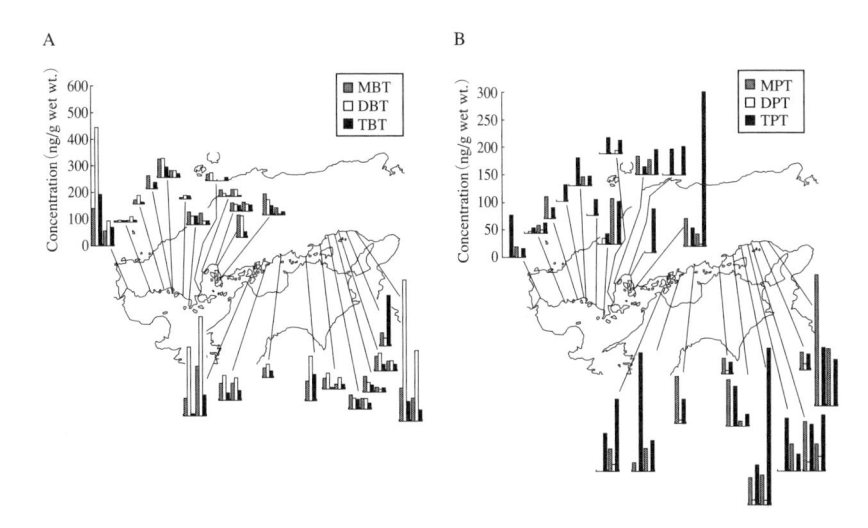

図2·76　瀬戸内海のイボニシにおける全組織中有機スズ濃度（1996年）
A：ブチルスズ，B：フェニルスズ

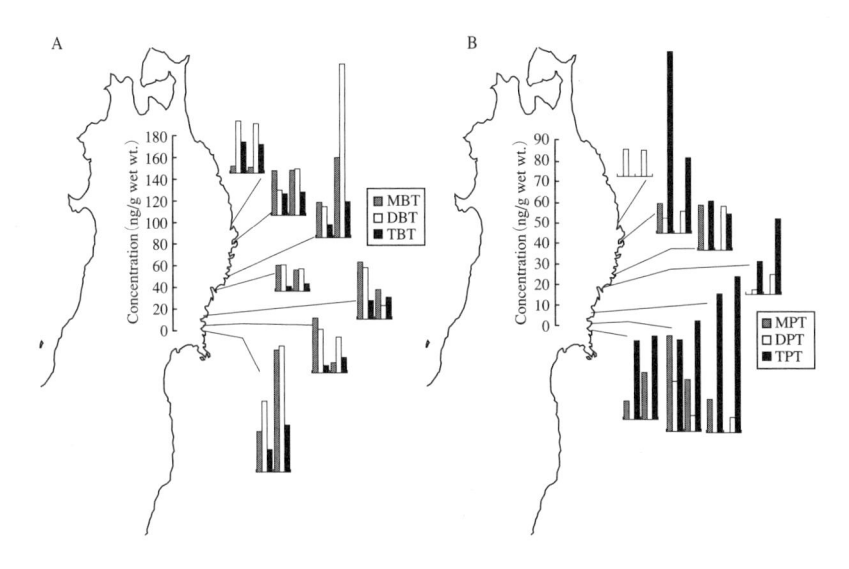

図2·77　三陸沿岸のイボニシにおける全組織中有機スズ濃度（1996年）
A：ブチルスズ，B：フェニルスズ

126　2章　海洋汚染実態と海洋環境における動態

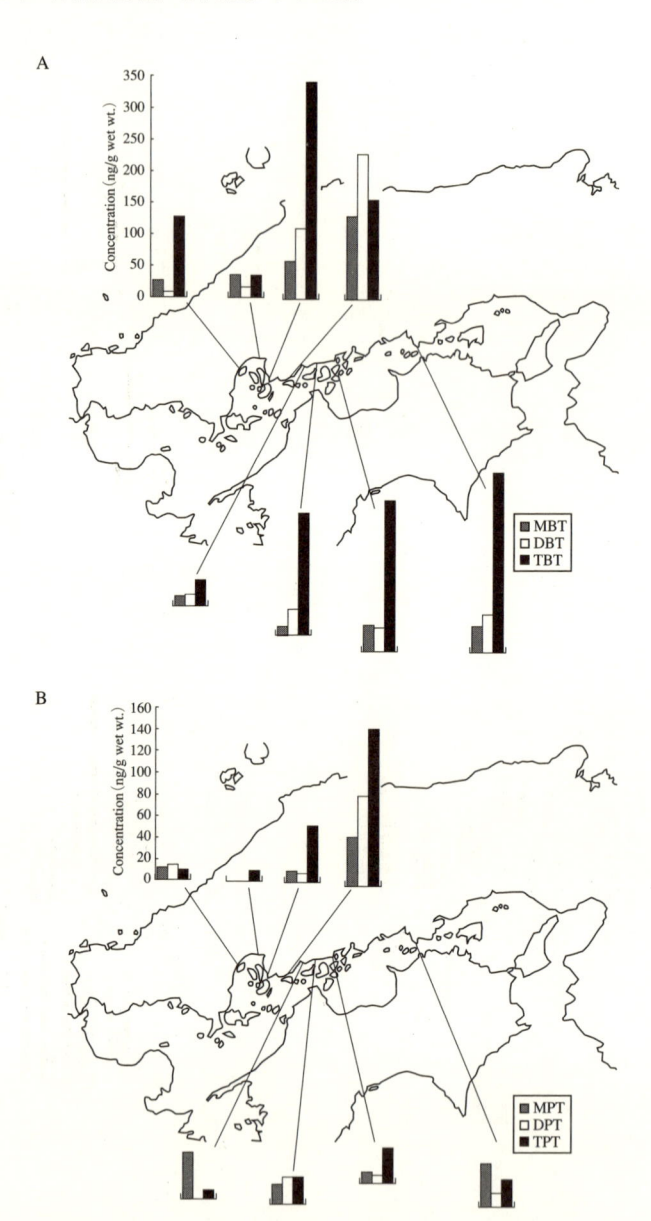

図2・78　瀬戸内海のマガキにおける全組織中有機スズ濃度（1996年）
A：ブチルスズ，B：フェニルスズ

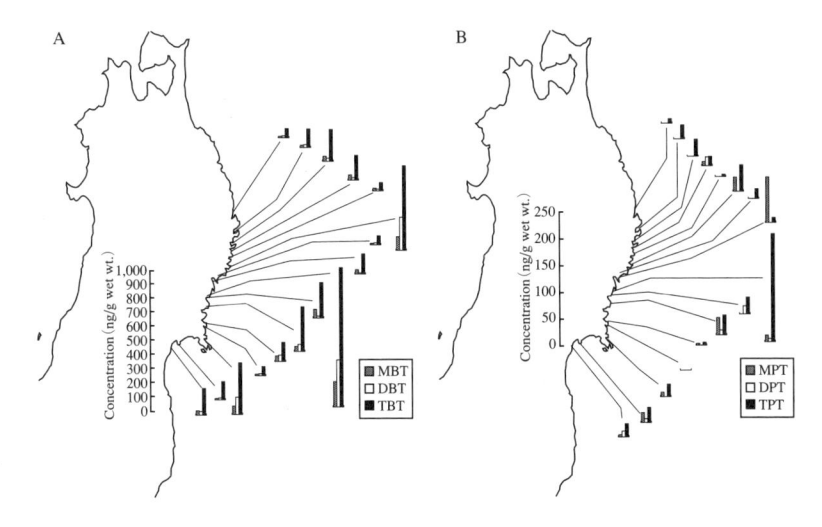

図2・79 三陸沿岸のマガキにおける全組織中有機スズ濃度(1996年)
A:ブチルスズ,B:フェニルスズ

(化学物質審査規制法)および行政指導の有効性を検証するという目的を有していた.

比較的最近の有機スズ汚染の程度を評価するには,当歳貝を採集してそのインポセックス症状を精査し評価することが1つの方法であるが[96],限られた時間内に多数の地点でサンプリングを実施せねばならない全国規模の調査の場合,それが困難な場合もある.そこで,筆者らは,イボニシの体内有機スズ濃度とインポセックス症状との関係から,それを推定することを試みてきた.以下に例示したい.

イボニシを対象に1996年9月から1999年1月の間に実施した全国93地点での調査の結果,症状の重さには地点間で差があるものの,全国的にインポセックスが観察されつづけていることが明らかとなった(図2・80)[101].イボニシを用いた室内実験により得られた知見(①TBTだけでなくTPTにもインポセックス誘導・促進能がある[100],②両スズ化合物のインポセックス誘導・促進能はほぼ同等と推定される[100],③TBTでは環境水中濃度が1 ng/L程度でもインポセックスが引き起こされる[95],など)に基づくと,1990年以降の法律(化学物質審査規制法)と関係省庁の行政指導による一定の規制効果により有機スズ塗料の使用量が減少し,それに伴ってイボニシ体内の有機スズ濃度がい

128   2章　海洋汚染実態と海洋環境における動態

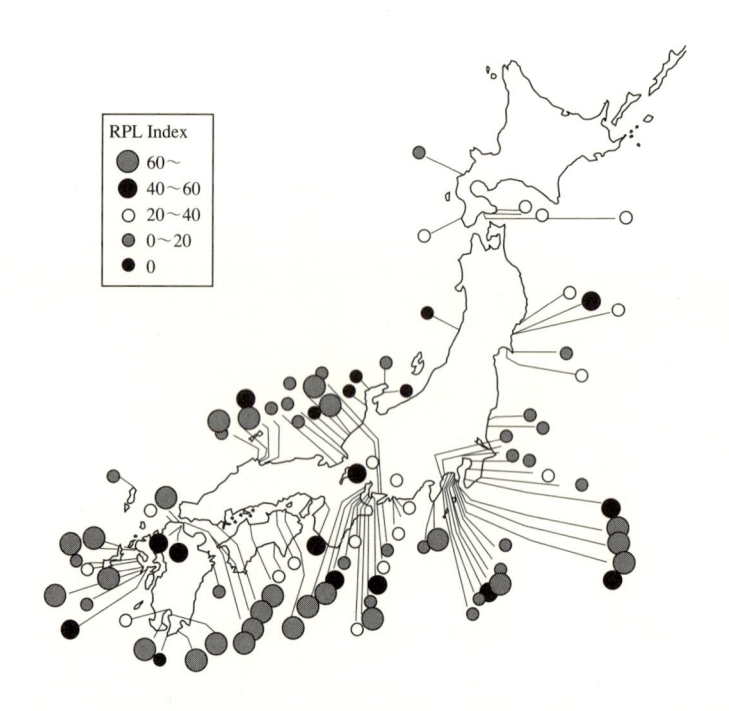

図2・80　イボニシにおける相対ペニス長指数（RPL Index）の地理的分布（1996〜1999年）

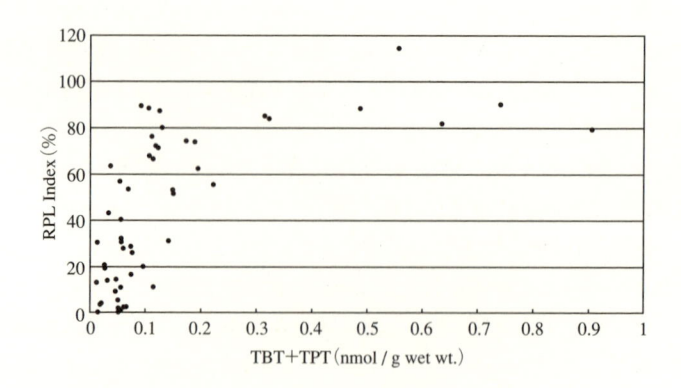

図2・81　イボニシにおける全組織中有機スズ濃度（TBTおよびTPTのモル合算値）と相対ペニス長指数（RPL Index）との関係（1996〜1999年）

くらか低減したとはいえ，なお閾値を上回るレベルであるためにインポセックスが依然，広範に観察されるものと考えられた．イボニシの体内有機スズ濃度と相対ペニス長指数（RPL Index）との相関が1990〜1992年調査時のものと比べてほとんど変化していないことがそれを示唆している（図2・81）[101]．

またマリーナに多数のプレジャーボートが係留されている神奈川県・油壺では，1990年前後にはプレジャーボート由来の有機スズ汚染が著しく進行しており，イボニシのインポセックスが重篤であるとともにその生息量が少なかった．しかし，近年の海水中有機スズ濃度の低減とともにイボニシの生息量が増加したと見られた[95, 101]．表面的には，有機スズ汚染の低減によりイボニシのインポセックス，すなわち産卵能力が回復した結果と見られるが，実はそうではない．油壺におけるイボニシのインポセックス症状の経年的な改善傾向が明瞭でなく，なお重篤なためである[101]．にもかかわらず，イボニシが油壺に生息し，その生息量が増加したとさえ見られるのは，イボニシの孵化後の浮遊幼生期間が比較的長いと考えられているため，他の海域で孵化したであろう幼生の湾外からの流入があると推察されること，並びに1991年の測定データではイボニシ幼生の48時間半数致死濃度に近い値として検出されていた湾内の海水中有機スズ濃度の顕著な低減に伴い，幼生の生残率が著しく改善されたと考えられることによる[101, 124]．すなわち，最近の海水中有機スズ濃度が幼生の生残に対してほぼ影響しないレベルにまで低下した結果，湾外から流入すると見られる幼生の生残率が改善し，見かけ上，生息量が増加したように見えるが，海水中有機スズ濃度はインポセックスを引き起こす閾値をなお大幅に上回っているため，生残したイボニシは産卵障害を有する重症のインポセックスになるものと考えられた[101]．

1999〜2001年

1999年から2001年にかけて実施したイボニシのインポセックスと有機スズ汚染に関する全国調査の結果を解析した結果の概要を以下に述べる．

1999年1月から2001年10月までに全国の174地点で採集したイボニシ試料を解剖して観察し，各地点におけるインポセックスの出現率，RPL Index，輸精管順位指数（Vas Deferens Sequence Index; VDS Index）および陰門閉塞個体の出現率を明らかにするとともに，イボニシの全組織中に含まれる有機スズ（ブチルスズおよびフェニルスズ）化合物の濃度をプロピル化/GC-FPD法により測定した．その結果，全国的になお広範にインポセックスが見られ，西日

本において東日本よりも重篤な傾向が見られた．またこの傾向はイボニシの体内有機スズ濃度においても見られた．さらに，一部の地点では局所的にTBTの高レベル汚染が見られるなど，いわゆる有機スズ汚染の"hot spot"が各地で観察された．また過去の調査結果との比較により，イボニシにおける有機スズ汚染レベルとインポセックス症状の経年的推移について検討した結果，イボニシ全組織中のTPT濃度に関しては，概ね，各地点で引き続き経年的に減少する傾向が見られたが，TBT濃度に関してはさまざまであり，多くの地点で経年的に緩やかに低減しつつあった反面，ほぼ横這いと見られる地点もあり，また2, 3の地点では経年的にその濃度が上昇した．インポセックス症状についても，体内有機スズ濃度の推移をほぼ反映した経年的推移を示した．一方，体内有機スズ濃度（TBTとTPTのモル合算値）とインポセックス症状（RPL IndexおよびVDS Index）との関係はシグモイド曲線を描き，特にRPL Indexとの関係曲線は1990〜1992年にかけて実施された第一次調査のときに得られた関係曲線と類似していた．これは，イボニシの有機スズ汚染レベルとインポセックス症状との関係において，当時と今回の結果に顕著な差が見られないことを示し，有機スズ化合物の製造や使用などに対する規制によって高レベル汚染の低減が見られるものの，有機スズ汚染に鋭敏なイボニシにインポセックスを引き起こす程度の汚染がなお残存していることを示唆するものである．また，有機スズ汚染およびイボニシのインポセックスの経年的な低減率（改善速度）が小さな海域が複数見出された．

　上述したモニタリングの結果は，有機スズ化合物の製造，輸入および使用などに対する法規制などの有効性を検証するために有用である．現行の有機スズ化合物の製造，輸入および使用などに対する法規制など並びに国際条約に関しては，成書[125)]を参照されたい．

2・1・3　有機スズ汚染とアワビ類における内分泌攪乱

1) アワビ類において観察された生殖に関する異常—マダカアワビとメガイアワビにおける事例研究

　上述のようにTBTやTPTという有機スズ化合物が，1960年代半ば以降，船底防汚塗料や漁網防汚剤などとして世界中で大量に使用されてきた．その使用量の増大に伴い，各地で有機スズによる海洋汚染が進行し，インポセックスと呼ばれる内分泌攪乱（雌の雄性化）現象を巻貝類に引き起こしてきた[102)]．2004

年7月現在,世界各地の150種以上に及び[111, 122, 126],防汚塗料由来の有機スズ汚染による"被害"の世界規模での広がりが明らかである[102].

インポセックスは前鰓類とも呼ばれる海産巻貝類のうち中腹足類と新腹足類の多くの種で観察され,国内では,1990年5月以降,69種の巻貝類を対象とした調査の結果,少なくとも中腹足類14種中の7種と,新腹足類55種中の32種の,計39種でインポセックスが観察されている(1999年7月現在)[102].イボニシやバイなどの新腹足類をはじめ,中腹足類においてもインポセックスが広範に観察され[49, 95, 97, 98, 100-109, 111, 113, 122, 123, 126-128],それと有機スズ化合物との関連はもはや明確であるが,そうであるならば,原始腹足類に及ぼす有機スズ化合物の影響はどうであろうか.筆者らは,この疑問から出発してアワビ類に対する有機スズ化合物の影響に関する作業仮説を設定して調査するに至った.

漁獲量の減少が比較的小さな対照海域(A海域)と漁獲量の減少が著しい海域(B海域)から,マダカアワビ Haliotis madaka をそれぞれ毎月15個体ずつサンプリングし,常法(ブアン液固定後,パラフィン包埋,薄切,ヘマトキシリン・エオシン(HE)染色)に従って,その生殖巣の先端から末端に亘る全域の組織標本を作製して詳しく検鏡した.すなわち,生殖細胞を詳細に観察して,その発達過程を卵と精子のそれぞれに対して5段階および4段階に区分してスコアを与え,組織内の生殖細胞数を発達段階別に算定し,そのヒストグラムの平均値(スコアの平均値)による成熟度評価を行った[129].なお,スコア算出のために使用するプレパラート間(換言すれば,生殖巣組織の先端から末端に至る部位間)で発達段階別の生殖細胞の分布に差があると,算出されたスコアによる個体ごとの比較などにおいて問題が生じる.そこで,予備検討の結果に基づき,発達段階別の生殖細胞の組織内分布に統計的有意差がなかったプレパラートの代表として,生殖巣のほぼ中央部から切り出したプレパラートを選び,その切片を用いてスコアを算出した.また,後述する卵巣内の精子様細胞の観察には全プレパラート(1個体当たり,概ね,10～15枚)を供した.その結果,A海域産マダカアワビでは雌雄が明瞭に分かれていて(雌雄同体が認められず),産卵期である晩秋～初冬に同時期に一斉に性成熟盛期に達していた(図2・82)のに対し,B海域産マダカアワビでは約20%(54個体中,11個体)の雌が精子形成するなど雄性化しており(図2・83),また雌の性成熟度が抑制され,且つ雌雄間で性成熟盛期にずれが見られた(図2・82)[129].なお,卵巣に

おける精子様細胞の分布は一定ではないが，精子形成が認められる雌の卵巣では，比較的多くのプレパラートで精子様細胞が観察される．但し，精子様細胞が小さいため，卵巣組織中でそれを見いだすことは一般に高い観察能力を要すること，種々の細胞が精子様細胞と重なるなどした場合には精子様細胞との判定（存在の認定）が著しく困難であること，また精子様細胞の数が切片1枚当たり一桁の場合も少なくないため，観察者が未熟な場合には，精子様細胞を見逃す可能性が高いと考えられる．したがって，観察精度の管理が重要な課題となる．

アワビ類は海水中に放精，放卵して受精するため，雌雄が同時期に一斉に性

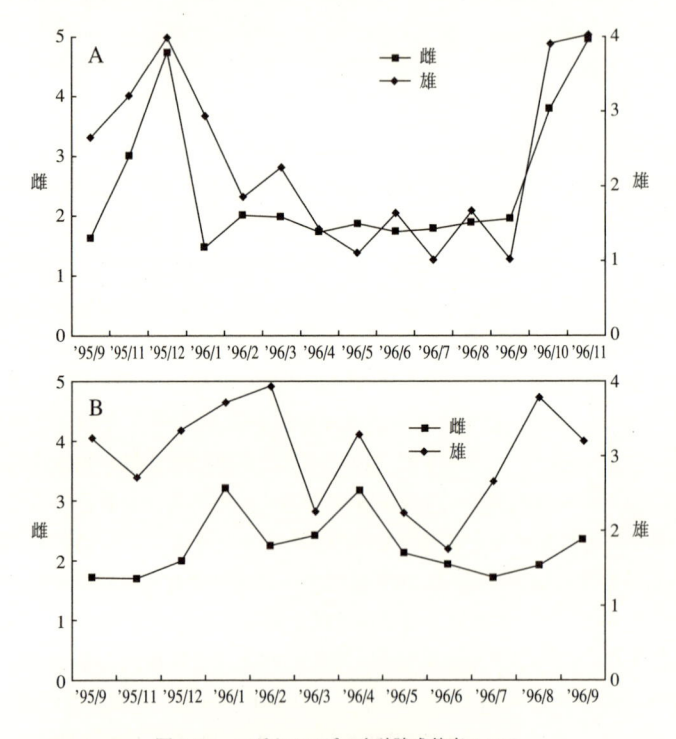

図2・82　マダカアワビの生殖腺成熟度スコア
生殖巣成熟度スコアの定義：生殖細胞の発達過程を卵と精子のそれぞれに対して5段階および4段階に区分してスコア（それぞれ，1〜5および1〜4）を与え，組織内の生殖細胞数を発達段階別に算定し，そのヒストグラムの平均値（スコアの平均値）を生殖巣成熟度スコアとして，成熟度評価を行った．スコア値が大きいほど成熟度が高い．
A：対照海域（A海域），B：漁獲量の減少が著しい海域（B海域）

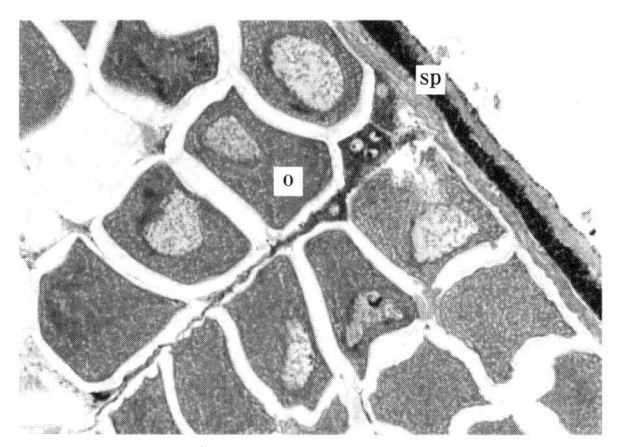

図2・83 B海域産の雌マダカアワビの卵巣において観察された精子形成（1996年4月：HE染色）o：成熟卵，sp：精子

的な成熟盛期を迎えることが受精率を高める上で必須である．したがって，B海域産マダカアワビで観察された雌の雄性化や性成熟度の抑制，雌雄間での性成熟盛期の不一致は，同海域におけるマダカアワビから放卵される成熟卵の減少と受精率の低下，ひいては受精卵総数の減少を示唆するものである[129]．また卵巣における精子形成という現象は，イボニシやバイなどのインポセックスにおいても重症の場合に観察されており，したがって，マダカアワビとイボニシなどの双方で観察された卵巣での精子形成は類似の現象であると見られた[129]．換言すれば，アワビ類において，ペニス形成は観察されないものの卵巣での精子形成が観察されたことから，インポセックスと本質的に類似した雌の雄性化現象が引き起こされると考えられた[129]．

一方，オーストラリア西部の都市パース近郊で採集されたRoe's abalone（$Haliotis\ roei$）においても，卵巣中での精子形成に関する報告がある[130]．西オーストラリアのパース周辺の5地点で計124個体の雌を調べた結果，0，13.3，19.4，21.6および50.0％の出現率で卵巣中における精子形成が認められた[130]．50.0％の出現率となった地点では雌のサンプル数が8個体であったため，出現率が過大評価されている可能性があるが，卵巣中での精子形成が見られた他の地点は，軍用艦を含む船舶活動の活発な海域であり，表層泥中のTBT濃度が103 ng Sn/g wet wt.とオーストラリアで最も高い地点も含まれる[130]．

上述の国内における事例は，漁獲量激減海域（B海域）のマダカアワビにお

いて生殖周期の乱れおよび雌の雄性化に象徴される内分泌攪乱現象が顕在化していることを示唆する事例であり，アワビ親貝の生殖に関して初めて確認された異常である．またそれに起因する受精率の低下の可能性が併せて示唆されたことから，アワビ親貝の生殖に関する異常－内分泌攪乱現象－がアワビ類の資源量減少の一因として関与してきた可能性について，今後詳細に調査する必要がある．

ところで，現在までに雌の雄性化を引き起こす化学物質は有機スズ化合物しか知られていないため，両海域のマダカアワビ試料の筋肉中に含まれる有機スズ化合物の濃度をプロピル化 / GC-FPD法によって分析し測定した結果，食品衛生的に問題視されるレベルではないものの，漁獲量激減海域（B海域）の試料で対照海域（A海域）のそれよりも有意に高い（$p<0.01$）ことが明らかとなった[129]．

メガイアワビ H. gigantea に関しても上述のマダカアワビに関する知見と同様の知見が得られたことから，対照海域（A海域）のメガイアワビを漁獲量激減海域（B海域）の造船所近傍（イボニシのインポセックス調査やその他の環境調査の結果から，顕著な有機スズ汚染が観察されてきた海域）に1998年6月に移植して7ヶ月後（1999年1月）に取り上げ，その生殖巣組織を検鏡した結果，移植の前後で筋肉中有機スズ濃度の顕著な増加（$p<0.01$：図2・84）と約90％（17検体中15検体）の雌で精子形成などの雄性化が観察された（図2・85）[129]．この移植試験の結果から，有機スズ化合物が雌アワビ類に雄性化を引き起こす作用を有していることが一層強く疑われた[129]．

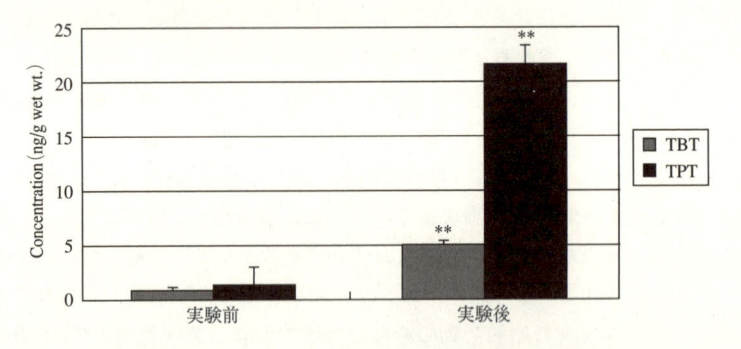

図2・84　A海域産メガイアワビをB海域の造船所近傍に移植した実験（1998年6月～1999年1月）の前後における筋肉中有機スズ濃度
　　　　** $p<0.01$

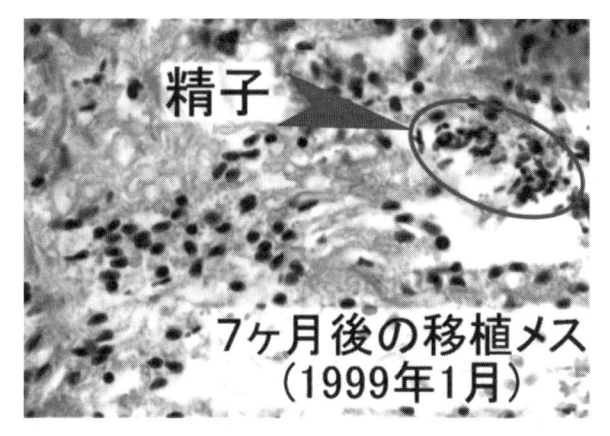

図2·85　A海域産メガイアワビをB海域の造船所近傍に移植した実験
（1998年6月～1999年1月）で観察された雌の卵巣における
精子形成（1999年1月：HE染色）

2）アワビ類における内分泌攪乱の原因究明：有機スズ化合物の影響

　これらの知見に基づいて，対照海域産のメガイアワビに対するTBTとTPTの2ヶ月間の流水式曝露試験を実施し，体内への有機スズ化合物の取り込みを化学分析（プロピル化/GC-FPD法）によって明らかにするとともに，卵巣において精子形成が引き起こされるかについて生殖巣組織標本を作製（ゲンドル液固定，パラフィン包埋，HE染色）して精査した．またその他の組織学的異常についても生殖巣組織標本を精査して検討した[131]．

　その結果，曝露群では曝露したTBTもしくはTPTの有意な蓄積が見られ，特に神経中枢である神経節を含む頭部においてその濃度が高かった（$p < 0.001$：図2·86）[131]．またTBTもしくはTPT曝露群において，供試した雌の約50～80％で卵巣における精子形成が認められ，いずれも対照群に対して有意であった（$p < 0.01$：図2·87）[131]．本実験期間中，供試個体に疾病によると思われる所見はなかった[131]．また対照群では卵巣における精子形成が見られなかった[131]．なお，TBTもしくはTPT曝露群の卵巣における精子形成量は少なかった[131]．これは供試したアワビが発生初期のものや稚貝ではなく成貝であったにもかかわらず，曝露期間（実験期間）が2ヶ月間と比較的短期間であったためと推察される[131]．なお，TBTもしくはTPT曝露群の雄の精巣においては有意な組織学的変化が見られなかった[131]．TBTもしくはTPT曝露によ

って引き起こされたメガイアワビの卵巣における精子形成は，中腹足類や新腹足類のインポセックスと質的に同等の雌の雄性化現象であると結論づけられた[131]．

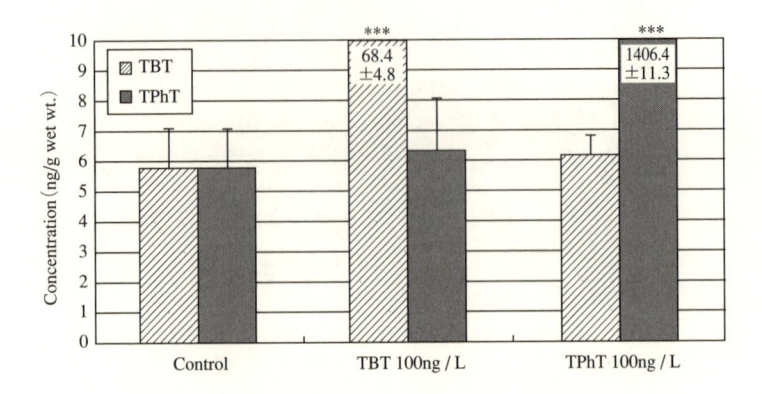

図2・86 メガイアワビに対するTBTおよびTPTの流水式連続曝露試験（2ヶ月間）で観察された頭部（神経節を含む）への有機スズの蓄積
*** $p < 0.001$

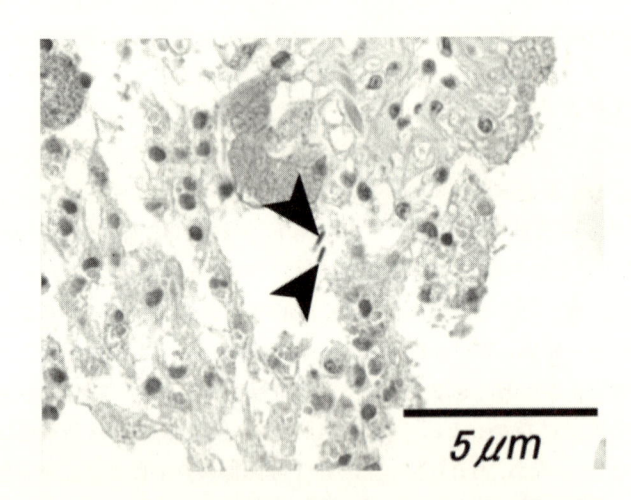

図2・87 メガイアワビに対するTBTおよびTPTの流水式連続曝露試験（2ヶ月間）で観察された卵巣における精子形成（HE染色）この写真は，TBT曝露を受けた雌メガイアワビの卵巣において形成された精子（矢印）を示している．

3）アワビ類における内分泌攪乱（雌の雄性化）現象の誘導メカニズム

アワビ類における内分泌攪乱（雌の雄性化）現象の誘導メカニズムは明らかでないが，巻貝類の神経中枢である神経節からは生殖を制御する種々の神経ペプチドが分泌されていることが知られているため，頭部における高濃度の有機スズ（TBTおよびTPT）の蓄積がこれらの神経ペプチドの分泌などを攪乱して上述の組織学的変化の誘導に帰結した可能性が示唆される[131]．脊椎動物と同様のステロイドホルモンを性ホルモンとして巻貝類も有するとの説に立脚すれば，ステロイドホルモンの関与も考えられるが，これまでのところ，巻貝類からはステロイドホルモンの受容体が見出されていないため，筆者らは，巻貝類が脊椎動物と同様のステロイドホルモンを性ホルモンとして有するとの説を支持しない（3章§1．1・3参照）．

一方，2004年12月に発表された，有機スズ化合物による巻貝類のインポセックス誘導メカニズムに関する全く新しい仮説であるRXR関与説[120]と，アワビ類における上述した内分泌攪乱現象の誘導メカニズムとの関連性は，今後の研究課題である．

4）マダカアワビとメガイアワビにおいて観察された内分泌攪乱現象：その後

さらに，上述の内分泌攪乱現象がその後もB海域のアワビ個体群において継続して観察されるかどうかを明らかとするため，引き続き定期的にサンプリング調査を行った[132]．すなわち，1998年1月から1999年3月まで，原則として毎月AおよびBの両海域からマダカアワビとメガイアワビを15個体ずつ入手し，脱殻して生殖巣の外部形態と色彩などを観察・記録した後，生殖巣をゲンドル液で固定し，常法によりプレパラートを作製して光顕で観察した[132]．また既報[129]と同様に性成熟度を算出し，併せて卵巣内での精子形成などの組織異常について精査した[132]．同様に，筋肉中の有機スズ（ブチルスズおよびフェニルスズ）濃度をプロピル化／GC-FPD法で測定した[132]．

その結果，B海域産のマダカアワビおよびメガイアワビにおいて，雌雄の性成熟の同調性が観察されないなどの生殖年周期の乱れが引き続き観察された[132]．また卵巣内で精子形成が観察されるなどの卵精巣を有する個体が，B海域のマダカアワビおよびメガイアワビの雌のうち，それぞれ19％および29％で観察された[132]．これに対し，A海域産のアワビ標本では雌雄の性成熟に同調性が見られ，また卵精巣をもつ個体が認められなかった[132]．一方，組織中ブチルスズおよびフェニルスズ化合物の濃度は，いずれもB海域産アワビ標本にお

いてA海域産アワビ標本よりも有意に高かった[132]．なお，前回調査時（1995年9月〜1996年11月）の結果と比べて，総ブチルスズおよび総フェニルスズ濃度が，それぞれ約1/4および1/2に低減したほか，トリ体についてもFAO/WHOや厚生省（当時）が定めたTPTやTBTの1日摂取許容量の水準よりはるかに低いことがわかった[132]．

5）アワビ類における内分泌攪乱は漁獲量減少要因の1つか？

原始腹足目に属するアワビ類について，日本では主要4種（マダカアワビ，メガイアワビ，クロアワビ H. discus discus およびエゾアワビ H. discus hannai）が知られているが，その漁獲量が1970年代から減少傾向にある（図2・88）．また人工種苗（稚貝）の放流が全国的に実施されてきたにもかかわらず，漁獲量の減少傾向が，1980年代半ば以降，顕著になっている（図2・88）[133]．こうしたアワビ資源の全国的な減少を招いた原因として，過剰な漁獲圧力（いわゆる乱獲）のほか，海水温の変化による孵化率や幼生の生残率の低下，植生（餌料となる褐藻類の分布）の変化や捕食者の増加による稚貝の生残率の低下，未知ウイルスなどの病原生物による疾病の影響などが関与しているのではないかと考えられてきたが，未だ十分な結論は得られていない[129, 133]．

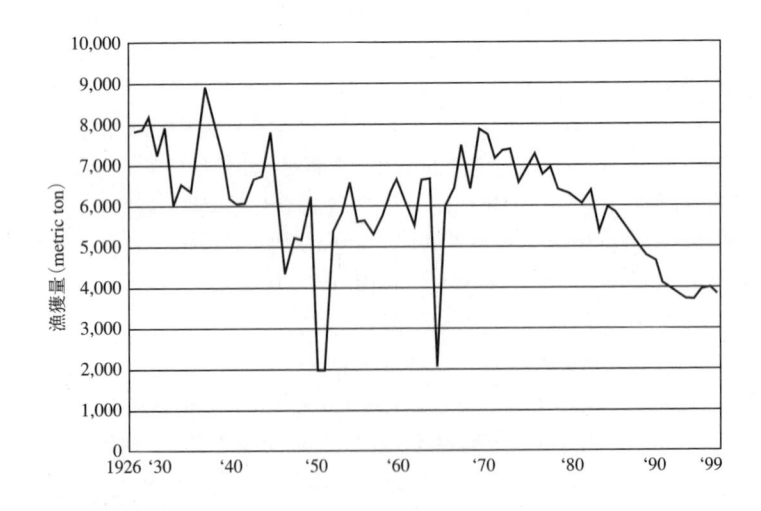

図2・88　全国のアワビ類漁獲量の経年変化

一方,漁獲量の減少が激しい海域では,漁獲物に占める人工放流個体の割合(混獲率)が90％を超えるなど顕著に高まっており,天然アワビが激減していることから,天然アワビの再生産が著しく阻害されている可能性がある[129, 133]. 筆者らは,上述の調査および実験結果に基づき,有機スズ化合物もアワビ資源を減少させてきた原因の1つとして精査されるべきであると考えている.特に有機スズによる汚染が進行していた海域(B海域)では,有機スズ汚染の影響によってアワビの生殖(性成熟,放卵および受精)とともにベリジャー幼生の生残や着底および加入過程が阻害されてきた可能性が高いため,それを視野に入れた綿密な調査が必要であろう.また,その他の海域では,有機スズ汚染の影響だけでアワビ資源の減少を説明できるとは考えにくいが,有機スズの影響が無視できるほど小さかったとも言い切れない.実際,筆者らが全国各地で収集したアワビ試料の筋肉中有機スズ濃度は,食品衛生上は無視できるほどの低濃度であったが,地点間で差が大きく,そのうち比較的高濃度であった地点のアワビ卵巣において精子様細胞が観察されている.アワビ資源の減少要因の究明は今後に残された課題であるが,全国各地で減少してしまったアワビ資源の回復を目指す上で,喫緊の課題であろう.

(堀口敏宏)

§3. 水生生物への蓄積過程

3・1 イガイによる有機スズ化合物の蓄積と排泄の動態

3・1・1 イガイ研究の意義

海水中の汚染物濃度の直接測定は,海水中の極めて低い汚染物濃度,潮の干満などの時間的因子並びに採水深度などの諸要素により,著しく影響されやすい.したがってこれらの変動に左右されない生物指標として,貝をバイオマーカーとする方法はこれまでも各種重金属などのモニタリングに使用されてきた.イガイ,中でもムラサキイガイ(*Mytilus edulis*)はその世界中における普遍性,種々の化学物質の蓄積性という点から,これまでに多くの研究者により生物指標として使用されてきた[134-140].しかし,イガイを指標生物として使用するに際し,その特性を十分に理解することが必要であることは言うまでもない.ここでは,天然条件下に,イガイによるトリブチルスズ(TBT)の蓄積および排泄実験を行った結果に基づき,イガイのバイオモニタリング指標とし

ての是非について述べる.

まず蓄積実験に関しては予備調査の結果から汚染濃度が低かった北海道小樽市忍路湾産のエゾイガイ (*Mytilus grayanus*) を汚染が著しい神奈川県三浦市の油壺湾内に移動させた (残念なことに忍路湾にはムラサキイガイの生存は認められなかったため, ムラサキイガイを使用できなかった). 次に排泄実験として, 東京近郊の高度に天然に汚染されたムラサキイガイを汚染の低い忍路湾に移植し〜70日にわたり減衰について観察した.

3・1・2 実験方法
1) 標準物質
化学物質名およびその略名を表2・10に示した. 簡略化のため, 有機スズ化合物の化学種はすべてクロライド (塩化物) として記載してあるが, これは必ずしもイガイ中の正しい化学形を示していない.

2) 試料採取
蓄積実験に使用したエゾイガイは1992年8月8日, 小樽市, 忍路湾沖300 mの地点Gで採取した. 忍路湾は殆ど船舶の交通がなく, 海水のTBTによる汚染は低いと推定された. 採取当日に冷蔵便で神奈川県三浦市の水産研究所に送

表2・10 標準品および略名

標準品	略名
酸化ビストリブチルスズ	TBTO
三塩化モノブチルスズ	MBTC
二塩化ジブチルスズ	DBTC
塩化トリブチルスズ	TBTC
二塩化ブチル (3-ヒドロキシブチル) スズ	D3OH
二塩化ブチル (3-オキソブチル) スズ	D3CO
二塩化ブチル (4-ヒドロキシブチル) スズ	D4OH
二塩化ブチル (3-カルボキシプロピル) スズ	DCOOH
塩化ジブチル (3-ヒドロキシブチル) スズ	T3OH
塩化ジブチル (3-オキソブチル) スズ	T3CO
塩化ジブチル (4-ヒドロキシブチル) スズ	T4OH
塩化ジブチル (3-カルボキシプロピル) スズ	TCOOH
塩化トリフェニルスズ	TPTC
塩化ジフェニルスズ	DPTC
トリプロピルエチルスズ	Pr3EtSn

付, 2日後, 到着と同時に活性炭処理した流海水に, 酸素を吹き込みつつ1晩浸し, 翌日から蓄積実験を開始した.

排泄実験に使用したムラサキイガイはレジャーボート数の多い三浦半島諸磯湾（図2・89, 地点D, 1993年8月21日）にて採取した. その他, 汚染実態の参考試料を船舶の航行が著しい神奈川県三浦半島と城ヶ島との中間地点（地点E, 1993年8月2日）および静岡県真鶴湾（相模湾, 地点F, 図には表示されていない；1993年8月17日）にて採取した.

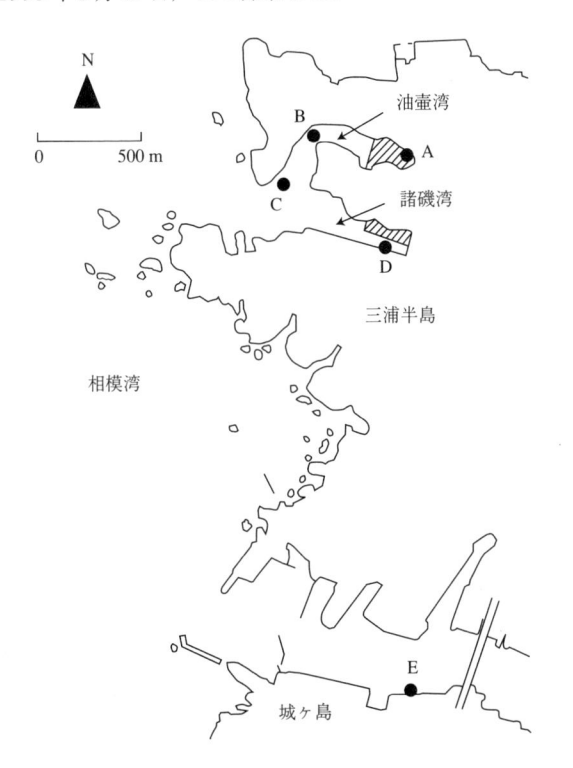

図2・89　蓄積実験および試料採取を行った地点（神奈川県三浦市）

3）海水試料

ガラス瓶（2 L）に海面下1 mの海水を地点A, BおよびC（蓄積実験）並びにG（排泄実験）から2〜3週間の間隔で採取した. 平均水温（℃）：地点A, 28.0（8月）, 22.5（9月）, 22.0（10月）；地点G（初旬, 中旬, 下旬）, 19.5,

21.0, 21.0（以上8月）；20.0, 20.2, 18.7（以上9月）；16.7, 15.3, 14.0（以上10月）．採取した水に塩酸10 mlを加え，冷蔵庫中にて保存し，3日以内に分析した．分析はpH 5.0においてナトリウムジエチルジチオカルバミン酸によるキレート化合物としてn-ヘキサンに抽出後，メチルマグネシウムブロミド（MeMgBr）によりメチル化し，ガスクロマトグラフィー／ヘリウムマイクロ波誘導プラズマ／原子発光検出器（GC/MIP/AED）により定性，定量を行った[141]．

4）蓄積および排泄実験

蓄積実験を行うに際し，TBTCの汚染源として，神奈川県三浦市油壺湾のマリーナを選んだ．このマリーナは丘陵に囲まれ，外海から隔離され，その地形から台風の際には漁船の退避港にもなる．通常約100艘のレジャーボートが係留されていた（図2・89，斜線部）．ステンレス製の籠（40×15×15 cm）に，30個のイガイ（長径，78〜90 mm；短径，38〜50 mm）を入れ，ボート係留地から近い順に地点A，BおよびCにおいてロープでそれぞれ，浮桟橋，ブイおよび筏に1 mの深さに吊るした．したがって，潮の干満による影響はなく，籠の位置は常に深さ1 mに保たれた．蓄積実験は1992年8月11日に開始し，1回5個のイガイを用い試料を作成し，最終試料採取は56日後の10月7日に終了した．

排泄実験には油壺湾に隣接する諸磯湾（地点D）で採取したムラサキイガイを蓄積実験と同様な方法で北海道，小樽市忍路湾沖，300 mの地点（地点G）に吊るした．1993年8月23日に開始し，7〜10日の間隔で採取し，68日間継続後，10月30日に採取を終了した．

5）イガイ分析

イガイからの抽出はSuzukiらの方法[63]によった．抽出物は，高い反応性，検出器に対する高い感度，およびマトリックスによる妨害を避けるという点から，MeMgBrでメチル化[63]後，ヒューレットパッカード（HP）社製，GC/MIP/AEDにより定性，定量を行った[141]．

なお，表2・10の化合物のメチル化の結果，次の化学反応により生成する化合物を定量した[63]．

$$BuSnCl_3 (MBTC) + MeMgBr \rightarrow BuSnMe_3$$
$$Bu_2SnCl_2 (DBTC) + MeMgBr \rightarrow Bu_2SnMe_2$$
$$Bu_3SnCl (TBTC) + MeMgBr \rightarrow Bu_3SnMe$$

$BuSnCl_2CH_2CH_2CH_2CH_2OH(D4OH) + MeMgBr \rightarrow$
　　　　　　　$BuSnMe_2CH_2CH_2CH_2CH_2OH$
$Bu_2SnClCH_2CH_2CH_2CH_2OH(T4OH) + MeMgBr \rightarrow$
　　　　　　　$Bu_2SnMeCH_2CH_2CH_2CH_2OH$
$BuSnCl_2CH_2CH_2CH(OH)CH_3 (D3OH) + MeMgBr \rightarrow$
　　　　　　　$BuSnMe_2CH_2CH_2CH(OH)CH_3$
$Bu_2SnClCH_2CH_2CH(OH)CH_3 (T3OH) + MeMgBr \rightarrow$
　　　　　　　$Bu_2SnMeCH_2CH_2CH(OH)CH_3$
$BuSnCl_2CH_2CH_2COCH_3 (D3CO) + MeMgBr \rightarrow$
　　　　　　　$BuSnMe_2CH_2CH_2C(OH)CH_3CH_3$
$Bu_2SnClCH_2CH_2COCH_3 (T3CO) + MeMgBr \rightarrow$
　　　　　　　$Bu_2SnMeCH_2CH_2C(OH)CH_3CH_3$
$BuSnCl_2CH_2CH_2CH_2COOH(DCOOH) + MeMgBr \rightarrow$
　　　　　　　$BuSnMe_2CH_2CH_2CH_2C(OH)CH_3CH_3$
$Bu_2SnClCH_2CH_2CH_2COOH(T3COOH) + MeMgBr \rightarrow$
　　　　　　　$Bu_2SnMeCH_2CH_2CH_2C(OH)CH_3CH_3$
$Ph_2SnCl_2 (DPTC) + MeMgBr \rightarrow Ph_2SnMe_2$
$Ph_3SnCl(TPTC) + MeMgBr \rightarrow Ph_3SnMe$

　すべての有機スズ化合物はng/g湿重量として表してある(含水量：エゾイガイ, 77.3±2.8%；ムラサキイガイ, 76.8±3.1%).

3・1・3　イガイ中の有機スズ化合物の確認および代謝経路

　表2・10に示した標準品および試料抽出液をメチル化したのち，GC上の保持時間との比較により確認した．GCカラムはJ & W社製DB-5, DB-225, DB-1701およびHP社製HP-1を用いた．その結果，MBTC, DBTC, TBTC, DPTC, TPTC, D3OH, D3CO, D4OH, T3CO, T3OHおよびT4OHの存在が確認された．

　Fishら[142]によれば，TBT化合物はラット肝臓を用いたin vitroの系でブチル基の酸化されたオキソ体，および水酸化体に酸化される．また筆者らはin vivoの系でラット[143]，魚[63]，海水中の微生物[144]によりTBTCが種々の代謝物に分解されることを見出した．これを今回の結果と併せ図示すると図2・90のようになる．

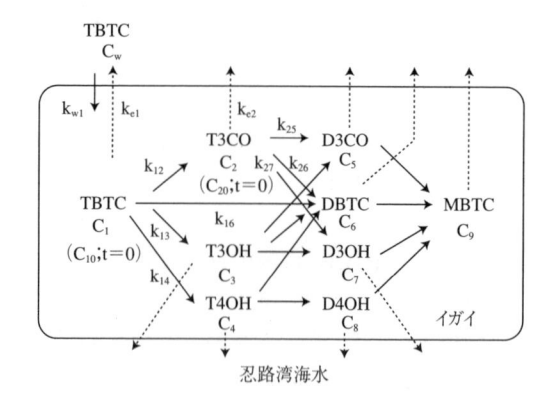

図2・90 イガイにおける塩化トリブチルスズの蓄積,代謝および排泄モデル

3・1・4 動力学モデル

TBTCとその代謝物の蓄積と排泄を明らかにするため図2・90に示されたモデルにより動力学的解析を行った.図形内部はイガイを示し,外部は海水である.

$$dC_1/dt = k_{w1}C_w - (k_{12} + k_{13} + k_{14} + ... + k_{e1})C_1 \quad (1)$$

$$dC_2/dt = k_{12}C_1 - (k_{25} + k_{26} + k_{27} + ... + k_{e2})C_2 \quad (2)$$

$$dC_9/dt = ... (...) C_9$$

ここでC_1=TBTC, C_2=T3CO, C_3=T3OH, C_4=T4OH, C_5=D3CO, C_6=DBTC, C_7=D3OH, C_8=D4OHおよびC_9=MBTC(実験開始t日後のイガイ中の各物質濃度,ng/g);C_w=実験期間中の海水中TBTC濃度(ng/L)(定数);k_{w1}=海水からイガイへのTBTCの蓄積係数(ml/g/日);k_{12}=イガイ中TBTCのT3COへの分解係数(/日);k_{13}=イガイ中TBTCのT3OHへの分解係数(/日);k_{14}=イガイ中TBTCのT4OHへの分解係数(/日);k_{16}=イガイ中TBTCのDBTCへの分解係数(/日);k_{25}=イガイ中T3COのD3COへの分解係数(/日);k_{26}=イガイ中T3COのDBTCへの分解係数(/日);k_{27}=イガイ中T3COのD3OHへの分解係数(/日);k_{e1}=イガイ中TBTCの海水への排出係数(/日);k_{e2}=イガイ中T3COの海水への排出係数(/日).

$k_{w1}C_w = k_0$, $k_{12} + k_{13} + k_{14} + ... + k_{e1} = K_1$($K_1$はTBTCの各代謝物への分解係数およびTBTCのイガイからの排泄係数の和)とすると,式(1)は時間の関

数として次のように簡略化される．

$$dC_1/dt = k_0 - K_1 C_1 \tag{3}$$

1) 蓄積過程

蓄積過程では $t=0$ での $C_1=0$ の極限状態において，$C_w=$ 定数として (3) 式を積分すると，イガイ中の組織濃度は時間の関数として次のように表される．

$$C_1 = (k_0/K_1)(1 - e^{-K_1 t}) \tag{4}$$

$t=\infty$ の場合 (4) 式は (5) 式に簡略化される．

$$C_1 = k_0/K_1 = k_{w1} C_w / K_1 = C_{ss} \quad (t = \infty) \tag{5}$$

ここで C_{ss} は海水と平衡に達した時のイガイ中の TBTC 濃度であるが，(5) 式は，

$$BCF_{ss} = C_1/C_w = k_{w1}/K_1 \tag{6}$$

とも書くことができる．ここで BCF_{ss} はイガイ中の TBTC 濃度が水中と平衡に達した時の濃度，すなわち生物濃縮係数を表す．K_1 および k_{w1} の値は最小二乗法による非直線回帰式によりコンピューターを用いて算出した．C_w の値は実測値である．生物学的半減期 $(t_{1/2})$ は $t_{1/2} = \ln2/K_1$ から計算した．

2) 排泄過程

排泄過程では (3) 式の積分から

$$C_1 = Ae^{-K_1 t} + B \tag{7}$$

が得られる．ここで $A = C_{10} - k_0/K_1$ [C_{10} は $t=0$ でのイガイ中の TBTC 濃度 (ng/g)]，そして $B = k_0/K_1$ である．C_{10} および C_w は実測により求めた．K_1 および k_0 は最小二乗法を用いた非直線回帰式により求めた．BCF_{ss} は $BCF_{ss} = B/C_w$ により求めた．半減期は $t_{1/2} = \ln2/K_1$ により計算した．

T3CO に対しては式 (2) より

$$dC_2/dt = k_{12}C_1 - K_2 C_2 = k_{12}(Ae^{-K_1 t} + B) - K_2 C_2 = K_3 e^{-K_1 t} + D - K_2 C_2 \tag{8}$$

が得られる．ここで $K_2 = k_{25} + k_{26} + \ldots + k_{e2}$，$K_3 = k_{12}A$ および $D = k_{12}B$ である．

(8) 式を積分すると T3CO のイガイ中組織濃度 C_2 はイガイからの T3CO の排泄時間の関数 (9) として示される．

$$C_2 = K_2/(K_2 - K_1) e^{-K_1 t} + (C_{20} - K_2/(K_2 - K_1) - D/K_2) e^{-K_2 t} + D/K_2 \tag{9}$$

ここで C_{20} [$t=0$ におけるイガイ中 T3CO 濃度 (ng/g)] は実測により，K_2，K_3 および D は最小二乗法による非直線回帰式により求めた．半減期は $t_{1/2} =$

$\ln 2/K_2$ により計算した．TPTC，T3OH，およびDPTCについてもTBTCあるいはT3COと同様にして計算した．

3・1・5 イガイへの蓄積

海水中のTBTCおよびその分解物，DBTCおよびMBTCの濃度は夏（8月）に高く，それから除々に減少する傾向が見られた（図2・91）．原因として地点Aはマリーナおよびボートの活動が7月から8月にかけてピークになることによると考えられる．海水中のTBTC濃度は地点BあるいはCよりもマリーナに隣接している地点Aで最も高い．次に高いのが中間地点B，次いで相模湾に面した地点Cである．これらの結果は観測点がマリーナから離れるに従ってTBTCの濃度が減少することを意味し，汚染源がマリーナであることを示している．

次にイガイへの蓄積を経時的に追い，これを図2・92に示した．地点AにおけるエゾイガイへのTBTCの蓄積は8月28日付近でピークに達し，次に10月

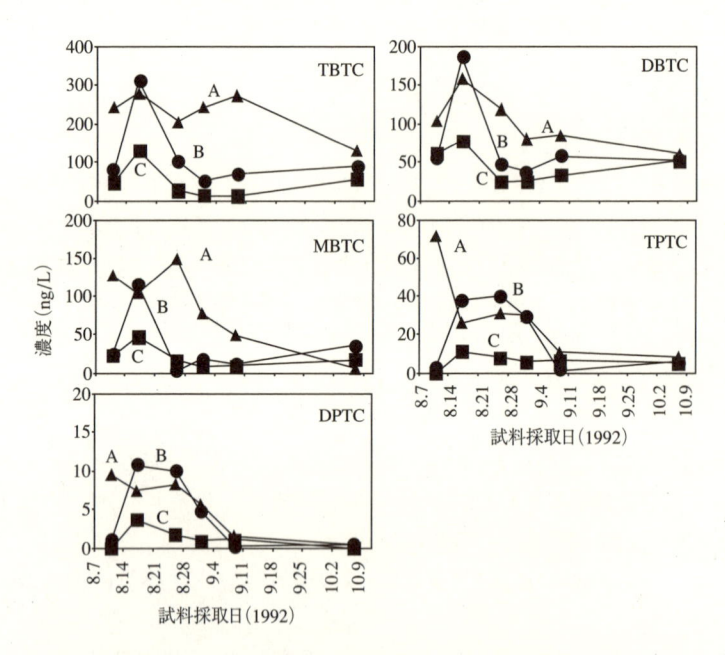

図2・91　神奈川県三浦市油壺湾の3地点（A-C）における海水中の有機スズ化合物の季節変動

§3. 水生生物への蓄積過程　147

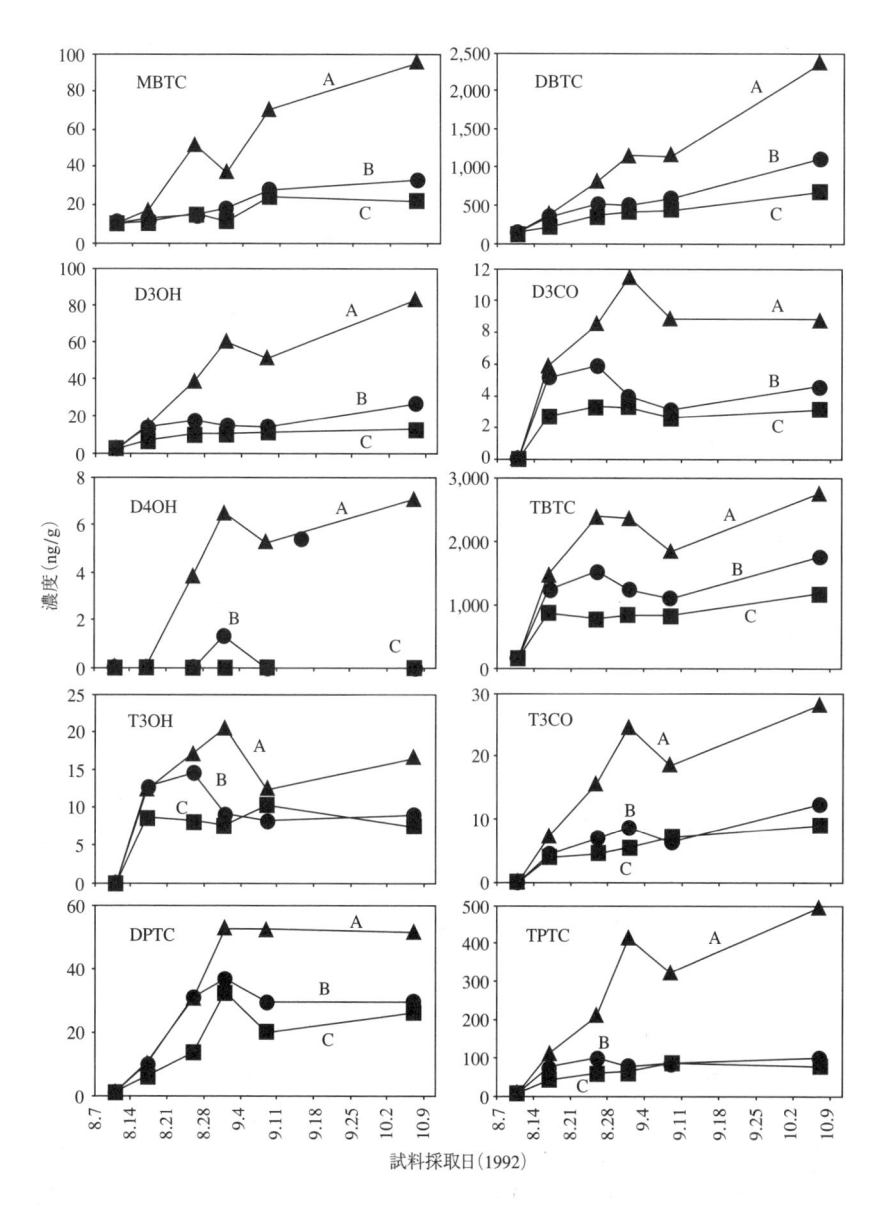

図2·92　エゾイガイを低汚染地域，地点G（小樽市忍路湾）から地点A（三浦市油壺湾）に移植後の有機スズ化合物の時間的推移

7日には最高の~2,800 ng/gに達した．同様の傾向が地点BおよびCにおいても見られた．蓄積TBTC濃度はA＞B＞Cの順であった．TBTC濃度に限って言えば，海水中の濃度が8月14日~8月21日の間でA，Bともにほぼ同一の最高値を示したのに比べ，イガイ中でもほぼA，Bともに同一の値を示した．また，海水中の濃度は8月21日~8月28日の間でBの値はAの約半分になったが，イガイ中のBでの濃度も約半分となり，海水濃度とイガイ中濃度はよい対応を示していた．この結果からすると，Farringtonら[134]によるイガイ監視計画により示されるようにイガイの測定は海水の測定よりもより正確にイガイのTBTCへの曝露を示しているといえる．また，地点Bにおける海水中TBTCの濃度は8月17日以降，地点Cのレベルに近くなった．この傾向と並行して，地点Bでのイガイ中TBTCおよび代謝物の濃度は8月17日以後は地点Aよりも地点Cの濃度に近くなった．これは海水中のTBTCの濃度とイガイ中のTBTC濃度が連動していることを示唆する．地点Aでのイガイ中TBTCおよびTPTC，そしてその代謝物は8月中，ほぼ直線的に増加した．さらに高濃度に蓄積するMBTC，DBTC，D3OHおよびT3COは，TBTC，D4OHおよびT3OHが頭打ちであるのに比べ，比較的直線的に増加した．このことはTBTC濃度が定常状態にあり水中のTBTC濃度を反映していることを意味する．TBTCは吸収されるや否や，直ちに代謝物に変換されるが，代謝物のあるもの，特にT3CO，DBTCおよびMBTCは定常状態に達せず，増加し続けた．このことは後述のようにT3COの長い半減期，並びにDBTCおよびMBTCが複数の代謝物の分解産物であることによる．8月11日から11月1日の比較的安定した海水濃度（242±30 ng/L，n＝4）を用いてエゾイガイによる吸収過程の動力学係数を求めた結果，$t_{1/2}$＝4.68日およびBCFss 10,500（湿重量単位）が得られた．これまでに報告された二枚貝に関するBCF（乾重量単位）は，カキ（*Crassostrea gigas*），6,000（曝露濃度，0.15 μg TBTO/L；曝露日数，22日）[145]；2,000（TBTO 1.25 μg/L；曝露日数，22日）[145]：カキ（*Ostrea edulis*），1,500（曝露濃度，0.15 μg TBTO/L；曝露日数，22日）[145]；1,000（曝露濃度，TBTO 1.25 μg/L；曝露日数，22日）[145]：ムラサキイガイ，~5,000（曝露濃度，0.5 μg TBTO/L；曝露日数，47日）[139]：ムラサキイガイ，5,000~60,000（天然条件下，曝露日数，51日）[140]などがあるが，各値はそれぞれの実験条件によって大きく異なる．

海水中のTPTCおよびDPTCは8月11日には比較的高い値を示したが（地

点A），他の2地点では低い（図2・91）．このことはTPTCによる汚染が最近，恐らく採取当日，地点Aの近くで起きたことによるものであろう．その後，地点AにおけるTPTC濃度は減少し，9，10月には低レベルが見出されたのみであったが，他の2地点では8月中旬から9月初旬にかけて増加した．このことは3地点の地理的な関係によると考えられる．イガイ中のDPTCの濃度は9月1日まではすべての観測地点で増加したが，以後比較的一定レベルを保った．一方，TPTCの濃度は測定終了時まで増加し続けた（図2・92）．これは後述のごとく，両者の半減期の違いによるものである．

3・1・6　ムラサキイガイからの排泄

図2・93は神奈川県諸磯湾地点Dから小樽市忍路湾の地点Gに移殖したムラサキイガイ中のTBTCおよびその主代謝物，並びにTPTCおよびその代謝物であるDPTC濃度の指数関数的減衰を示している．0日におけるイガイ中のTBT誘導体濃度はTBTC＞T3CO＞DBTC＞D3OH＞D3CO＞T3OH＞MBTCであった．TBTCおよびD3OH濃度は他より速く減少した．TBTC濃度はスタート時には高かったものの，排泄実験の3日後にはT3COより低くなった．同様の関係がD3OHとD3COとの間に存在した．さらに24日後にはTBTCの濃度はDBTCの濃度より低くなった．最終的に平衡関係が成立した48日以降はT3CO＞DBTC＞TBTC＞D3CO＞D3OH＞MBTC＞T3OHの順であった．

蓄積過程および排泄過程において最小二乗法を用いた非直線回帰式によって求めたTBTC関連化合物およびTPTC関連化合物の動力学係数を表2・11に示

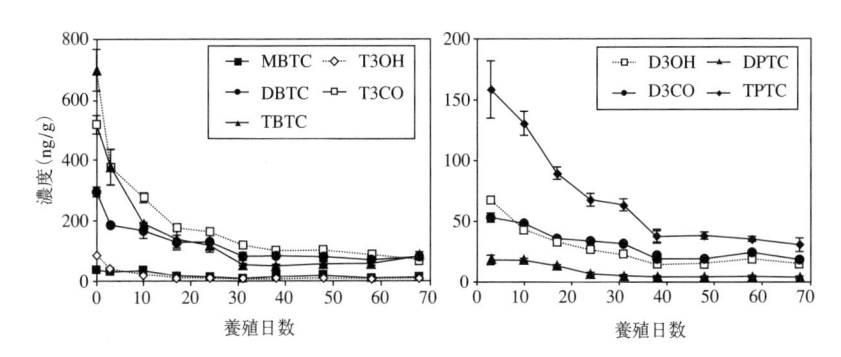

図2・93　高度汚染地点D（三浦市諸磯湾）で採取したムラサキイガイを低濃度汚染地区地点G（北海道小樽市忍路）に移植したのちの有機スズ化合物の減衰

した．排泄過程において，8月19日から10月30日の海水濃度（5.4±3.0 ng/L，平均値±SD，n=10）を基にして，$t_{1/2}$ 4.82日，BCF_{ss}（10,400，湿重量単位）が得られた．この結果は種差の存在にも拘わらずエゾイガイへの蓄積過程で得られた$t_{1/2}$ 4.68日およびBCF（10,500，湿重量単位）とほぼ一致した．しかし，これらの半減期はムラサキイガイについてこれまでに報告された値，Laughlinらの実験内実験での14日[139]あるいはZuolian and Jensenの自然条件下での実験下での40日間[140]とは大きく異なる．Zuolian and Jensen[140]はムラサキイガイにおけるTBTOのBCFはTBTOの海水濃度の関数，すなわちBCFは海水濃度の減少とともに指数関数的に増加すると述べている．現在の蓄積実験で使用されているTBTC濃度242±30 ng/LがZuolian and Jensen[140]により提案された数式に外挿するとエゾイガイに対して〜15,000（蓄積期，湿重量単位）が得られたが，この値は現在の実験で得られた10,500（蓄積期，湿重量単位）あるいはムラサキイガイでの10,400（排泄期，湿重量単位）と大きく違わない．しかしながら本実験で得られた$t_{1/2}$ 4.82日とLaughlinら[139]あるいはZuolian and Jensen[140]により得られた値との間には大きな隔たりがある．確実なことは言えないが，恐らく蓄積と排泄実験が行われた時の温度が関与しているもの

表2·11 蓄積および排泄の動力学的係数

係数	有機スズ化合物				
	TBTC	T3CO	T3OH	TPTC	DPTC
海水からの蓄積（エゾイガイ）					
K_1（/日）	0.148	—[a]	—	0.0107	—
k_{w1}（ml/g/日）	1,560	—	—	—	—
C_w（ng/L）	242±30	—	—	—	—
$t_{1/2}$（日）	4.68	—	—	65	—
BCF_{ss}（ml/g）[b]	10500	—	—	43000	—
r^2	0.9913	—	—	0.9235	—
イガイからの排泄（ムラサキイガイ）					
K_1（/日）	0.1437	—	—	0.072	—
k_{w1}（ml/g/日）	1,490	—	—	2,670	—
C_w（ng/L）	5.4±3.0	—	—	0.8±0.7	—
K_2（/日）	—	0.0852	0.1741	—	0.1126
$t_{1/2}$（日）	4.82	8.13	3.98	9.63	6.15
BCF_{ss}（ml/g）[b]	10400	—	—	36000	—
r^2	0.9744	0.9883	0.9642	0.9907	0.9373

[a] —，測定せず；[b] 湿重量単位．

と考えられる．吸収と温度との関係について行った研究は多くはない．Vieth ら[146]はミノウ（ヒメハヤ）へのPCBsの吸収に及ぼす温度の影響について調べ，5℃と25℃の間に著しい違いがあるが，ミノウおよびグリーンサンフィシュにおいて15℃と25℃との間にBCFの差がなかったと述べている．また山田ら[147]はα-HCHのBCFは20℃と25℃の水温では差がなく，温度の上昇は蓄積係数の上昇を引き起こすが，一方で排泄係数の上昇をも生じ，その結果，BCF（蓄積係数／排泄係数）に変化はなかったとしている．一方，排泄係数の増加は当然のことながら$t_{1/2}$の減少を生ずる．同じことが現在のイガイに関してもいえる．おまけに海水温度が高くなると，代謝速度を促進する．その結果，ムラサキイガイにおいても，海水温の上昇は排泄速度を上昇させる．Zuolian and Jensenの実験[140]では海水温に関する記載はないが，実験は北欧において10月下旬に開始された．このことは上記の理由により，イガイの代謝速度の遅延を引き起こす．Zuolian and Jensen[140]の実験ではイガイは採取後，実験室に持ち帰り，野外と同じ位の温度で飼育されたと推定されるので，40日といった長い$t_{1/2}$になったと考えられる．一方Laughlinら[139]はイガイを18 ± 2℃で飼育し，ついでケージ中，サンフランシスコ湾に6ヶ月間飼育した（実験の開始時期およびサンフランシスコ湾の温度は不明）．現在の排泄実験では地点Gの水温は実験開始時期（1993年8月21～31日）の平均水温は21℃，実験終了時（1993年10月21～31日）は14℃であった．これらの差が筆者らの実験（4.8日），Zuolian and Jensen[140]（40日），Laughlin[139]ら（14日）という結果となったと考えられる．

主代謝物のT3COの半減期8.13日，一方少ない代謝物T3OHは親化合物より短い3.98日であった．指数関数的に減少する代謝物の図2・93のカーブを見ると幾つかの規則が見られる．①T3CO/T3OH，D3CO/D3OH，TBTC/DBTC，T3CO/TBTCのピーク高比の中で，半減期の異なる2つの代謝物T3CO/T3OH比は汚染時期の指標となると思われる．すなわちTBTC代謝物の中で最長の$t_{1/2}$のT3COと最短の$t_{1/2}$のT3OHの比は各物質の半減期の相違により時間とともに著しく増加する．②TBTCはT3COより速く減少するのでT3CO/TBTC比は汚染初期では＜1であるが，のちに＞1となる．③D3CO/D3OH比は汚染初期では＜1であるが，D3OHの急速な減衰により＞1となる．D3COとD3OHは，それぞれT3COとT3OHの主たる娘分子であることからD3COとD3OHの量はT3COあるいはT3OHの量，T3COあるいはT3OHの排泄係数（K_2），

およびD3CO並びにD3OHの排泄係数に依存する．D3COおよびD3OHの排泄係数が仮に等しいとすると，D3CO/D3OH比は図2・93に示されるように時間とともに増加する．④図2・93に示されるように，T3CO/DBTC比は実験開始時には5:3であったが，後に1に近づくか<1となる．しかしながら図2・90に示されるように，DBTCはTBTCの生物分解の中枢部を占めている．それ故，TBTC濃度が高い時DBTC濃度はTBTC濃度に強く依存しているが，のちに，高濃度に存在するT3COに依存するようになる．したがって，DBTCの生成と減少はTBTC，T3CO，あるいはT3OHと比べて複雑である．

　代謝物間の異なる分解速度は試料採取日時により異なる代謝物分布を生み，概略のTBTCによる汚染時期を知り，汚染の程度を評価するのに役立つ．例えば，城ヶ島（地点E），真鶴港（地点F），諸磯湾（地点D）で採取したムラサキイガイ，および北海道忍路湾から神奈川県油壺湾に移植し56日間養殖したエゾイガイ（地点A）の抽出物のクロマトグラムを図2・94に示した．地点E

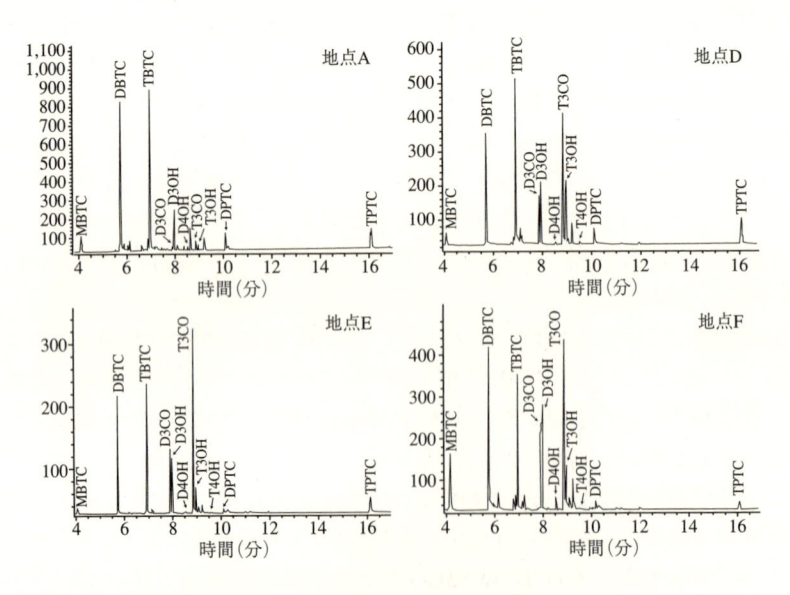

図2・94　4地点で採取されたイガイ抽出液のメチル化から得られたガスクロマトグラフィー／マイクロ波誘導プラズマ／原子発光検出器／DB-225によるガスクロマトグラム．エゾイガイは低汚染地域（地点G，忍路湾）において採取後，高度汚染地区（地点A，油壺湾）に移植，56日間にわたり飼育した．ムラサキイガイは地点D（諸磯湾，1993年8月21日），地点E（三浦半島と城ヶ島の中間地点，1993年8月2日）および地点F（真鶴湾，1993年8月17日）から採取した．

で採取したムラサキイガイは他の地点に比べ相対的に低いTBTC濃度を示した．地点Fで採取されたイガイは相対的に高いT3CO濃度にも拘わらず低いTBTC濃度を示した．地点Dで採取された試料ではTBTCピークは最も高く，次いでT3COであった．そして，T3CO/T3OH比はD，F，Eの順に増加した．簡単のため，仮に，問題とする海域にTBTCによる汚染が1回あったとすると，図2・94は地点DにTBTCによる汚染がごく最近あったことおよびEとFとは比較的古いことを示している．このことは，地点Dよりも地点EおよびFにおいて，大きなDBTC/TBTCあるいはT3CO/TBTC比を示すことからも理解される．次に，地点EとFのイガイを比較すると，EでのT3CO/T3OH比はFでの比よりも大きい．このことはEでの汚染は地点Fでの汚染より古いことを示している．このことはまた，FよりもEにおいてT3CO/DBTC比が大きな値を示したことにより支持されるが，その他，大きなT3CO/D3OHおよびT3CO/D3CO比によっても支持される．FよりもEにおいて，高いT3CO/TBTC比もまたこの順位を支持している．さらに，D～Fの中でD3COのピーク高がD3OHを凌いでいるのはEのみである．結論としてEでの汚染はDの汚染よりも幾日か先行していると考えられ，Fでの汚染時期はDとEとの間にある．更に，T3COおよびDBTC濃度はDよりもFで試料において相対的に高い．したがって，試料採取日でのDにおけるTBTC濃度はFよりも高かったという事実にも拘わらず，過去でのFでのTBTC汚染がDよりも大きかったことを示している．図2・94において地点A，D，EおよびFでのイガイ中TBTC濃度は，それぞれ，各試料採取地点での全有機スズ化合物の61.5，39.5，17.2および13.2％を説明しているに過ぎない．このことはイガイ中のTBTC濃度は有機スズ化合物濃度と相関しないことを示している．

上述のように，地点D～Fにおいて採取された試料では有機スズ化合物の組成では僅かの差があったのみであったが，この3試料と忍路湾で採取し油壺湾地点Aで56日間養殖されたイガイ（図2・94，地点A）との間には大きな差が存在した．図2・94に示されるように，一般にエゾイガイと比べ，ムラサキイガイではDBTCに対して大きなT3CO，T3OH，D3COおよびD3OHの各比が観察された．これに関しては通常2つの理由があげられる．①ムラサキイガイとエゾイガイ間の代謝力の違い，すなわち種差，②汚染物への酵素系の適応あるいは誘導．Becker van Slooten and Tarradellas[148]によれば蓄積のためにケージ中で飼育したイガイは②の理由から天然のイガイに比べて2倍以上のTBTC

を含んでいた．すなわち，TBTCの分解が遅い．一方，現在の研究においてエゾイガイはムラサキイガイと似た$t_{1/2}$および殆ど等しいK_1値を示した（表2・11）．それ故，代謝，排泄力において両イガイの間に違いがあるとは考えられない．したがって，代謝パターンの相違はイガイの種差，すなわちTBTCのブチル基の水酸化における位置の相違によるものと考えられる．残念なことに，汚染が比較的低い地点Gではムラサキイガイを見出せなかった．したがって，蓄積実験に使用されたイガイと排泄実験に使用されたイガイとは同じでない．詳細な議論を行うためには更に研究を進める必要がある．

イガイ中のTPTC濃度はD＞E＞Fの順であった．そしてこの順はTBTCの順（D＞F＞E）とは異なる．ムラサキイガイの排泄実験により明らかとなったTPTCの半減期およびBCFは，それぞれ9.63日および36,000であった．これらの値はエゾイガイの蓄積過程で計算された値と一致しなかった．特に半減期において差が著しかった（表2・11）．いずれにしても，TBTCと比べてTPTCの長い半減期はTPTCがTBTCよりもイガイ中の酵素系による生物学的分解を受けにくいことを示している．恐らくTBTCの分解の速さは酸化を受けやすい3個のブチル基を有していることによる．一方，TPTCの分解産物であるDPTCは排泄過程において親化合物よりもっと短い半減期（6.15日）を示した．

3・1・7 結 論

二枚貝は生体外異物を代謝する能力がないか，あるいはあっても小さいと考えられてきた．このことが二枚貝を汚染物の生物指標として使用を促したものと考えられる．しかし予想に反し，TBTCは吸収されたのちに速やかに代謝される．TBTCの主代謝物であるT3COは親化合物よりも長い半減期を示した．TBTCおよびその代謝物の異なる半減期が各採取時期でのイガイ間の異なる代謝パターンを生んでいる．これらの多くの代謝物がトータルスズと有機スズの分析結果の差のかなりの部分を説明しうると考えられる．したがって，汚染の指標としてのイガイ分析の結果の解釈には慎重な配慮が必要とされる．

〔鈴木　隆〕

3・2　海洋食物網を通した蓄積過程

　魚類などの水生生物はそれらが生息する水域の有害物質を主として2つの経路で体内に取り込み蓄積する．すなわち，海水に溶存する有害物質を呼吸器官の鰓を通して取り込む経路（経鰓濃縮）と餌として摂取した生物に蓄積されていた有害物質を消化管から取り込む経路（経口濃縮）である．経口濃縮は餌生物（被食生物：prey）から捕食生物（predator）への有害物質の移行である．ポリ塩化ビフェニール（PCBs）のように残留性の高い有害物質は海洋の食物網を通して栄養段階の高い生物に生物濃縮されることがよく知られている[83]．したがって，自然界の水生生物中有害物質濃度を単に実験的に求めた経鰓濃縮の指標である生物濃縮係数（Bioconcentration factor：BCF）で評価することは必ずしも十分ではなく，海洋食物網を通した有害物質の生物濃縮過程を解析することは重要な課題である．有機スズ化合物の食物網を通した生物濃縮過程は，トリブチルスズ（以下TBTと略す）化合物についてオランダの湖[149]および三陸の大槌湾[150]において研究されている．これらの研究により，TBTは食物網を通した高次栄養段階生物への生物濃縮が見られないことが報告されている．もう1つの代表的な有機スズ化合物，トリフェニルスズ（以下TPTと略す）化合物の食物網を通した生物濃縮は淡水湖で研究されているにすぎなく[149]，海洋食物網におけるTPTの生物濃縮はほとんど研究されていない．

　海洋に流入した疎水性の有害物質は，一般的に懸濁物質に吸着しやすく，最終的には底泥に堆積する[151,152]．したがって，過去に排出された多くの残留性有害物質は底泥に残留し，その結果底泥の有害物質濃度は底層水に比較して著しく高い．有機スズ化合物も例外ではなく，油壺湾の調査では，底泥中のTBT濃度は海水中濃度の300～50,000倍であり，底泥の有機物濃度が高い水域，すなわち微細粒子の沈降・堆積しやすい水域で底泥のTBT濃度が高いことが報告されている[153]．

　有機スズ化合物は，沿岸の浅海のみならず駿河湾の底層魚[154]や三陸沖合域の中深層性ハダカイワシ類[67]からも検出され，海洋に流入した有機スズ化合物が沖合域の底層にも分布することが報告されている．すなわち，海水中の有機スズ化合物濃度が低い沖合域の底層環境では，底泥に堆積した有機スズ化合物が主要な汚染源になることが推察される．

底泥に堆積した有機スズ化合物の挙動は必ずしも解明されていない．その一部は底層水に再溶出し，水域生態系を通して再循環し，各種の水生生物に有害な影響を及ぼす可能性が示唆されているが[155]，その詳細については明らかでない．一方，底泥に生息する底生生物，特に多毛類に代表される堆積物食者（底泥の表面あるいは内部に生息し，底泥表面に沈降・堆積するプランクトンの死がいなどの有機物を餌料として摂取する一群の生物）は，底泥表面の有機物を餌料として摂取するが，摂餌の際に底泥粒子も摂取するので[156]，底泥に堆積した有機スズ化合物は底層水に再溶出することなく，底泥の固相あるいは間隙水に存在する有機スズ化合物が直接生物に移行し，さらには底泥を巡る食物網を通して再循環する可能性が考えられる．したがって，本稿では，底泥を巡る食物網を構成する各種栄養段階の魚介類中有機スズ化合物濃度の把握[61]，および有機スズ化合物を含有する底泥を用いた多毛類の飼育試験により有機スズ化合物の底泥から底層の生物への移行・蓄積および食物網を通した生物濃縮について考えてみたい．

3・2・1　多毛類飼育試験による底泥中有機スズ化合物の生物への移行過程の検討

港湾域で採集した有機スズ化合物を含有する底泥を用いてイソゴカイ（釣り用餌として使用され，養殖されている．）の56日間の飼育試験を行い，底泥中有機スズ化合物（TBTおよびTPT）のゴカイへの移行・蓄積を実験的に調べた．

イソゴカイは，底泥が冠水している状態では底泥中に埋没しており，口を底泥直上の水中に出して水を摂取して呼吸している．底泥が干出すると，底泥から這い出し底泥表面を活発に動き回る．この時に底泥表面に堆積した有機物（デトリタス）を摂餌するが，同時に底泥も摂取する．このようなイソゴカイの生態は，底生生物の生息と摂餌様式の特徴から「内在性堆積物食者」と分類されている[156]．飼育試験では，底泥の干出にともなってイソゴカイが底泥から出現したときに摂餌を誘引するために少量の海産魚用初期飼料を投与し，摂餌と同時に底泥を摂取させた．

飼育試験に用いた底泥中のTBTおよびTPT濃度は，それぞれ，330 ng/g 乾重および50 ng/g 乾重であった．

56日間の飼育試験期間におけるイソゴカイ中の有機スズ化合物濃度の経時

的な変動を図2·95に示した．ゴカイ中のTBT濃度は，飼育試験開始時の20 ng/g乾重から14日目には79 ng/g乾重へと急激に上昇し，28日，42日および56日の濃度は，それぞれ，81 ng/g乾重，80 ng/g乾重，73 ng/g乾重であり，14日以降の飼育試験期間においてはその濃度はほとんど変化しなかった．すなわち，14日の飼育でゴカイ中TBT濃度はそれが生息している底泥中の濃度と平衡関係に達したと考えられる．

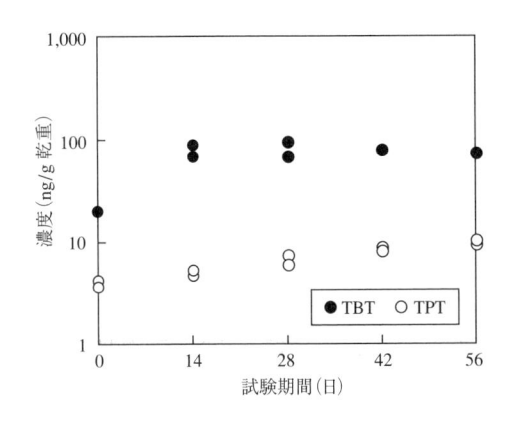

図2·95 イソゴカイ飼育試験におけるゴカイ中TBTおよびTPT濃度の経時変化

ゴカイ中のTPT濃度は，飼育開始時の3.9 ng/g乾重から14日では5.0 ng/g乾重，28日では6.8 ng/g乾重，42日では8.5 ng/g乾重，56日では9.8 ng/g乾重と高くなった．その濃度はさらに増加する傾向であり，濃度の増加傾向から平衡状態におけるゴカイ中濃度を計算で求めたところ，その濃度は180 ng/g乾重であった．

飼育試験において摂餌を誘引するために投与した海産魚用初期飼料はイソゴカイの摂餌率に比べてごく少量であり，また底泥が冠水している間，底泥直上には常に清浄な海水を通水させたことから，イソゴカイが蓄積したTBTおよびTPTは，主として底泥に由来すると考えられる．

ゴカイ中TBT濃度は14日から56日の飼育期間において平衡に達していると推定できるので，飼育試験56日目におけるゴカイ中TBTの底泥中TBTに対する濃縮係数（ゴカイ中濃度／底泥中濃度）を計算した．TBTの濃縮係数は0.22であった．ゴカイ中TPTの推定平衡濃度および底泥中TPT濃度を用い，TBTと同様にして求めたTPTの濃縮係数は3.6であった．この値はTBTの濃縮係数に比べると約10倍大きく，底泥中TPTはゴカイへ移行・蓄積されやすいことが明らかである．この結果は，底泥粒子に吸着している有機スズ化合物がイソゴカイへ移行・蓄積し，また，TBTよりはTPTの方が，食物網を通して高位の栄養段階の生物に移行・濃縮され易いことを示す．

3・2・2 対象水域の海水および底泥中の有機スズ化合物濃度

図2・96に示すSta.1およびSta.2において,魚介類の採集と同時に底層海水をバンドーン採水器で採集し,6N塩酸を添加して酸性条件下,冷暗所で保存した.海水中TBTおよびTPT濃度をHarinoらの方法[157]に準拠してFPD検出器付ガスクロマトグラフィーを用いて測定した.

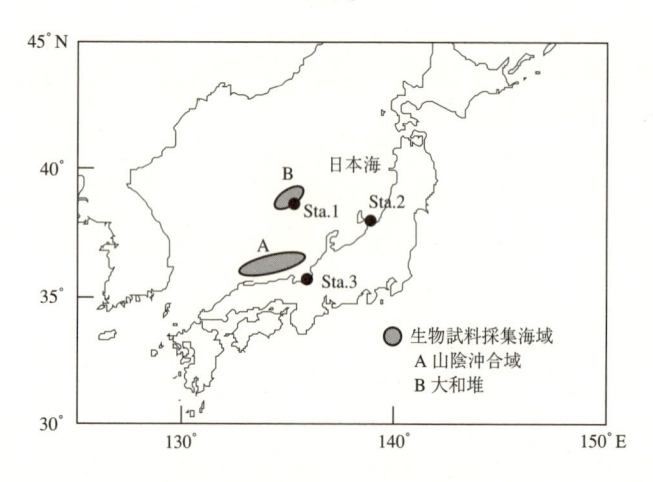

図2・96 魚介類,海水および海底泥の採集地点

Sta.1および2の観測点で採集された底層海水のTBT濃度は表2・12に示したように,それぞれ,0.6～0.8 ng/Lおよび0.3～0.6 ng/Lであり,阿賀野川沖合水域に比較して大和堆でやや高い傾向であった.また,海水中TPT濃度はいずれの水域においても検出限界 (0.9 ng/L) 以下であった.

外洋水の有機スズ化合物濃度を測定した研究結果は乏しいが,水深50 m層の海水中TBT濃度は,日本海大和堆で1.0～1.8 ng/L,北海道沖合の北西太平洋で1.0～1.6 ng/Lであった[158].一方,田尾ら[159]は東シナ海における海水中TBT濃度の鉛直分布を研究し,海水中TBT濃度が鉛直的に大きく変動しないことを明らかにした.また,いずれの研究においても,沖合域の海水からTPTは検出されなかった.したがって,本研究で測定した底層海水のTBTおよびTPT濃度は既往の文献値と大差なく,外洋水の濃度をおおよそ反映しているものと考えられる.

海水の採集地点および若狭湾の湾口 (Sta.3) で採集した底泥中の有機スズ

化合物を高見らの方法[160]に従って分析した．底泥中のTBT濃度（括弧内の値は湿重量ベース平均値）は，表2・12に示したように，Sta.1で5.6〜16 ng/g乾重（7.3 ng/g），Sta.2で4.4〜5.6 ng/g乾重（3.4 ng/g）およびSta.3で5.9〜8.3 ng/g乾重（3.3 ng/g）であった．大和堆の底泥中TBT濃度は阿賀野川沖合水域あるいは若狭湾と比較して大差なかった．底泥中のTBT濃度は底層水中の濃度に比べて阿賀野川沖合水域で7,000〜20,000倍，大和堆で7,500〜26,000倍高かった．すなわち，海水中濃度が低い日本海底層においては，底泥に堆積する有機スズ化合物が主要な汚染源となりうることが考えられた．

表2・12　日本海で採集した底層海水および底泥中のTBTおよびTPT濃度

	TBT			TPT		
	Sta.1	Sta.2	Sta.3	Sta.1	Sta.2	Sta.3
底層海水（ng/L）	0.6〜0.8	0.3〜0.6	NA	<0.9	<0.9	NA
底泥（ng/g乾重）	5.6〜16	4.4〜5.6	5.9〜8.3	3.9〜6.7	5.9〜7.4	6.1〜12

底層海水および底泥ともに2試料を分析した．NA：データなし

海水中のTPT濃度は検出限界（0.9 ng/L）以下であったが，底泥には検出され，Sta.1，Sta.2およびSta.3における濃度（括弧内の値は湿重量ベース平均値）は，それぞれ，3.9〜6.7 ng/g乾重（3.6 ng/g），5.9〜7.4ng/g乾重（4.5 ng/g）および6.1〜12 ng/g乾重（4.2 ng/g）であり，地点間の差は明確でなかった．沖合水域の底泥のTBT濃度は東京湾底泥の濃度（1999年の調査では47〜300 ng/g乾重）[161]に比べて低いが，TPT濃度は東京湾底泥の濃度（1999年の調査では1.3〜15 ng/g乾重）[161]とほぼ同レベルであった．海域に流入した有機スズ化合物が懸濁物質への吸着などの過程を通して沖合水域の深層に移行・拡散していることが明らかであった．

3・2・3　日本海底層魚介類の食物連鎖構造
1）山陰沖合域

1998年と1999年の8〜9月の間に底びき網により漁獲した魚介類の優占種は，甲殻類ではズワイガニ，ホッコクアカエビ，トゲザコエビ，ハサミモエビの4種，魚類ではアカガレイ，ヒレグロ，ハタハタ，ノロゲンゲ，タナカゲンゲ，セッパリカジカ，アゴゲンゲの7種で合計11種であった．

船上で10％海水ホルマリン溶液で固定されたこれらの優占種11種のそれぞ

れ30個体について胃の内容物中に認められる生物種を調べた．餌生物の出現頻度を表2・13にまとめて示した．

表2・13　山陰沖合域で漁獲された魚介類（捕食生物）の胃に検出された餌生物の出現頻度

捕食生物	餌生物の出現頻度（％）								
	魚類	イカ類	エビ（十脚類）	ヨコエビ（端脚類）	オキアミ	多毛類	クモヒトデ	貝類	デトリタス
タナカゲンゲ	26.7	23.3	26.7	26.7				16.6	
アゴゲンゲ	16.7	3.3	16.7	6.7	3.3	13.3	6.7	50.0	
セッパリカジカ	6.7	6.7	30.0	50.0	16.7	6.7	3.3	26.7	
アカガレイ	6.7	33.3	13.3	3.3	16.7			3.3	
ヒレグロ				6.7		50.0	23.3	6.7	
ノロゲンゲ			16.7	66.7	6.7	3.3	3.3		
ハタハタ				86.7	13.3				
ズワイガニ			13.3	13.3		3.3	3.3	3.3	
ホッコクアカエビ			13.3	16.7		16.7	6.7	6.7	100.0
トゲザコエビ			3.3	13.3			3.3	16.7	100.0
ハサミモエビ								6.7	100.0

餌生物の出現頻度（％）＝ 餌生物が検出された捕食生物個体数／調べた捕食生物個体数（30個体）×100

　餌生物の出現頻度から主要種の食性を推定すると，魚類を多く摂食しているのはタナカゲンゲとアゴゲンゲであった．タナカゲンゲはヒレグロやアカガレイの幼魚を，また，アゴゲンゲはアカガレイを摂食していた．タナカゲンゲは魚類の他にイカ類およびエビ・カニ類を摂食しており，漁獲された生物種の中では最も栄養段階の高い生物であると推定される．アカガレイはクモヒトデ，小型のエビ類および多毛類などの多様な餌生物を摂食しており，また，ハタハタ，ノロゲンゲ，セッパリカジカは主として端脚類を摂食していた．ズワイガニおよびホッコクアカエビは端脚類などの小型のエビ類を主に摂食するが，多毛類なども摂食していた．トゲザコエビは小型のエビ類の他にクモヒトデや貝類などの底生生物ならびにいわゆるデトリタスといわれる底泥の有機物を摂食していた．ハサミモエビは主としてデトリタスを摂食していると考えられる．
　食物連鎖構造を推定するために，以下の基準で漁獲物の栄養段階を分類した．
　栄養段階1：主としてデトリタスを摂食
　栄養段階2：多毛類，端脚類，オキアミ類およびクモヒトデ類を摂食
　栄養段階3：魚類，エビ・カニ類およびイカ類を摂食
この分類に準拠すると，最も栄養段階の低い栄養段階1には，ハサミモエビ，

トゲザコエビおよびホッコクアカエビが，栄養段階2にはズワイガニ，ハタハタ，ノロゲンゲおよびヒレグロが，また，最も栄養段階の高い栄養段階3にはタナカゲンゲ，アゴゲンゲ，アカガレイおよびセッパリカジカが分類された．これらの魚介類の栄養段階に基づけば，山陰沖合域の底層には図2・97に示した食物網が形成されると考えられる．

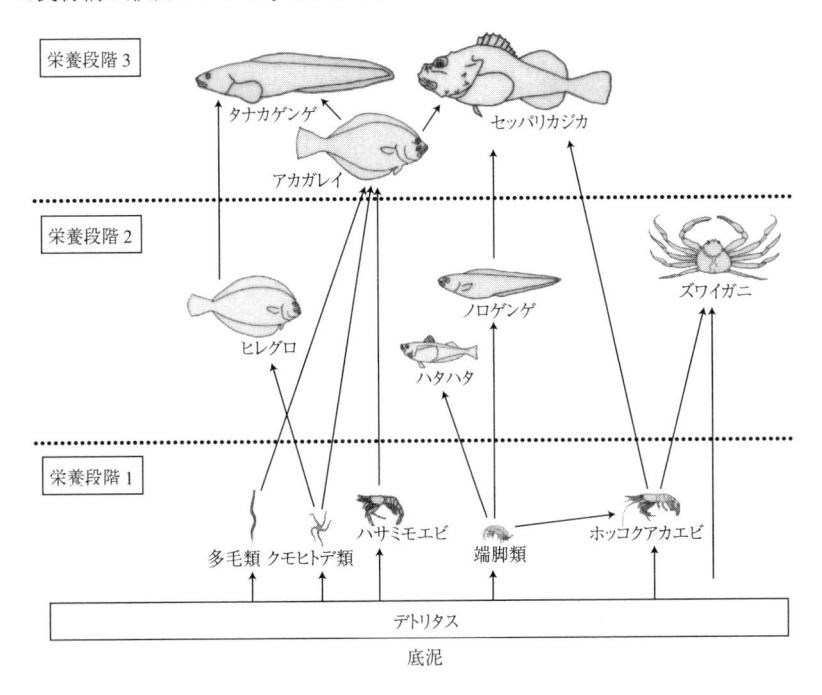

図2・97 山陰沖合域の底層に形成される食物網の構造

2) 大和堆

底びき網により漁獲された漁獲物のうち，甲殻類ではホッコクアカエビ，トゲザコエビ，アシナガイバラモエビ，ズワイガニの4種，魚類ではノロゲンゲ，セッパリカジカ，ヒレグロ，アカガレイ，ザラビクニン，ウロコメガレイ，ハタハタ，ドブカスベの8種，頭足類ではドスイカおよびホタルイカモドキの2種が優占種であり，これらの生物が底層の食物網の骨格を形成していると考えられる．

山陰沖合域の調査と同様に，底生魚介類の主要14種を対象として，それぞ

れ30個体の胃内容物を分析した．表2・14に示した餌生物の出現頻度から食性を推定すると，魚類を多量に摂食しているのは，ドスイカ，ドブカスベ，セッパリカジカであった．ドスイカは小型魚類のキュウリエソを摂食しており，また，イカ類は共食いすることからもその栄養段階は高いと考えられている[82]．イカ類は餌生物を摂取する際に歯で破砕するために，ドスイカ胃内容物に認められたデトリタスは底泥表面の有機物ではなく，餌生物の破砕物と考えられる．ドブカスベは魚類（ノロゲンゲが多く，他にザラビクニン，ヒレグロなど）の他にエビ類（トゲザコエビが多く，他にハサミモエビ，アシナガイバラモエビ，ホッコクアカエビなど），ズワイガニ，ドスイカ，端脚類およびオキアミ類を，また，セッパリカジカは魚類の他に端脚類，オキアミ類および多毛類を摂食していた．ノロゲンゲもこれらの魚類と同様な餌生物構成を示すために，同様な食性であると考えられる．3種のカレイ類では，それぞれの主要な餌生物が異なっており，アカガレイは主としてクモヒトデ類を，ヒレグロは多毛類とクモヒトデ類を，ウロコメガレイは端脚類とオキアミ類を摂食していた．ザラビクニンやハタハタ，ホタルイカモドキは端脚類を主要な餌としていた．ホッコクアカエビ，トゲザコエビ，アシナガイバラモエビ，ズワイガニでは，端脚類お

表2・14 大和堆で漁獲された魚介類（捕食生物）の胃に検出された餌生物の出現頻度

捕食生物	餌生物の出現頻度（％）								
	魚類	イカ類	エビ (十脚類)	ヨコエビ (端脚類)	オキアミ	多毛類	クモヒトデ	貝類	デトリタス
セッパリカジカ	10.0	6.6	40.0	56.6	33.3	13.3	3.3	10.0	
ノロゲンゲ	6.6		16.6	76.6	13.3	3.3	3.3		
ドブカスベ	13.3	16.6	26.6	93.3	13.3				
アカガレイ	6.6	3.3	16.6	3.3	3.3	3.3	86.6	3.3	
ヒレグロ	3.3			3.3		50.0	23.3		
ウロコメガレイ	6.6	6.6	13.3	63.3	23.3		3.3	6.6	
ザラビクニン				6.6	93.3	66.6			
ハタハタ				90.0	10.0				
ドスイカ	30.0	16.6	6.6	40.0	10.0				50.0
ホタルイカモドキ				73.3	40.0				
ホッコクアカエビ			3.3	3.3		13.3	6.6	6.6	100.0
トゲザコエビ			3.3	10.0			3.3	10.0	100.0
アシナガイバラモエビ								6.6	100.0
ズワイガニ			3.3	13.3		3.3	3.3	3.3	100.0

餌生物の出現頻度（％）＝餌生物が検出された捕食生物個体数／調べた捕食生物個体数（30個体）×100

よび多毛類の消化物が認められるが，消化が進んでいるためにその生物種は不明であった．

　山陰沖合域の食物連鎖構造の推定において用いたのと同じ基準で魚介類の栄養段階を区分すると，クモヒトデ，アシナガイバラモエビ，ホッコクアカエビ，トゲザコエビおよび端脚類が栄養段階1に，ヒレグロ，キュウリエソおよびズワイガニが栄養段階2に，また，ドスイカ，アゴゲンゲ，アカガレイおよびセッパリカジカが栄養段階3に分類された．対象生物の栄養段階をまとめると，大和堆底層に構成される食物網は図2・98に示した構造であると考えられる．

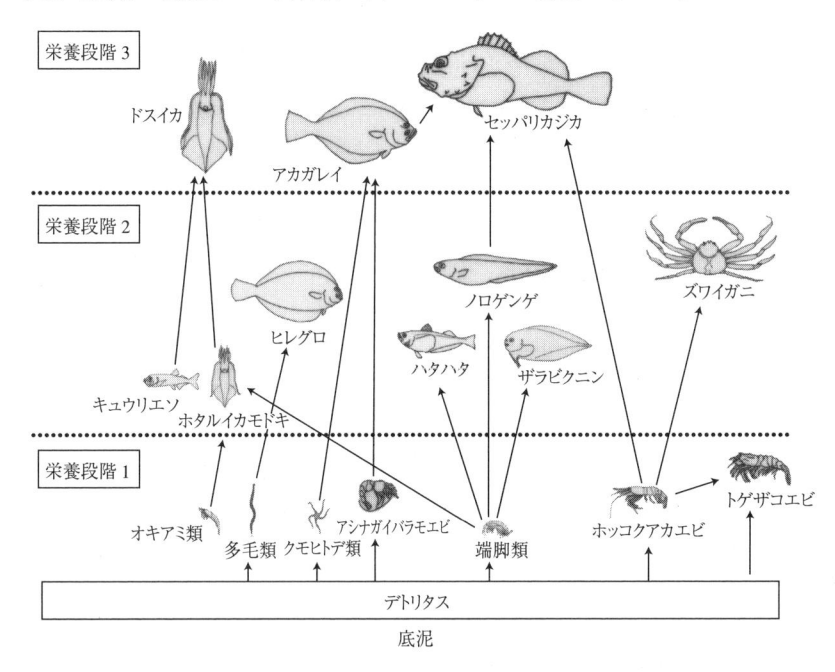

図2・98　大和堆底層に形成される食物網の構造

3・2・4　魚介類中有機スズ化合物濃度

　1998年と1999年の8〜9月に実施した底びき網による調査で得られた魚介類を有機スズ化合物分析用試料として−20℃で凍結保存した．ズワイガニについては殻を除いた軟体部を分析した．10 gに満たない生物は数個体をまとめて，また，10 g以上の生物は1個体を丸ごとホモジナイズし，その一部（10 g

程度）を底泥と同様に高見らの方法[160]に準拠して分析した．

1）TBT濃度

大和堆の底層食物網における栄養段階1の生物中TBT濃度（括弧内は検体数および湿重量ベースの濃度の平均値）（クモヒトデ：8.8〜12 ng/g乾重（$n=2$；5.6 ng/g），ハサミモエビ：59〜63 ng/g乾重（$n=2$；16 ng/g），ホッコクアカエビ：49±13 ng/g乾重（$n=5$；11 ng/g），トゲザコエビ：5.1±2.1 ng/g乾重（$n=8$；1.5 ng/g））は，山陰沖合域のそれらの濃度（クモヒトデ：4.6 ng/g乾重（$n=1$；2.5 ng/g），ハサミモエビ：120 ng/g乾重（$n=2$；34 ng/g），ホッコクアカエビ：61±15 ng/g乾重（$n=6$；16 ng/g），トゲザコエビ：13〜16 ng/g乾重（$n=2$；3.9 ng/g））に比べて低かった．また，大和堆の栄養段階2および3の生物中TBT濃度（括弧内は検体数および湿重量ベースの濃度の平均値）（ノロゲンゲ：8.0±4.3 ng/g乾重（$n=5$；1.6 ng/g），ハタハタ：170±30 ng/g乾重（$n=3$；42 ng/g），ヒレグロ：18±9 ng/g乾重（$n=4$；3.1 ng/g），ズワイガニ：1.8〜5.3 ng/g乾重（$n=2$；1.0 ng/g），アカガレイ：4.4〜4.7ng/g乾重（$n=2$；1.1 ng/g））は，山陰沖合域のこれらの濃度（ノロゲンゲ：22±19 ng/g乾重（$n=4$；3.6 ng/g），ハタハタ：170〜240 ng/g乾重（$n=2$；60 ng/g），ヒレグロ：31 ng/g乾重（$n=2$；5.9 ng/g），ズワイガニ：8.5±8.8 ng/g乾重（$n=14$；1.8 ng/g），アカガレイ：15±27 ng/g乾重（$n=10$；3.7 ng/g））に比較して低い傾向であった．山陰沖合および大和堆のいずれの水域においても栄養段階2および3の生物中TBT濃度は，栄養段階1の生物中TBT濃度に比較して同等か，やや低い傾向であった．しかし，ハタハタのTBT濃度（170〜240 ng/g乾重）は他の生物に比較して著しく高かった．大和堆における上記の生物以外の生物中TBT濃度（括弧内の値は上記と同様）は，栄養段階1のアシナガイバラモエビで61〜78 ng/g乾重（$n=2$；19 ng/g），また，栄養段階2および3の生物中TBT濃度は，キュウリエソで63〜66 ng/g乾重（$n=2$；17 ng/g），ドスイカで87±18ng/g乾重（$n=4$；27 ng/g），アゴゲンゲで6.2〜6.9 ng/g乾重（$n=2$；1.1 ng/g），セッパリカジカで29〜82 ng/g乾重（$n=2$；9.1 ng/g）およびドブカスベで60〜64 ng/g乾重（$n=2$；8.0 ng/g）であった．これらの生物中濃度を図2・99および2・100に示した．

Takahashiら[154]は駿河湾底層（220〜980 m）で漁獲した底層性魚類（8種），甲殻類（9種），棘皮動物（4種）および腹足類（1種）と同海域の表層で漁獲

した表層性魚類（11種）のモノブチルスズ（MBT），ジブチルスズ（DBT）およびトリブチルスズ（TBT）の合計濃度（ΣBTs）を測定し，駿河湾の表層と底層における濃度を比較した．ΣBTs濃度は表層性魚類筋肉で9.9〜180 ng/g 湿重，底層性魚類筋肉で2.3〜170 ng/g 湿重であり，その濃度は表層と底層で大差ないことを解明した．一方，三陸沖合水域に生息する中深層性ハダカイワシ類のTBT濃度は，鉛直移動する種（<12.8〜167 ng/g 乾重）に比べて鉛直移動しない種（<13.9〜22.4 ng/g 乾重）で低いことが報告されている[67]．日本海のハタハタ（170〜240 ng/g 乾重）のように，TBT濃度が北西太平洋のハダカイワシ類より高い魚種も認められるが，日本海底層魚介類のTBT濃度は北西太平洋の中深層性ハダカイワシ類と大差ないと考えられる．

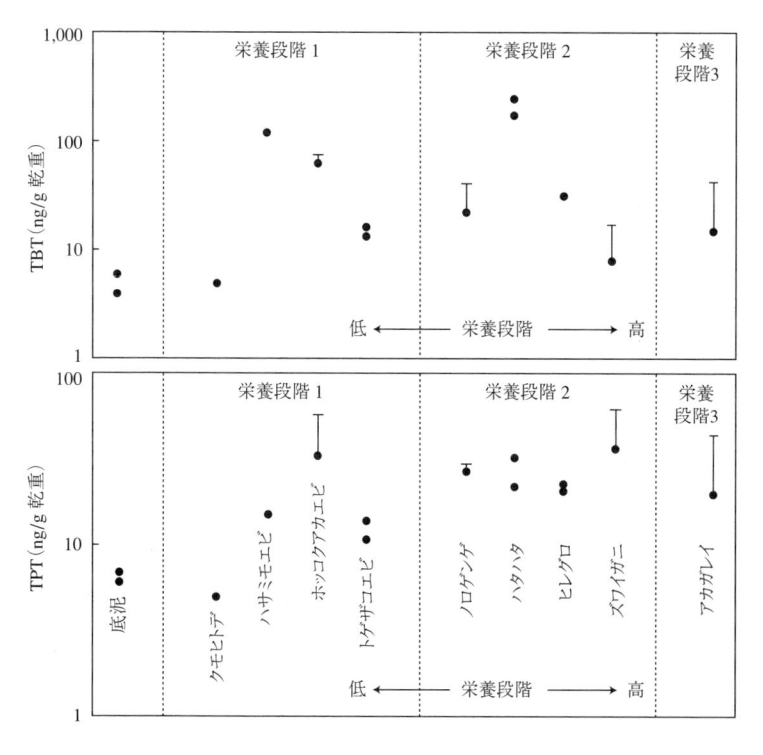

図2・99 山陰沖合水域で採集された魚介類中TBTおよびTPT濃度とそれらの生物の食物網における栄養段階との関係

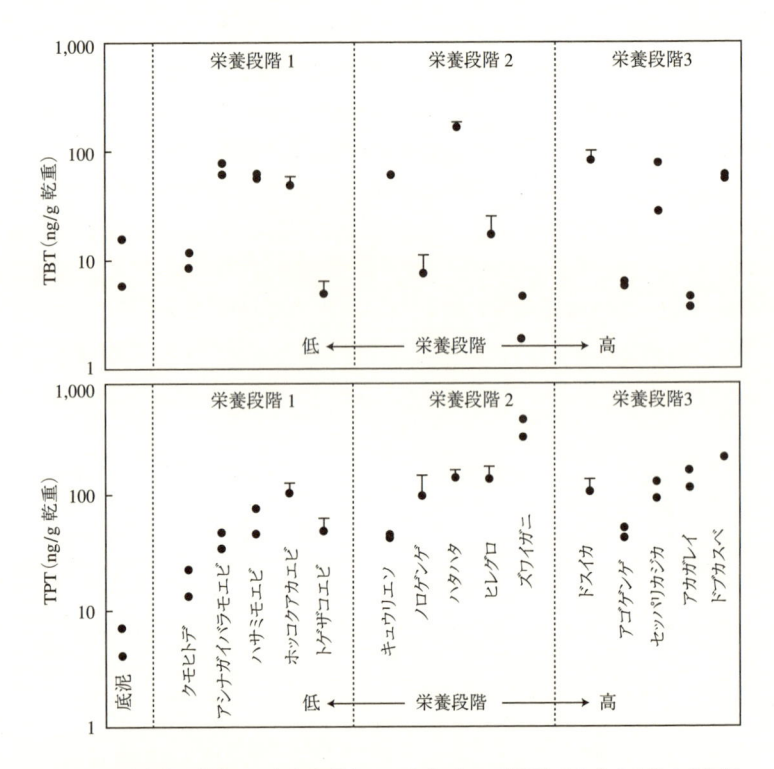

図2·100 大和堆で採集された魚介類中TBTおよびTPT濃度とそれらの生物の食物網における栄養段階との関係

2) TPT濃度

大和堆底層の食物網における栄養段階1の生物中TPT濃度（検体数はTBTと同様であり，括弧内の数値は湿重量ベースの濃度の平均値）は，クモヒトデで13〜22 ng/g乾重（9.5 ng/g），ハサミモエビで46〜73 ng/g乾重（15 ng/g），ホッコクアカエビで100±20 ng/g乾重（23 ng/g），トゲザコエビで49±14 ng/g乾重（14 ng/g）であり，山陰沖合域の濃度（クモヒトデ：5.0 ng/g乾重（2.7 ng/g），ハサミモエビ：15 ng/g乾重（4.4 ng/g），ホッコクアカエビ：33±24 ng/g乾重（8.5 ng/g），トゲザコエビ：11〜14 ng/g乾重（3.4 ng/g））に比べて高かった．一方，大和堆の栄養段階2および3の生物中TPT濃度（括弧内の数値は湿重量ベースの濃度の平均値）は，ノロゲンゲで96±53 ng/g乾重（16 ng/g），ハタハタで140±30 ng/g乾重（34 ng/g），ヒレグロで140±40

ng/g 乾重 (23 ng/g), ズワイガニで310～460 ng/g 乾重 (72 ng/g), アカガレイで120～160 ng/g 乾重 (34 ng/g) であり, 山陰沖合域における濃度 (ノロゲンゲ: 27±2 ng/g 乾重 (4.6 ng/g), ハタハタ: 22～32 ng/g 乾重 (8.1 ng/g), ヒレグロ: 21～23 ng/g 乾重 (4.2 ng/g), ズワイガニ: 37±26 ng/g 乾重 (8.1 ng/g), アカガレイ: 20±23 ng/g 乾重 (4.9 ng/g)) に比べて, 栄養段階1の生物と同様に高かった. 大和堆における上記の生物以外のTPT濃度は, 栄養段階1の生物ではアシナガイバラモエビで34～47 ng/g 乾重 (11 ng/g), 栄養段階2および3の生物ではキュウリエソで43～45 ng/g 乾重 (11 ng/g), ドスイカで110±30 ng/g 乾重 (33 ng/g), アゴゲンゲで42～51 ng/g 乾重 (8.1 ng/g), セッパリカジカで93～130 ng/g 乾重 (19 ng/g), ドブカスベで210～220 ng/g 乾重 (27 ng/g) であり, 栄養段階2および3の生物は栄養段階1の生物に比べて高い濃度が測定された. これらの魚介類のTPT濃度は図2・99および2・100に図示されるが, 東京湾のスズキで測定された濃度 (1999年の調査で20 ng/g 湿重以下)[161] とほぼ同レベルであると考えられ, 沖合域底層の底泥および魚介類中TPT濃度は沿岸域に匹敵すると考えられる.

山陰沖合および大和堆のいずれの水域においても, 栄養段階2および3の生物中TPT濃度は栄養段階1の生物に比べて高かった. すなわち, TPTは食物網を通して栄養段階1の生物から栄養段階2および3の生物へと生物濃縮される傾向が認められた. 大和堆の栄養段階1の生物中TPT濃度は山陰沖合域に比較して高い. したがって, 栄養段階2および3の生物中濃度も栄養段階1の生物中濃度を反映して山陰沖合域に比べて大和堆で高いことが考えられる.

3・2・5 有機スズ化合物の蓄積における経口濃縮の寄与

水生生物は海水に溶存する有害物質を鰓を通して取り込む他に餌料として摂取した餌生物中の有害物質を腸管を通して吸収・蓄積する. 鰓を通した生物濃縮の程度は, 生物濃縮係数 (BCF: 魚体中の濃度／水中の濃度) として評価される. 飼育実験から求めたTBT化合物のBCFは海産魚類で3,000～9,400[55], クルマエビで5,300～6,000[162] が報告されている. 一方, TPT化合物の海産魚類およびクルマエビによるBCFは, それぞれ, 3,100～4,100[55] および200[162] と報告されている.

大和堆底層海水中のTBT濃度の平均値 (0.7 ng/L), 飼育試験で測定されたTBTのBCF (海産魚類で5,000, クルマエビで5,500) および魚類および甲殻

類の水分（大和堆の魚介類について測定した値の平均値で魚類および甲殻類でそれぞれ80％および74％）を用いると，海水から蓄積したTBT化合物の蓄積濃度は，魚類で18 ng/g乾重，甲殻類で15 ng/g乾重と試算される．魚類が鰓を通して海水から濃縮する濃度（18 ng/g乾重）の大和堆で漁獲された魚類中蓄積濃度に対する比は，ハタハタの0.1からアカガレイの3.6の範囲であり，両種を除くとその比は0.3～2.6になる．一方，エビ類に対する同様な比は，アシナガイバラモエビの0.2からトゲザコエビの3.0の範囲である．すなわち，大和堆で漁獲された魚類およびエビ類中のTBT濃度に対しては，海水から鰓を通した経路の寄与が後述するTPT化合物に比べて大きいことが明らかである．

海水中のTPT濃度を0.45 ng/L（検出限界0.9 ng/Lの1/2），TPTのBCFを魚類で3,500，エビ類で200と仮定すると，海水中TPTに由来する魚類およびエビ類中TPT濃度は，魚類で9 ng/g乾重，エビ類で0.3 ng/g乾重と試算される．TBTと同様に魚類およびエビ類による海水からの生物濃縮に由来するTPT濃度の大和堆で漁獲された魚類およびエビ類のTPT濃度に対する比は，魚類で0.06（アカガレイ）から0.18（アゴゲンゲ）の範囲，また，エビ類では，0.003（ホッコクアカエビ）から0.006（アシナガイバラモエビ）の範囲であった．すなわち，魚介類へのTPTの生物濃縮において海水から鰓を通して直接吸収・濃縮する経路の寄与がTBTに比較して小さいことが明らかであった．

3・2・6 食物網の栄養段階と蓄積濃度との関係

図2・99および2・100に示したように，山陰沖合および大和堆の両水域においてTBT濃度は食物網の栄養段階に関連した濃度変化を示さないが，TPT濃度は，底泥から底生生物，エビ類を経由して底層魚に至る食物網の栄養段階の上昇に伴って次第に濃度が高くなる傾向が認められた．すなわち，TPT化合物は食物網を通して次第に濃縮されるのに対し，TBT化合物は食物網を通して濃縮されないことを示す結果であった．この結果は，オランダのWesteinder湖[149]および大槌湾[150]における調査結果，すなわち，TPTは動物プランクトンから大型肉食魚へと栄養段階の上昇に伴ってその濃度が高くなるのに対し，TBT濃度は栄養段階によって変化がないという研究結果と同じであった．

TBTとTPTの両化合物の魚類による蓄積機構が魚類飼育実験により研究され以下のようにまとめられている[163]．

①TBT化合物のBCFはTPTに比べて大きく、水中に溶存するTBTはTPTに比較してより蓄積され易い。
②経口的に摂取した有機スズ化合物の濃縮係数（Biomagnification factor：BMF）は、TPTで0.57であるのに対し、TBTでは0.26～0.38であり、TPTはTBTに比較してより経口的に蓄積され易い。
③TBTおよびTPTの魚体からの排泄速度は、それぞれ、0.035～0.037／日および0.020／日であり、体内に蓄積されたTPTはTBTに比べて排泄が困難であり、長期間魚体内に残留する傾向である。

以上要約すると、TPTはTBTに比べ、経口的に蓄積されやすいが、排泄されがたい特徴を有する。このTBTとTPTの両化合物の蓄積特性の差異が、これらの化合物の食物網を通した生物濃縮特性の差異の原因の1つであると考えられる。また、上述したように魚介類のTBT濃度に対して海水中TBTの鰓を通した濃縮の寄与が大きいために、魚介類のTBT濃度は食物網の栄養段階が高くなるに従って高くならないと考えられる。

大和堆で漁獲された各種魚介類中TBT濃度の底泥中TBT濃度に対する比は、栄養段階1の生物では0.5～5.9、特にTBT濃度の高かったハタハタを除くと栄養段階2の生物では0.3～5.9、栄養段階3の魚類では0.4～7.9であった。魚介類中のTBT濃度からも明らかなように、この比の値は栄養段階の上昇に伴って必ずしも大きくならなかった。栄養段階1の生物では、この比は、モエビ類およびホッコクアカエビでそれぞれ5.9および4.5であったが、トゲザコエビおよびクモヒトデではそれぞれ0.45および0.95であった。すなわち、トゲザコエビおよびクモヒトデでは底泥からの生物濃縮は見られなかった。一方、モエビ類およびホッコクアカエビでは、この比は1より大きいものの後述するようにTPTに比較すると小さく、底泥堆積TBTの底生生物への移行・蓄積の可能性はTPTに比べて小さいと考えられる。

底泥、餌生物および魚類の食物網におけるTPT濃度の変化を模式的に図2・101に示した。底泥からの濃縮係数は、クモヒトデで3.4、トゲザコエビで9.3、モエビ類で9.4、ホッコクアカエビでは19であり、この値はTBTに比べて大きかった。底泥中のTPTはTBTに比べてより底生生物に移行・蓄積し易いという日本海における現地調査の結果は、ゴカイの飼育試験結果とも一致する。すなわち、底泥中のTPTは底生生物により生物濃縮され、高次栄養段階生物に移行・生物濃縮されることが明らかであった。また、日本海の調査結果によ

ると，底泥中のTPT濃度に対する生物体内濃度の比はエビ類で大きく，底泥中TPTの食物網を通した再循環においてエビ類が重要な役割を有することが明らかであった．底泥からエビ類への濃縮係数（9.3〜19）は，エビ類から栄養段階2および3の魚介類への濃縮係数（ホッコクアカエビからセッパリカジカでは1.1，アシナガイバラモエビからアカガレイでは3.5，ホッコクアカエビからズワイガニでは3.7）に比べても大きく，底層の食物網を通したTPTの再循環において，底泥からエビ類への移行・濃縮の程度が，高次栄養段階生物への移行・蓄積を支配し，底層の食物網を通したTPTの再循環におけるエビ類の重要性が再確認された．

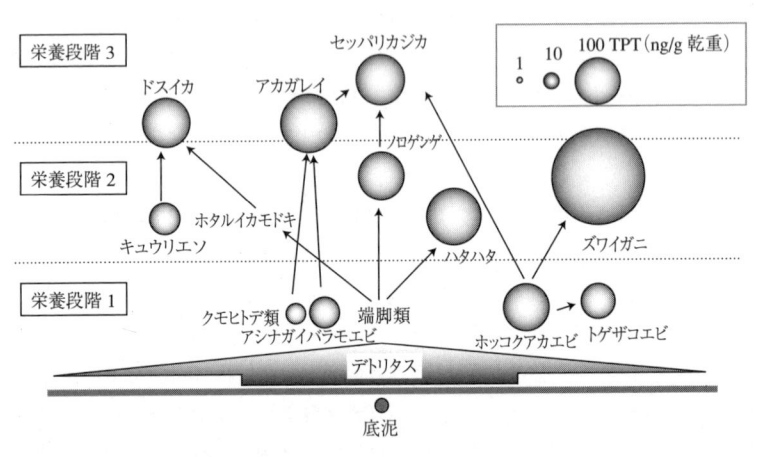

図2・101 大和堆底層に形成される食物網を通したTPTの生物濃縮過程の模式図

ここで報告した研究結果は，底泥に堆積する有機スズ化合物が底泥を巡る食物網を通して再循環することを証明するものであった．したがって，沿岸域および沖合域のいずれの水域においても，海水だけでなく底泥の有機スズ化合物にも着目した汚染対策の推進が必要であると指摘できる．　（河野久美子・山田　久）

文　献

1) 丸山俊郎：有機スズ汚染と水生生物影響（里見至弘，清水　誠編），恒星社厚生閣，1992，154-170．
2) 張野宏也：環境化学物質の最新計測技術（宮崎章監修），REALIZE INC., 2001, 336-344

3) 環境省環境保健部保健調査室:平成14年度化学物質と環境, 平成15年3月
4) H. Harino, M. Fukushima and S. Kawai: *Environ. Pollut.*, 105, 1-7 (1999).
5) H. Harino, Y.Yamamoto, S. Kawai and N. Miyazaki : *Otsuchi Marine Science*, 28, 84-90 (2003).
6) 張野宏也:三陸の海と生物(宮崎信之編),サイエンティスト社, 2005, 196-217
7) K.Fent : *Crit. Rev.Toxicol.*, 26, 1-117 (1996).
8) H. Rudel, P. Leooer, J. Steinhanses and C. Schroter-Kermani : *Environ.Sci.Technol.*, 37, 1731-1738 (2003).
9) J. L. Gomez-Ariza, E. Morales and I. Giraldez: *Chemosphere*, 37, 937-950 (1998).
10) H. Harino, S. C. M. O'Hara, G. R. Burt, B. S. Chesman, N. D. Pope and W. J. Langston : *J. Mar. Biol. Ass, U.K.*, 83, 11-12 (2003).
11) K. Elgethun, C. Neumann and P. Blake: *Chemosphere*, 41, 953-964 (2000).
12) D. Minchin, B. Bauer, J. Oehlmann, U. Schulte-Oehlmann and C. B. Duggan : *Mar. Pollut. Bull.*, 34, 235-243 (1997).
13) A. Sudaryanto, S. Takahashi, I. Monirith, A. Ismail, M. Muchtar, J. Zheng, B.J. Richardson, A. Subrananian, M. Prudente, N.D. Hue and S. Tanabe: *Environ. Toxicol. Chem.*, 21, 2119-2130 (2002).
14) A. Sudaryanto, S. Takahashi, H. Iwata, S. Tanabe and A. Ismail : *Environ.Pollut.* 130, 347-358 (2004).
15) H. Harino, M. Ohji, G. Wattayakorn, T. Arai, S. Rungsupa and N. Miyazaki : *Arch. Evviron. Contam. Toxicol.*, 51, 400-407 (2006).
16) S. Midorikawa, T. Arai, H. Harino, M. Ohji, N.D. Cu and N. Miyazaki: *Environ.Pollut.*, 131, 401-408 (2004)
17) C.D. Dong, C.W. Chen and L.L. Liu : *Environ.Pollut.*, 131, 509-514 (2004).
18) R. B. J. Peachey : *Mar.Pollut.Bull.*, 46, 1365-1378 (2003).
19) S.J. de Mora, S.W. Fowler, R. Cassi and I. Tolosa : *Mar.Pollut.Bull.*, 46, 401-409 (2003).
20) W. J. Shim, S. H. Hong, U.H, Yim, N.S. Kim, J.R. Oh, : *Arch.Environ.Contam.Toxicol.*, 43, 277-283 (2002).
21) A.P. Negri, L.T. Hales, C. Battershill, C. Wolff and N.S. Webster : *Mar.Pollut.Bull.*, 48, 1142-1144 (2004).
22) R.B. Laughlin, H.E. Jr. Guard and W. Coleman : *Environ. Sci. Technol.*, 20, 201-204 (1986).
23) C.L. Matthias, S.J. Bushong, J.W. Hall, J.M. Bellama and F.E. Brickman : *Appl. Organomet. Chem.*, 2, 547-552 (1988).
24) J. J. Cleary and A.R.D. Stebbing : *Mar. Pollut. Bull.*, 18, 238-246 (1987).
25) R. J. Maguire and R. J. Tkacz : *Wat. Pollut. Res. J. Canada*, 22, 227-233 (1987).
26) H. Harino, M. Fukushima, S. Kawai and K. Megumi : *Appl. Organomet. Chem.*, 12, 819-825 (1998).
27) H. Harino, M. Fukushima, Y. Kurokawa and S. Kawai: *Environ.Pollut.*, 98, 157-162 (1997).
28) R. J. Maguire, P.T.S. Wong, J.S. Rhamey : *Can. J. Fish Aquat.Sci.*, 41, 537-540 (1980).
29) R. F. Lee, A.O. Valkirs and P.F. Seligman : *Environ. Sci. Technol.*, 23, 1515-1518 (1989).
30) P. F. Seligman, A.O. Valkirs and R.F. Lee : *Environ. Sci. Technol.*, 20, 1229-1235 (1986).
31) R. J. Maguire and R. J. Tkacz : *J. Agric. Food Chem.*, 33, 947-953 (1985).

32) H. Harino, S.C.M. O'Hara, G.R. Burt, B.S. Chesman and W. J. Langston : *Mar. Pollut. Bull.*, 50, 208-236 (2005).
33) H. Harino, S.C.M. O'Hara, G.R. Burt, B.S. Chesman and W.J. Langston : *Chemosphere*, 58, 877-881 (2005).
34) H. Harino, M.Fukushima and S.Kawai : *Arch. Environ. Contam. Toxicol.*, 39, 13-19 (2000).
35) H. Harino, S.C.M. O'Hara, G.R. Burt, B.S. Chesman, N.D. Pope and W.J. Langston : *J. Mar. Biol. Ass. U.K.*, 82, 893-901 (2002).
36) H. Iwata, S. Tanabe, N. Miyazaki and R. Tatsukawa : *Mar.Pollut.Bull.*, 28, 607-612 (1994).
37) H. Iwata, S. Tanabe, T. Mizuno and R. Tatsukawa : *Appl. Organomet. Chem.*, 11, 257-264 (1997).
38) J. Yang and N. Miyazaki : *Chemosphere*, 63, 716-721 (2006)
39) G.B. Kim, J.S. Lee, S. Tanabe, H. Iwata, R. Tatsukawa and K. Shimazaki : *Mar. Pollut.Bull.*, 32, 558-563 (1996).
40) 化学物質環境実態調査「化学物質と環境」, 環境省総合環境政策局環境保健部環境安全課, http://www.env.go.jp/chemi/kurohon/index.html
41) 「平成15年度海洋環境モニタリング調査結果」, 環境省地球環境局環境保全対策課, http://www.env.go.jp/earth/kaiyo/monitoring.html
42) 田尾博明・R.B. Rajendran・長縄竜一・中里哲也・宮崎　章・功刀正行・原島省：環境化学, 9, 661-671 (1999).
43) H. Tao, R. B. Rajendran, C. R. Quetel, T. Nakazato, M. Tominaga and A. Miyazaki: *Anal. Chem.*, 71, 4208-4215 (1999).
44) 日本国勢図会1999/2000年版（矢野恒太記念会編）, 国勢社, 1999, pp.418-422.
45) 中西　弘：瀬戸内海の生物資源と環境（岡市友利・小森星児・中西　弘編）, 恒星社厚生閣, 1996, pp.215-217.
46) 藤原建紀：海と空, 59, 7-17 (1983).
47) 日本国勢図会1999/2000年版（矢野恒太記念会編）, 国勢社, 1999, pp. 214.
48) S. Hashimoto, M. Watanabe, Y. Noda, T. Hayashi, Y. Kurita, Y. Takasu and A. Otsuki: *Mar. Environ. Res.*, 45, 169-177 (1998).
49) 堀口敏宏：科学, 68, 546-551 (1998).
50) 川合真一郎・張野宏也：有機スズ汚染と水生生物影響（里見至弘・清水　誠編）, 恒星社厚生閣, 1992, pp.68-85.
51) J. Kuballa, R-D. Wilken, E. Jantzen, K. K. Kwan and Y. K. Chau: *Analyst*, 120, 667-673 (1995).
52) 田尾博明：月刊海洋, 38, 358-363 (2006).
53) 井上尚文：対馬暖流（日本水産学会編）, 恒星社厚生閣, 1985, pp.27-41.
54) D. Ueno, S. Inoue, S. Takahashi, K. Ikeda, H. Tanaka, A. N. Subramanian, G. Fillmann, P. K. S. Lam, J. Zheng, M. Muchtar, M. Prudente, K. Chung and S. Tanabe: *Environ. Pollut.*, 127, 1-12 (2004).
55) H. Yamada and K. Takayanagi: *Water Research*, 26, 1589-1595 (1992).
56) P. Michel and B. Averty: *Environ. Sci. Technol.*, 33, 2524-2528 (1999).
57) J. A. Stab, W. P. Cofino, B. van Hattum and U. A. Th. Brinkman: *Anal. Chim. Acta*, 286, 335-341 (1994).

58) D. Amouroux, E. Tessier and O. F. X. Donard: *Environ. Sci. Technol.*, **34**, 988-995 (2000).
59) D. Amouroux, E. Tessier, C. Pecheyran and O. F. X. Donard: *Anal. Chim. Acta*, **377**, 241-254 (1998).
60) B. R. Ramaswamy, H. Tao and M. Hojo: *Anal. Sci.*, **20**, 45-53 (2004).
61) 池田久美子・南 卓志・山田 久・小山次朗：環境化学, **12**, 105-114 (2002).
62) S. Takahashi, S. Tanabe and T. Kubodera : *Environ. Sci. Technol.* **31**, 3103-3109 (1997).
63) T. Suzuki, R. Matsuda and Y. Saito : *J. Agric. Food Chem.*. **40**, 1437-1443 (1992).
64) T. Takayama, S. Hashimoto, T. Tokai and A. Otsuki : *Environ. Sci.*, **8**, 1-9 (1995).
65) K. Kannan, Y. Yasunaga, H. Iwata, H. Ichihashi, S. Tanabe and R. Tatsukawa : *Arch. Environ. Contam. Toxicol.*, **28**, 40-47 (1995).
66) 田辺信介・高橋 真：人為機嫌物質による深海生態系の汚染と影響に関する比較生物学的研究（課題番号 09480124）平成9年度～平成11年度科学研究費補助金［基盤研究（B）(2)］研究成果報告書, 平成12年3月, 77-82.
67) S. Takahashi, S. Tanabe and K. Kawaguchi : *Environ. Sci. Technol.*, **34**, 5129-5136 (2000).
68) H. Harino, N. Iwasaki, T. Arai, M. Ohji and N. Miyazaki : *Arch.Environ.Contam.Toxicol.*, **49**, 497-503 (2005).
69) T. Okutani, S. Kojima and N. Iwasaki : *Venus*, **61**, 129-140 (2002).
70) T. Okutani and N. Iwasaki : *Venus*, **62**, 1-10 (2003).
71) V. Borghi and C. Porte : *Environ.Sci.Technol.*, **36**, 4224-4228 (2002).
72) M. A. Champ and W. L. Pugh: "Ocean 87", Organotin Symposium Proceedings, vol. 4, Marine Technology Society, 1987, pp.1298-1308.
73) G. E. Batley, K. J. Mann, C. I. Brockbank and A. Maetz : *Aust. J. Mar. Freshwat. Res.*, **40**, 39-49 (1989).
74) J. J. Cleary and A. R. D. Stebbing: *Mar. Pollut. Bull.*, **16**, 350-355 (1985).
75) C. Alzieu, J. Sanjuan, P. Michel, M. Borel and J. P. Dreno: *Mar. Pollut. Bull.*, **20**, 22-26 (1989).
76) W. J. Langston, G. R. Burt and M. Zhou : *Mar. Pollut. Bull.*, **18**, 634-639 (1987).
77) N. S. Makkar, A. T. Kronick and J. J. Cooney: *Chemosphere*, **18**, 2043-2050 (1989).
78) G. E. Batley, C. Huhua, I. Brockbank and K. J. Flegg : *Aust. J. Mar. Freshwat. Res.*, **40**, 49-54 (1989).
79) 環境庁環境保健部保健調査室：化学物質と環境（平成元年度版）, 1989, pp. 432.
80) E. D. Goldberg, V. T. Bowen, J. E. Farrington, G. R. Harvey, J. H. Martin, P. L. Paker, R. W. Risebrough, W. E. Robertson, E. Schneider and E. Gamble : *Environ. Conserv.*, **5**, 101-125 (1978).
81) FAO : "FAO Species Catalogue", vol. 3, Cephalopods of The World, An Annoteted and Illustrated Catalogue of Species of Interest to Fisheries, FAO Fisheries Synopsis No. 125, vol.3, 1984, pp.277.
82) 窪寺恒己：イカーその生産から消費までー（奈須敬二・奥谷喬司・小倉通男編），成山堂, 1991, pp.33-67.
83) S. Tanabe, H. Tanaka and R. Tatsukawa: *Arch. Environ. Contam. Toxicol.*, **13**, 731-738 (1984).
84) M. Kawano, S. Matsushita, T. Onoue, H. Tanaka and R. Tatsukawa: *Mar. Pollut. Bull.*, **17**,

512-516 (1986).
85) H. Iwata, S. Tanabe, N. Sakai and R. Tatsukawa: *Environ. Sci. Technol.*, **27**, 1080-1098 (1993).
86) UNEP, ILO and WHO : Environmental Health Criteria 124, Polychlorinated Biphenyl and Terphenyl (Second Edition), 1993, pp.682.
87) UNEP, ILO and WHO : Environmental Health Criteria 116, Tributyltin Compounds, 1990, pp. 273.
88) 中西準子・堀口文男：トリブチルスズ，詳細リスク評価書シリーズ8，丸善 (2006).
89) 川合真一郎・福島　実・北野雅昭・西尾孝之・森下日出旗：大阪市立環科研報告，第49集, 159-165 (1988).
90) S. Wuertz, C. E. Miller, R. M. Pfister and J. J. Cooney: *Appl. Environ. Microbiol.*, **57**, 2783-2789 (1991).
91) C. Stewart and S. J. de Mora: *Environ. Toxicol.*, **11**, 565-570 (1990).
92) S. Kawai, Y. Kurokawa, H. Harino and M. Fukushima: *Environ Pollut.*, **102**, 259-263 (1998).
93) 川合真一郎・黒川優子・張野宏也：化学と生物，**37**, 11-13 (1999).
94) H. Harino, M. Fukushima, Y. Yamamoto, S. Kawai and N. Miyazaki: *Arch. Environ. Contam. Toxicol.*, **35**, 558-564 (1998).
95) T. Horiguchi, H. Shiraishi, M. Shimizu, S. Yamazaki and M. Morita : *Mar. Pollut. Bull.*, **31**, 402-405 (1995).
96) G. W. Bryan, P. E. Gibbs, G. R. Burt and L. G. Hummerstone : *J. Mar. Biol. Ass. U.K.*, **67**, 525-544 (1987).
97) P. E. Gibbs, G. W. Bryan, P. L. Pascoe and G. R Burt : *J. Mar. Biol. Ass. U.K.*, **67**, 507-523 (1987).
98) G.W. Bryan, P.E. Gibbs, and G. R. Burt: *J. Mar. Biol. Ass. U.K.*, **68**, 733-744 (1988).
99) T. Horiguchi, H. Shiraishi, M. Shimizu and M. Morita : *J. Mar. Biol. Ass. U.K.*, **74**, 651-669 (1994).
100) T. Horiguchi, H. Shiraishi, M. Shimizu and M. Morita : *Environ. Pollut.*, **95**, 85-91 (1997).
101) 堀口敏宏・趙　顯書・白石寛明・柴田康行・森昌敏・清水　誠・陸　明・山崎素直：沿岸海洋研究，**37**, 89-95 (2000).
102) 堀口敏宏：貝類．水産環境における内分泌撹乱物質（川合真一郎・小山次朗編），恒星社厚生閣，2000, pp.54-72.
103) B. S Smith: *Proc. Malacol. Soc. Lond.*, **39**, 377-378 (1971).
104) P. Matthiessen and P. E. Gibbs: *Environ. Toxicol. Chem.*, **17**, 37-43 (1998).
105) P. E. Gibbs, P. L Pascoe and G.R. Burt: *J. Mar. Biol. Ass. U.K.*, **68**, 715-731 (1988).
106) P. E. Gibbs and G. W. Bryan: *J. Mar. Biol. Ass. U.K.*, **66**, 767-777 (1986).
107) P. E. Gibbs, G.W. Bryan, P.L. Pascoe and G.R. Burt: *J. Mar. Biol. Ass. U.K.*, **70**, 639-656 (1990).
108) G. W. Bryan and P.E. Gibbs, L.G. Hummerstone and G.R. Burt: *J. Mar. Biol. Ass. U.K.*, **66**, 611-640 (1986).
109) P. E. Gibbs and G. W. Bryan: "Tributyltin: case study of an environmental contaminant" (ed. by S.J. de Mora), Cambridge University Press, Cambridge, 1996, pp.212-236.
110) 堀口敏宏：性差医学，**6**, 30-35 (2000).

111) T. Horiguchi, M. Kojima, F. Hamada, A. Kajikawa, H. Shiraishi, M. Morita and M. Shimizu: E*nviron. Health Perspectives*, 114, 13-19 (2006).
112) P. Matthiessen, T. Reynoldson, Z. Billinghurst, D.W. Brassard, P. Cameron, G.T. Chandler, I.M. Davies, T. Horiguchi, D.R. Mount, J. Oehlmann, T.G. Pottinger, P.K. Sibley, A. Thompson and A. D. Vethaak: Endocrine Disruption in Invertebrates: Endocrinology, Testing and Assessment (de Fur, P.L., Ingersoll, C. & Tattersfield, L. eds.), SETAC Press, Florida, U.S.A., 1999, pp.199-270.
113) 堀口敏宏・趙　顕書・白石寛明・柴田康行・森田昌敏・清水　誠：平成9年度日本水産学会秋季大会講演要旨集, 105, 1997.
114) L.E. Hawkins and S. Hutchinson: *Funct. Ecol.*, 4, 449-454 (1990).
115) U. Schulte-Oehlmann, B. Watermann, M. Tillmann, S. Scherf, B. Markert and J. Oehlmann: *Ecotoxicology*, 9, 399-412 (2000).
116) C. Bettin, J. Oehlmann and E. Stroben: *Helgol. Meeresunters*, 50, 299-317 (1996).
117) M. J. J. Ronis and A.Z. Mason: *Mar. Environ. Res.*, 42, 161-166 (1996).
118) C. Féral. and S. Le Gall: "Molluscan Neuro-endocrinology" (ed. by J. Lever and H.H. Boer), North Holland Publishing, Amsterdam, The Netherlands, 1983, pp.173-175.
119) E. Oberdörster and P. McClellan-Green: *Peptides*, 21, 1323-1330 (2000).
120) J. Nishikawa, S. Mamiya, T. Kanayama, T. Nishikawa, F. Shiraishi and T. Horiguchi: *Environ. Sci. Technol.* 38, 6271-6276 (2004).
121) 堀口敏宏：有機スズ化合物による海産巻貝類のimposex. 東京大学博士学位論文, 210p., 1993.
122) T. Horiguchi, H. Shiraishi, M. Shimizu and M. Morita: *Appl. Organomet. Chem.*, 11, 451-455 (1997).
123) T. Horiguchi, H.S. Cho, H. Shiraishi, Y. Shibata, M. Soma, M. Morita, M. Shimizu: *Sci. Total Environ.*, 214, 65-70 (1998).
124) T. Horiguchi, T. Imai, H.S. Cho, H. Shiraishi, Y. Shibata, M. Morita and M. Shimizu: *Mar. Environ. Res.*, 46, 469-473 (1998).
125) 堀口敏宏：巻貝類. 生物による微量人工化学物質のモニタリング（竹内一郎・田辺信介編著）, 恒星社厚生閣, 2004, pp.37-67.
126) P. Fioroni, J. Oehlmann and E. Stroben, : *Zool Anz*, 226, 1-26 (1991).
127) 堀口敏宏・清水　誠:有機スズ汚染と水生生物影響（里見至弘・清水　誠編）, 恒星社厚生閣, 1992, pp.99-135.
128) T. Horiguchi, H. Shiraishi, M. Shimizu, and M. Morita: *J. Mar. Biol. Ass. U.K.*, 74, 651-669 (1994).
129) T. Horiguchi, N. Takiguchi, H. S.Cho, M.Kojima, M.Kaya, H. Shiraishi, M.Morita, H. Hirose, and M. Shimizu : *Mar. Environ. Res.*, 50, 223-229 (2000).
130) S. Sloan and M.M. Gagnon: Intersex in Roe's abalone (*Haliotisvoei*) in Western Australia. *Mar. Pollut.Bull.*, 49, 1122-1126 (2004).
131) T. Horiguchi, M. Kojima, M. Kaya, T. Matsuo, H.Shiraishi, M.Morita,and Y. Adachi : *Mar. Environ. Res.*, 54, 679-684 (2002).
132) T. Horiguchi, M. Kojima, N. Takiguchi, M. Kaya, H. Shiraishi, and M.Morita : *Mar. Pollut. Bull.*, 51, 817-822 (2005).
133) 今井利為・滝口直之・堀口敏宏：神奈川県水産技術センター研究報告, 1, 51-58 (2006).

134) J. W. Farrington, E. D. Goldberg, R. W. Bisebrough, J. H. Martin and V. T. Bowen: *Environ. Sci. Technol.*, **17**, 490-496 (1983).
135) R. B. Laughlin, Jr. and W.J. French: *Environ. Toxicol. Chem.*, **7**, 1021-1026 (1988).
136) T. L. Wade, B. Garcia-Romero and J. M. Brooks: *Environ. Sci. Technol.*, **22**, 1488-1493 (1988).
137) J. W. Short and J. L. Sharp: *Environ. Sci. Technol.*, **23**, 740-743 (1989).
138) A. D. Uhler, T. H. Coogan, K. S. Davis, G. S. Durell, W. G. Steinhauer, S. Y. Fretas and P. D. Bohemia: *Environ. Toxicol. Chem.*, **8**, 971-979 (1989).
139) R. B. Laughlin, Jr., E. French and H. E. Guard : *Environ. Sci. Tehcnol.*, **20**, 884-890 (1986).
140) C. Zuolian and A. Jensen: *Mar. Pollut. Bull.*, **20**, 281-286 (1989).
141) T. Suzuki, I. Yamamoto, H. Yamada, N. Kaniwa, K. Kondo and M. Murayama: *J. Agric. Food Chem.*, **46**, 303-313 (1998).
142) R. H. Fish, E. C. Kimmel and J. E. Casida: *J. Organomet. Chem.*, **118**, 41-54 (1976).
143) R. Matsuda, T. Suzuki and Y. Saito: *J. Agric. Food Chem.*, **41**, 489-495 (1993).
144) T. Suzuki, H. Yamada, I. Yamamoto, K. Nishimura, K. Kondo, M. Murayama and M. Uchiyama: *J. Agric. Food Chem.*, **44**, 3989-3995 (1996).
145) WHO : *Environmental Health Criteria 116: Tributyltin Compounds*; World Health Organization: Geneva, pp 55-60 (1990).
146) D.G. Vieth, D.L. DeFoe and B.V. Bergsted: *J. Fish. Res. Board Can.*, **36**, 1041-1048 (1979).
147) H. Yamada, M. Tateishi and K. Ikeda: *Nippon Suisan Gakkaishi*, **62**, 280-285 (1996).
148) K. Becker van Slooten and J. Tarradellas: *Environ. Toxicol. Chem.*, **13**, 755-762 (1994).
149) J. A. Stab, T. P. Traas, G. Stroomberg, J. van Kesteren, P. Leonards, B. van Hattum, U. A. Th. Brinkman and W. P. Cofino: *Arch. Environ. Contam. Toxicol.*, **31**, 319-328 (1996).
150) S. Takahashi, S. Tanabe, I. Takeuchi and N. Miyazaki: *Arch. Environ. Contam. Toxicol.*, **37**, 50-61 (1999).
151) 田辺信介・立川 涼：沿岸海洋研究ノート, **19**, 9-19 (1981).
152) 山田 久：水産と環境（清水 誠編）, 恒星社厚生閣, 1994, pp. 50-71.
153) 山田 久：瀬戸内水研報, **1**, 97-162 (1999).
154) S.Takahashi, J. S. Lee, S. Tanabe and T. Kubodera: *National Science Museum Monographs*, **12**, 331-336 (1997).
155) M. Berg, C. G. Arnold, S. R. Muller, J. Muhlemann and R. P. Schwarzenbach: *Environ. Sci. Technol.*, **35**, 3151-3157 (2001).
156) J. E. Webb, D. J. Dorjes, J. S. Gray, R. R. Hesseler, Tj. H. van Andel, F. Werner, T. Wolff and J. J. Zijlstra: *The Benthic Boundary Layer* (ed. by I. N. McCave), Plenum Press, 1976, pp. 273-295.
157) H. Harino and M. Fukushima : *Anal. Chem. Acta*, **264**, 91-96 (1992).
158) H. Yamada, K. Takayanagi, M. Tateishi, H. Tagata and K. Ikeda: *Environ. Poll.*, **96**, 217-226 (1997).
159) 田尾博明・長縄竜一・中里哲也・富永 衛・大槻 晃・橋本伸哉：東アジア海域における有害化学物質の動態解明に関する研究（環境庁地球環境研究総合推進費終了報告書）, 2000, pp.49-68.
160) 高見勝重・奥村為男・山崎裕康・中本雅雄：分析化学, **37**, 449-455 (1988).

161) 環境省環境保健部環境安全課：平成12年度化学物質と環境, 2000, pp.245-265.
162) 堀　英夫・立石晶浩・山田　久：日本水産学会誌, **68**, 37-45 (2002).
163) H. Yamada, M. Tateishi and K. Takayanagi: *Environ. Toxicol. Chem.*, **13**, 1415-1422 (1994).

3章

水生生物に対する作用機構に関する研究の深化

§1. 環境生物に対する作用機構

1・1 有機スズ化合物に係る受容体の解明

環境中に放出された化学物質による野生生物の性行動の異常,異性化（雄の雌化および雌の雄化），発生中の胚の異常などの報告が増加している[1]．これらの現象には，化学物質のもつホルモン様作用や抗ホルモン作用が関与していると考えられており，内分泌攪乱作用という新たな観点からの環境汚染対策が必要とされている．内分泌攪乱物質は，生体の内分泌系に影響を与える化学物質の総称と考えられているが，その作用点や作用機構に関しては不明な点も多い．内分泌系は多細胞生物の全体的なバランスを調節する上でも重要なシステムであり，非常に精巧で複雑な系として成り立っている．化学物質がこのような複雑な系に対し影響を与える場合，そのエンドポイントは多岐にわたり，どのような物質を内分泌攪乱物質と定義するかについては議論の余地があるところである．

生物の内分泌系は，主にホルモンと呼ばれる微量の生理活性物質とその標的器官に存在する受容体によって構成されている．その中でも，低分子で脂溶性の生理活性物質の作用は，主に核内受容体と呼ばれる転写因子群によって仲介されている．核内受容体は，リガンド（ホルモンなど，受容体と結合する物質を一般的にリガンドと呼ぶ）作動性の転写調節因子であり，様々な生理活性物質に対応した数多くの受容体が存在している．これらの受容体群は遺伝子スーパーファミリーを形成しており，相互に構造，機能に類似点をもっている．核内受容体のリガンドとなる物質には，ステロイドホルモンや甲状腺ホルモン，脂溶性ビタミンの活性化体などが含まれる．核内受容体は，これら生理活性物質のシグナルを遺伝子発現という形で表現することにより，生体の様々な営み

(細胞の増殖や分化,生殖,代謝,恒常性の維持など)を制御しており,重要な生物学的機能を担っている[2]．

核内受容体のリガンドが低分子で脂溶性が高い物質であることと,環境汚染物質の中で問題となる物質がやはり低分子で脂溶性が高いという類似点から,環境化学物質の多くが核内受容体を介して毒性を発現している可能性が考えられる．実際に,内分泌攪乱物質をはじめとして人工的に作られた化学物質が核内受容体を介し,生体内でホルモン様作用を示すとの報告は多くある．特に,環境化学物質の野生生物に対する生殖影響から,核内受容体のなかでも性ホルモンの受容体であるエストロゲン受容体やアンドロゲン受容体が注目を集めてきた．しかしながら,前述したように核内受容体遺伝子はスーパーファミリーを形成し,数多くの関連受容体が存在し,これらすべてが様々な化学物質の標的となりうる可能性を秘めている．また,この受容体ファミリーの機能の多様性を考慮すれば,生殖毒性に限らず,化学物質が核内受容体を介して,様々な毒性を発現する危険性がある．

有機スズ化合物による,海産性巻貝類のインポセックス誘導も内分泌攪乱作用の一種と考えられ精力的に研究が行われてきた．多くの環境調査や実験室内での暴露試験から,トリブチルスズ(TBT)やトリフェニルスズ(TPT)がインポセックスの原因物質であることに疑いの余地はないが,どのような機序で作用して貝類に雌の雄化を引き起こすのかについては長く不明であった．これまでに考えられてきたメカニズムには,①アンドロゲンをエストロゲンに変換する酵素であるアロマターゼを有機スズが阻害することにより,アンドロゲンの体内濃度が高くなる[3],②アンドロゲンを体外に排泄するために必要な硫酸抱合が阻害されることによりアンドロゲン濃度が高くなる[4],③有機スズが神経毒として働き,ペニス形成因子(penis morphogenic factor, PMF)の放出が過剰になる[5]などがあげられるが,いずれも決定的な証拠は得られていない．そのような中,筆者らは有機スズ化合物が核内受容体のレチノイドX受容体(RXR)やペルオキシソーム増殖剤活性化受容体(PPAR)に非常に低濃度から結合することを見出した[6]ので,本稿では有機スズ化合物と核内受容体の関係について解説する．

1・1・1 核内受容体の種類と性質

生理活性物質が何らかの影響を生体に及ぼすためには,それが結合するタン

パク質(受容体)が生体側に存在していることが必要であり,受容体は生理活性物質のシグナルを受け取り,最終的には遺伝子発現を調節することにより生体反応を引き起こす.核内受容体には,他のシグナル伝達経路と異なり,受容体自身が直接的にDNAに結合し,リガンド依存的に遺伝子の転写を制御するという特徴がある.したがって,これらの受容体が機能するためには,そのタンパク質内にDNA結合領域(DBD)とリガンド結合領域(LBD)の存在が必須であるが,同一の機能を果たすドメインのアミノ酸配列は必然的に似通っている(図3・1).アミノ酸配列が似通っているということは,当然それをコードする遺伝子の塩基配列も似通っており,このように構造・機能に類似性のある遺伝子群を一般にスーパーファミリーと呼ぶ.

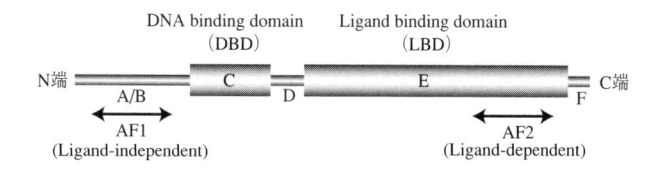

図3・1 核内受容体は,ステロイドホルモン,甲状腺ホルモン,脂溶性ビタミン,脂肪酸,胆汁酸などの広範な低分子脂溶性生理活性物質の受容体であり,DNAに直接結合して転写を制御するリガンド依存的な遺伝子発現調節タンパク質である.その構造・機能ドメインは高度に保存されており,AからFの6つのドメインに分割できる.このうちCは"Zinc Finger"と呼ばれるアミノ酸配列モチーフで構成されるDNA結合ドメイン(DNA binding domain;DBD)であり,Eは様々なリガンドを識別,結合するために必要なリガンド結合ドメイン(Ligand binding domain;LBD)である.転写活性化ドメインは,通常2ヶ所ありN端側にリガンド非依存的に転写を活性化するAF-1が,LBDのC端付近にリガンド依存的に転写を活性化するAF-2がある.

近年のゲノムプロジェクトの進展により,多くの種のゲノム全体のDNA塩基配列が解読されたが,核内受容体スーパーファミリーの遺伝子は,ヒト(*Homo sapience*)で48種類,ハエ(*Drosophila melanogaster*)で18種類,線虫(*Caenohabditis elegans*)で284種類確認されている.最も研究が進んでいるヒトの核内受容体を見てみると,6種類のステロイドホルモン受容体の他,ビタミンAやビタミンDの代謝活性化体,甲状腺ホルモン,脂肪酸,胆汁酸の受容体もこのファミリーに分類される(表3・1).しかし,これらの受容体以外にも,構造的には核内受容体に分類されるが,そのリガンドがわかっていな

い，いわゆるオーファン受容体も数多く存在する[7]．オーファン受容体に関しては，リガンドとなる物質が本当に存在するのかどうかを含め，その機能や転写活性化機構に関して不明な点が多く，その全容の解明は未だなされていない．表3·1に示した48種類の核内受容体は，多少の違いはあるが，基本的にはすべての脊椎動物に存在するのに対し，無脊椎動物では核内受容体のセットは大きく異なっている．例えば，性ステロイドや副腎皮質ホルモンの受容体は，これまでにゲノム解析が終了しているどのような無脊椎動物にも見つかっていない[8, 9]．最近，軟体動物のアメフラシ（*Aplysia californica*）からエストロゲ

表3·1　ヒトの核内受容体とそのリガンド

遺伝子符号	受容体の略号	リガンド
NR1A1/2	TR α/β	甲状腺ホルモン
NR1B1/2/3	RAR $\alpha/\beta/\gamma$	全トランスレチノイン酸
NR1C1/2/3	PPAR $\alpha/\gamma/\delta$	脂肪酸／エイコサノイド
NR1D1/2	revErbA α/β	不明
NR1F1/2/3	ROR $\alpha/\beta/\gamma$	（コレステロール？）
NR1H2/3	LXR α/β	酸化ステロール
NR1H4	FXR	胆汁酸
NR1I1	VDR	活性型ビタミンD3
NR1I2	SXR	化学物質（リファンピシンなど）
NR1I3	CAR	化学物質（フェノバルビタールなど）
NR2A1/2	HNF4 α/γ	（アシルCoA？）
NR2B1/2/3	RXR $\alpha/\beta/\gamma$	9-シスレチノイン酸
NR2C1/2	TR2/4	不明
NR2E1	Tlx	不明
NR2E3	PNR	不明
NR2F1/2/6	COUP-TF $\alpha/\beta/\gamma$	不明
NR3A1/2	ER α/β	エストロゲン
NR3B1/2/3	ERR $\alpha/\beta/\gamma$	不明
NR3C1	GR	グルココルチコイド
NR3C2	MR	ミネラルコルチコイド
NR3C3	PR	プロゲストロン
NR3C4	AR	アンドロゲン
NR4A1	NGFI-B	不明
NR5A1	SF-1	不明
NR5A2	LRH-1	不明
NR6A1	GCNF	不明
NR0B1	DAX-1	不明
NR0B2	SHP	不明

ン受容体にアミノ酸配列が類似した遺伝子のクローニングが報告されたが，この遺伝子にコードされているタンパク質はエストロゲンに結合しないし，エストロゲン依存的な転写活性化も起こらない[10]．ステロイドホルモン受容体群に対し，ステロイド以外の脂溶性生理活性物質をリガンドとする核内受容体は，進化系統樹の脊椎動物以前から現れている．例えば，全ゲノム解析が進められている原索動物のカタユウレイボヤ（*Ciona intestinalis*）には17種類の核内受容体が確認されており，ステロイドホルモン受容体はやはり存在しないが，甲状腺ホルモン受容体（TR），ビタミンD受容体（VDR），レチノイン酸受容体（RAR），RXR，PPARは存在する[11]．一方，ハエでは核内受容体ファミリーの中でリガンドがわかっているものはエクダイソン受容体（EcR）だけで，ヒトと同じリガンドが結合する受容体は見つかっていない．しかし，オーファン受容体についてはいくつかの相同遺伝子が存在する[12]（表3・2）．他の種の核内受容体との比較でも，オーファン核内受容体の多くは進化の過程を通して比較的良く保存されており，進化の初期にはこのサブファミリーに属するタンパク質も単なる転写調節因子であったようだ．その後，進化の過程を通してリガンドを獲得していったと考えられている[8]．また，植物や真菌類，単細胞生

表3・2 ハエの核内受容体

遺伝子符号	受容体の略号	リガンド	ヒトの相同遺伝子
NR1D3	E75	（ヘム？）	RevErbA
NR1E1	E78	不明	
NR1F4	DHR3	不明	ROR β
NR1H1	EcR	エクダイソン	FXR
NR1J1	DHR96	不明	
NR2A4	HNF4	不明	HNF4A
NR2B4	USP	不明	RXR α
NR2D1	DHR78	不明	
NR2E2	Tailless	不明	TLX
NR2E3	DHR51/CG16801	不明	PNR
NR2E4	Dissatisfaction	不明	
NR2E5	DHR83/CG10296	不明	
NR2F3	Seven up	不明	COUP-TF
NR3B4	ERR	不明	ERR β
NR4A4	DHR38	不明	NGFI-B
NR5A3	FTZ-F1	不明	LRH-1
NR5B1	DHR39	不明	
NR6A2	DHR4	不明	

物には現在までのところ，核内受容体に相同な遺伝子は確認されていない．無脊椎動物におけるステロイドホルモンの生理的な役割については以前から疑問視されていたが[13, 14]，ゲノムから見た受容体遺伝子の存在の有無はこのことをさらに裏付ける．したがって，インポセックスが問題となっている巻貝類（軟体動物）にアンドロゲン受容体は存在しないと予想されるが，このことはアロマターゼや硫酸抱合酵素阻害説などのアンドロゲンレベルの上昇に基づくインポセックス誘導メカニズムの根拠を失わせることになる．

1・1・2 化学物質のもつホルモン様作用

従来，ホルモンとその受容体の関係は，特異性が高く，人間が非意図的に作り出した化学物質がホルモン受容体に結合して作用を発現するとは一般には考えられてこなかった．ところが，大量に環境中に放出される化学物質の中にもホルモン受容体と結合して，天然のホルモンのように働く物質が数多く存在することがわかってきた．表3・3にはそのような例として，洗剤成分のノニルフェノール，プラスチック原料のビスフェノールＡ，化粧品や食品の防腐剤として使われているパラヒドロキシ安息香酸，農薬のDDTやメトキシクロル，消毒剤のクレゾールの構造式を示したが，これらはいずれもエストロゲン受容体（ER）に結合し，女性ホルモン様作用を示すことが実験的に確かめられている[15]．本来，ホルモンは極微量でその作用を発揮するため，必要な時に必要な量だけ生体内で合成され，必要なくなれば代謝されて活性がなくなったり，体外に排出されたりする．しかし，人工的に作り出された化学物質は，ホルモンと

表3・3 エストロゲン様活性を示す物質群

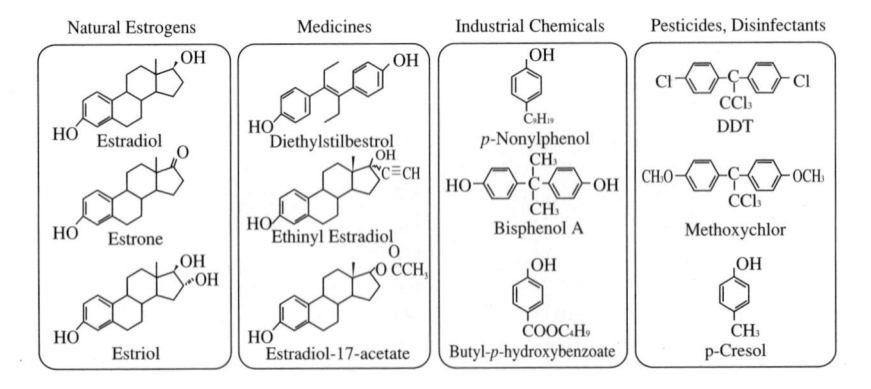

は化学構造が異なるためそのような代謝酵素の基質となれず，生体内のホルモンレベルを調節している代謝系で制御されない可能性が高い．その結果，化学物質は絶えずホルモン刺激を生体に送り続けることになり，内分泌系が攪乱されるのである．

同様のメカニズムが，有機スズによるインポセックス誘導にも働いている可能性があると考え，筆者らは多種類の核内受容体に対する有機スズの影響を包括的に解析した．

1・1・3　有機スズ化合物と高い親和性で結合する核内受容体

筆者らは，ヒト核内受容体の中から，生体内における役割がよく知られているエストロゲン受容体（ERα，ERβ），アンドロゲン受容体（AR），プロゲストロン受容体（PR），グルココルチコイド受容体（GR），ミネラルコルチコイド受容体（MR），甲状腺ホルモン受容体（TRα，TRβ），レチノイン酸受容体（RARα，RARβ，RARγ），ビタミンD受容体（VDR），レチノイドX受容体（RXRα，RXRγ，RXRδ），ペルオキシソーム増殖剤活性化受容体（PPARα，PPARγ，PPARδ），肝臓X受容体（LXRα，LXRβ），ファーネソールX受容体（FXR）について，TBTおよびTPTの影響を調べた[6, 16]．その結果，有機スズ化合物はRXRとPPARの仲間にアゴニスト活性を示すことがわかった．驚くべきことに，その活性の強さは，これまでに知られている最強のリガンドと同等かそれ以上であった（図3・2）．これまでにも，有機スズ化合物の標的タンパク質は各方面から調べられてきたが，これほど低濃度から親和性を示すタンパク質は知られていない．例えば，TBTがアロマターゼ活性を阻害する濃度はマイクロモルオーダーからであるが，RXRやPPARに対する影響はそれより100倍以上低濃度から認められる．一方，有機スズによる海産性巻貝類のインポセックス誘導は，スズ量に換算して1 ng/Lと非常に低濃度から起こることが知られている．勿論，*in vitro*での結果と，実際に巻貝に有機スズを投与する*in vivo*での結果は一概には比較できないが，このような低濃度での生体影響は受容体を介した低容量効果の可能性が高いと考えられる．また，TPTのスズを炭水化物に置換したトリフェニルメタン（TPM）やトリフェニルエチレン（TPE）では全く活性が検出されなかったことから，分子中のスズの存在がこれらの活性に重要な役割を果たしていることがわかる．

有機スズ化合物がRXRやPPARに結合することは，内因性リガンドや合成

186   3章　水生生物に対する作用機構に関する研究の深化

リガンドの化学組成や3次元構造との比較からは全く予測できないことであった．特にRXRに関しては，比較的高いリガンド特異性を示し，これまでに知られていたRXRリガンドはすべて，内因性リガンドである9-*cis* retinoic acid（9-*cis* RA）に似た3次元構造をもち，活性を示すためにカルボン酸残基を必要としていた．しかし，TBTやTPTの構造的な特徴は明らかに9-*cis* RAと異な

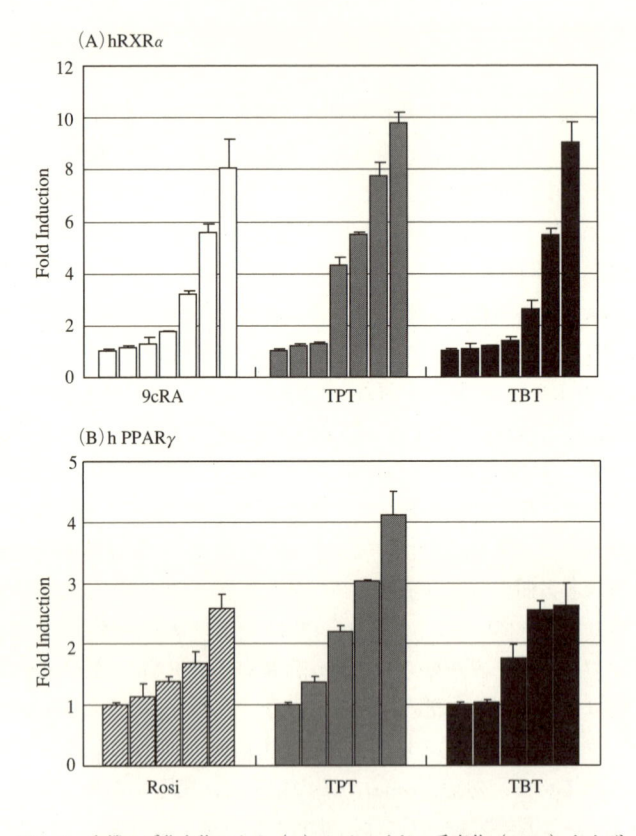

(A) hRXRα

(B) h PPARγ

図3・2　有機スズ化合物による（A）レチノイドX受容体（RXR）および（B）ペルオキシソーム増殖剤活性化受容体（PPAR）の活性化．ヒト由来RXRαまたはPPARγを培養細胞中で強制的に発現させ，RXRの内因性リガンドである9シスレチノイン酸（9cRA）またはPPARγの合成リガンドであるロシグリタゾン（Rosi）を添加すると，リガンドの濃度依存的にレポーター遺伝子の発現が増加した．同様の効果はトリフェニルスズ（TPT）やトリブチルスズ（TBT）でも認められ，その効果は9cRAやRosiと同等であった．

り，有機スズ化合物のリガンド結合領域への結合様式や転写活性化に必要なコアクチベーターとの相互作用も異なることが予想される．この事は，少なくとも現時点では，コンピューターを用いた構造活性相関的な解析から，化学物質と受容体の関係を予測することの難しさを物語っている．

1・1・4 脊椎動物に対する有機スズ化合物の影響

PPARγとRXRはヘテロ2量体を形成し，哺乳動物において，脂肪細胞の分化に重要な役割を果たしていることが知られている．そこで，筆者らは培養細胞レベルの実験で有機スズ化合物の脂肪細胞分化への影響を調べた．前駆脂肪細胞株3T3-L1細胞は，適当な培養条件下でチアゾリジン誘導体（PPARγリガンド）添加により脂肪細胞へと分化する．もし，生理的条件下においても有機スズ化合物がPPARγ/RXRのリガンドとして働くなら，有機スズ化合物は3T3-L1細胞を成熟した脂肪細胞へと導くであろう．結果は予想通りで，有機スズ化合物添加後の3T3-L1細胞は脂肪滴を蓄積し（図3・3），脂肪細胞特異的な遺伝子aP2の発現量を顕著に増加させた[6]．PPARγとRXRはヘテロ2量体を形成してDNAに結合するが，いずれかの受容体単独に働くリガンドでも脂肪細胞への分化を促進することができる．有機スズ化合物の場合，PPARγとRXRの両方に働きかけるので，その効果がより顕著になるものと考えられる．PPARγ選択的リガンドのチアゾリジン誘導体は，現在，II型糖尿病改善薬として臨床的に使用されている．チアゾリジン誘導体は，脂肪細胞を刺激することによりインシュリンに対する感受性を上げ，インシュリン抵抗性の糖尿病を改善すると考えられている．したがって，PPARγリガンドの投与によって肥満は進行するのであるが，最近，B. BlumbergらはTBTの投与によってカエルやマウスにおいて脂肪の蓄積が増加し，体重も増えることを報告している[17]．近年，肥満やそれに伴うメタボリックシンドロームは急速に増加しており，重要な健康問題として社会的に取り上げられるようになった．高カロリー食の過剰摂取や運動不足が主要な原因と考えられているが，肥満の増加と工業化学物質による環境汚染を関連づける説も発表されている[18]．これまでは，主に環境エストロゲンと肥満の関係が論ぜられてきたが，有機スズ化合物が作用するPPARγは直接的に脂肪細胞の分化やエネルギー代謝を制御することから，有機スズ化合物こそが環境中に存在する肥満原因物質なのかもしれない．

有機スズ化合物の哺乳動物に対する急性毒性という観点からは，最近，肺癌

や2型糖尿病治療薬として開発が進められているRXR選択的な合成化学物質の副作用も参考になる．RXRアゴニストであるbexaroteneは，T細胞リンパ腫の患者に重篤な甲状腺機能低下を引き起こす[19]．また，RXR選択的アゴニストであるLG100268をラットに投与したところ，やはり急性の甲状腺機能障害が見られ，その原因は脳下垂体からの甲状腺刺激ホルモン（TSH）分泌が減少していることであった．有機スズ化合物においても，リンパ節の萎縮やTSHの減少が認められることから[20]，両者が同じ機構で作用している可能性が考えられる．

(A) Control (DMSO)   (B) ロシグリタゾン

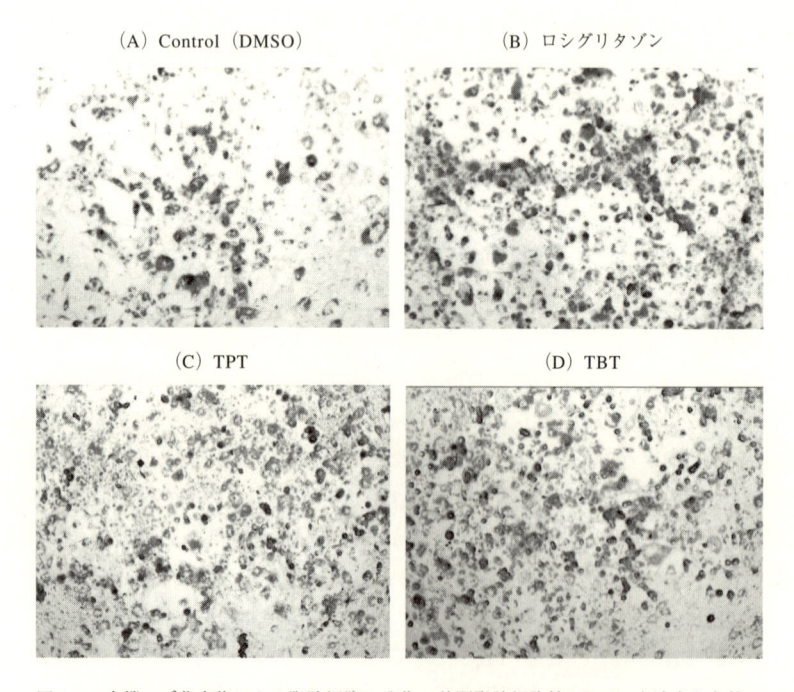

(C) TPT   (D) TBT

図3・3 有機スズ化合物による脂肪細胞の分化．前駆脂肪細胞株3T3-L1を適当な条件で培養後，(A) DMSO，(B) ロシグリタゾン，(C) トリフェニルスズまたは(D) トリブチルスズを終濃度100 nMとなるよう添加した．分化誘導開始6日後，蓄積した脂肪滴をOil Red O染色によって観察した．Oil Red Oは中性脂肪を赤く染めるため，図の赤い細胞が脂肪細胞に対応する．PPARγリガンドのロシグリタゾンは，脂肪細胞への分化を促進することが知られていたが，有機スズ化合物も同等の効果を示した．

1・1・5 海産性巻貝類のRXR

 海産性巻貝類の中で全ゲノムが解読された種はなく，インポセックスの誘導が報告されている貝にどのような核内受容体が存在するかの情報もほとんどない．前節で述べた有機スズ化合物のRXRやPPARへの作用はあくまでもヒト由来核内受容体へのもので，巻貝類のインポセックス誘導にこれらの受容体が関わっている確証はない．巻貝類は軟体動物に属するためPPARは存在しないと予想されるが，RXRに関しては相同性の高い遺伝子は広範な生物種において見つかり，ハエにおいてもUSPの名前で知られる相同遺伝子が存在する（表3・2）．したがって，もしヒト核内受容体での結果が巻貝類に外挿できるとすると，有機スズの標的受容体はRXRと予想される．そこで，筆者らは海産性巻貝類の1種であるイボニシからのRXR相同遺伝子のクローニングを試みた．

 もし，RXRがインポセックスに関っているとすれば，当然貝類の生殖器官にRXRが発現しているはずである．そこで，茨城県ひたちなか市平磯で採取した雄のイボニシより精巣および消化腺を単離し，そこからmRNAを調整し，これを逆転写することによりcDNAを作製した．一方で，哺乳類，鳥類，爬虫類，魚類のRXRのアミノ配列を比較し，相同性の高い部分を抽出した．その配列をもとにRXRをコードする遺伝子のDNA塩基配列を推定し，RT-PCRにより遺伝子を増幅した．得られた断片をプローブとしてcDNAライブラリーをスクリーニングし，イボニシ由来RXRの全長をコードする遺伝子のクローニングに成功した[16]．イボニシRXRの塩基配列を決定し，そこから推定されるアミノ酸配列に相同性の高いタンパク質をデータベースから探した．その結果，イボニシ由来RXRに最も似ているタンパク質はヒト由来RXR α であり，DNA結合ドメインにおいては67個中60個のアミノ酸が同一であった．また，無脊椎動物の虫やハエにも相同性の高いタンパク質が存在していることがわかった（図3・4）．一方，リガンド結合ドメインに関しては，脊椎動物のRXRに対しては80％以上のアミノ酸が一致するのに対し，無脊椎動物の相同遺伝子（発見の経緯からUSPと呼ばれている）にはあまり似ていなかった．RXRとUSPは，DNA結合に関する機能は非常に似ているが，RXRはビタミンAの代謝物9-*cis* RAに結合して転写を活性化するのに対し，USPは9-*cis* RAに結合しない．つまり，イボニシは軟体動物であるにも関わらず，そのRXRは脊椎動物型であり，9-*cis* RAに結合することが予想された．我々は実験的にこのことを

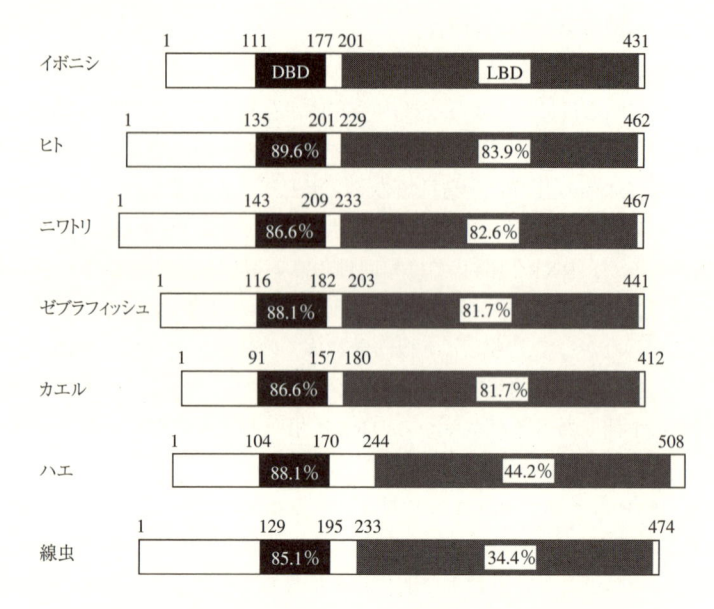

図3・4 様々な生物種に含まれるレチノイドX受容体（RXR）相同遺伝子．イボニシよりクローニングしたRXRのアミノ酸配列を，ヒト（NM002957），ニワトリ（X58997），ゼブラフィッシュ（U29940），カエル（X87366），ハエ（NM057433）および線虫（AF438230）由来のRXR相同遺伝子（括弧内の番号はGenBankの登録番号）と比較した．DNA結合領域（DBD）のアミノ酸配列は，すべての種について85％以上のアミノ酸が一致していたが，リガンド結合領域（LBD）についてはハエや線虫で保存度が低かった．

確かめるため，イボニシ由来RXRを大腸菌において大量発現させ，精製後，有機スズ化合物や9-cis RAへの結合性を調べた．その結果，9-cis RAはヒト由来RXRに対する親和性と同程度の強さでイボニシ由来RXRに結合することがわかった．また，有機スズ化合物もイボニシ由来のRXRに結合した[16]．さらに驚くべきことに，9-cis RAをイボニシに筋肉注射したところ，インポセックスの症状が現れたのである[16]．これまでに有機スズ化合物以外にインポセックスを誘導した物質の報告はなかったが，筆者らはインポセックスの誘導にRXRが重要な役割を果たしているという仮定のもとに9-cis RAを選び，これを実験に供したところインポセックスを誘導したのである．以上の実験結果から，筆者らは巻貝類において観察される雌の雄性化現象がRXRを介した作用，すなわちレチノイドシグナルの活性化に原因があると考えている．

哺乳動物において，アンドロゲンが男性ホルモンとして働き，発生の初期にアンドロゲンシャワーを浴びることにより雄が誕生すること，アンドロゲン受容体に変異をもつ個体は，たとえ染色体型がXYであっても見た目は雌となるのは周知の事実である．しかし，無脊椎動物にアンドロゲン受容体は存在せず，これらの種においてアンドロゲンが男性ホルモンとして働いていることは考えづらい．性を決定する因子は，おそらく種によって大きく異なり，巻貝類においては9-cis RAのようなレチノイドが男性ホルモンとして機能するのであろう．

1・1・6 RXRとは？

RXRも元々はリガンド未同定のままクローニングされたオーファン受容体であったが，その後のリガンドスクリーニングにより9-cis RAが結合することがわかった．RXRとRARはアミノ酸配列が非常に似ており，9-cis RAはRXRとRARの両方のリガンドとなることができる．しかし，RARのリガンドであるall-trans retinoic acid（ATRA）はRXRのリガンドとなることができない．RXRは9-cis RAに結合して転写を活性化するリガンド依存性の転写活性化因子であるが，それ以外にも重要な機能をもつ．すなわち，非ステロイド型の核内受容体とヘテロ2量体を形成して，DNAへの結合親和性を飛躍的に上げる．核内受容体ファミリーのうち，ステロイドホルモン受容体はホモダイマーとしてパリンドローム型の応答配列に結合するが，それ以外のほとんどの受容体はRXRとヘテロダイマーを形成してダイレクトリピート型の応答配列に結合する．哺乳動物にはRXRの遺伝子が，RXRα，RXRβ，RXRγの3種類存在するが，これらのサブタイプ間でリガンド依存的な転写活性化能や他の核内受容体とヘテロダイマーを形成してDNAに結合する能力には，さほど違いは見出せない．しかし，ノックアウトマウスの表現型にはかなりの差異が認められる．RXRαのノックアウトマウスは胎生致死であり，心筋と目に奇形が認められる[21,22]．RXRβノックアウトマウスの半数近くは出生前後に死亡するが，生き残ったマウスは，外見上，野生型マウスとの違いは認められない．しかし，雄において生殖能の欠損が認められ，原因はセルトリ細胞における脂質代謝の異常と考えられている[23]．RXRγのノックアウトマウスは正常に生まれ，成長においても異常は認められない[24]．

一方，無脊椎動物におけるRXRの役割はほとんど知られておらず，筆者らの研究結果では，おそらく性の分化（特に雄化）に関与しているのであろうと

推察される.前述したようにRXRβを欠損したマウスでは雄の生殖能に欠損が認められることは,進化上の名残なのかもしれない.今後は,貝類におけるRXR遺伝子のノックアウト実験などを通して,直接的な証明が必要であろう.また,貝類からレチノイドを単離・精製することにより9-*cis* RAそのものが貝類でも働いているのか,それとも類縁の物質が作用しているのかも明らかになってくることが期待される.

〔西川淳一〕

1・2 甲殻類における有機スズ化合物の生物学的影響

近年,沿岸生態系における人工化学物質の海洋汚染が地球規模で問題となっている.とくに,船舶や漁網などの防汚塗料として使用されてきた有機スズ化合物は,使用の規制後,濃度は次第に低下しているものの現在も生態系における残留が報告されており,その生物学的影響が懸念される.これまでは主に長寿命の魚類や貝類を用いた暴露実験により短期的な生物学的影響が検証されてきたが,生活史を通じた影響,さらには次世代に対する影響については断片的な情報のみであった.そこで筆者らは短寿命である小型甲殻類のワレカラ類に着目し,制御された環境条件下における飼育実験により,生態系攪乱に繋がる有機スズ化合物の生物学的影響の解明を試みた.本稿では沿岸生態系における有機スズ化合物汚染の実態を踏まえつつ,筆者らが取り組んできたワレカラ類を用いた生物影響評価に関する研究成果について述べる.

1・2・1 有機スズ化合物による海洋汚染の現状

トリブチルスズ(TBT)などの有機スズ化合物は,1960年代より船舶や漁網などの防汚塗料として沿岸域などの開放系で広く使用されてきた.しかしながら1970年代以降,イギリスやフランスをはじめとする世界各国で腹足類のインポセックス(雌における雄性生殖器官の発達)やカキの貝殻の肥厚などの海洋生物の形態異常が頻繁に報告され,有機スズ化合物による海洋汚染が社会問題となった.そこで海洋汚染の拡大を抑制するため,欧米をはじめとする一部の先進国では1980年代後半より有機スズ化合物の使用が規制され,日本でも1990年に「化審法」により,船底防汚塗料などに使用する有機スズ化合物の製造,輸入および使用が規制されている.

TBTの使用規制や各種の対策により,その濃度は低下傾向にあるが,今な

お世界各地の沿岸域に生息する多くの生物や海水においてTBTが検出されている．10年以上前に有機スズ化合物の使用が規制された日本でも，1997〜1999年の調査により，東京湾や瀬戸内海などの船舶の航行頻度の高い海域だけでなく，過疎地域の大槌湾，天草および田辺湾などの湾奥部でもTBTが数〜100 ng/Lレベルで検出されている．また腹足類のインポセックスなどの生殖異常が確認されている．これらの調査結果は，有機スズ化合物の水生生物に対する影響をさらに詳細に解明する必要性を示唆する．有機スズ化合物は蒸気圧が低く粒子親和性が高いため移動拡散しにくく，その結果として汚染が沿岸域に局在しやすい特徴をもっている．したがって有機スズ化合物による汚染は，港湾施設が存在する沿岸域や船舶の航行の多い湾内などの閉鎖系海域においてとくに注目する必要があると考えられる．最近の研究では，外洋や南半球，深海域に生息する海洋生物からも低濃度ではあるが有機スズ化合物が検出されており，地球規模での分布が明らかにされている．

近年，生態系内における有機スズ化合物の濃縮特性が明らかになった（図3・5）．岩手県大槌湾をモデル海域とし，様々な栄養段階の生物種を用いて有機スズ化合物（ここではTBTとその分解産物のジブチルスズ（DBT）および

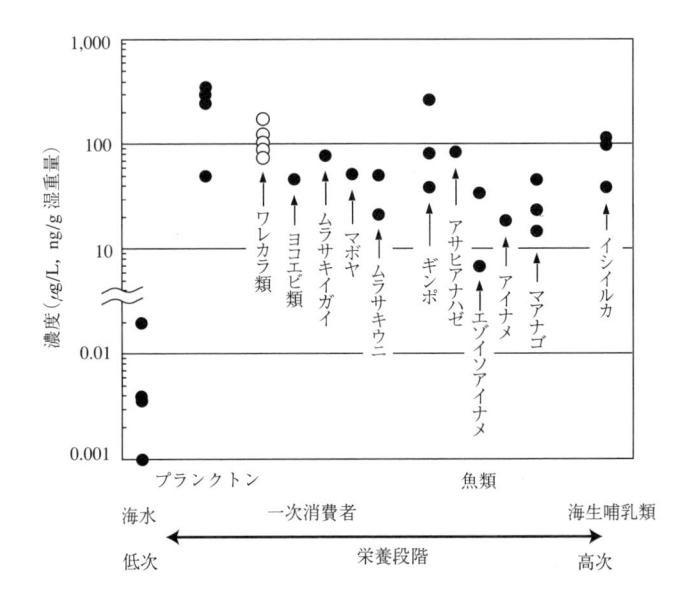

図3・5　沿岸生態系における有機スズ化合物の蓄積特性（Takahashi *et al* [25]を改変）

モノブチルスズ（MBT）の総和）の濃度を調査した結果，有機スズ化合物は海水から生物に数千〜数万倍に濃縮されるが，栄養段階の上昇に伴う顕著な濃縮は見られなかった[25]．この結果は，食物連鎖を通して低次生物から高次生物へ濃縮される有機塩素系化合物や重金属とは異なっていた．この要因として，有機スズ化合物は環境中や生体内で分解・排泄されやすいことや，消化管からの吸収率が低いことなどが考えられる．また一般に，有機スズ化合物の分解代謝能力は，貝類などの栄養段階の低次の生物より哺乳類などの高次の生物で高いため，栄養段階の上昇に伴う顕著な濃縮は見られないと考えられる．

しかしながら有機スズ化合物は，低次の生物種である甲殻綱端脚目のワレカラ類に高い濃縮が認められた．このことは，TBTの分解代謝能力の低い生物に有機スズ化合物が特異的に蓄積し，このような生物は有機スズ化合物の毒性に対して敏感であると推察される．したがって沿岸域の有機スズ化合物の汚染状況を調べるためには，ワレカラ類のような有機スズ化合物に対して敏感な生物に着目する必要があると考えられる．

1・2・2　TBTの生物学的影響に関する従来の知見

有機スズ化合物は，4価のスズ原子にアルキル基などが共有結合した有機金属化合物で，多種類の類縁化合物の総称である．TBTは，$(n\text{-}C_4H_9)_3\text{Sn-X}$（Xは陰イオン）の一般式を有する．TBTは脱アルキル化により，DBT，MBTと分解代謝された後，無機スズになる．TBTは，DBTやMBTと比べて生物に対する毒性が最も強いことが報告されている．甲殻類に対するTBTの半数致死濃度（LC_{50}）を重金属や有機塩素系化合物と比較したところ，TBTのLC_{50}は0.1〜100 μg/Lで，その毒性は重金属（10〜10,000 μg/L）より極めて強く，有機塩素系化合物（0.1〜100 μg/L）と同程度の強さを有することが示されている．このことから，有機スズ化合物は水圏生態系に存在する有害化学物質の中でも極めてリスクの高い物質であるといえる．

有機スズ化合物などの化学物質は，主に経鰓濃縮と経口濃縮という2つの過程により水生生物の体内に蓄積する．生物濃縮係数は，化合物の物理化学的性質であるオクタノール−水分配係数（$\log P_{ow}$）により大きく影響を受ける．TBTの3〜4という高い$\log P_{ow}$は，TBTの高い脂溶性と，生体内への取り込まれやすさを示唆している．しかしながら，有機金属である有機スズ化合物はPCBs（ポリ塩化ビフェニル）などの脂溶性の有機塩素系化合物とは異なった体内分

布を示す．PCBs は臓器や組織の脂肪中に多く蓄積するのに対し，有機スズ化合物の蓄積は臓器や組織の脂肪含量に依存しない．有機スズ化合物の体内分布の特徴は，PCBs などの有機塩素系化合物よりは水銀などの毒性元素に類似している．これは，有機スズ化合物がタンパク質の SN 基や NH 基と高い親和性を有することが要因とされている．

　TBT などの有機金属は，免疫毒性，神経毒性，遺伝毒性および肝臓毒性などの様々な毒性を示す．また，TBT に対しリスクが高いと考えられるワレカラ類と近縁な小型甲殻類における TBT の生物学的影響もいくつか報告されている．ミジンコ類では遊泳阻害が $70 \mu g/L$ で[26]，カイアシ類では遊泳阻害と産卵数の減少がそれぞれ $0.4 \mu g/L$ および $0.01 \sim 0.05 \mu g/L$ 以上で[27, 28]，ヨコエビ類では忌避行動が $3 \mu g/L$ 以下で[29]，十脚類では脱皮，脚の再生速度の遅延，再生脚の変形，剛毛の減少，穴掘り行動の減退や平衡反射の過剰促進が $0.5 \mu g/L$ で[30-32]発現することが報告されている．このように，数10～数100 ng/L 濃度を短期間暴露しただけでも，TBT は生物に対し強い毒性を示すことが明らかになっている．

　また，様々な化学物質による性の攪乱に関する野外調査や室内実験が報告されている．たとえば英国河川におけるニジマスの雌性化は，業務用洗剤に含まれる界面活性剤の分解代謝産物であるノニルフェノールや天然エストロゲン，米国フロリダ州のアポプカ湖におけるワニの雌性化は農業用殺虫剤の DDT や DDE などが原因物質として指摘されている．とくに，TBT については数 ng/L という低濃度で腹足類の雌を雄性化することが明らかになっており[3, 33, 34]，TBT が性の決定や分化に対し強く影響を及ぼすことが示唆される．一方，ワレカラ類については野外における間性個体の存在が確認されており，この現象が TBT をはじめとする化学物質による性の攪乱の結果である可能性も考えられる．

　このように，TBT は生残や成長，さらに性の決定や分化など幅広い生物学的影響を，極めて低濃度で誘導することが示唆される．したがって，日本沿岸域で今なお検出される TBT 濃度が海洋生物に対し毒性影響を及ぼしている可能性が高いと考えられる．そこで，海洋環境レベルの暴露実験により，TBT の生物学的影響を長期にわたり追跡する必要がある．これまで，主に魚類や貝類などを対象に TBT の生物学的影響に関する研究が行われてきた．しかしながら，長期的な飼育により海洋環境レベルの TBT の影響を評価した例は極めて

少ない.その主な理由としては,魚類や貝類などは世代交代期間が概ね1年以上と長く,長期にわたる実験を行うことが困難であることがあげられる.そこで筆者らは,研究対象生物として,飼育方法が既に確立しておりその生活史の詳細が明らかにされている短寿命のワレカラ類に着目した.

1・2・3 ワレカラ類の生物学的特性

ワレカラ類は分類学上,甲殻綱・端脚目・ワレカラ亜目（Crustacea, Amphipoda, Caprellidea）に位置する.その生息域は地球規模で,北半球の温帯域を中心に300種以上が報告されており,とくに日本沿岸からは全種数の1/3を占める約100種類が報告されている.生息場所は,主に潮下帯の藻場,ブイ,そして養殖用の網である.ワレカラ類は,体長1～3 cmの小型甲殻類で,ヨコエビ類などの他の端脚類と同様に,雌は卵を育胞内に産卵しその中で幼体を孵化する.幼体は,成体と同じ体節構造をもった体型で孵化する.ワレカラ類は沿岸域に生息するアイナメやクジメ,およびマダイの仔稚魚をはじめとする岩礁性魚類やサケの稚魚などの通し回遊魚の重要な餌生物となっている.

ホソワレカラ *Caprella danilevskii* Czerniavski（図3・6）は,ワレカラ類の中で世界各地に幅広く分布する種の1つで,日本沿岸域の岩礁域ではワレカラ類の優占種である.その分布域は,日本沿岸をはじめ黒海・地中海,フロリダ,ブラジル,南アフリカ,オーストラリア,ハワイに及ぶ.本種の飼育方法は既に確立しており,その詳細な生活史が明らかにされている（図3・7）.水温20℃,光周期14L：10Dで飼育すると,体長1.5 mmで孵化した幼体は2～7日ごとに脱皮を繰り返しながら成長し,雌は約20日で成熟する.雌の成熟状況は,第3胸節および第4胸節の腹側に存在する2対の覆卵葉の形態によって,未成熟期,前成熟期および成熟期の3段階に分けることができる.前成熟期になると,覆卵葉が出現すると同時に,卵巣内で卵形成が開始する.次の脱皮で雌は成熟期に達し,受精した卵は育胞内へ放出され卵の発生が進む.成熟期の雌の体内では,次の産卵のための卵形成が同時に進行する.約5日間の卵発生期間を経て孵化した幼体は,育胞から出た後,脱皮を繰り返し成長する.なお,雄の形態学的な特徴は主に,第7胸節の腹側に存在する1対の腹部突起,加齢に伴う第2胸節および第2咬脚の発達があげられる.

これまでの研究から,ワレカラ類はTBTを高濃度に蓄積することが明らかとなっており[35],その個体群維持や生物学的影響が懸念される.沿岸生態系に

おいて重要な地位を占めるワレカラ類の個体群変動は，沿岸生態系の均衡に影響を及ぼすものと考えられるが，ワレカラ類におけるTBTの生物学的影響については不明である．ホソワレカラは世代交代が1ヶ月と極めて短期間であるため，本種を用いることにより，TBTの生物学的影響を一世代以上にわたり追跡することが可能である．

ワレカラ類はこのような利点をもつため，筆者らはこれまでワレカラ類を用いてTBTの生物影響評価に関する研究に取り組んできた．次節ではこれまで

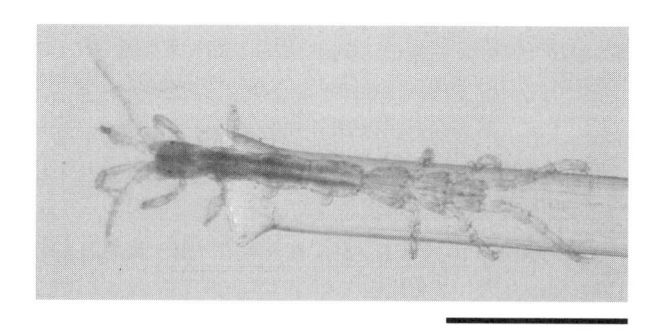

図3・6 ホソワレカラ *Caprella danilevskii* Czerniavski の幼体．
スケール：1.0 mm

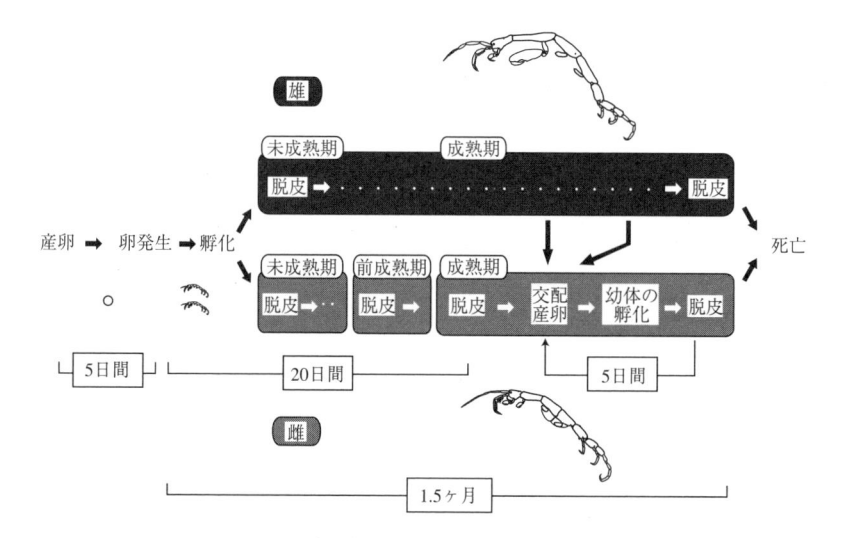

図3・7 ホソワレカラ *Caprella danilevskii* Czerniavski の生活史

の実験結果より解明されたTBTのワレカラ類に及ぼす生物学的影響について論じたいと思う．なお，実験は次のようなデザインで行った．まずワレカラ類を対象に急性毒性実験を行い，TBTに対する感受性を検討した[35]．続いて，ワレカラ類の成長段階を孵化後[36]と卵発生期[37]の2種類に分け，各時期に海洋環境レベルのTBTを暴露し，一世代以上の飼育実験をもとに，TBTがワレカラ類の性比，生残，成長，再生産や形態に及ぼす影響について検討した．第5節では，得られたこれらの結果より，TBTがワレカラ類に及ぼす生物学的影響，とくに性比への影響について総合的に論じ，沿岸域の有機スズ化合物の汚染状況を調べるための指標生物としてのワレカラ類の有効性について検討したいと思う．

1・2・4 ワレカラ類におけるTBTの生物学的影響
1）TBTに対する感受性と分解代謝能力

まず，ワレカラ類のTBTに対する感受性やその分解代謝能力を調べるため，急性毒性実験を行った[35]．なお比較のため，ワレカラ類と近縁で生態的地位も類似するヨコエビ類についても同様に実験を行った．

岩手県大槌湾の岩礁域で潜水およびドレッジにより，5種のワレカラ類と3種のヨコエビ類を採集した．室温20℃，無給餌下で，各生物を48時間，7段階の濃度のTBT溶液（0，0.001，0.01，0.1，1，10，100 μg TBTCl/L）に暴露し，半数致死濃度（LC_{50}）を算出した．ワレカラ類のLC_{50}（1.2〜6.6 μg/L）は，ヨコエビ類（17.8〜23.1 μg/L）より低く，TBTに対する感受性が高いことが示唆された（図3・8A）．従来の知見と比較したところ，ワレカラ類はTBTに対し感受性が極めて高い生物であることが明らかになった．

さらに，分解代謝能力を検討するため，大槌湾で採集した海水および生物の有機スズ化合物の組成を調べた．分析は既法に準拠し，GC-FPD（炎光光度検出器付きガスクロマトグラフ）で定量した．ワレカラ類は海水と同様にTBTが約70％を占めたが，ヨコエビ類はTBTの分解代謝物のDBTとMBTの総量が70％以上であった（図3・8B）．したがって，ワレカラ類はヨコエビ類よりTBTに対する分解代謝能力が低いことが示唆された．

以上の結果から，ワレカラ類は，ヨコエビ類よりTBTの分解代謝能力が低いため感受性が高く，海洋環境中のTBT汚染状況を調べるための指標として最適であることが明らかになった[35]．

2) 孵化後のTBT暴露がワレカラ類に及ぼす生物学的影響

前項の急性毒性実験より，ワレカラ類は，沿岸生態系の様々な栄養段階の生物の中で，TBTに対して極めて敏感な生物であることが明らかになった．

腹足類では，孵化後のTBT暴露により，雌が雄へ性転換することが報告されている．一方，ワレカラ類については，野外における間性個体の存在が確認されており，この現象がTBTをはじめとする化学物質による性の撹乱の結果である可能性も考えられる．そこで，ワレカラ類についても，腹足類と同様に孵化後の個体に対しTBT暴露実験を行い，TBTが性の決定・分化に及ぼす影響について検討した[36]．ここでは，世界各地に幅広く分布する種の1つで，日本沿岸域のワレカラ類の優占種であるホソワレカラを用いて，孵化後の幼体期から成熟期までの長期(50日間)にわたり5段階の濃度のTBT溶液 (0, 10, 100, 1,000,

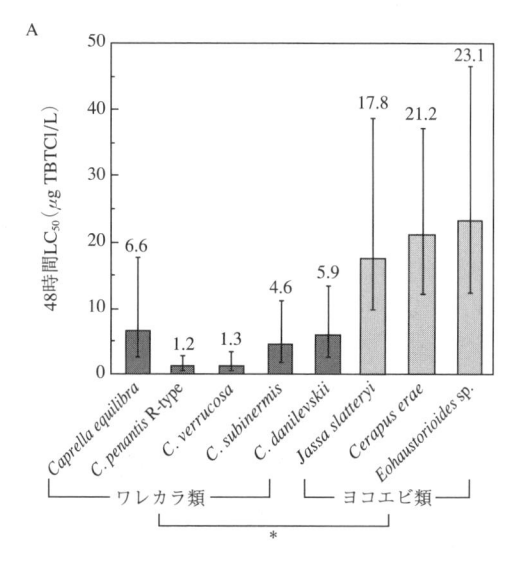

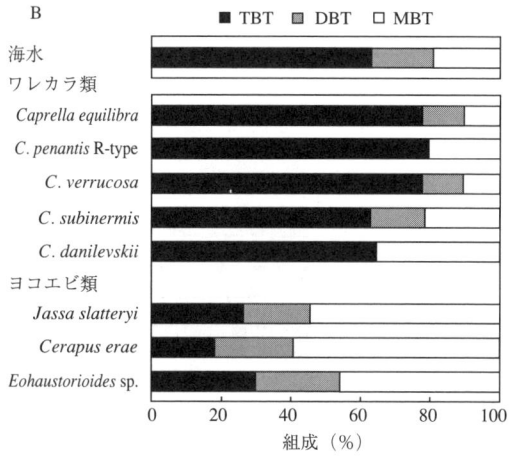

図3・8 ワレカラ類およびヨコエビ類における (A) 48時間半数致死濃度 (LC_{50}) および (B) 有機スズ化合物の組成の比較．Mann-Whitney U-test, $*p<0.05$

10,000 ng TBTCl/L)を暴露し,性比をはじめとするTBTの生物学的影響を明らかにすることを目的とした.

大槌湾で採集したホソワレカラを,室温20℃,光周期12L:12Dで飼育した.実験にはTBTの濃度が検出限界(2.0 ng/L)以下の濾過海水を用いた.実験溶液の交換は毎日行い,溶液中のTBTの濃度を一定に保った.雌が成熟期に達した後,雄と交配させ産卵を促した.孵化した幼体は,各濃度のTBT溶液に暴露し,成熟期に達した雌では卵形成や卵発生などの生殖状況を観察した.

性比については,雌の比率が,TBTの濃度に関わらず44.4〜50.0%の範囲であり,対照区(45.0%)と有意な差は認められなかった(図3・9A).幼体の

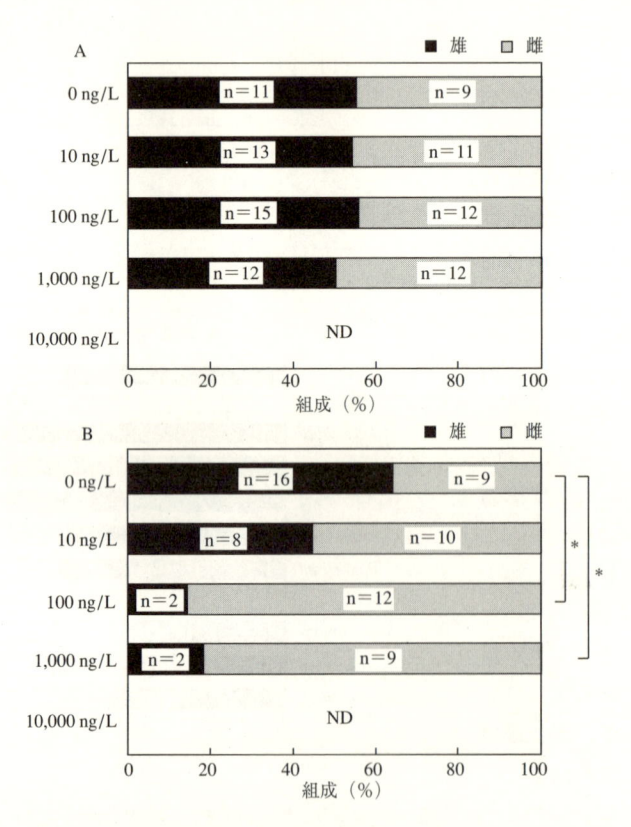

図3・9 孵化後(A)および卵発生期(B)にTBT暴露したワレカラ類の性比.ND:データなし(全個体死亡のため).Chi-squared test, *$p < 0.05$

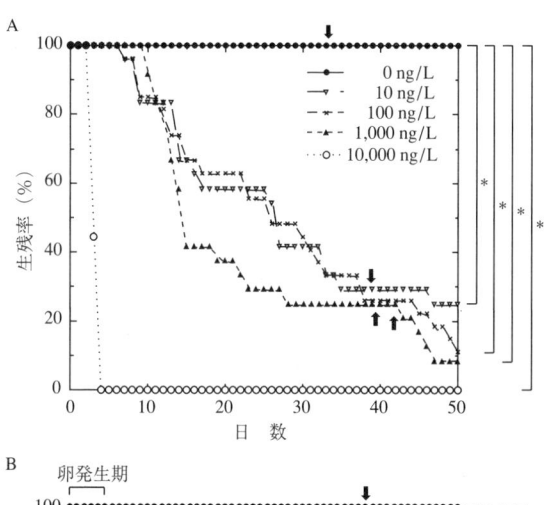

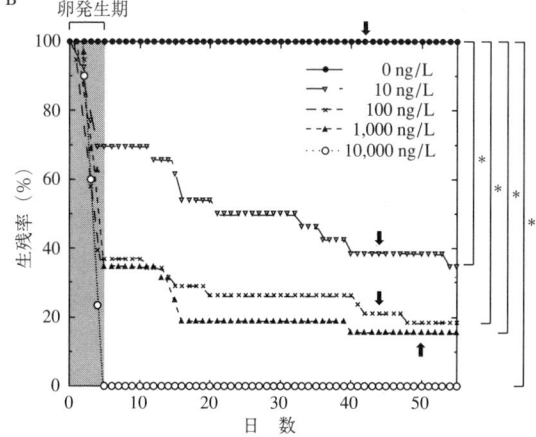

生残率は，対照区（0 ng/L区）では100％であったが，TBT暴露後50日目では10〜1,000 ng/L区で8.3〜25.0％まで減少した（図3・10A）．なお，10,000 ng/L区では暴露後4日以内に全個体が死亡した．各齢の体長は100 ng/L区と1,000 ng/L区で，各齢への到達日数は1,000 ng/L区で，雌雄とも対照区と比較して遅延が見られた．雌の成熟到達日数は，対照区（33日）と比較して10 ng/L区と100 ng/L区で39日となり，遅延がみられた．10 ng/L区と100 ng/L

図3・10 孵化後（A）および卵発生期（B）にTBT暴露したワレカラ類の生残率の変化．矢印は雌の成熟到達日を示す．Log-rank test, $*p < 0.0001$

区で卵形成阻害や抱卵数の減少が見られた．10 ng/L 区以上で鰓の欠損や壊死，脚の欠損や麻痺，脱皮障害などの外部形態の異常が認められた．このような形態異常は対照区では見られなかった．

以上の結果から，孵化後のTBT暴露は，ホソワレカラの性比に影響を及ぼさないが，生残，成長，成熟，生殖および形態形成などに影響を及ぼすことが明らかになった[36]．

3）卵発生期のTBT暴露がワレカラ類に及ぼす生物学的影響

孵化後（50日間）のTBT暴露により，現在もなお海洋環境中で検出されることがある 10 ng/L の濃度が，ホソワレカラの生残，生殖，成長などに影響を及ぼすことが明らかとなった．しかしながら，この期間の暴露では，本種の性比に変化が見られなかった．この結果は，既に性が決定・分化した個体に対してTBTが作用して雌が雄性化する腹足類の結果とは異なっており，生物によりTBTの作用機構が異なることを示唆している．また，本種では，孵化以前の卵発生期，すなわち性が決定・分化する前の時期のTBT暴露が，性比の変化に影響を及ぼしている可能性が示唆された．

そこで，ホソワレカラの卵発生期（5日間）に孵化後のTBT暴露実験と同様に5段階の濃度のTBT溶液を暴露し，一世代以上にわたる飼育により，性比などに及ぼすTBTの生物学的影響を調べた[37]．

産卵した雌は，卵発生期間に相当する5日間，各濃度のTBT溶液に暴露した．孵化した幼体は濾過海水で飼育し，観察を行った．成熟期に達した雌は雄と交配させ産卵を促し，卵形成や卵発生などの生殖状況を観察した．

TBTに暴露した雌の親個体については，成熟期1齢目に相当する暴露期間中に 100 ng/L 区以上で死亡が見られた．成熟期2齢目の産卵数は，対照区（0 ng/L 区）と比較して 10～1,000 ng/L 区で減少した．成熟期1齢目と，TBT暴露後の成熟期2齢目における産卵数を比較したところ，100 ng/L 区では3.5個，1,000 ng/L 区では2.9個であった産卵数が，次齢では各々1.3個，1.0個と減少が見られた．性比に関しては，雌の比率が，対照区では36.0％であったが，TBT濃度の上昇に伴い増加し，100 ng/L 区では85.7％，1,000 ng/L 区では81.8％となった（図3・9B）．卵の生残率は，対照区では100％であったが，TBT暴露5日間で 10～10,000 ng/L 区で0～69.2％と減少した（図3・10B）．孵化後の幼体を濾過海水に移行した後も，すべての実験区で生残率の減少が見られた．生残率は，成熟するまでに（39～45日）10～1,000 ng/L 区で15.6～

38.5％に減少した．幼体の各齢における体長および各齢への到達日数については，雌雄とも対照区と比較して各濃度区で有意差は認められなかった．成熟到達齢は，対照区（8齢）と比較して10～1,000 ng/L区（9齢）で遅延が見られた．成熟期1齢目では，100 ng/L区と1,000 ng/L区で卵形成阻害と抱卵数の減少が見られた．対照区と10 ng/L区ではこれらの生殖異常が認められなかったが，異常個体の割合はTBT濃度の上昇に伴い増加し，100 ng/L区で66.7％，1,000 ng/L区で100％となった．

以上の結果から，卵発生期のTBT暴露は，ホソワレカラの成長や形態形成に影響を及ぼさないが，生残，成熟および生殖に影響を及ぼすことが明らかになった．とりわけ，卵発生期に性比を攪乱することが示唆された[37]．

これらの一連の毒性実験より，ワレカラ類は沿岸生態系の生物の中で，TBTに対し極めてリスクの高い生物であることが明らかになった．さらに，現在も海洋環境中で検出される濃度レベルのTBTが，ワレカラ類では生残率や成長率の減少，生殖や形態形成の異常といった様々な生物学的影響を及ぼすことが明らかになった．とくに，孵化後50日間の長期の暴露では，性比の変化は見られなかったが，卵発生期のわずか5日間の短期のTBT暴露により，性比が劇的に変化することがわかった．

1・2・5 総 括
1）生物間におけるTBTに対する感受性および分解代謝能力の差異

ワレカラ類とヨコエビ類の急性毒性（LC_{50}）は，ワレカラ類ではヨコエビ類と比較して顕著に低いことが明らかになった．この結果を様々な生物のLC_{50}と比較すると，ワレカラ類はLC_{50}が最も低い生物であることが明らかになった（表3・4）[35, 38-42]．このことは，ワレカラ類がTBTに対し極めて敏感な生物であることを示唆する．さらに，ワレカラ類とヨコエビ類の体内の有機スズ化合物の組成を比較した結果，ワレカラ類では海水同様にTBTが70％と優占する一方，ヨコエビ類ではその分解代謝物のDBTとMBTが70％以上を占めていた．しかしながら，両生物間に含まれるTBTの濃度は同じであった．ワレカラ類とヨコエビ類は栄養段階，生息域，体サイズおよび生活史が類似しているにも関わらず，有機スズ化合物の組成に違いが見られた．生体内の有機スズ化合物の組成の違いは，環境中の有機スズ化合物の濃度および組成，各生物の分解代謝能力や栄養段階の差などの環境的要因，生理的要因および生態学的要因

に反映されると考えられている。本研究で用いたワレカラ類とヨコエビ類では，分解代謝能力以外の要因は類似している上，採集場所も同じである。したがって，両生物間で見られた有機スズ化合物の組成の差異は，両生物間のTBTの代謝能力の違いを反映し，その結果TBTの急性毒性濃度に差が生じたものと考えられた。

環形動物，節足動物および軟体動物などの水生生物はTBTを分解代謝する能力があることが知られており，その分解代謝能力は生物によって異なること

表3・4 海洋生物に対するTBTの48時間LC_{50}

種名	化合物	48時間LC_{50}（μg/L）*	水温（℃）	文献
藻類				
Skeletonema costatum	TBTO	15.6	ND **	38)
二枚貝類				
Crassostrea gigas	TBTO	1874	ND	39)
Crassostrea gigas（幼生）	TBTO	1.6	ND	39)
Ostrea edulis	TBTO	＞312	ND	39)
Mytilus edulis	TBTO	312	ND	39)
Mytilus edulis（幼生）	TBTO	2.5	ND	39)
カイアシ類				
Acartia tonsa	TBTO	1.2	20	40)
Eurytemora affinis	TBT	2.5	20	41)
端脚類：ワレカラ類				
Caprella equilibra	TBTCl	6.6	20	35)
Caprella penantis R-type	TBTCl	1.2	20	35)
Caprella verrucosa	TBTCl	1.3	20	35)
Caprella subinermis	TBTCl	4.6	20	35)
Caprella danilevskii	TBTCl	5.9	20	35)
端脚類：ヨコエビ類				
Jassa slatteryi	TBTCl	17.8	20	35)
Cerapus erae	TBTCl	21.2	20	35)
Eohaustorioides sp.	TBTCl	23.1	20	35)
十脚類				
Crangon crangon	TBTO	7.4	ND	39)
Crangon crangon（幼生）	TBTO	6.9	ND	39)
魚類				
Agonus cataphractus	TBTO	27.1	ND	39)
Oncorhyunchus mykiss	TBT	23.0	20	42)
Solea solea	TBTO	91.5	ND	39)
Solea solea（幼生）	TBTO	8.8	ND	39)

* TBTClに換算
** ND：データなし

が報告されている．これは生体内に存在する解毒システムの活性の違いに起因すると考えられている．TBTは生物体内で2段階の解毒代謝システムにより分解される．生体内に取り込まれた疎水性のTBTは，まずシトクロムP-450依存性の解毒酵素系である混合機能オキシゲナーゼ（mixed function oxygenase；MFO）で水酸化される．次にグルタチオンS転移活性系により硫酸化，炭水化物化されて親水性の物質となり，体外に排出される．脊椎動物あるいは無脊椎動物のMFOは細胞内の小胞体と密接に関わっており，リン脂質，シトクロムP-450，NADPHシトクロムP-450還元酵素から構成されている．以上のような機構で，有機スズ化合物は分解代謝して排泄が促進され，毒性が緩和される．このことは，シトクロムP-450の活性が低い生物ではTBT分解代謝能力が低くなることを示唆している．実際，TBT分解代謝能力が低いとされている軟体動物はP-450の量が少なく，MFOの活性が低いことが明らかになっている[43-45]．さらに，生物種間のTBT分解代謝能力の差は，TBTによるこれらの機構の阻害によることも考えられる．グルタチオンS転移活性系とシトクロムP-450に対しTBTが強く結合し，結果的に解毒代謝酵素系を阻害することが報告されている[46,47]．以上の知見と本研究の結果を踏まえると，ワレカラ類とヨコエビ類のTBTに対する急性毒性の差は，生体内の解毒酵素システムの活性，あるいはTBTによる解毒機構の阻害の差に起因すると考えられる．

2）TBTによる性の攪乱

これまでに報告されている性の攪乱についての野外調査では，ニジマスやワニの雌性化など，多くが女性ホルモン的作用を示す化学物質によるものとされており，その機構は性ホルモンレセプターを介したものである．しかしながらTBTについては逆に腹足類の雌を雄性化することが明らかになっている．このほか，野外における無脊椎動物の性の攪乱としては，カイアシ類やザリガニの間性個体の存在が報告されており，この原因として化学物質の内分泌機構の攪乱作用が指摘されている．しかしながら，これらの生化学的メカニズムについてはほとんど明らかにされていない．これは，無脊椎動物の内分泌機構がほとんど解明されていないためである．脊椎動物ではホルモンとTBTなどの化学物質を代謝するための経路が同じであることから，TBTはホルモン代謝を攪乱する可能性があることが指摘されている．無脊椎動物の中でも軟体動物では脊椎動物と内分泌機構が類似しているといわれている．なおTBTによる腹足類の雄性化（インポセックス）には，核内受容体の1種のレチノイドX受容体が

深く関わっている可能性が指摘されている．これらの詳細については，次項1・3で堀口氏により述べられている．

一方，ワレカラ類については自然界における間性個体の存在が確認されており，この性の攪乱がTBTをはじめとする化学物質に起因する可能性が考えられた．なお腹足類では，孵化後の雌個体に対しTBTが作用して，個体の性を雄へ転換させることが知られている．そこでワレカラ類においても，孵化後にTBTを暴露し，従来のインポセックスの実験と暴露時期を統一したところ，性の転換は確認されなかった[36]（図3・9A）．このことから，生物によりTBTの作用機構，あるいは作用時期が異なることが考えられた．そこで，卵発生期にもTBTの暴露実験を行ったところ，腹足類で雄性化が観察される濃度と同程度のTBT暴露で，ワレカラ類では逆に雌の比率が増加することが明らかになった[37]（図3・9B，図3・11）．したがって，腹足類とは異なり，ワレカラ類では卵発生期にTBTが性比を攪乱することが示唆された．ワレカラ類における性比攪乱の原因としては次の2つの可能性が考えられる．すなわち，① TBTが性決定機構を攪乱したか，あるいは，② 雄のTBTに対する感受性が雌よりも高いために雄の死亡率が増加したかのいずれかである．そこで，TBTの生残

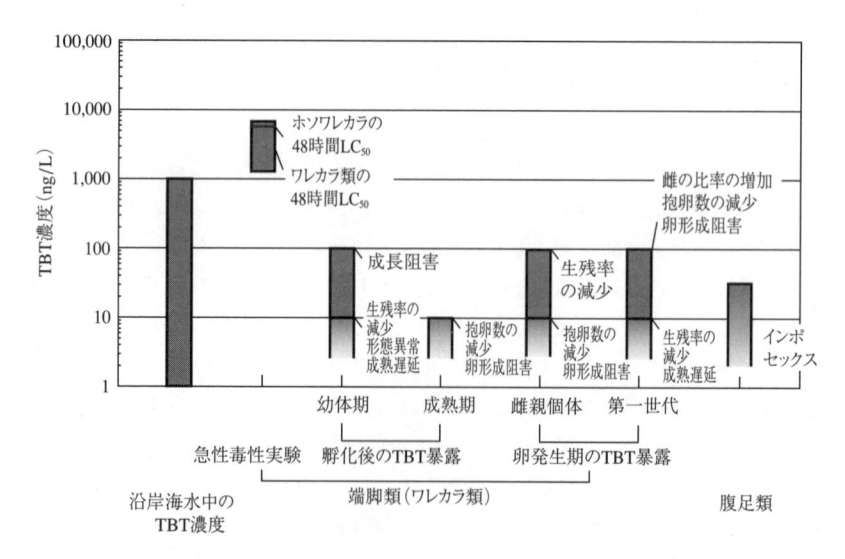

図3・11　ワレカラ類および腹足類におけるTBTの生物学的影響と沿岸海水中のTBT濃度レベルの比較

率への影響には雌雄差があるか否かについて検討したところ，高濃度の短期暴露実験，孵化後における低濃度の暴露実験，および卵発生期における低濃度の暴露実験のいずれの結果からも，TBTに対する生残率への影響には雌雄差が見られなかった[48, 49]．このことから，TBTはワレカラ類の性決定・分化機構を攪乱すると考えられる．

端脚類をはじめとする甲殻類軟甲亜綱に属する生物では，性分化を制御する造雄腺ホルモンの存在が確認されている．このホルモンは，雄に特有の造雄腺と呼ばれる器官から分泌され，雄の二次性徴を制御している．ワレカラ類は端脚類に属するため，このような性分化機構を有すると予想される．造雄腺は孵化後に形成されること，造雄腺を除去すると個体は雌性化することを考慮すると，ワレカラ類における卵発生期のTBT暴露による性比の攪乱は造雄腺の形成と深く関わっている可能性が高いことが推察される．ワレカラ類におけるTBTの造雄腺への影響に関しては，今後の検討課題である．

3) TBT汚染を検出する指標生物としてのワレカラ類の有効性

ワレカラ類に対するTBTの急性毒性濃度は，他の海洋生物の従来の知見より極めて低いこと（表3・4）[35, 38−42]，孵化後および卵発生期の暴露実験で，10 ng/Lの低濃度で生残率が顕著に減少すること[36, 37]が明らかになった（図3・11）．このことは，海洋環境レベルのTBTが，短期間の暴露で，ワレカラ類の個体群変動に影響を及ぼすことを示唆するとともに，この生物種のTBTに対する感受性の高さがTBT汚染を検出するための指標として有効であることを示唆している．これまでTBTによる沿岸海域の汚染のモニタリングの生物として，主に巻貝や二枚貝が用いられてきた．しかしこれらの生物は寿命が長く1年以上であるため，生活史のどの時点における汚染状況を反映しているのか疑問視されている．ワレカラ類は繁殖サイクルが約1ヶ月と短く，海藻に付着する生活型のため移動範囲が極めて狭い．さらに，潮間帯に生息する巻貝や二枚貝とは異なり，ワレカラ類は常に潮下帯を生息域とするため，有機スズ化合物汚染の状況について時空間的に変動の低い安定した環境下での詳細な情報が得られると考えられる．また，ワレカラ類は温帯〜亜寒帯の沿岸域に広く分布していることから，地球規模の有機スズ化合物のモニタリングには有効である．以上を踏まえると，ワレカラ類はTBT汚染の指標生物として最適な生物であると考えられる．実際，ワレカラ類を指標として，日本沿岸域における有機スズ化合物の汚染のモニタリングを行った報告がある[50]．1997〜1999年の調査

で，日本沿岸域では今なお有機スズ化合物が高濃度の海域が存在することが明らかになった．前述したように，船舶の航行頻度の高い東京湾や瀬戸内海だけでなく，過疎地域の大槌湾や天草および田辺湾などの湾奥部でも高い有機スズ化合物が検出されている．さらに，飛島や女川では，海水中の有機スズ化合物は検出限界以下であったが，ワレカラ類の体内では検出された（8〜36 ng/g 湿重量）．このことから，ワレカラ類を用いることにより，汚染の程度が極めて低い地域における有機スズ化合物を検出可能であることが明らかとなった．このことは，ワレカラ類が有機スズ化合物の汚染を検出するための指標生物として有効であることを示唆している．

4）TBTが個体群動態へ及ぼす影響

短期（5日間）[37]および長期（50日間）[36]のいずれのTBT暴露でもワレカラ類の生残率は低下した（図3・8A, B，図3・9）．生残率の低下は10 ng/Lの低濃度でも顕著であった．したがって，現在海洋環境中で検出される濃度でも，TBTはワレカラ類の生残に影響を及ぼしていることが考えられた．またこのほか，TBTは極めて低濃度でも性比，成長，成熟，生殖および形態形成などにも影響を及ぼすことが明らかになった（図3・11）．生殖阻害については，腹足類でTBT暴露により誘導されたインポセックスが生殖障害を引き起こし，最終的に個体群の減少に繋がることが報告されている[3, 33]．したがってワレカラ類においても，現在沿岸域において，個体群動態にTBTの生物学的影響が及ぶ可能性があることを示唆している．

実際に，大槌湾の湾口から湾奥の数地点におけるスガモ上のワレカラ類の密度データ[51]と，大槌湾内の数地点の海水中の有機スズ化合物濃度[25]を照らし合わせると，有機スズ化合物の濃度が高い湾奥の2地点では，湾口近くのワレカラ類の密度の約1/10である．また，TBTが使用される前の1960年代以前には，日本沿岸域において高密度のワレカラ類の個体群が確認されていた．1956〜1958年の瀬戸内海の笠岡湾内のホンダワラ群落に生息するワレカラ類の生物量は1.3 kg 湿重量/m^{2}であったが[52]，近年ではそのようなワレカラ類の高い密度は，日本をはじめ先進国沿岸域からは報告されていない．たとえば，1993〜1995年の大槌湾のホンダワラ群落に生息するワレカラ類の生物量は100 g 湿重量/m^{2}であることが確認されている[53]．また，TBTの使用が一部禁止された後，沿岸域のTBTによる汚染が減少していることが報告されているが，日本沿岸域のTBT汚染は依然継続しており，検出限界レベルから160 ng/Lで，その

平均値は10 ng/Lである[50]．スペイン，フランスおよびカナダなどの先進国の沿岸域でも，様々な海洋生物および海水中のTBT汚染が継続しており，TBTの使用規制がないアジアやオセアニア諸国と同様の高いレベルで汚染されている．さらに，狭い河口域では，モーターボートやヨットなどを係留するための施設がある波止場がTBT汚染の高い負荷源で，24～2,440 ng/Lと幅広い範囲で検出されている．本研究では，短期および長期にわたる10 ng/Lの低い濃度のTBT暴露により，ホソワレカラの個体数が50日後には実験当初の40～25％以下にまで減少した（図3・8A, B）．この結果は，対照区の個体の50日間の生残率が100％であったことを鑑みるとより顕著であるといえる．またこのほか，沿岸域で観測されるレベルのTBT暴露でも，成長や形態形成，そして性比攪乱や生殖など，次世代への影響も考えられる様々な生物学的影響が認められた．以上から，現在の海洋環境レベルのTBTが，今なお沿岸域に生息するホソワレカラの個体群動態に負の影響を及ぼしていることが考えられる．食物連鎖の低次に位置するワレカラ類の個体群変動は，これらを捕食する高次消費者の生残にも影響を及ぼし，沿岸生態系の均衡に影響を及ぼすものと考えられる．

1・2・6 今後の課題

TBTは腹足類では雄性化を誘導することが知られているが，本研究ではワレカラ類で逆に雌の比率を増加させることが明らかになった．これらの生物学的影響は，現在もTBTがワレカラ類の個体群動態に影響を及ぼしていることを示唆している．ワレカラ類は，岩礁性魚類の主要な餌生物であり，生物量の多い低次生産者として沿岸生態系では重要な役割を果たしている．したがって，ワレカラ類の個体群変動は沿岸生態系の均衡に影響を及ぼすものと考えられる．種の存続に影響すると考えられるTBTの性の攪乱の機構については，今後，分子生物学的および内分泌学的手法による解明が急務である．

国際海事機関（IMO）は，有機スズ系防汚塗料の国際的な使用禁止を提案し，2003年に新規使用の禁止，そして2008年に使用の全面禁止を決定した．しかしながら現在，途上国の一部港湾域や養殖産業の盛んな海域でも，日本沿岸の汚染に匹敵する例が報告されている．多くの途上国では有機スズ化合物の使用規制に関する法律が整備されておらず，汚染のモニタリング調査も皆無である．東南アジア地域では今後防汚塗料の使用が増大すると予測されており，有機スズ化合物による海洋環境の汚染はさらに拡大する可能性がある．本研究から，

ワレカラ類を用いることにより時空間的に精度の高い海洋環境の調査が可能であることが明らかになり，有機スズ化合物のモニタリングの指標生物として本種は最適であることが示唆された．今後，これまで調べられていない途上国をはじめ世界各地に生息するワレカラ類を生物指標として用いて有機スズ化合物の汚染状況を調査し，予測される生物学的影響を提示することは，沿岸生態系の保全の研究を進展させる上で極めて重要であり急務であるといえる．

(大地まどか)

1・3 巻貝類のインポセックス発症機構

1・3・1 巻貝類の内分泌系に関する既往知見

一般に，内分泌系に関する基礎知見は，無脊椎動物においては脊椎動物ほど多く得られていない[14]．巻貝類を含む軟体動物においても例外ではない[14]．巻貝類の内分泌に関してこれまでに得られている知見は，ほとんどがある種の後鰓類（例えば，カリフォルニアアメフラシ *Aplysia californica*）と有肺類（例えば，ヨーロッパモノアラガイ *Lymnaea stagnalis*）についてのものに限られ，内臓神経節や脳神経節あるいは摂護腺から分泌される神経ペプチドが産卵ホルモン，排卵ホルモンあるいは放卵ホルモンとして作用するという[54-56]．一方，インポセックスは巻貝類の中でも前鰓類に特有の現象であることから，前鰓類の内分泌系に関する基礎知見が，有機スズ化合物がどのように作用してインポセックスが誘導され発症するかというメカニズムを考える上で参考となるであろう．しかしながら，前鰓類の内分泌に関する基礎知見は，これまでのところ，ほとんど得られていない．

LeBlancら[14]は，既存の文献情報を整理して巻貝類の性ホルモンに関するレビューを行なった．それによると，巻貝類はペプチドホルモンとともに，脊椎動物様のステロイドホルモンももっているという[14]．但し，ペプチドホルモンとステロイドホルモンのどちらが上流（上位）にあって他方を制御しているかなどの詳細は明らかでない．LeBlancら[14]は，具体的な報告事例を列挙しながら，巻貝類の性ホルモンとして脊椎動物様ステロイドホルモンの存在と作用を示唆している[57-59]．しかしながら，いくつもの疑問点を指摘せざるを得ない．まず，脊椎動物様ステロイドの存在に関して，ガスクロマトグラフ質量分析計（GC/MS）による同定は，決定的な証拠にはならない[60]．陸ら[61]は，イボニシ

とバイの生殖巣ホモゲネートからステロイド画分を抽出してシリル化した後，高分解能 GC/MS で計 5 種のステロイドを同定した．しかしながら，そのうちの 1 種は，合成ステロイドであるエチニルエストラジオール（EE_2）であった[61]．EE_2 の検出は，① 巻貝が生体内で EE_2 を合成できる特別な酵素を有している，または，② 環境汚染の結果として体内に取り込んだものである，のいずれかと考えられる．動物は体内で EE_2 を合成できないと考えられているため，おそらく ② が正しいであろう．そうであれば，他の 4 種の脊椎動物と同様のステロイドの検出も，同様に考えるべきであろう．すなわち，巻貝類が脊椎動物様ステロイドを固有にもっているのかどうか，明らかでない[60]．また，LeBlanc ら[14] の指摘には，生物学的に極めて重要な視点が欠落している．すなわち，巻貝類の生殖巣におけるステロイド産生細胞の存在が確認されていないほか，アロマターゼに代表されるステロイド代謝酵素に類似した活性は観察されているものの，タンパクとしての精製には成功例がない[60]．いわゆるアロマターゼを巻貝類が本当にもっているのかどうか，未だ証明は不十分である．さらに，脊椎動物様ステロイドホルモンの受容体が，現在までのところ，巻貝類においては見つかっていない[60]．カリフォルニアアメフラシでエストロゲン受容体（ER）様 cDNA が単離されたが，これはエストロゲンと結合せず，リガンド非依存的な転写活性因子であることが明らかとなった[10]．イボニシにおいても，同様に，ER 様タンパクがクローニングされたが，エストロゲンと結合せず，リガンド非依存的な転写活性因子であると見られる（勝・井口・堀口，未発表データ）．また，無脊椎動物のゲノム解析の結果，ER やアンドロゲン受容体（AR）をコードする遺伝子が見い出されないことが明らかとなっている[8]．受容体がなければ，リガンドとしてのステロイドが存在したとしても生理作用は示さないであろう[60]．巻貝類において脊椎動物と同様のステロイドが存在し，性ホルモンとして生理機能を有するとの作業仮説の証明は，上述の諸点に照らして為されねばならないであろう．

1・3・2 巻貝類にインポセックスを誘導・発症させる有機スズ化合物の作用機構

1) インポセックスの原因物質と誘導メカニズムを巡る仮説

インポセックスの原因物質

2 章（§2. 2・1）において述べたように，インポセックスは，トリブチルス

ズ (TBT) やトリフェニルスズ (TPT) などのある種の有機スズ化合物によってほぼ特異的に，しかもTBTの場合には1 ng/L程度のごく低濃度でも引き起こされ，また成長段階（年齢）に無関係にこうした有機スズ化合物に曝露されると誘導される[62-66]．一方，インポセックスを引き起こす有機スズの化学種については作用の強弱とともに影響の有無に関して種差があり[66-68]．TBTとトリプロピルスズ (TPrT) はイボニシ *Thais clavigera* においてもヨーロッパチヂミボラ *Nucella lapillus* においても陽性であるが，TPTの作用は両種間で全く逆である[64-66]（表2・9, p.115参照）．淡水巻貝 *Marisa cornuarietis* でもTPTによりインポセックスが引き起こされる[68]．現在のところ，これらは各種有機スズに対する感受性の種差によるものと考えざるを得ず，種差の由来の解明は今後の課題である[65, 69]．

インポセックスの誘導メカニズムを巡る仮説

インポセックスの誘導メカニズムに関する既存の仮説は，①アロマターゼ阻害説[3]，②アンドロゲン排出阻害説[4]，③脳神経節障害説[70]および④APGW-amide関与説[71]の4つである．このうち，①と②はステロイドホルモンに，③と④は神経ホルモンにそれぞれ注目した仮説である．①についてはTBTがアロマターゼを阻害することによって体内アンドロゲン（テストステロン）濃度の上昇を招き，エストロゲン（エストラジオール）との比の著しい不均衡をもたらして，過剰なアンドロゲン（テストステロン）が受容体との結合を介して雌の雄性化の引き金になるというものである[3]．また，②についてはTBTが硫酸抱合能を阻害することにより，アンドロゲン（テストステロン）とその代謝産物を硫酸抱合体として体外へ排出することが抑制される結果，体内アンドロゲン（テストステロン）濃度の上昇を招き，雌の雄性化を引き起こすというものである[4]．一方，③については，雌では，本来ならば足神経節から分泌されるペニス形成促進因子に対して脳側神経節からペニス形成を抑制する因子が分泌されてペニス形成が抑えられているのをTBTが阻害するため，雌におけるペニスの形成・発達が起きるとするものである[70]．また④は，ヨーロッパモノアラガイにおいて存在が知られている神経ペプチドの1種，APGWamideが前鰓類にも存在し，ペニス形成因子として作用するというものである[71]．

いずれの仮説もそれぞれ複数の実験により導き出されたものであるが，なお十分でない．筆者らがこれまでに実施してきた各種検証実験で，いずれもインポセックスが十分に再現されなかった（堀口・杉本・高橋・三浦・太田・井

口・渋谷・長尾・森下・松島, 未発表データ) ことが, これら4つの既存仮説をいずれも支持できない最大の理由であるが, それぞれの固有の実験データを見ても, いくつもの疑問がある. ①アロマターゼ阻害説[3]と②アンドロゲン排出阻害説[4]については, 上述したステロイドホルモンの存在と作用そのものに対する疑問がある上に, 付言すれば, ①アロマターゼ阻害説[3]については, テストステロン濃度の上昇とペニス成長の時系列変化に矛盾があり, ②アンドロゲン排出阻害説[4]については, 急性影響の可能性を排除できない. 一方, ③脳神経節障害説[70]については, ペニス形成促進因子と抑制因子が今もなお不明のままであり, 更なる検証が困難となっている. ④APGWamide関与説[70]については, これら4仮説の中でも, とりわけインポセックスの出現率が総じて低い上, 発達するとされるペニスの大きさ (長さ) が著しく小さい点を指摘せざるを得ない. 天然海域で観察されるインポセックス個体や実験室内での有機スズ曝露によって生じたインポセックス個体と比べて, ペニスが極端に短いのである. したがって, インポセックスの出現率とともに, 発達するとされるペニスの大きさ (長さ) の点で, 既存の4仮説は支持されない.

2) インポセックスの誘導メカニズムに関する新たな仮説:
レチノイドX受容体 (RXR) 関与説

インポセックスの誘導メカニズムに関する既存の4仮説がいずれも支持されないことから, 筆者らは有機スズ化合物による巻貝類のインポセックス誘導・発症機構には, 従来考えられてこなかった別なメカニズムが存在すると考えた. 本章 (§1.1・1) で述べられているように, 有機スズ化合物とヒトのレチノイドX受容体 (hRXR) との親和性に着目し, 巻貝類のインポセックス誘導・発症機構を解明する一環として, 核内受容体の1つであるレチノイドX受容体 (RXR) に注目し, その特異的リガンドである9-cisレチノイン酸 (RA) を用いてイボニシのインポセックスに及ぼす影響を検討した[16]. すなわち, 茨城県ひたちなか市平磯で採集したイボニシを用いて, 雌のみを選び出して20個体ずつの3グループに分け, 対照区 (牛胎児血清 (FBS)), 9-cis RA区および陽性対照としての塩化トリフェニルスズ (TPTCl) 区として, 試験溶液をイボニシの足部に注射して流水環境下で1ヶ月間飼育した[16]. その結果, 9-cis RA区でインポセックス出現率が50％であり, 対照区 (FBS) の10％に対して1％危険率で有意差が認められ, ペニス長および輸精管順位においても, それぞれ, 1％および0.1％危険率で対照区と有意差が見られた[16] (図3・12および図3・

13)．ペニスが伸びた個体では，TPT区と同様，最長で6 mmを超え，ペニスであることが組織学的に明瞭であった[16]（図3・14）．筆者らはこれまでにインポセックス発症機構を探る種々の実験を行ってきたが，これほど明瞭にペニス伸長を引き起こした物質は，TBTやTPTなどの特定の有機スズ化合物以外では，9-cis RAが初めてである．またTBTなどの有機スズ以外の物質でペニス伸長をこれほど明瞭に引き起こした物質は文献にも見当たらず，世界規模で見

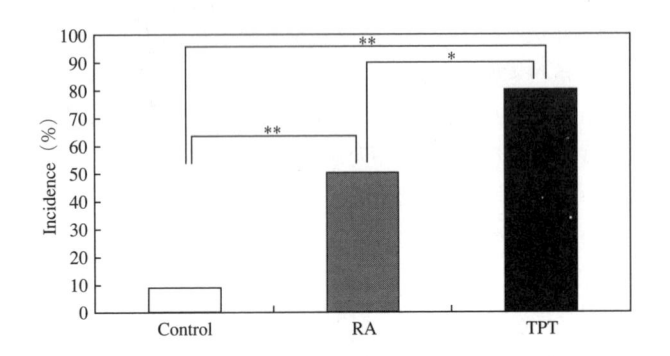

図3・12 雌イボニシのインポセックス誘導に及ぼす9-cisレチノイン酸の効果[16]
Control：対照，RA：9-cisレチノイン酸（9-cis RA），TPT：塩化トリフェニルスズ（TPTCl）
* $p < 0.05$, ** $p < 0.01$

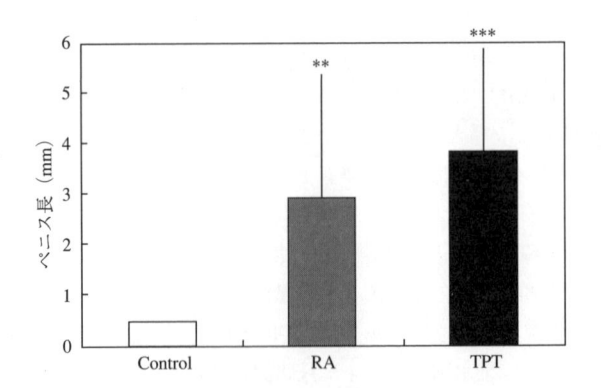

図3・13 雌イボニシのペニスの成長に及ぼす9-cisレチノイン酸の効果[16]
Control：対照，RA：9-cisレチノイン酸（9-cis RA），TPT：塩化トリフェニルスズ（TPTCl）
** $p < 0.01$, *** $p < 0.001$

§1. 環境生物に対する作用機構 215

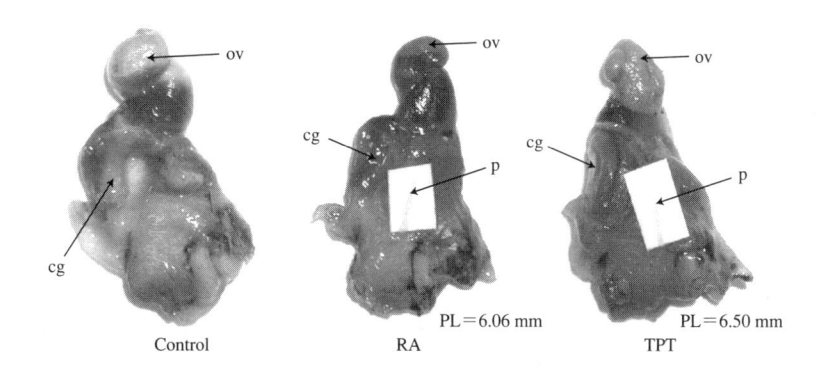

図3・14 9-cisレチノイン酸の筋肉注射を受けた雌イボニシにおけるペニスの成長[16]
Control：対照，RA：9-cisレチノイン酸（9-cis RA），TPT：塩化トリフェニルスズ（TPTCl）
cg：卵嚢腺，ov：卵巣，p：ペニス，PL：ペニス長

ても，9-cis RAは初めて確認された有機スズ以外のインポセックス増進作用をもつ物質である．興味深いことに，共同研究者である阪大・西川淳一助教授グループは，TBTやTPTがhRXRに対して，本来のリガンドである9-cis RAと同等の強いアゴニスト活性を有していることを観察している[16]が，イボニシからクローニングされたRXRも，そのアミノ酸配列がhRXRと相同性が高いだけでなく，同様に，9-cis RAとの濃度依存的結合や，TBTおよびTPTの9-cis RAに対する競合阻害活性が観察された[16]（図3・15および図3・16）．したがって，RXRに対するTBTやTPTのアゴニスト作用がインポセックス現象の誘導・発現に深く関わっていることが示唆された[16]．また，3種類の濃度の9-cis RAを用いて筋肉注射試験を再度行った結果，9-cis RAのインポセックス増進効果には用量依存性が認められた（Horiguchi, Nishikawa, Ohta, Shiraishi, Morita, in preparation）．

現在までに，RXR遺伝子およびタンパクの部位別発現量や有機スズ曝露後の経時的な発現量変化をフィールドで採集したイボニシや有機スズ曝露実験で供試したイボニシを用いてreal time RT-PCR法やウェスタンブロッティングあるいは免疫組織化学染色を行なって検討してきているが，いずれもRXR関与説を支持するものであった（Nishikawa, Horiguchi, Ohta, Shiraishi, Morita, in preparation）．

216   3章　水生生物に対する作用機構に関する研究の深化

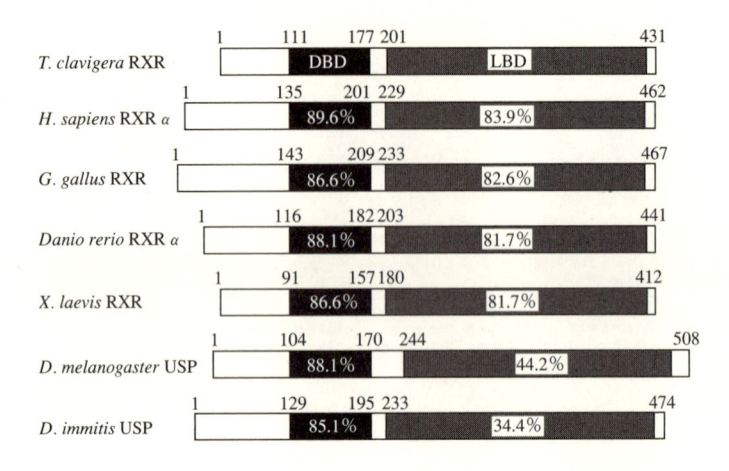

図3·15　イボニシRXRと関連する核内受容体のアミノ酸配列の比較[16]

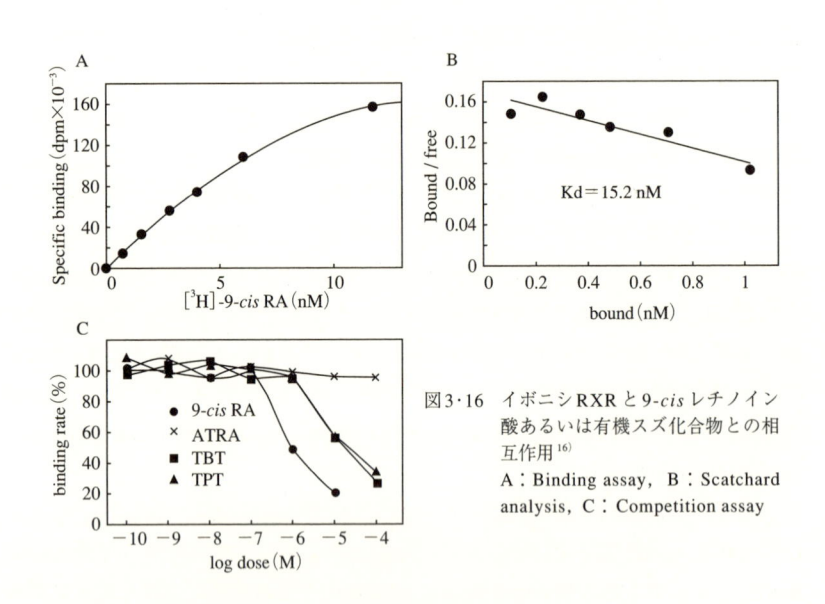

図3·16　イボニシRXRと9-*cis*レチノイン酸あるいは有機スズ化合物との相互作用[16]
A：Binding assay, B：Scatchard analysis, C：Competition assay

1·3·3　おわりに

有機スズ化合物（TBTやTPT）がごく微量であっても特異的に引き起こすと知られてきた巻貝類のインポセックスは，野生生物において観察される，因

果関係の確かな内分泌攪乱現象としても広く受け入れられてきた.ごく最近まで,その誘導メカニズムとしてアロマターゼ阻害説[3]が最有力の仮説であると世界中の多くの研究者に受け止められてきたが,実際には,それは正しくないであろう.おそらくほとんど誰も予想しなかったであろう,核内受容体のRXRを介した有機スズ化合物(TBTやTPT)の作用でインポセックスが引き起こされることが,ほぼ間違いないと判断される信憑性の高い実験データが獲得され,蓄積されつつあるためである.アロマターゼ阻害説[3]が最有力であると多くの研究者に受け止められた背景には,巻貝類も脊椎動物と同様のステロイドホルモンを有するという思い込みがあったのではないだろうか.一つ一つ実験データを積み重ねるうちに,既存の仮説がいずれも棄却され,何も残らなくなり,さらには,巻貝類の性ホルモンも脊椎動物と同様のステロイドホルモンであるとする内分泌に関する既往知見にさえも疑問がもたれた時,筆者は戸惑ったが,一つ一つ冷静に改めて検証を行ない,妥当な結論に辿り着いた.一連の出来事は,思い込み,あるいは先入観が真実を見る眼を曇らせる,いかに恐ろしいものであるかの教訓でもある.

　RXRというキーワードで一つのブレークスルーが開かれたが,残された疑問点や解明されるべき課題は,なお多く残されている.TBTやTPTが巻貝類にインポセックスを引き起こす,すなわち,雌にペニスや輸精管がいかにして分化し成長するかの詳細な機序のほか,曝露に関するcritical periodの有無やそこでの閾値などを明らかにする必要がある.また,インポセックスと類似の現象と考えられるヨーロッパタマキビガイ *Littorina littorea* の間性[72]やアワビ類における雌の雄性化現象[73-75]の誘導メカニズムも,インポセックスと共通のメカニズムとして考えられるのかどうか,も今後に残された課題である.また1991年8月に神奈川県・油壺で採集された雌イボニシおよび2005年7月に韓国のMyo-doで採集された雌イボニシにおいて,インポセックス症状とともに卵嚢腺の開裂(それぞれ,内側および外側)が観察された(Horiguchi, Lee, Cho, in preparation).卵嚢腺の開裂(内側)はイギリスヨウラクガイ *Ocenebra erinacea* でも報告例がある[76]が,卵嚢腺の開裂や卵巣における精巣組織の形成は,ペニスや輸精管の発達と同様のメカニズムで論じることは不適当かもしれない.この点も,今後の研究を通じて解明されねばならないであろう.

(堀口敏宏)

§2. 魚類に対する作用機構

2・1 魚類における有機スズ化合物の体内動態と化学形

2・1・1 トリブチルスズ化合物の化学的特性並びに代謝が蓄積に及ぼす影響

これまで疎水性中性化合の生物濃縮性を予測する上でオクタノール-水分配係数 (K_{ow}) がしばしば使用されてきた。トリブチルスズ化合物 (TBT) は基本的には疎水性であり，熱力学的には脂質に蓄積する傾向を有する．しかしながら山田[77]はTBTおよびトリフェニルスズの経鰓濃縮係数 (BCF) とオクタノール-水分配係数 (K_{ow}) の間に明確な相関は認められなかったとしている．この点，TBTは生物学的に活性の低いDDTあるいはPCBといった一般高蓄積性物質と大きく異なる．この理由として以下の幾つかの点があげられる．

TBTの分子形はpHに強く影響される．Laughlinらは海水に添加した酸化トリブチルスズ (TBTO) の抽出液について^{119}SnNMR測定を行い，pH7以下ではTBTOは水酸化トリブチルスズ水素化イオン ($TBTOH_2^+$) および塩化トリブチルスズ (TBTCl) として存在し，両者はTBTClとしてクロロホルム層に抽出される．また海水のpH8付近ではTBTCl，水酸化トリブチルスズ (TBTOH) およびTBTOHの炭酸塩$Bu_3SnOCO_2^-$の形で抽出される．EI/MS測定の結果，このpHでは60％がTBTCとして存在し，pHを10にするとTBTOHと炭酸塩が増加すると報告している[78]．一方，Arnoldら[79]によればTBTの酸解離恒数 (pKa) は6.25で，水のpHがpKaに等しいときTBTの半分がTBT$^+$ (Bu_3Sn^+) として存在する．しかしpHが高くなるにつれイオン形のTBT$^+$は減少し，水中に存在する各種陰イオンとイオン対を形成し，海水のpH (pH8) では93％がTBTOHとして存在する．それ故，TBTの生物濃縮はpHに大きく依存し，海水中でのlogK_{ow}は4.4，一方淡水 (pH6) では1桁低い[79]．しかし，海水で3.54，蒸留水で3.19～3.84[80]との報告もある．また実際にBCFを測定した例として，Fentら[81]はオオミジンコがpH8でpH6.0の時より2倍近く濃縮すると報告している．またこのイオン性は有機炭素，微生物あるいは底質などへの吸着，化学反応，そして異なるpH並びに異なる温度下におけるTBTOの溶解度に対し，大きな影響を与えると考えられている[80, 82]．

TBTの使用形態としての化学系が吸収に及ぼす影響について幾つかの報告が

ある.すなわちTBT$^+$のカウンターパートである陰イオンの種類にはCl$^-$, Br$^-$, F$^-$, CH$_3$COO$^-$などが知られ,その他塩の形をとっていない酸化トリブチルスズ(TBTO)がある.しかし,Laughlinらの研究[78]によれば,これらのTBTは結合する陰イオンとは無関係に海水中では共通の分子種に変換されたのち,生体に吸収されるとしている.

他方,排泄速度に影響を及ぼす因子として,TBTとして排泄される以外に生体内における変換,すなわち代謝があげられる.BCFは[対象生物中のTBTの組織中濃度]/[水中のTBT濃度]で表されるがこれはまたk_{w1}/K_1でも表される(k_{w1}=吸収速度係数;K_1=排泄速度係数).このK_1には排泄そのものも含まれるが,その他代謝分解といった要因も含まれている(2章§3.1・4を参考).したがって,有機スズ化合物のBCFは魚種間での差が大きく,一般に代謝能力(排泄能力)のある魚種のTBTの経鰓濃縮係数(BCF)は低く,能力の低い魚種にあっては高いと考えられる.

魚介類あるいは海洋小生物への吸収が水,底質を経て取り込まれるのか,あるいは餌を通じて取り込まれるのかはまだはっきりしない面が多い.しかしながら,これに関する研究として二枚貝(ハマグリ)を用い,餌として植物プランクトンに吸収させた^{14}C-TBTを用いた60日間の研究によれば,最初の2~3週間は消化管に分布していたが,その後体内で再分布を起こしたとしている[83].これが,単に存在場所を変えたものか,TBTC自身の化学形を変化させたのち移動したものかは明らかでない.また,水,あるいは底質に含まれるTBTを二枚貝に与え,その吸収を60日間について調べてみたところ,水からの吸収が主であったこと,そしてその主たる蓄積部位は鰓であった.また底質からは幾分は利用されたが,その場合にも大量の水が必要であったとしている[84].このことから,少なくともTBTは水を経由して吸収されている可能性が高い.

ここでは,野外で起きている現象を実験室で明らかにするため,食用に養殖されるマダイ*Pagrus major*を研究対象として,実験室において経鰓経由でTBTOに曝露した.TBTOの筋肉,および他の組織への蓄積,代謝および排泄を16週間にわたり観察した結果について述べる[85].

2・1・2 標準品および有機スズ化合物の測定

標準品並びに略語については2章§3.1・2 表2・10を参照されたい.

TBT投与に際しては,TBTOという化学形で投与したが,水中濃度および

得られた結果はすべてTBTCに換算して表示してある.

定量に際しては内部標準物質として一定量のトリプロピルエチルスズ（Pr3SnEt）を加えて定量した. なお測定値はすべてng/g湿重量で表示した.

2・1・3 マダイの飼育およびTBTO処理[9]

21 ± 1 ℃で約1週間順化したのち, 体重17.7 ± 2.1 g（平均値±SD）のものを実験に供した. 1群33匹のコントロール群, 低濃度曝露群（低TBTO群, 163 ± 38 ng/L, mean ± SD, n = 6) および高濃度曝露群（高TBTO群, 326 ± 59 ng/L, mean ± SD, n = 6) の各3群を飼育水槽（45 L) 中, 流水系（活性炭処理海水500 ml/分）にて飼育した. 魚は市販の飼料（TBTO濃度＜10 ppb）を週6日, 30 mg/g体重を1日2回与えた. TBTOはアセトン-DMSO（1:9, v/v）混液に溶かし, この適量を20 Lの水で希釈, ポンプで5 ml/分の速度で水槽に送り込んだ. コントロール群にはアセトン-DMSOのみで調製した水溶液を送り込んだ. 飼育水槽中の海水中のTBTO濃度は蓄積段階の実験開始前, 1, 2, 4, 6および8週後に, 並びに排泄期間の9, 10, 12, および16週後に測定した. 同時に試料魚各3匹を取り出し, 体重測定後, 筋肉, 肝臓, 鰓, 消化管に分け, 測定まで-40℃で保存. コントロールとTBTO処理群との間で体重の差は見られなかったが, 高TBTO群では3匹が蓄積後期に死亡した. ブルーギルサンフッシュを除き魚の96-h/LC_{50}は2.30～34.8 ng/L（TBTCとして）[80]であることから3/33の死亡率は妥当な線と考えられる.

2・1・4 試料溶液の調製

抽出は, 本質的にはDirkxら（1989）の方法[86]によった. 簡単に述べると, 海水をクエン酸-燐酸緩衝液でpH 5としたのちジエチルジチオカルバミン酸ナトリウムでキレートとし, ヘキサン抽出した. これをメチルマグネシウムブロミド（MeMgBr）でメチル化し試料溶液を作成した.

組織からの抽出の詳細はSuzukiらの方法[87]によった. 簡単に述べると, 試料ホモジネートを塩酸酸性でエーテル抽出したのち, エーテル抽出液をヘキサン／アセトニトリル（MeCN）分配を行った. ヘキサン層は再度MeCNで抽出し, MeCN層は合併した. ヘキサン層は濃縮し, 残渣をフロリジルカラムにより一部ヘキサン層に残存しているTBTCを集め, これを1％酢酸含有エーテルで溶離し, MeCN層と合併した. MeCN層は塩酸処理したフロリジルカラムに

より有機スズ化合物を精製し,MeMgBrによりメチル化し,試料溶液を作成した.

2・1・5 定性,確認

高TBTO処理1週間後のマダイ肝臓中の有機スズ化合物のガスクロマトグラフィー(DB-5)/ヘリウムマイクロ波励起プラズマ/原子発光検出器(HP社製)によるクロマトグラムを図3・17に示した.GC上の各ピークは保持時間に基づいて,図に示された有機スズ化合物に帰属された.MBTC,DBTC,D3OH,D3CO,TBTC,D4OH,DCOOH,T3OH,T3COおよびT4OHの順

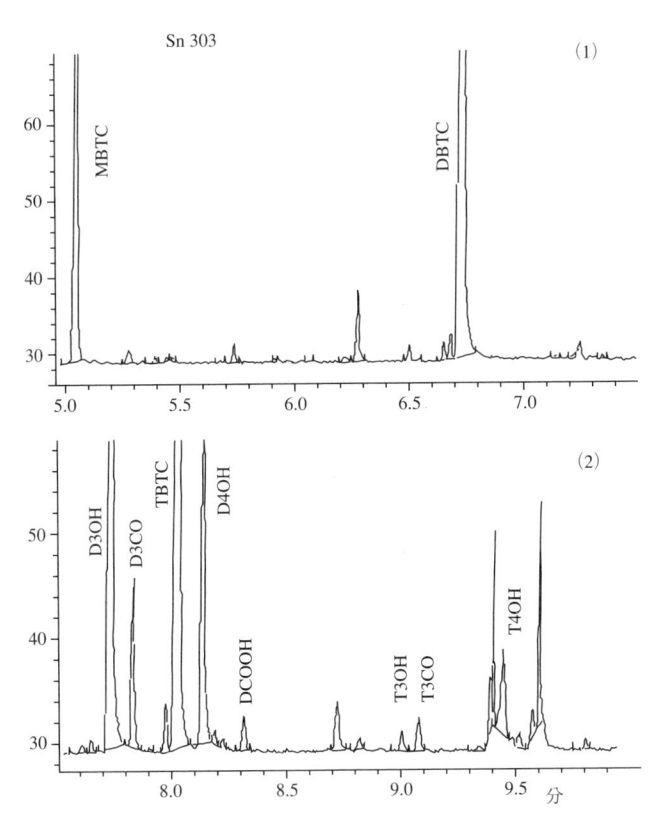

図3・17 マダイ肝臓抽出物のメチル化物のガスクロマトグラフィー/ヘリウムマイクロ波励起プラズマ/原子発光検出器クロマトグラム(DB-5);略語は2章§3.3・1表2・10を参考.

に溶出された．このことは他のカラム，HP-1 および DB-1701 によっても確認された．また，ガスクロマトグラフィー／質量分析計によっても確認された．

2・1・6　組織内分布，代謝および排泄
1）筋　肉

図3・18は低TBTO群（A）と高TBTO群（B）の筋肉組織の有機スズ化合物の濃度を示す．最初の8週間は蓄積期であり，次の8週間はTBTO投与中止後の排泄期である．天然海水中のTBTC濃度は，比較的高い汚染地域で100 ng/L，低い地域で1～10 ng/L位（Bu_3Sn^+として）[80]であることから，本研究で使用されたTBTO濃度（TBTC濃度）は自然環境での汚染よりも幾分高いレベルである．図3・18から明らかなように，DBTCとTBTCのみが筋肉中に検出され，いずれの曝露レベルにおいても8週間の蓄積期間中には定常状態に到達せず，TBTC濃度は低TBTO群（540 ng/g筋肉）および高TBTO群（940 ng/g筋肉）ともに，蓄積期最終の8週目がピークであった．しかし高TBTO群の蓄積濃度は低TBTO群の2倍に到達していない．DBTC濃度は両TBTO群においていずれも低く，TBTC/DBTC比は処理8週目で26以上であった．一方，これまでの調査によれば，天然魚の筋肉中では，種々の魚においてもっと低いTBTC/DBTC比が観察されている：範囲＝2.4～30，n＝12，平均＝9.4 [88]；範囲＝0.9～16.7，n＝28，平均＝5.6 [87]．実験室間あるいは環境中で

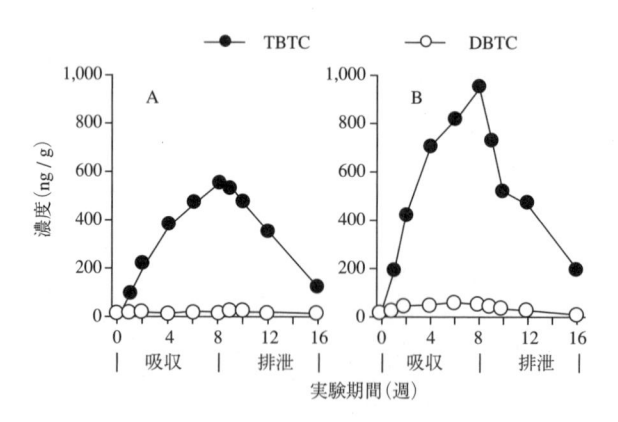

図3・18　TBTO含有海水に曝露されたマダイ筋肉中の有機スズ化合物の蓄積と排泄：A, 163 ng（TBTCとして）/L；B, 326 ng（TBTCとして）/L.

の筋肉中におけるTBTC/DBT比の変動原因は対象魚種の差，TBTOへ曝露されたのち採取されるまでの経過時間，曝露濃度などによることは明らかである．

1991年，東京都内で購入した魚の筋肉，卵および肝臓について有機スズの化学形について調査[87]したところ，タチウオ，ハマチおよびマコガレイの筋肉中においてTBTCおよびDBTC以外にそれらの水酸化物の存在が確認された．しかしながら，ここで述べる実験室内でのマダイによる代謝研究では，筋肉中ではDBTCおよびTBTCのみが見出されただけで，他の代謝物は見出されなかった．断定はできないが，この理由として，前者は漁網による曝露，後者は高濃度の底質に，いずれも高いスズ濃度の環境に長期間，曝されたことに原因があるのかもしれない．

2) 肝　臓

図3・19に肝臓中に蓄積された有機スズ化合物の時間的推移を示す．10個の有機スズ化合物が検出され，確認された（図3・17）．図3・19に示された結果は筋肉中と明らかに異なる．すなわち，TBTCあるいはDBTCの濃度は筋肉中よりも遥かに高い．低TBTO群の最初の4週間ではTBTC＞DBTCであったが，6週目から低TBTO群および高TBTO群の両方においてDBTC＞TBTCとなった．低TBTO群でのTBTC濃度は筋肉中とは異なり，6週目でピークとなった．一方，高TBTO群におけるTBTC濃度は2週目にして既にピークに到達している．この現象に対して2つの理由が考えられる．その1つは薬物代謝

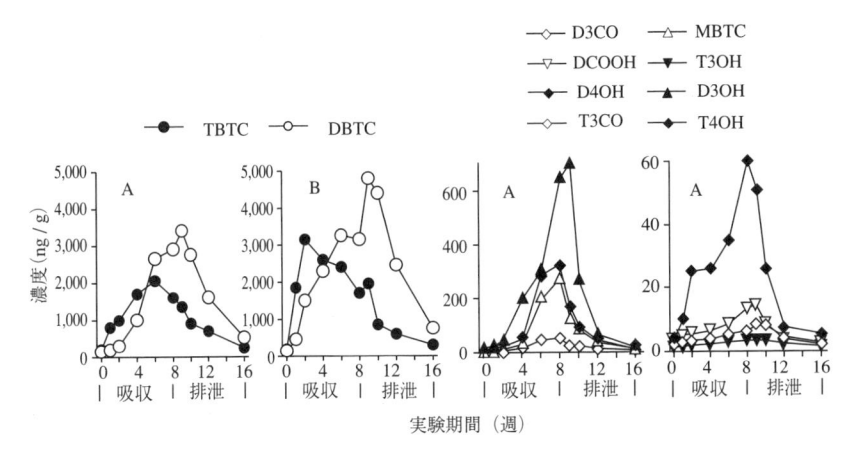

図3・19　TBTOに曝露したマダイ肝臓中の有機スズ化合物の蓄積と排泄：A，163 ng（TBTCとして）/L；B，326 ng（TBTCとして）/L．

酵素に対する影響，もう1つはTBTOの吸収の阻害である．しかしながら，蓄積期間中，筋肉中のTBTC濃度は増加することから，後者の可能性は否定される．今回の実験結果によれば，図3・19に示されるように，低TBTO群の2倍の海水濃度に曝露された高TBTO群において，肝臓中でのDBTCの増加は1.4倍に近い値となっている．したがって，必ずしもP450への大きな影響があったとは考え難い．そして，TBTCは肝臓中において一定の濃度に達すると速やかに代謝され，大量には肝臓中に蓄積しないと考えられる．他方，DBTCは吸収期間完了後，低TBTO群および高TBTO群ともに9週目にピークに達した．吸収の最後の週である8週以前にTBTCの最大値が存在することは薬物代謝酵素が肝臓中に誘導されたと考えられる．しかしながら，Fent and Stegeman[89]は，in vivoにおける魚の酵素系に対する影響の1つとして，TBTOは魚の肝P450を破壊しP420にすると述べている．TBTO投与期間の6～8週においてDBTC量は横這いか減少，TBTO投与中止後の9週目に高TBTO群，低TBTO群のいずれにおいてもDBTCの最高値が現れたこと，あるいは高TBTO群と低TBTO群との間の肝臓での生物学的半減期（$t_{1/2}$）の差（低TBTO群，20.7日；高TBTO群，23.7日）（2・1・8参照）を，P450の阻害そして回復と見做すこともできなくもない．いずれが真実であるか，更に詳細な検討が必要である．現実にはもっと複雑な過程，例えば，最初，誘導，濃度が高くなると，抑制といった機構[80]が働いているのかも知れない．

低TBTO群のMBTC，D3OH，D3CO，およびD4OHは，いずれも吸収期間の終了時の約8週で最高値に達した．ラット肝臓において主代謝物[90]であったDCOOHの濃度は，濃度は低かったものの，低TBTO群では9週目（約15 ng/g）にピークを示した．低TBTO群では4週目のD3OHの濃度は210 ng/g，9週目に最高濃度である700 ng/gを示した．これらの現象は上述のTBTCの場合とよく似ている．低TBTO群でのDBTC誘導体の濃度はD3OH＞D4OH＞D3OH＞DCOOHであった．

低TBTO群のTBT誘導体，T4OHは徐々に増加し，8週目にピークに達する．他のトリ体，T3OHおよびT3COもまた，濃度は低かったものの8～9週目にピークを示した（図3・19）．

魚での分解，代謝を考察する上で，ラットでのデータが大いに役立つ．簡単に述べると，Fishら[91]はラット肝ミクロソーム系を用いて，トリブチルスズアセテート（TBTOAc）のin vitro代謝を試みた．この結果，図3・20に示す

§2. 魚類に対する作用機構　225

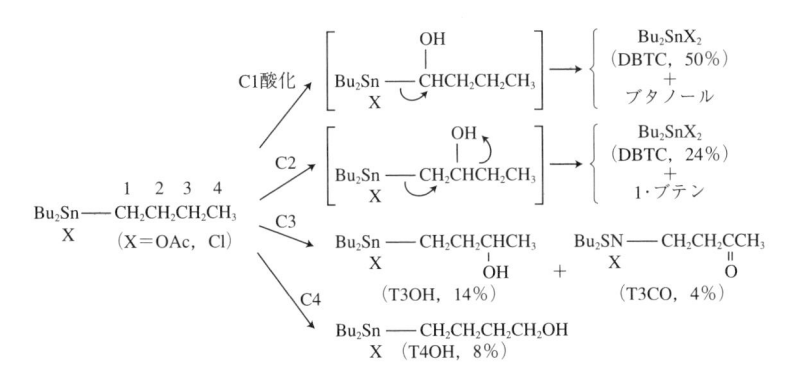

$$
\begin{array}{c}
\text{Bu}_2\text{Sn}\!-\!\!\!\underset{X}{\text{CH}_2\text{CH}_2\text{CH}_2\text{CH}_3} \\
\quad\quad\ \ 1\ \ 2\ \ 3\ \ 4 \\
(X=\text{OAc, Cl})
\end{array}
\xrightarrow{
\begin{array}{l}
\text{C1酸化}\\ \text{C2}\\ \text{C3}\\ \text{C4}
\end{array}}
\begin{array}{l}
\left[\text{Bu}_2\text{Sn}\!-\!\underset{X}{\text{CHCH}_2\text{CH}_2\text{CH}_3}^{\text{OH}}\right] \rightarrow \left\{\begin{array}{l}\text{Bu}_2\text{SnX}_2\\ (\text{DBTC, 50\%})\\ +\\ \text{ブタノール}\end{array}\right. \\
\left[\text{Bu}_2\text{Sn}\!-\!\underset{X}{\text{CH}_2\text{CHCH}_2\text{CH}_3}^{\text{OH}}\right] \rightarrow \left\{\begin{array}{l}\text{Bu}_2\text{SnX}_2\\ (\text{DBTC, 24\%})\\ +\\ 1\text{-ブテン}\end{array}\right. \\
\text{Bu}_2\text{Sn}\!-\!\underset{X}{\text{CH}_2\text{CH}_2\text{CHCH}_3} \quad + \quad \text{Bu}_2\text{SN}\!-\!\underset{X}{\text{CH}_2\text{CH}_2\text{CCH}_3}^{O} \\
\quad\quad\quad\ \ \text{OH} \\
\quad\quad (\text{T3OH, 14\%}) \quad\quad\quad\quad (\text{T3CO, 4\%}) \\
\text{Bu}_2\text{Sn}\!-\!\underset{X}{\text{CH}_2\text{CH}_2\text{CH}_2\text{CH}_2\text{OH}} \quad (\text{T4OH, 8\%})
\end{array}
$$

図3・20　ラット肝ミクロソームによるTBTOAcの *in vitro* 代謝（Fish et al.[91]を基に作成）．

構造の化合物を括弧内の比率で得た．その場合，アルキル基の1および2位の水酸化体は極めて不安定であり，抽出操作中に容易に分解されて，図に示されるようにそれぞれDBTCとブタノール，DBTCおよび1-ブテンを与える．この結果，TBTOAcの74％がDBTCとして，残りの26％が水酸化体およびオキソ体して捕捉されることになる．このことは有機スズの分析に極めて重要な意味をもつ．すなわち，一般にDBTCとして定量されている量はDBTCそのもの以外にTBTCの1位および2位の水酸化体を含めたものである．一方，Ishizakaら[92]はラットに腹腔内投与されたDBTCは3および4位の水酸化体に代謝されると報告した．またMatsudaら[90]はTBTCをラットに経口投与しDCOOHおよびD3OHが肝臓，腎臓での主代謝物であるとした．TBTCは極少量見出されたのみで，T3OH，T3CO，T4OHおよびTCOOHといったトリ体の誘導体を生成しなかった．しかしながら，マダイではDBT誘導体（D3OH，D3COおよびDCOOH）およびTBT誘導体（T3CO，T3OHおよびT4OH）が肝臓において検出された．これらの差は *in vivo* と *in vitro* 間の代謝能力の差および種差によるものである．*in vivo* の実験で，強い代謝能力を有するラットはT3OHあるいはT4OHといった代謝中間体をDCOOHあるいはMBTCといったより酸化されたあるいは分解された形に変える．しかしながら，*in vitro* の実験でラット肝臓はT3OH，T4OH，あるいはT3COといった中間体を分解する能力はない．その結果，これらの代謝物は更に分解を受けることなくこの段階に止まる．一方，魚の肝臓ミクロソームの代謝力は陸上脊椎動物の肝ミクロソームより遥かに弱い[93]．それ故，T3OHあるいはT3COといった代謝中間体

が海洋脊椎動物に現れると考えられる[86]．

Lee[94]，Seligmanら[95]およびSuzukiら[96]は海水中の有機スズ化合物の分解について調査し，TBTOは海水中において分解され，MBTC，DBTCあるいは水酸体といった種々の化合物に分解されることを示した．環境中の脊椎動物および軟体類は一部これらの分解物を吸収するかもしれない．しかし，これらの動物において排泄速度は吸収速度に比べて大きく，これらの物質の海水からの吸収は無視できる．

3）鰓

図3・21は鰓に蓄積された有機スズ化合物の時間的推移を示す．肝臓中に見出された10種類の有機スズ化合物が鰓においても検出された．一般にその濃度は肝臓よりも低い．TBTCおよびDBTCのパターンは，高TBTO群においてTBTC濃度の急激な上昇，続いて2週から8週にかけて一定のTBTC濃度という点を除いて筋肉中のパターンに近い．筋肉中に比べ，低TBTO群，高TBTO群共に低いTBTC/DBTC比が観察された（図3・21）．

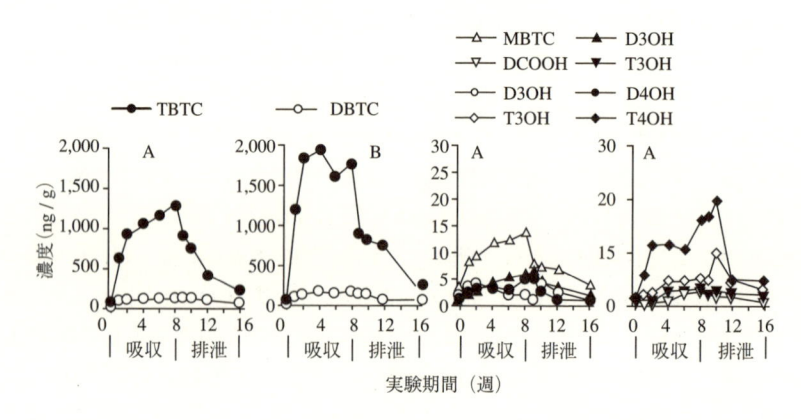

図3・21 TBTOに曝露したマダイ鰓中の有機スズ化合物の蓄積と排泄：A, 163 ng（TBTCとして）/L；B, 326 ng（TBTCとして）/L．

低TBTO群においてMBTC濃度はD3OH濃度より高い．これらの結果は肝臓と異なる．低TBTO群においてD3COを除くすべてのDBT誘導体が8週目に最高値を示した．

低TBTO群のTBT誘導体の鰓での濃度は低く，8〜10週の間で最高値を示した．

4）消化管

図3・22は消化管（胃および腸）におけるTBTCおよびその代謝物の蓄積ならびに排泄の経時的推移を示す．消化管のTBTC濃度は高TBTO群，低TBTO群ともに鰓よりも低い．すなわち，TBTC濃度は他の3組織に比べ，比較的早い段階でプラトーに到達し，且つ，2つの群の間で大きな差はなかった．他方DBTC濃度は低，高TBTO群ともに鰓と良く似ていた．そして低TBTO群では8〜10週，高TBTO群では6〜8週の間でピークに到達した．DBT誘導体とMBTCは低TBTO群では同じ傾向を示し，6〜8週にピークを示した．その濃度は低TBTO群でMBTC＞D3OH＞D4OH＞DCOOH＞D3COの順で，この傾向は肝臓および鰓の場合とほぼ一致した．他方，TBT誘導体は低TBTO群において8〜10週にピークを示した．

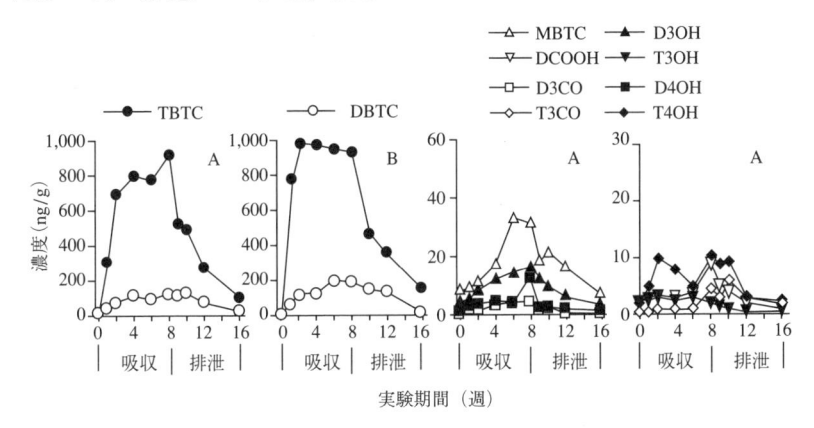

図3・22　TBTOに曝露したマダイ消化管中の有機スズ化合物の蓄積と排泄：A，163 ng（TBTCとして）/ L；B，326 ng（TBTCとして）/ L．

2・1・7　経鰓濃縮係数（BCF）

一般にBCFと言えば，[魚全体での濃度]／[海水中濃度]を指すが，ここでのBCFは[マダイ組織中の濃度]／[海水中のTBTC濃度]を意味している．これまで，マダイは8,000〜10,000の高いBCFを有するとの報告がある[97]．図3・23では筋肉，肝臓，鰓，および消化管の吸収1，2，4，6，8週目の低TBTO群および高TBTO群のTBTCのBCFを示す．BCFは低および高TBTO群ともに肝臓＞鰓＞消化管＞筋肉の順であった．魚全体のBCFは厳密には各組織のBCFの平均値を表していることから，代謝物を考慮するならば各組織における

実質上のBCFは増加する．低TBTO群のBCFは一般に，平衡に十分に達していない第1週および2週を除き，すべての組織で高TBTO群よりも高かった．このことは，Laughlin and French [98] およびYamada and Takayanagi [97] により指摘されたように，BCFが曝露濃度に逆比例することを示している．筋肉では，低および高TBTO群のいずれのBCFも蓄積期間8週目において平衡は到達されず，依然ピークを目指す漸近線上にある．すなわち，筋肉のBCFは，もう少しTBTOへの曝露期間が長ければ，他の組織を凌駕する可能性を秘めている．器官によりピークへの到達日数が異なることも注目に値する．これがBCFへの測定値に影響を与えている可能性もある．

一方，高投与TBTO群では筋肉を除く他の臓器では，既に2週目から平衡状態－減少傾向が見られた．

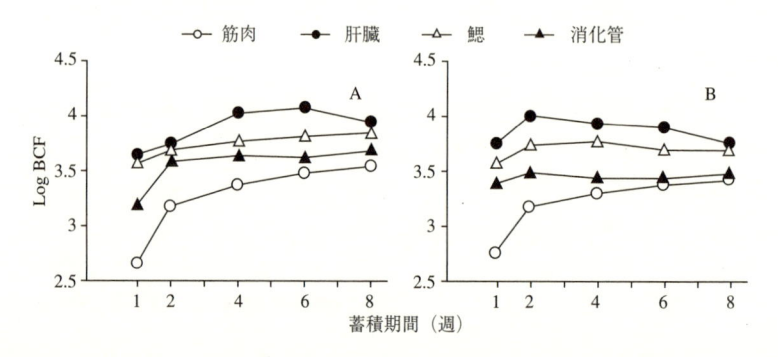

図3・23 TBTO（TBTCとして表記）に曝露したマダイ各組織におけるTBTCの濃縮係数（BCF）の経時変化：A, 163 ng（TBTCとして）/L；B, 326 ng（TBTCとして）/L.

2・1・8 生物学的半減期（$t_{1/2}$）

排泄実験においてマダイ筋肉のTBTCの$t_{1/2}$は，低および高TBTO群において，それぞれ，26.3日と26.5日となった（表3・5）．これらの筋肉中の半減期は，以前Yamada and Takayanagi [97] により報告されたマダイの半減期（全体，28.8日）と概略一致する．体全体のBCFへの筋肉中TBTC濃度の寄与の重要性を考慮すると，この長い半減期はマダイでのTBTCの緩慢な分解を意味する．筋肉中の高いTBTC/DBTC比もTBTCの低い分解性を表している．マダイ筋肉におけるこの長い$t_{1/2}$は，また筋肉が蓄積したTBTCの貯蔵庫の役割を果たしていることを示している．他の組織も似た傾向を示した．すなわち，高

TBTO群における肝臓,鰓および消化管の$t_{1/2}$は似た値を示し,これらの値は低TBTO群より長い.筋肉と他の組織の違いは組織の機能の差に帰することができる.すなわち,筋肉は上述のごとくTBTCの貯蔵庫の役割を果たしており,他の組織は分解を担っている.高TBTO群が低TBTO群よりも長い半減期を有していることは,組織の単位タン

表3・5 低および高濃度酸化トリブチルスズ(TBTO)海水へ曝露したマダイの各組織中残留塩化トリブチルスズ(TBTC)の生物半減期[a]

組織	低TBTO曝露群[b]	高TBTO曝露群[b]
筋肉	26.3	26.5
肝臓	20.7	23.7
鰓	20.7	22.5
消化管	18.3	22.2

[a] 生物半減期(日,$t_{1/2}$)は式$t_{1/2} = \ln 2 / k_d$を用いて計算した,k_dは排泄の速度定数(/日).k_dの値は式$C = C_0 e^{-k_d t}$においてtに対して$\ln C$の最小二乗法による非直線回帰式により求めた.この場合Cはt日における組織濃度,C_0は$t = 0$における組織濃度である.
[b] 低TBTO曝露群,163 ng/L(TBTCとして);高TBTO曝露群,326 ng/L(TBTCとして).

パク質当たりの生体外異物の代謝能力には限界があることを示している.また,その半減期が組織ごとに大きな差がないということは,筋肉を貯蔵庫として,これが蓄積の中心的役割を担い,他の組織に血液を介して再分配しているのであろう.これらの$t_{1/2}$は他の魚種,アミメハギ(7.4〜8.9日)あるいはボラ(13.4日)[97]と比べてもかなり長い.この長さはマダイの排泄に関して,マダイのTBTC排泄能力の限界,すなわち薬物代謝酵素の活性の低さを示しているのかも知れない

2・1・9 結 論

筋肉中にはTBTCとDBTCのみが検出され,この96％がTBTCであった.親化合物のTBTC(TBTO)以外にも脱アルキル化体,水酸化体,およびオキソ体といった10種類の有機スズ化合物が肝臓,鰓および消化管中に確認された.マダイ肝臓中の代謝パターンは,DBTCのカルボン酸誘導体(DCOOH)が主代謝物である哺乳類とは著しく異なる.DCOOHは痕跡程度しか得られなかったが,in vivoでの実験において,ラット肝臓では見いだされなかったトリ体の水酸化化合物あるいはオキソ化合物が明らかに確認された.このパターンは以前調査した天然の海洋環境で見出されたもの[87]と一致する.これらを図示すると図3・24のようになる.すなわち,TBTCはアルキル基の1位あるいは2位での段階的酸化によって分解され,DBTCおよびMBTCを生成する.

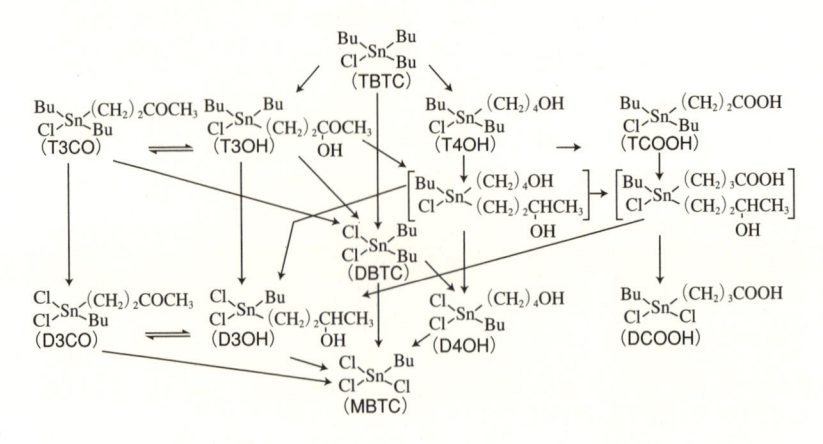

図3・24 マダイにおけるTBTO（TBTC）の予想代謝経路；略語は2章§3.1・2表2・10を参考.

　その理由はTBTCあるいはDBTCの1位あるいは2位の水酸化物は前述のように極めて不安定なため単離できないことによる．そして，この分解経路が最大である．他の分解経路として，TBTCの3位および4位の酸化されたT3OH，T3CO, T4OHおよびTCOOHといったトリ置換体を経た分解経路も存在する．分解経路を確かめるためにTBTCの in vitro 代謝物である T4OH, T3OH, T3COおよびTCOOHをラットに腹腔内投与し，24時間後の肝臓中代謝物並びに尿中代謝物を検索した結果[90]から類推して，これらの水酸化体，オキソ体およびカルボン酸は魚体中，さらに1位および2位の酸化を受け，DBTCとともにD3OH, D3CO, D4OHおよびDCOOHを生成すると考えられた．そして，これらのDBT誘導体もまた図に示される経路を経て，さらにモノ置換体にまで分解されると考えられる．

　さて，このようにして生成した有機スズ化合物は体内でどのような化学形で存在しているのだろうか．これに関し，大嶋らは投与したTBTCの体内分布について興味ある事実を報告している．すなわちヒラメの血液中のTBTC濃度は筋肉中の2.5～53倍であり，血清タンパクと結合している[99]．この結合タンパクを77倍精製し，硫酸ドデシルナトリウム―ポリアクリルアミド上での電気泳動を行った結果，このタンパク質が46.5 kDaのタンパク質からなり191個のアミノ酸から構成されると推定している[100]．このことはShimら[101]によっても確かめられている．これらの結果をハマチの血合い肉中のTBT濃度が白

身よりも高かった事実[88]，魚の骨髄への有機スズの蓄積（長崎県公害研究所，馬場強三からの私信）と比べてみると興味深い．他方，哺乳動物ではTBTCおよびDBTCは赤血球膜[102]と，そしてトリエチルスズがヘモグロビン[103,104]あるいはヘモグロビンのヒスチジン基[105]と結合しているとの説と対照的である．

（鈴木　隆）

2・2　トリブチルスズの魚類血液へ蓄積と次世代への影響（雄化）

2・2・1　トリブチルスズの魚類血液への蓄積

一般に汚染物質は脂肪や肝臓などに蓄積されることが知られているが，筆者ら[99,106]はトリブチルスズ（TBT）が数種魚類の血液中に蓄積していることを明らかにした．表3・6に示すように，養殖および天然のヒラメ，マダイ，ブリおよび天然のマコガレイ血液におけるTBTの濃度は，筋肉に比べて2.5〜52.5倍高かった．マミチョグでもTBT濃度が血液で最も高いと報告されている[107]．Shimら[101]もヒラメの血液にTBTが高濃度に蓄積していることを報告しており，TBT汚染のモニターには血液が最適であるといえる．TBTは魚類の血中の何らかの物質と結合している可能性が考えられた．

表3・6　魚類の血漿および筋肉におけるTBT（ng/g-組織）の濃度[99]

Fish species	N	Site	Plasma	Muscle
Japanese flounder	3	福岡	4.870 ± 0.679a	0.285 ± 0.177
Red sea bream	3	福岡	1.351 ± 0.706	0.206 ± 0.045
Yellow tail	3	福岡	0.511 ± 0.260	0.201 ± 0.067
Japanese flounder	5	横須賀	1.597 ± 0.577	0.068 ± 0.076
Red sea bream	5	横須賀	0.210 ± 0.074	＜0.010
Flatfish	7	博多港	0.542 ± 0.246	0.026 ± 0.015

2・2・2　TBT結合タンパク質

筆者らは，ヒラメの血液からTBTと結合するタンパク質（TBT-binding protein；以下TBTBP）をゲル濾過，陰イオン交換および電気泳動で単離することに成功した．このタンパク質の分子量は電気泳動（SDS-PAGE）の結果，約46.5 kDa，等電点約3.0で42％の糖鎖を有するタンパク質であった[100]．そのN末アミノ酸配列を基にヒラメ肝臓cDNAに対してPCRを行い，191個のアミノ酸配列を含むTBTBP mRNAの塩基配列を解読した（acc：AB064672）．

データベースによる解析の結果,本タンパク質は新奇であるがリポカリン様配列を含むα1-酸性糖タンパクの1種であることが明らかとなった(図3・25).各組織に対する逆転写PCRで調べると,TBTBPの遺伝子は主に肝臓で発現していることから,TBTBPは肝臓で合成されていると考えられた.

```
                1                                                          60
TBTBP           MNLWLTSHFLVVGLFVCSAAPTPEECSQLV-SPVSLDDCSRMFGSWNFLVGYSDSELFNN
HUMAN1          --MALSWVLTVLSLLPLLEAQIPLCANLVP-VPITNATLDQITGKWFYIASAFRNEEYNK
RABBIT          --MALPWALAVLSLLPLLHAQDPACANFST-SPITNATLDQLSHKWFFTASAFRNPKYKQ
MOUSE1          --MALHTVLIILSLLPMLEAQNPEHANFTIGEPITNETLSWLSDKWFFMGAAFRKLEYRQ
RAT             --MALHMVLVVLSLLPLLEAQNPEPANITLGIPITNETLKWLSDKWFYMGAAFRDPVFKQ
                        *           *   *   *         *
```

図3・25 トリブチルスズ結合タンパク質(TBTBP)と類似したモチーフをもつリポカリンおよびリポカリン類似タンパク質(α1-酸性糖タンパク質).
HUMAN1, RABBIT, MOUSE1 and RATはそれぞれhuman α1-AGP 1 precursor(P02763), rabbit α1-AGP precursor(P25227), mouse α1-AGP 1 precursor(Q60590) and rat α1-AGP precursor(P02764)を示す[100].

次に,本タンパク質のアミノ酸配列を用いたデータベース(DDBJ)検索の結果,現在ヒラメの他,ヌマガレイの一種(*Platichthys flesus*),マガレイの一種(*Pseudopleuronectes americanus*),オヒョウの一種(*Hippoglossus hippoglossus*),マミチョグ(*Fundulus heteroclitus*),プラティの一種(*Xiphophorus maculates*)などの魚類よりTBTBPと同定されたmRNA配列が報告されている.さらにゲノムデータベースから,メダカ,ミドリフグ,トラフグ,ゼブラフィッシュから相同性の高い遺伝子が見つかり,特にフグ毒結合タンパク質[108]と相同性があることから,本タンパク質はTBTだけでなく体外異物と結合して体外へ排泄する機能をもっていると推察された.

さらに筆者らはTBTBPに対する抗体を作成し,ヒラメにおける体内分布を調べた.その結果,肝臓,血液,粘液細胞,体表粘液,および卵で強く染色された.よって,TBTBPは肝臓で産生されて血中に分泌され,体内を循環し,一部は体表粘液を介して体外に排泄されることが明らかとなった.さらにTBTの安定同位体を投与したところ,体表粘液で検出されたことから,TBTは体内でTBTBPと結合した後,粘液を介して体表から排泄される経路が考えられた[109].またTBTはTBTBPと結合して卵へ輸送されることも予想された.

2・2・3 TBTの次世代への移行と孵化毒性

成熟したシロギス(*Sillago japonica*)親魚を500Lパンライト水槽に雄5尾,

雌3尾を収容し，30日間トリブチルスズオキサイド（TBTO）を含有した餌（2，20および200 μg/g-餌）を1日当たり魚体重の5％投与した．実験期間中，毎日採卵し，産卵数，および次世代の孵化率，奇形率および正常孵化率などを調べた．また，親魚および卵のTBT濃度を測定した[110]．図3・26に示すように，実験期間中200 μg/g区の卵におけるTBTの濃度は85.0～159.6 ng/g-eggsであり，浮遊卵の割合（83.2％），孵化率（82.2％），正常孵化個体率（422,000 larvae/雌100 g魚体重）は対照区のそれら（93.0％，91.9％，709,000 larvae）に比べて有意に減少した．奇形率は有意でなかったが200 μg/g区で2.6％と対照区（0.8％）の3倍に増加した．これらの結果より，シロギスの胚発生におけるTBTのlowest observed effect concentration（LOEC）は160 ng/g-eggsと考えられた．

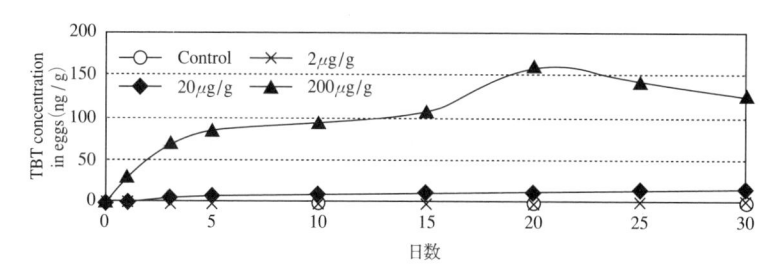

図3・26 トリブチルスズオキサイド（TBTO）2，20および200 μg/g-餌を投与したシロギス産卵群より得られた卵のTBT濃度変化[110]

またメダカを用いてTBTの繁殖と次世代への影響について，さらにポリ塩化ビフェニル（PCBs）との複合毒性についても検討した[111]．成熟したメダカの産卵ペアに餌からTBT（1 μg/g-魚体重／日），PCBs（1 μg/g-体重／日），およびTBT＋PCBs（各1 μg/g-魚体重／日）を3週間投与した．その結果，TBTおよびTBT＋PCBs区で受精率が低下していた（図3・27A）．同じペアにおける受精率の変動を詳細に検討したところ，ほぼ完全に受精していた場合と殆ど受精していない場合がランダムに起こっており，卵質の低下とは考えにくい．この一因として雄の性行動能力の低下が示唆された．そこで本試験の雄について性行動[112]を調べた結果，その能力が低下していることが判明し，TBTは性行動に影響を与えて受精率を低下させると考えられた（図3・27B）．

さらにメダカ繁殖ペアにTBT（0，1，5，or 25 μg/g-餌／日）もしくはTBT＋PCBs（TBT：0，1，5，or 25 μg/g-餌／日＋PCB：0 or 25 μg/g-餌／日）

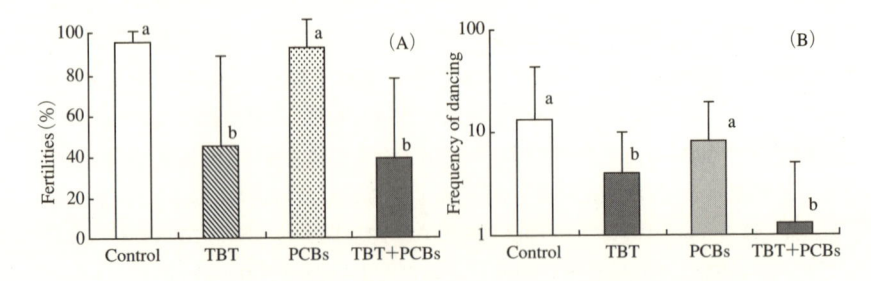

図3·27 TBT（1μg/g-魚体重／日）およびPCBs（1μg/g-魚体重／日）を単独もしくは複合投与したメダカ産卵ペアから得られた卵の（A）受精率の変動.（B）上記暴露をしたメダカの円舞行動の回数[113]

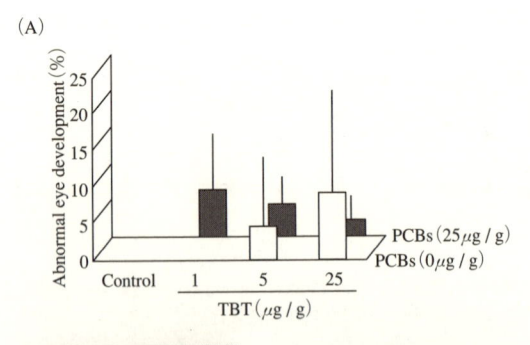

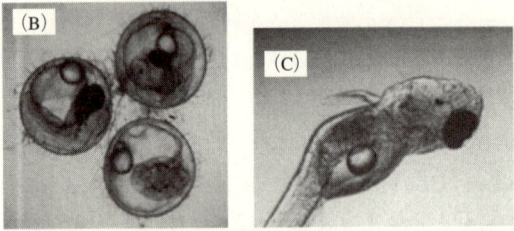

図3·28 TBTを（0, 1, 5, or 25 μg/g-餌／日）もしくはTBT＋PCBs（TBT：0, 1, 5, or 25 μgTBT/g-餌／日＋PCB：0 or 25 μg/g-餌／日）を投与したメダカ繁殖ペアより得られた胚における（A）目の形成異常の頻度.（B）目の形成異常-25μg TBT/g-餌投与したメダカ産卵ペアより得られた胚.（C）5μg TBT/g-餌＋25μg PCBs/g-餌／日を投与したメダカ産卵ペアより得られ片方無眼の稚魚.[111]

§2. 魚類に対する作用機構　235

を投与してその次世代への影響を検討した[113]. その結果, TBT 5μg/g-餌／日単独投与区では, 目の異常が認められ（図3・28）, その時の卵に移行したTBTの濃度は123 ng/g-eggsであった（表3・7）. この結果は前述のシロギス卵におけるLOEC 160 ng/g-eggsとほぼ一致している. また複合投与により相乗作用が現れて, TBT+PCBs（1＋25μg/

表3・7　TBTを（0, 1, 5, or 25μg/g）もしくはTBT＋PCBs（TBT：0, 1, 5, or 25μg TBT/g-餌／日＋PCB：0 or 25μg/g-餌／日）を投与したメダカ繁殖ペアより得られた卵におけるTBTとPCBsの濃度[113].

Treatment	Concentration (ng/g-eggs)	
	TBT	PCBs
Control	< 20	< 10
1 μg TBT/g	< 20	< 10
5 μg TBT/g	123 ± 55	< 10
25 μg TBT/g	265 ± 13	< 10
PCBs	< 20	22 ± 4
1 μg TBT/g + PCBs	< 20	25 ± 14
5 μg TBT/g + PCBs	76 ± 18	31 ± 9
25 μg TBT/g + PCBs	255 ± 68	30 ± 7

g-餌／日）投与区で目の奇形率が上昇したが, その時の卵におけるTBTの濃度は検出限界以下（＜20 ng/g-eggs）でありPCBsは25 ng/g-eggsと極めて低濃度であった. さらにメダカ卵に直接注入（nanoin-jection）を行い胚発生におけるTBTとPCBs複合毒性のLOECを検討した結果, それらはTBT＋PCBs各7.5 pg/egg以下であることを確認した[114]. メダカの卵1個を1 mgとすると, TBTとPCBsの複合作用のLOECはTBT＋PCBs各7.5 ng/g-eggsとなり, PCBsとの複合作用により毒性が約17倍に増加すると予想される.

2・2・4　性分化に及ぼす影響（雄化）

TBTの性分化への作用を検討するため, 遺伝的全雌ヒラメ個体群を準備した. まず通常の雌と性転換させた雄を交配させすべて遺伝的に雌を得て, さらにこの群を17α-メチルテストステロンで処理して遺伝的には雌であるが機能的には雄である個体を得た. この個体と遺伝的にも機能的にも明らかな雌を交配させ, 最終的に遺伝的にすべて雌である個体群を得た. 得られた遺伝的全雌の仔魚に, ヒラメの性分化時期である孵化後35～100日までの期間, TBT（0.1もしくは1μg/g-餌）を含有した配合餌料を仔魚に投与した. さらに, TBTを含まない餌料を与えて200日間自然水温で飼育した. 孵化後300日目にすべての個体を解剖し, 生殖腺の形態および組織観察により雌雄の判別を行った[115].

各処理区における生残率は, 41.9％（0.1μg/g-餌区）, 48.4％（1μg/g-餌区）および34.6％（対照区）であり, TBTによる有意な影響は観察されなかっ

表3・8 TBTを処理した遺伝的全雌ヒラメにおける精巣をもった個体の出現割合[115]

Treatment dose	n	Male rate (%)
Control	45	2.2
0.1 μg/g-餌区	35	25.7*
1 μg/g-餌区	45	31.1*

*$p < 0.05$

た．TBTによる精巣をもった性転換雄の割合を表3・8に示す．TBT処理区において性転換雄の割合は有意に増加し，対照区の2.2％と比べて，25.7％（0.1μg/g-餌区）および31.1％（1μg/g-餌区）であった．組織学的観察の結果，間性は認められず，性転換雄および正常雌，ともに正常な卵巣および精巣を有していた．

孵化後100日目の各個体の生殖腺から全RNAを抽出してRT-PCR法により，雌への性分化に関与するP450 aromatase遺伝子（P450arom）の発現を調べた．結果として，対照区の個体において明瞭なP450aromの発現が確認された．しかし0.1では4個体1個体，1μg/g-餌区では4個体中各2個体で発現が確認できなかった（図3・29）．この結果はP450arom遺伝子の発現抑制されており機能的雄への性転換との関連を示唆している．

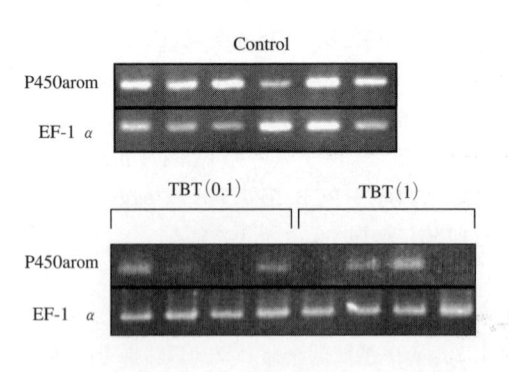

図3・29 TBTを処理した遺伝的全雌ヒラメ（孵化後100日）の生殖腺におけるP450arom遺伝子の発現[115]

Kitanoら[116]は，遺伝的雌のヒラメにアロマターゼ阻害剤であるfadrozoleもしくは17α-メチルテストステロンで処理すると，P450arom遺伝子の発現が阻害され機能的雄への性転換が引き起こされることを報告している．これらの報告は，TBT暴露によるヒラメの性転換が生殖腺におけるP450arom遺伝子の抑制が原因であるという仮説を支持している．

ゼブラフィッシュでもTBTによる雄化が報告されている．McAllister and Kim[117]はゼブラフィッシュを0〜100 ng/LのTBTに孵化直後から最大70日間暴露した結果，性比が雄に大きく偏ることを報告している．さらにSantosら[118]はゼブラフィッシュにTBTを暴露すると，雄の数が増加するが，TBTと

同時にエストロゲンであるethinylestradiolを複合暴露すると雄化の作用を抑えることを報告している.

筆者らはメダカの受精卵（受精後12時間以内）60個の油球にTBTを各0.16，0.80，3.96，19.2 or 82.1 ng/egg nanoingectionした後孵化後60日まで飼育し，その遺伝的性をDMY（DM domain on the Y chromosome）[119]で調べ，2次性徴と一致するかどうか調べた[120]．その結果，発生の途中で毒性が出て約半数が孵化までに死亡したが，生存した成熟個体の2次性徴と遺伝的性は完全に一致していた．このことは，アロマターゼ阻害剤であるfadrozoleをメダカに投与しても性分化に異常がなかった報告と一致している[121]．Fadorzoleを遺伝的に全雌のヒラメ[116]，ナイルテラピア（Oreochromis niloticus）[122]，ゼブラフィッシュ[123]に与えるとP450aromが阻害されて表現形は雄である個体が出現することが報告されている．よって，ヒラメやゼブラフィッシュでは，雌への性決定に関与しているP450aromの発現が阻害されると性分化に異常が起こり，雄が出現する．しかしメダカではP450aromは性分化に関与していない可能性が考えられた．

2·2·5　TBTの魚類に対するリスク

以上の研究により魚類の胚発生に及ぼすLOECはシロギスで160 ng/g-eggsであった．現場ではこれまでに，タチウオの卵で431 ng/g-eggs[87]，アカヤガラの卵で91 ng/g-eggs[124]が検出されている．またメダカの胚に対するTBTとPCBsの複合作用のLOECはTBTとPCBsが各7.5 ng/g-eggsである．PCBsも有明海のトビハゼの卵で31～85 ng/g-eggsが報告されている[125]．

さらに，魚類の性分化に及ぼす餌のLOECはヒラメで100 ng/g-餌と推定される．ゼブラフィッシュに0.1 ng/L以上の濃度でTBTを暴露すると雄の比率が有意に増加することが報告されている．これら濃度は環境中にあり得る濃度であり，Inoueら[126]は九州沿岸で採取した二枚貝で8～135 ng-TBT/ g-tissueの濃度を検出している．Harinoら[127]は，大槌湾の海水で74 ng/L，プランクトンで9,800 ng/g，二枚貝で170 ng/gのTBTを検出している．よって，胚の発生や性分化におけるTBTのLOECは，現実に環境中（卵および餌）であり得ると考えられ，魚類の発生においてTBTが大きなリスクをもっていると予想される．

近年，魚類資源の枯渇が言われているがTBTおよびTBTとPCBsとの複合

作用が魚類の再生産に大きな影響を及ぼしている可能性がある．両者の汚染は今後も長期間続くことが懸念されており，有機スズ化合物およびPCBsなど有害物質が魚類の繁殖に及ぼす複合的・慢性的な影響をさらに詳細に把握し，汚染の除去など抜本的な対策を検討する必要がある．〔大嶋雄治・島崎洋平・本城凡夫〕

2・3 魚類の生体防御系および薬物代謝系に及ぼす影響

防汚剤としてこれまで幅広く使用されてきた有機スズ化合物は，本来のターゲット以外の海洋生物にも様々な悪影響を及ぼしている事実が次々と明らかにされている．中でも，有機スズ化合物の一種であるトリブチルスズ（TBT）と海産巻貝類のインポセックス現象との関係は，多くの内分泌攪乱現象の中でも因果関係がとりわけ明確な例として注目されている．さらにこのTBT汚染が海産巻貝の漁獲量の減少に直接影響していると考えられている．TBT以外でも農薬や各種人工の有機塩素化合物が魚類等の水生生物の生存を脅かしていることについて多くの報告がなされている．しかし，化学物質が水生生物に及ぼす影響に関して毒性の発現機構まで明らかにされているケースはさほど多くない．有機リン系農薬が魚類の神経系，とくにアセチルコリンエステラーゼ活性を阻害して致死的影響を及ぼすことなどは因果関係が明瞭となっている典型例である．化学物質の水生生物への影響は呼吸器系，神経系，内分泌系，免疫系，各種代謝系などを介して発現する．

本稿ではTBTの魚類への影響に関して，細菌感染などの異物の進入から生体を護る免疫系と，生体内に取り込まれた脂溶性化学物質の代謝，排出に重要な役割を演じている薬物代謝系の2つの系に焦点を当て最近の知見を紹介する．

2・3・1 研究の背景―なぜ免疫毒性が重要なのか―

陸上で使用された水銀やカドミウムなどの重金属類および人工の化学物質は，河川や大気を経由して湖沼，沿岸域および内湾そして最終的に大洋へ到達するため，水系は化学物質のたまり場と位置づけられる．水生生物において化学物質の免疫毒性が注目されるようになった1つのきっかけは，北海，バルト海で1980年代の後半に発生したアザラシの大量死である．大量死の直接的な原因は，ジステンパーウイルス（phocine distemper virus）への感染であったが，これらは正常な免疫系を備えているならば通常は死に至ることはないとさ

れている．ところが斃死個体の体内には，DDTやPCBなどの難分解・高蓄積性の有機塩素系化合物などが高濃度に蓄積されており，これが大量死に関わっている，すなわち，免疫機能を阻害していることが疑われ，化学物質の免疫毒性を調べることの重要性が認識されるようになった．

このような海洋汚染と生物の免疫機能障害との関係だけでなく，水産増養殖の現場では，感染症対策のために多様な抗生物質等が使用されているが，食の安全，薬剤の生体内における残留性や耐性菌の問題もあり，薬剤を極力使用しない魚病対策が求められている．今後の魚病対策では，ワクチンの開発やグルカン，ビタミン類などの免疫強化物質の利用が期待される．養殖の生簀網に防汚目的で使用されてきたTBTが魚体内に取り込まれ，免疫機能が低下したときに細菌感染が生じるとどのような状況を呈するかはよくわかっていない．最近，大西洋サケ (*Salmo salar*) の体表や鰓などへの寄生虫 (*Gyrodactylus salaris*) の駆除のために，亜鉛およびアルミニウムを飼育水に添加することが効果的であるという報告がなされている[128]．金属類の添加により寄生虫の駆除がなされる反面，金属自体の魚毒性も考慮に入れつつ使用しなければならないであろう．化学物質の魚類に対する急性毒性の研究は多いが，免疫毒性に関する報告例は少なく，今後の重要検討課題であろう．

2・3・2 魚類の生体防御系

魚類の生体防御系は，哺乳動物のそれに匹敵する程の生体防御系を備えている[129-131]．すなわち，皮膚や粘膜といった物理的な防御壁に加え，好中球やマクロファージなどの食細胞による貪食作用（侵入してきた異物を細胞内に取り込み殺菌消化をすること）や，溶菌酵素やウイルス増殖阻害能などの機能を備えたタンパク質である抗微生物因子（体液性因子）による働きからなる非特異的生体防御系と，リンパ球を中心とする特異的生体防御系を備えている．特異的生体防御系はさらに，リンパ球のT細胞，B細胞の機能や役割の違いから，細胞性免疫と抗体産生を担う体液性免疫に区別されている．以下に述べる魚類とは，すべて真骨類（大部分の硬骨魚類）についてである．

哺乳動物の生体防御系と魚類のそれの最も大きな相違点は，生体防御系に関わっている担当器官である．ヒトを例にあげてみると，生体防御系に細胞レベルで関与している貪食細胞やリンパ球などの白血球は，骨髄で骨髄幹細胞として生産され，様々な場所や過程を経て各種血球に成熟する．そして，侵入して

きた異物は体内のリンパ節や扁桃，腸粘膜中のパイエル板（リンパ球集団）などにトラップされ，免疫応答が起こる．一方，魚類は骨髄やリンパ節が発達していない．そのため，魚類では腎臓，特に頭腎の造血組織およびリンパ様組織がそれぞれ，ヒトでいう骨髄および免疫応答の場として重要な役割を果たしている．また，免疫担当器官としての役割は頭腎ほど大きくはないが，脾臓や胸腺も含まれる．

　その他にも，水中の微生物と直接接触している魚類はいわば，常に外敵の脅威にさらされているため，生体防御の第1の壁となる体表には，魚類特有の防御機構を備えており，体表の粘液中から非特異的生体防御系のタンパク分解酵素やレクチンといった抗微生物因子や特異的生体防御系の抗体である免疫グロブリン（IgM）が存在していることが報告されている[129]．さらに，微生物の侵入を受けやすい鰓や腸管における免疫応答も注目されている．このように魚類の生体防御系は，比較免疫学や生物学の側面からだけでなく，増養殖漁業で常に問題となっている魚病対策の面からも活発な研究がなされている．近年では環境科学の方面からも，魚類の生体防御機能を測定することにより，水環境の潜在的免疫毒性物質を評価することが試みられており，それらの技術も確立されつつある[130, 131]．なお，魚類の生体防御系に関してはいくつかの総説や成書[132-134]が出されているので参照されたい．

2・3・3　有機スズ化合物の免疫毒性評価方法
1）生体防御反応の測定

　免疫能の測定には，非特異的生体防御の場合，頭腎，腹腔および血液中の白血球を比重の異なるPercollやFicoll-Paqueなどの溶液を用いた密度勾配法[135]により白血球と赤血球に分離した後，あるいは溶血法で白血球のみを調製した後に，それらの機能を測定する方法がよく用いられている．ヒトの場合，溶血処理後の血中白血球のリンパ球，顆粒球（好中球，好酸球，好塩基球）および単球の割合はそれぞれ，25～45，45～75，2～8％であるが，魚類頭腎中に含まれる白血球のそれらの割合や顆粒球の種類の比率は，魚種によって大きく異なっている．単離された白血球の中で食作用をもつ貪食細胞は，好中球，単球および単球から炎症時に血管から組織内へ遊出したマクロファージである．一部の魚種では好酸球が貪食能を示すことが報告されているが，詳細は不明である．その他にも，脾臓中のマクロファージの凝集反応を測定する方法や，血清

や血漿および粘液中の抗微生物因子の活性を測定する方法もある[136, 137]．一方，特異的生体防御の場合は，リンパ球の機能測定を行うことが重要であるため，例えばB細胞から形質細胞へと変化した後の抗体産生能やその細胞数を測定することや，リンパ球の分裂・増殖促進物質であるマイトジェンを添加しリンパ球の機能測定を行う幼若化反応が用いられる[138]．両者の測定方法には，細胞レベルで生体防御反応を評価する方法から，分子レベル，遺伝子レベルで評価する方法など実に様々で，また，近年に至っては各臓器から生体防御関連遺伝子のクローンニングも次々となされ，いろいろな角度から生体防御反応を測定することが可能になってきている．

環境汚染物質の魚類に対する免疫毒性は，上記のような免疫能の測定方法をそのまま応用することから評価できる．中でも，汚染レベルの進んだ水域で生育している魚類では，食細胞の貪食能が有意に低下することが報告されているため，食細胞は環境汚染を評価する際に感受性が高くかつ有用なパラメーターの1つである[139]．本稿では，TBTがニジマス（*Oncorhynchus mykiss*）の非特異的生体防御系に及ぼす影響を実験室レベルで再現し，フローサイトメーターによって食細胞の活性酸素産生能を解析した結果を中心に紹介する．さらに，TBTの血液中への高蓄積性を踏まえて[99]，食細胞から産生される抗微生物因子の1つである血漿中のリゾチーム活性とTBTの血中濃度との関係についても述べる．

2) 食細胞の活性酸素産生能に及ぼすTBTの影響

フローサイトメーターを用いた免疫能の測定は，通常，ヒトのリンパ球についてよく調べられており，蛍光標識したモノクローナル抗体を用いてT細胞とB細胞それぞれを確実に識別し，それらの機能測定を行うことが多い．また，必要な細胞を高純度でソーティング（分別）できるという利点があるため，医学，薬学をはじめ，工学や生物学の分野でも欠かせない機器の1つである．一方，魚類では，リンパ球を識別するためのモノクローナル抗体が得難く，今後の研究の発展が期待される．そのため，魚類の免疫担当細胞の機能測定をフローサイトメトリーで解析する場合は，細胞に刺激を与えることによって産生される様々な生体防御関連物質を蛍光標識することにより測定する方法などがあり，その代表例が食細胞によって産生される活性酸素産生能である[140]．

体内に細菌などの異物が侵入したときに，最も効率のよい生体防御機構は食細胞による貪食であり（図3・30），なかでも魚類の好中球は，侵入局所にすば

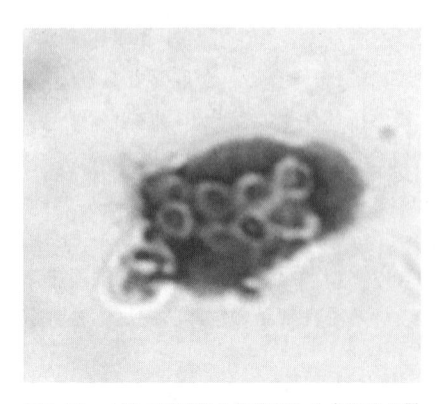

図3・30 ニジマス頭腎より調製した食細胞が異物（オプソニン化したザイモザン）を取り込む様子
ギムザ染色 ×400

やく遊走し，その効果を発揮することが知られている．哺乳類と同様に魚類の食細胞も，貪食の際にrespiratory burstと呼ばれる急激な酸素の消費（呼吸爆発）が生じ，消費された酸素は，不安定で反応性の高い活性酸素として放出されることがわかっている．すなわち，魚類のrespiratory burstも異物の貪食あるいはPhorbol 12-myristate 13-acetate（PMA）などの可溶性物質による刺激が加わると，食細胞の酸素消費の増加を促し，細胞膜上のNADPH酸化酵素を介して酸素から第1の活性酸素種であるスーパーオキシド（O_2^-）を生成する．次に，スーパーオキシドジスムターゼ（SOD）により，O_2^-から第2の活性酸素種である過酸化水素（H_2O_2）が生成されることが確認されている．

これらの知見をもとに，TBT20 μg/Lの濃度で5日間止水式にて曝露したニ

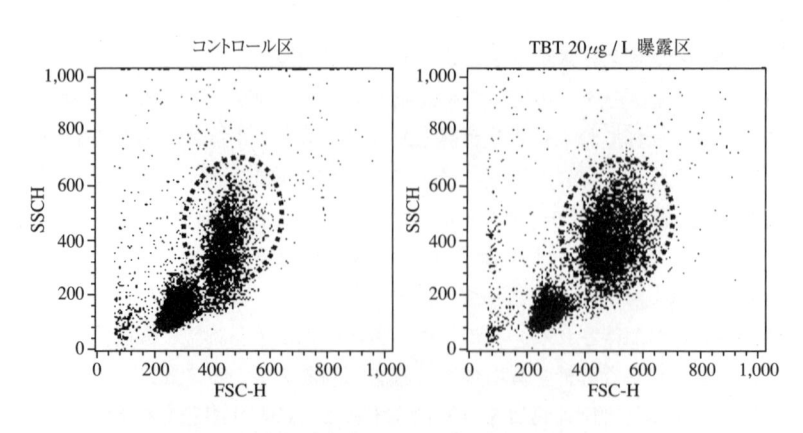

図3・31 TBT20 μg/Lで5日間の曝露がニジマス頭腎の全白血球中に占める好中球集団の比率に及ぼす影響のフローサイトメトリーによる解析．破線で囲われた細胞集団：好中球集団

ジマス (平均体重 100〜200 g) の頭腎から溶血法を用いて白血球を調製した後に, フローサイトメーターで Forward Scatter (FSC；細胞の大きさ・横軸) と Side Scatter (SSC；核の形態や顆粒の密度・縦軸) のドットプロットより, 全白血球中に占める好中球集団の比率を求めた. そして, 活性酸素産生能の測定は, PMA による刺激で貪食細胞に respi-ratory burst を起こさせた後, Dihydrorhodamin123 (DHR) を添加し, 細胞内に産生された第 2 の活性酸素種である H_2O_2 をフローサイトメーターの FL-1 (緑色蛍光をキャッチするチャンネル・横軸) で観察した. DHR は H_2O_2 によって酸化され, 緑色蛍光を放つ rhodamin123 となるため, FL-1 の蛍光強度から食細胞の活性酸素産生能を評価することができる[140, 141]. その結果, TBT 曝露区の頭腎から調製した全白血球中に占める好中球集団の比率は, コントロール区のそれと比べ増加したが (図 3・31), 一方, 好中球の活性酸素産生能 (FL-1 の蛍光強度) は TBT 曝露区で低下していた (図 3・32)[142]. すなわち, TBT 曝露によって活性酸素産生能の低い好中球が造血組織でもある頭腎中で増加したことになる. おそらく, 今回のような高濃度の TBT では, 目からの出血が観察された個体も数多く見られたため, TBT はニジマスの鰓や体表などのあらゆる組織に障害を与え, 細菌感染を引き起こしたか, あるいは損傷部位を修復するために造血組織である頭腎で多くの好中球が産生されていたと思われる.

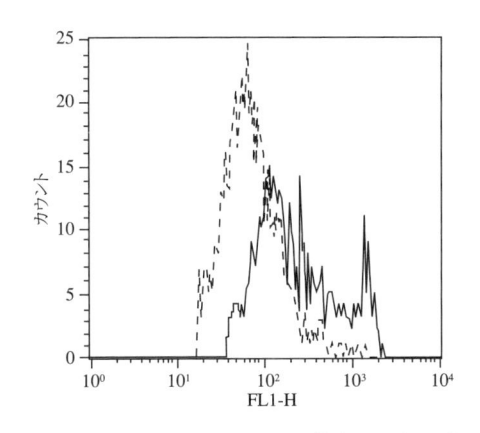

図 3・32 TBT20 μg/L で 5 日間の曝露がニジマス頭腎中の好中球の活性酸素産生能に及ぼす影響
実線；コントロール区, 点線；TBT 曝露区

次に, ニジマスを用いて TBT 濃度を 5 μg/L に設定し, 2 日ごとに換水と濃度調整を行いつつ 4 週間の止水式曝露をすると, 頭腎から調製した白血球集団の比率および活性酸素産生能には変化が見られなかったが, 2 週間目の血中で好中球集団の増加が認められた (図 3・33). ホルマリンなどで処理された大腸菌を魚類に腹腔内投与すると, 頭腎中の好中球が血液および腹腔に遊走することから[143], 20 μg/L の TBT 濃度を 5 μg/L へと低く設定したとき, TBT 曝露

区の血中で多くの好中球集団が観察されたことは，体内の異常を察知した頭腎中の好中球が血流にのって損傷部位へ移動したと考えられる．

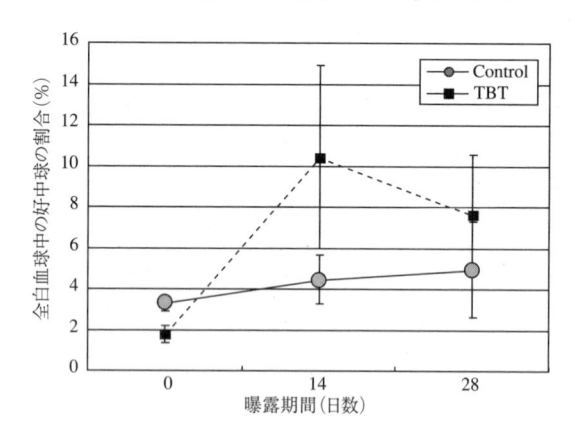

図3・33 TBT5 μg/L で4週間の曝露がニジマス血中の全白血球中に占める好中球集団の比率に及ぼす影響

しかしながら，上記の実験で用いたTBT濃度は，水環境中で日常的に検出される濃度と比べてはるかに高いため，実験結果を現場に直接結びつけることは難しい．そこで，血中に蓄積されたTBT濃度と血漿リゾチーム活性との関係も調べた．リゾチームは，細菌の細胞壁にあるムコ多糖類を非特異的に溶解する溶菌性酵素で，細菌感染時には著しく増加し，好中球や単球およびマクロファージなどの食細胞から産生され，血液および粘液中に広く分布しているタンパク質である．血中のリゾチーム活性は魚種によって異なり，マダイにおける活性は微弱であるが，ニジマスでは高い活性が見られる．血中のTBT濃度は，TBTの曝露濃度（0，5および10 μg/L で5日間）に依存して明らかに上昇した．また血中のTBT濃度が約9.4 ± 0.9 mg/kg（TBT曝露濃度は10 μg/L で5日間）のとき，コントロール区と比べてリゾチーム活性が低下することがわかった（図3・34）．リゾチーム活性が低下しているときに感染を受けると，非特異的生体防御系が機能しないことが懸念される．また，血中のTBT濃度は，1996年，福岡県の魚市場から購入された養殖ヒラメの血漿中から検出されたTBTの最高濃度4,870 ± 679 ng/g [99] のほぼ2倍であったため，実験で設定した曝露濃度はわが国沿岸域の水中濃度とは大きく違うものの，体内に蓄積されたTBT濃度と生体防御反応との関係を考察する場合，フローサイトメーター

を用いた好中球の動向やその活性酸素産生能を測定することは有効である．また，リゾチーム活性と血中TBT濃度との関係からTBTの免疫毒性評価を行うことも可能である．

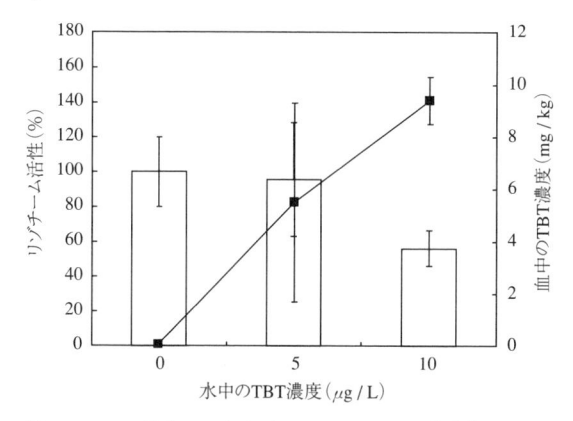

図3・34 TBT濃度0，5および10 μg/Lで5日間曝露後の，血漿リゾチーム活性と血中TBT濃度との関係．□：リゾチーム活性（%），■：血中のTBT濃度（mg/kg）

TBTが魚類の非特異的生体防御系に及ぼす影響については，ガマアンコウ科のオイスタートードフィッシュ（*Opsanus tau*）の腹腔浸出液から調製したマクロファージに *in vitro* でTBT曝露を施すと，TBT濃度が50 μg/Lの時に貪食能が高まるものの500 μg/Lの時に低下すること[144]，ホッグチョッカー（*Trinectes maculatus*）の腎臓より調製したマクロファージに *in vitro* で18時間のTBT曝露を施し，その貪食能を測定すると，4 μg/LのTBT濃度で抑制されたこと[145]，さらに0.01および1 mg/kgのTBT腹腔内1回投与をナマズ（*Ictalurus punctatus*）に施すと，その後14日経過した後の頭腎より調製された貪食細胞の活性酸素産生能が低下すること[146]などが報告されている．また，特異的生体防御系に及ぼす影響については，総計1 mg/kgとなるように1回あるいは6回TBTを腹腔内投与してから21日後においてナマズの血漿の抗体価が低下することや[146]，ニジマスの頭腎および脾臓から調製したリンパ球に *in vitro* でTBT500 μg/Lとなるように添加すると幼若化反応が阻害されること[147]などが明らかにされている．その他にも，配合飼料中に含まれているTBTが生体防御系に及ぼす影響も調べられている．

さらに生体防御系は，優劣争いに代表される社会的ストレス[148]，繁殖期を

迎える時期やコルチゾルなどのその他のストレスによっても応答を変化させるため[149, 150]，いろいろな要因を考慮して評価する必要がある．そして，TBTに限らず化学物質の免疫毒性を最終的に評価するためには，実際に魚類を細菌やウイルスに感染させ，感染や病気に対する抵抗性の強度やその時の生体防御系の反応を調べることが必要である．

2・3・4　魚類の薬物代謝系

　薬物代謝とは，生体内の酵素による化合物の化学構造の変化のことで，その型式を大別すると酸化，還元，加水分解および抱合である．前三者の反応は第Ⅰ相反応と呼ばれ，化合物にOH基，NH_2基，COOH基などが導入され水溶性が増すとともに抱合反応を受けやすくする．そして第Ⅱ相反応と呼ばれる抱合反応によって極性がさらに増大し排泄されやすくなる．中でも第Ⅰ相反応の酸化反応の中心的役割を担うCytochromeP450（シトクロム，以下P450あるいはCYP）は，薬物代謝反応の約8割に関与するともいわれ，ほとんどの脂溶性化合物を代謝することができる．ここで留意しなければならないことは，第Ⅰ相における代謝は，必ずしも解毒の方向に働くとは限らないことである．すなわち，ほとんどの化合物は薬物代謝され加水分解反応の結果，解毒に向かうが，一部の化合物は，還元反応および抱合反応により，化合物の毒性がさらに増加する（代謝的活性化という）場合もある．

　P450は一酸化炭素を通気すると，450 nmに吸収極大を示すスペクトルが出現することから命名され，真核生物のP450は細胞内の小胞体またはミトコンドリアに存在する膜タンパク質で，薬物の代謝に関与する分子種と生体内物質の生合成に関与する分子種の2つに分類される．動物では大部分が肝臓に存在し，肝ホモジネート$12,000 \times g$の上清をさらに$105,000 \times g$で遠心分離した後の沈殿物，すなわち肝ミクロソーム画分のP450が薬物代謝反応に非常に重要である．P450の酸化反応機構は，基本的には1原子酸素添加反応（モノオキシゲネーション）で，ミクロソームのP450酵素系は，NADPH-P450還元酵素がNADPHからP450への電子伝達（一部，NADPHからcytochrome b_5を経由しP450に電子伝達されるものもある）を行っている．ゲノム上のP450遺伝子の数は生物種によって大きく異なり，そしてそれらの分類方法はアミノ酸配列の類似度を基準にして行われている．共通の接頭辞であるCYPで始まり，その後にファミリー（数字），サブファミリー（アルファベット），遺伝子番号

（数字）と続く（例：CYP1A1）．P450の役割は，極性の低い医薬品や人工化合物の代謝を担うだけでなく，ヒトにおいては，生体内のコレステロール，胆汁酸，ステロイドホルモン，ビタミンDおよび脂肪酸などの代謝にも関与している．なお，薬物代謝に関する発見から現在までの歴史，生理的機能や反応経路についての詳細は，他の書籍を参考にされたい[151, 152]．

魚類のP450も多くの報告がなされており，CYP1，CYP2，CYP3，CYP4，CYP11，CYP19（アロマターゼ；P450aromとも書く），CYP26ファミリー，それぞれのサブファミリーなどが，肝臓，腎臓，生殖腺そして脳から単離されている．中でも，ニジマスやゼブラフィッシュからは多くのCYP分子種がクローニングされている．ヒトにおいて，特にCYP1ファミリーは，ベンツ[a]ピレンや3-メチルコラントレンで代表される多環芳香族炭化水素（PAHs）や2,3,7,8-TCDD（ダイオキシン）で代表されるハロゲン化炭化水素などで誘導されることが知られている．特にCYP1A1において，化合物はCYP1A1の細胞質受容体であるAhR（Arylhydrocarbon receptor）と結合して核内に移行し，Arnt（AhR nuclear translocator）と呼ばれるAhRのパートナー分子と結合することで，DNAからメッセンジャーRNA（mRNA）への転写が活性化され，CYP1A1が合成される．魚類のP450分子種は数多く報告されているが，大きく誘導を受ける分子種はCYP1Aである．さらに，魚類でもCYP1ファミリーがAhRによって酵素誘導発現が制御されていることが調べられており，PAHsやダイオキシンによる水環境汚染の程度と魚類のCYP1ファミリーの薬物代謝反応には，正の相関が見られるため，特に魚類のCYP1Aの活性（ethoxyresorufin-O-deethylase（EROD）activity：CYP1A活性を蛍光で測定する方法）を調べることでその魚の生息している水圏の汚染状況をモニタリングすることができる（表3・9）．実験的によく使用されているβ-ナフトフラ

表3・9 魚類のCYP1A活性と正の相関が見られた化合物の実験報告例およびモニタリング例

魚　種	特定化合物あるいは水圏エリア	文献
カレイ：Winter flounder (*Pleuronectes americanus*)	パルプ工場排水	153)
マミチョグ：Mummichog (*Fundulus heteroclitus*)	PAHsとPCB汚染エリア底泥抽出物	154)
ニジマス：Rainbow trout (*Oncorhynchus mykiss*)	パルプ工場排水エリアの底泥	155)
ブラウントラウト：Braun trout (*Salmo trutta*)	都市エリアを流れる小川	156)
ウナギ：Yellow eel (*Anguilla anguilla*)	ナフタレン	157)
北極イワナ：Arctic charr (*Salvelinus alpinus*)	ベンツ[a]ピレン	158)
ヒラメ：Flounder (*Paralichthys olivaceus*)	石油	159)

ボン (NF) が 0.5 mg/L の濃度の場合，曝露約 6 時間後からニジマス肝の EROD 活性が誘導され始め，24 時間後に最大値を示すことや（図 3・35），24 時間の曝露時間においては，0.5 μg/L のごく微量の β-NF でも EROD 活性を誘導することがわかっている（図 3・36）[160]．魚類の EROD 活性を誘導する化合物には，

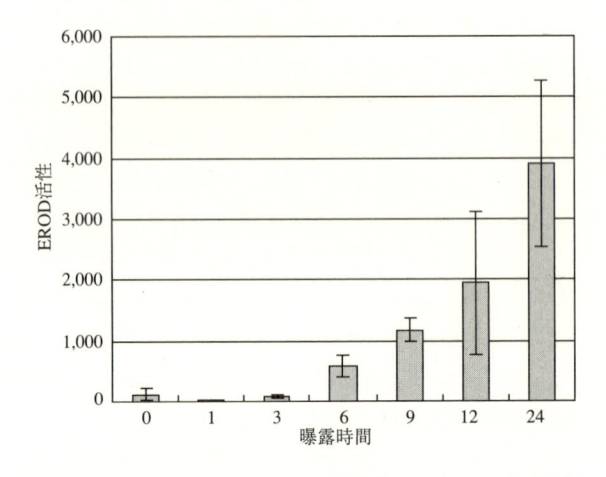

図 3・35　0.5 mg/L の β-ナフトフラボン濃度がニジマスにおける肝 EROD 活性（肝重量当たりの活性）の誘導に及ぼす影響

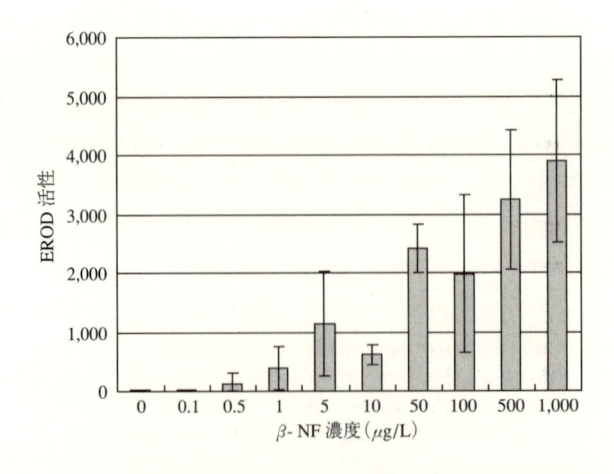

図 3・36　いろいろな β-ナフトフラボン濃度に 24 時間曝露したニジマスにおける肝 EROD 活性（肝重量当たりの活性）の誘導に及ぼす影響

他にもDDTに代表される有機塩素系の殺虫剤などもあり，一方，阻害剤として作用する化合物は，有機スズやカドミウム，水銀などの重金属があげられる．その他にも，誘導剤であるポリ塩化ビフェニル（PCB）の高濃度汚染水域に生息するタラ（*Microgadus tomcod*）のEROD活性とPCBの体内蓄積量との間に負の相関が見られたという報告もあり，慢性的な化学物質への曝露がEROD活性の阻害をひき起こすこともある[161]．

さらに，魚類では水温，種差，性差，食餌状況などもP450の発現や活性に大きく影響を与えることが知られており注意を要する．例えば，女性ホルモンのエストロゲンがCYP1Aの発現やその酵素活性を阻害すること[162]や，魚類が摂取する餌料中に含まれる誘導剤あるいは阻害剤の存在も考慮しなければならない[163]．

ここでは，CYP1Aの阻害剤として知られるTBTが，その活性，発現量（CYP含有量）およびその他薬物代謝に関わる酵素に及ぼす影響について述べる．さらに，阻害剤としてのTBTと，誘導剤が共存したときの知見も合わせて，TBTが薬物代謝系に及ぼす影響を評価したい．

2・3・5　TBTがCytochrome P4501A（CYP1A）に及ぼす影響

前述のように，有機スズ化合物はP450含有量およびP450の活性を低下させることが報告されている．例えば，Fentら[89]は，いろいろな濃度のTBTをスカップ（*Stenotomus chrysops*）に0，3.3，8.1，および16.3 mg/kg（それぞれ0，10，25，および50 μmole）となるように腹腔内投与してから24時間後に肝臓を摘出しミクロソーム画分を調製した後，TBTがP450含有量やCytochrome b_5含有量におよぼす影響を調べた．P450含有量の測定は，CO差スペクトルで測定することができるが，P450の含有量以外に，420 nmで吸収極大を示すスペクトルを示すP420の含有量も調べた（表3・10）．その結果，肝ミクロソーム画分中のCytochrome b_5含有量には変化は見られなかったものの，TBTの投与量が16.3 mg/Kgの時，P450の含有量が大きく減少し，またTBT投与量0 mg/kgのコントロール区では観察されなかったP420含有量が，すべてのTBT投与区で出現していることがわかり，TBTがCytochrome P450タンパク質の変性を誘発することが明らかとなった．

また，ヒラメ（*Paralichthys olivaceus*）の肝臓におけるTBT濃度とP450含有量の間には非常に強い負の相関が見られており（図3・37），水中のTBT

濃度が 3.65 ng/L という低濃度に設定した時に既に影響が現れていることが示された．すなわち，今日沿岸海域で検出されている濃度に近い TBT の濃度によっても，P450 の合成に影響を及ぼしていることがヒラメにおいて明らかとなった[164]．

表3·10 スカップへの TBT 腹腔内投与が肝臓中の Cytochrome P450，Cytochrome P420 および Cytochrome b_5 含有量に及ぼす影響[89]

TBT投与量 (mg/Kg)	検体数 (n)	シトクロム P450 含有量 (pmol / mg protein)	シトクロム P420 含有量 (pmol / mg protein)	シトクロム b_5 含有量 (pmol / mg protein)
0 (1 % ethanol)	5	83.4 ± 10.5	0	38.3 ± 5.0
3.3	4	12.3 ± 11.6	5.1 ± 5.9	49.8 ± 7.8
8.1	4	91.9 ± 11.6	3.5 ± 3.4	48.9 ± 7.6
16.3	4	61.9 ± 11.6	113.5 ± 38.1	44.2 ± 6.0

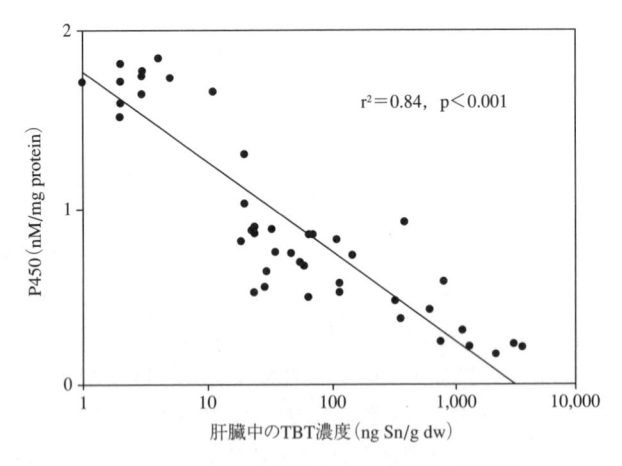

図3·37 体内 TBT 濃度と P450 含有量の関係[164]（$r^2=0.84$, $p<0.001$）

さらに，ヒメジ（*Mullus barbatus*）およびヌマガレイ（*Platichthys flesus*）より調製した肝ミクロソームを，*in vitro* で TBT に曝露させると，TBT 濃度が 0.1 mmole（約 30 mg/L）の時から EROD 活性を有意に低下させることが示された[165]．

以上の結果から，TBT への曝露は，肝臓中の CYP1A 含有量の減少および変質を誘発し，さらにその活性も阻害することがわかった．

次に，魚類の EROD 活性を誘導する物質と TBT との関係がどのようである

かを，PAHsの中でも代表的な発ガン性物質のベンツ[a]ピレンを例として述べる．

多くのPAHsは，肝臓中のP450酵素群で代謝されなければ，変異原性を示さないことが明らかにされ，ベンツ[a]ピレンも同様にP450による代謝を受けなければ，発がん物質にはならないことが広く知られている．すなわち，薬物代謝系によって本来の化合物の性質より毒性が増すのである．Carlsonらは魚類においても，ベンツ[a]ピレンがCYP1Aによる代謝によって毒性を増し，さらに，げっ歯類で研究されているのと同様に，その代謝産物によってさらに免疫毒性まで引き起こすことを示唆した[166]．

北極イワナ (*Salvelinus alpinus*) を用いたPadrósらは，6日ごとにベンツ[a]ピレン 3 mg/kg と TBT 0.3 mg/kg をそれぞれ単独および両者混合で腹腔内投与を行いながら，連続投与開始から 8, 32, 56 日後にそれぞれの試験区のEROD活性を調べた[158]．その結果，8日目においてはベンツ[a]ピレン単独投与によってEROD活性はどの試験区よりも上昇したが，32日目になるとその活性はコントロール区（コーン油），TBT単独曝露区とほぼ同様の活性値を示し，その一方で，TBTとベンツ[a]ピレン混合曝露区が一番高い活性値を示した．さらに，56日目では，ベンツ[a]ピレン単独曝露区のEROD活性が再び上昇をみせるものの，そこにTBTが加わっても活性の低下は観察されなかった（図3·38）．

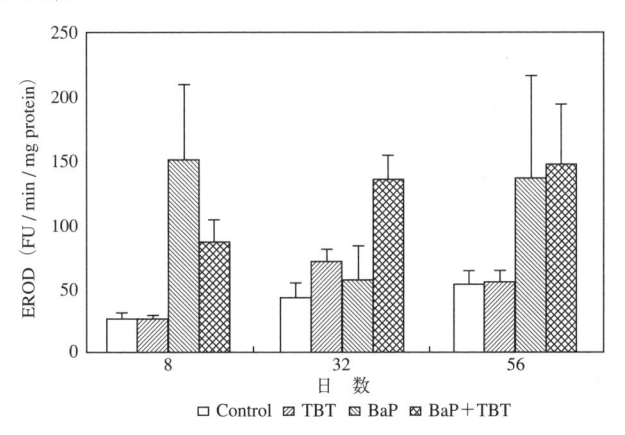

図3·38 TBT（0.3 mg/kg）およびベンツ[a]ピレン（BaP）の単独および混合の腹腔内投与（毎6日）が，北極イワナの肝EROD活性に及ぼす影響[158]

このように，TBT のような CYP の阻害剤は，単独では CYP に悪影響を及ぼすことはわかっているが，そこにベンツ［a］ピレンで代表される多環芳香族炭化水素のような CYP の誘導剤が加わったときの相互作用に関しては，さらなる研究が必要であろう．また，CYP1A の活性，含有量，および mRNA 発現量は，誘導剤に曝露されてからの時間と必ずしも正の関係が見られるとは限らないことが報告されており[156]，魚類の肝 EROD 活性を用いて水環境中のバイオマーカーとする場合，活性のみならず CYP1A タンパク質量も同時に測定する必要がある．

2・3・6 おわりに

水界における TBT 汚染の現状は，近年回復の方向に向かっているが，微生物による分解を受け難い底泥中の蓄積状況は未だそれほど改善されていない．水生生物への影響に関しては，上に述べてきたように，様々な魚種を用いて，TBT が生体防御系や薬物代謝系に及ぼす影響が研究され，さらに実験室レベルの研究結果が現場にもフィードバックされようとしている．今後，これらの手法が魚類をはじめとした水環境中の生物における免疫毒性の現状把握に寄与できることを願っている．

（中山彩子・川合真一郎）

§3. 海生哺乳類の汚染と影響

ポリ塩化ビフェニール（PCBs）やダイオキシン類など生物蓄積性の化学物質による環境汚染は地球規模で拡がり，海生哺乳動物など野生生物に対する毒性影響が懸念されている．"Our stolen future" の著者 Colborn は，海生哺乳動物で見つかった病的異常（個体数の激減，内分泌系の疾病，免疫機能の失調，腫瘍など）について論文をまとめ，1968 年以降 65 例にのぼる報告があることを示している[167]．イギリスの生態学者 Simmonds は，記録として残されている海生哺乳動物の大量変死事件が 20 世紀の間に 11 件あることを報告しているが，このうち 9 件は 1970 年以降に集中している[168]．しかも病的異常や大量変死事件の多くは先進工業国の沿岸域で発生しており，このことは海生哺乳動物で見られるさまざまな異変が，化学物質の生産や利用と無縁ではないことを匂わせている．無数ともいえる化学物質の中で，生態系にとって厄介なものは，毒性が強く，生体内に容易に侵入し，そこに長期間とどまる物質であろう．こ

うした性質をもつ化学物質の代表として，これまでPCBsやダイオキシン類などの有機塩素化合物が注目されてきた．一方，有機スズ化合物はこれら残留性の有機塩素化合物に比べ，生体内で分解されやすいため，高等動物における蓄積性は乏しいと考えられてきた．したがって，有機スズ化合物による汚染の実態解明は海洋の低次生物に集中し，海生哺乳類など野生の高等動物に対する蓄積や影響の調査は，筆者らのグループが研究を開始するまで皆無であった．

海生哺乳動物，なかでもイルカや鯨の仲間「鯨類」は，有害物質を代謝分解する酵素系が弱いためPCBsなどの有機塩素化合物を異常な高濃度で体内に濃縮・蓄積している[169]．筆者らの研究グループはこの点に着目し，この種の動物は安定な化学物質だけでなく分解されやすいといわれる有害物質も体内に蓄積しているのではないかと考え，鯨類など海生哺乳動物を対象とした調査研究を開始した．その結果，沿岸性のイルカをはじめ，多様な野生の高等動物における有機スズ化合物の蓄積が明らかとなった．本節では，筆者らグループの研究を中心に，海生哺乳動物における有機スズ化合物（とくにブチルスズ化合物）の体内分布や蓄積の性差，年齢変動，広域汚染の現状とリスク評価などについて紹介する．また，海生哺乳動物に加えて，鳥類やヒト，陸生哺乳動物などを含めた調査研究を総括し，野生高等動物における汚染の広がりや蓄積の種差などを比較生物学的に考察した．さらに哺乳動物に対する毒性影響とそのリスク評価，汚染の経年変化や非捕殺的モニタリングの可能性などについても最近の研究成果をまとめた．

3・1 体内分布

スナメリについてブチルスズ化合物（トリブチルスズとその分解産物）の体内分布を調べたところ，肝臓で最も高い濃度が認められ，ついで腎臓の順であった．また，負荷量でみると筋肉が最も多く，次いで肝臓，脂皮の順であった[170]（図3・39）．一般にPCBsなど脂溶性有機汚染物質は，鯨類の脂皮に蓄積されていることが知られている[171]（図3・39）．しかし，ブチルスズ化合物の体内分布は，PCBsのような脂溶性有機汚染物質よりもむしろ水銀などの毒性元素に類似したパターンを示した．また，トリブチルスズ（TBT）とその分解産物のジブチルスズ（DBT）およびモノブチルスズ（MBT）の残留組成は臓器・組織によって異なり，肝臓や副腎，脾臓など，代謝機能をもつ臓器では，TBTより

もDBTなど分解産物が高い割合を示した（図3・40）．すなわち，肝臓などの臓器はブチルスズ化合物の蓄積部位であると同時に代謝分解の場になっていると考えられる．ラットの肝ミクロゾームを用いた in vitro 試験などにおいて，TBTなどのアルキルスズ化合物はチトクロームP-450モノオキシゲナーゼにより脱アルキル化されることが報告されており[81]，このことは上記の仮説を支持している．

また，比較のため，鰭脚類のトド[172]と鳥類のカワウ[173]についてブチルスズ化合物の体内分布を調べたところ，鯨類のスナメリと同様，肝臓や腎臓で高濃度の残留が認められた．また，興味深いことにトドやカワウは，毛や羽に相当濃度のブチルスズ化合物を蓄積していた．動物の毛や羽に有害物質が移行することは，水銀の研究[174, 175]でも明らかにされており，ブチルスズ化合物の動態はこの点でも毒性元素に類似している．TBTなどの有機スズ化合物は，タンパク質のSH基やNH基に高い親和性を示すことが知られており[176]，このことがその体内分布を決定する一因になっていると考えられる．さらにブチルスズ化合物の臓器・組織負荷量を計算し，体内総量に対する割合を計算したところ，トドやカワウは毛や羽にその26％が残存しており（図3・41），鰭脚類や鳥類

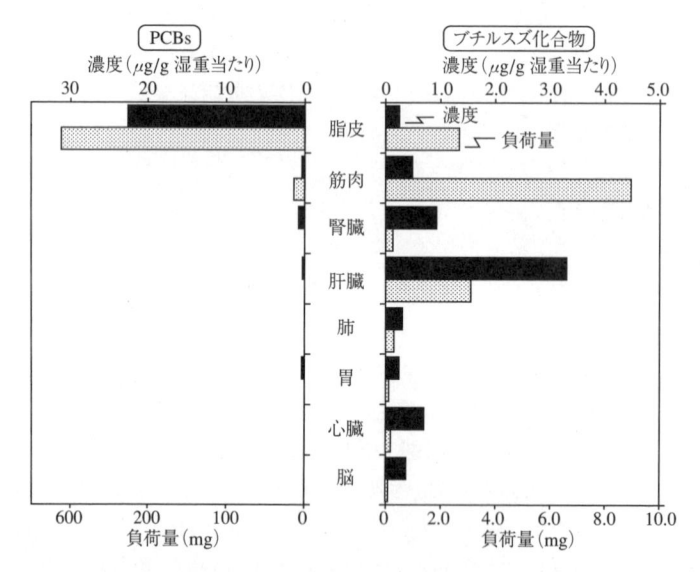

図3・39　鯨類の臓器・組織中PCBsおよびブチルスズ化合物濃度と負荷量（PCBsはスジイルカ[171]，ブチルスズ化合物はスナメリ[170]のデータを引用）

§3. 海生哺乳類の汚染と影響   255

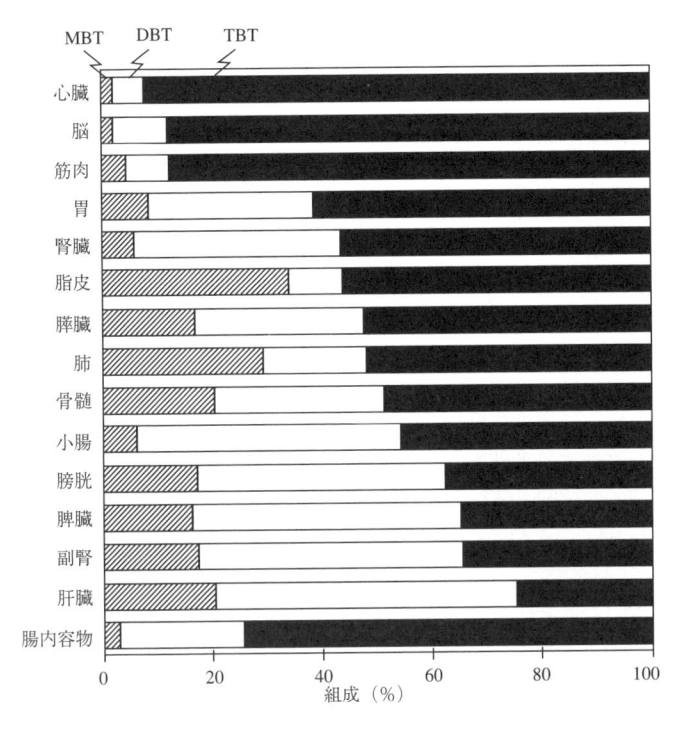

図3·40 スナメリの臓器・組織中ブチルスズ化合物組成

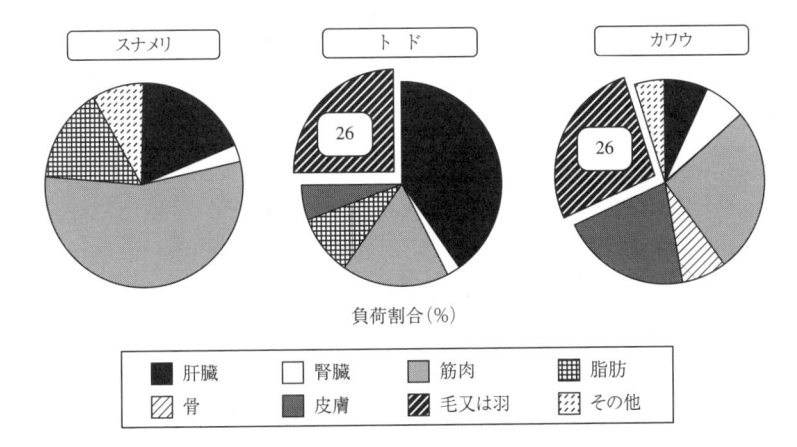

図3·41 スナメリ・トド・カワウの臓器・組織中ブチルスズ化合物負荷量

では,換毛や換羽により相当量のブチルスズ化合物が排泄されるものと推察された.

3・2 蓄積の性差と年齢変動

体内分布の研究により,肝臓がブチルスズ化合物の高濃度蓄積部位であり,代謝分解の場となっていることが明らかとなった.そこでこの臓器に着目して,海生哺乳動物におけるブチルスズ化合物の蓄積特性について検討した.図3・42に,ハナゴンドウ[177],キタオットセイ[178],トド[179]の肝臓で得られたブチルスズ化合物の性および年齢による蓄積変動を示す.PCBsなど脂溶性有機汚染物質の場合,海生哺乳動物における蓄積には明瞭な雌雄差が見られ,成熟した雌は授乳による母子間移行のため残留濃度の低減が著しい[169].しかしながらブチルスズ化合物の場合,蓄積の雌雄差は小さく(図3・42),胎盤や授乳を通したこの物質の母子間移行量が極めて少ないことを示唆している.

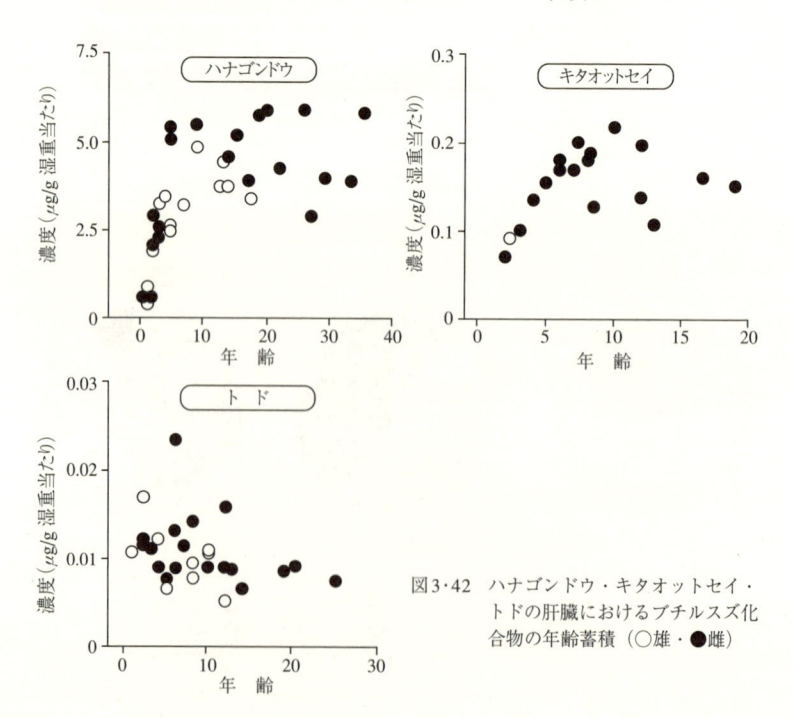

図3・42 ハナゴンドウ・キタオットセイ・トドの肝臓におけるブチルスズ化合物の年齢蓄積(○雄・●雌)

一方，ブチルスズ化合物の年齢蓄積パターンは動物種によって異なる．ハナゴンドウでは若齢期に加齢に伴う明らかな蓄積濃度の上昇が認められたが，キタオットセイの場合濃度の上昇傾向は緩やかであり，トドでは蓄積濃度の上昇は見られなかった（図3·42）．こうした年齢蓄積パターンの種間差は，ブチルスズ化合物の排泄や分解能力の違いに起因すると考えられる．鰭脚類の場合，前述のように毛から相当量のブチルスズ化合物が検出されている．したがって，トドやオットセイなど鰭脚類ではこれら物質が換毛によって排泄されるため，加齢に伴う蓄積は緩やかになったものと推察される．また，ハナゴンドウとトドの餌生物（胃内容物）を分析し，ブチルスズ化合物の組成を比較したところ両者の間に大きな違いは見られなかったが，トドの肝臓に蓄積するTBTの残留割合はハナゴンドウよりも低く，分解産物であるMBTやDBTが卓越していた（図3·43）．このことは，ハナゴンドウに比べトドの方が相対的に強い分解代謝能力をもつことを示しており，ブチルスズ化合物の年齢蓄積がトドでは明確でないことを説明できる．

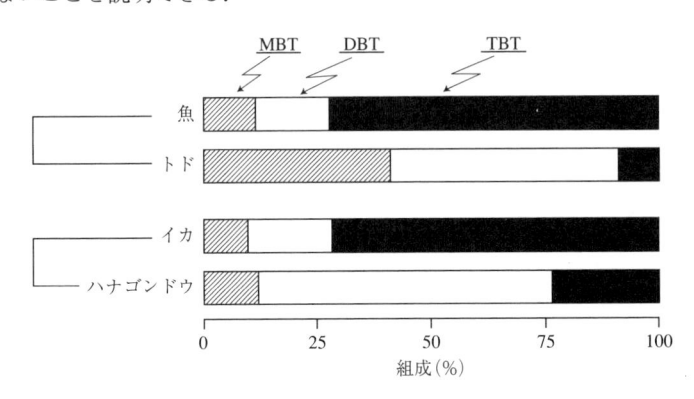

図3·43　ハナゴンドウおよびトドの肝臓と餌生物中のブチルスズ化合物組成

3·3　汚染の生物種間差

以上の研究結果は，鰭脚類に比べ鯨類のブチルスズ化合物排泄能や代謝能が劣ることを示唆している．さらに高等動物における汚染の広がりや蓄積，代謝分解能力に関する種差を理解するため，鳥類[173, 180]や陸生哺乳動物[180, 181]の汚染実態を調査し，日本近海の鯨類[182]や鰭脚類[178]の結果と比較した．図

3・44は，それらの調査結果をまとめたものである．この図からブチルスズ化合物の蓄積濃度は，陸生よりも海生の高等動物，とくにイルカやクジラなどの鯨類で明らかに高いことがわかる．

船舶塗料などの防汚剤として利用されたTBTは，主に海洋環境に投入されたため，陸生に比べ海生の高等動物で顕著な汚染が認められたものと考えられる．また，これらの結果はPCBsなど有機塩素化合物の分析結果[169]とも類似している．すなわち，鯨類の弱い薬物代謝能力は，比較的安定性の乏しいブチルスズ化合物に関しても，その高濃度蓄積の一因になっていると推察される．実際，鯨類は他の動物種に比べ，総ブチルスズ化合物に占める代謝物（とくにMBT）の割合が低く，親化合物であるTBTを高い割合で蓄積しており（図3・45），このことも鯨類のTBT分解代謝能力が，他の動物種より弱いことを示唆している．

一方，ネコやタヌキ，ヒト，鳥類などの陸生高等動物から検出されたブチルスズ化合物は，代謝物であるDBTやMBTがその大半を占めていた（図3・45）．したがって，これらの動物は強いTBT代謝能を有しているものと考えられる．また一方で，陸上環境におけるブチルスズ化合物の特異な曝露が，これら陸生哺乳動物の蓄積特性としてあらわれていることも考えられる．DBTなど一部の有機スズ化合物は，塩化ビニルやポリウレタン，シリコン樹脂などの製造過程で，可塑剤や安定剤，合成触媒として利用されている．市販されている樹脂製品の分析結果によると，シリコン樹脂で加工した一部のクッキングシートやウレタン製の手袋などから高濃度のDBTやMBTが検出されている[181]．また食品用器具・容器および玩具類の調査でも，一部のポリ塩化ビニル製容器や手袋からブチルスズ化合物やオクチルスズ化合物が検出されている[183]．その他陸上環境では，下水や汚泥から高濃度の有機スズ化合物が検出された報告もある[81]．これらの事実は，ヒトや陸上の野生生物が，魚介類などに含まれる海起源の有機スズ化合物に曝露されているだけでなく，陸起源の汚染の影響も受けていることを示唆している．

陸生の高等動物に蓄積しているブチルスズ化合物の濃度は，鯨類などに比べ概して低いが，ネコやタヌキ，カワウなどで比較的高い値が検出されており，ヒトの居住環境周辺に生息する動物種を中心に汚染の拡がっていることがわかる．とくにネコは海生哺乳動物に匹敵する蓄積濃度を示しており，その種特異的な蓄積が窺われる．このようにブチルスズ化合物の蓄積は生物種による差が

§3. 海生哺乳類の汚染と影響　259

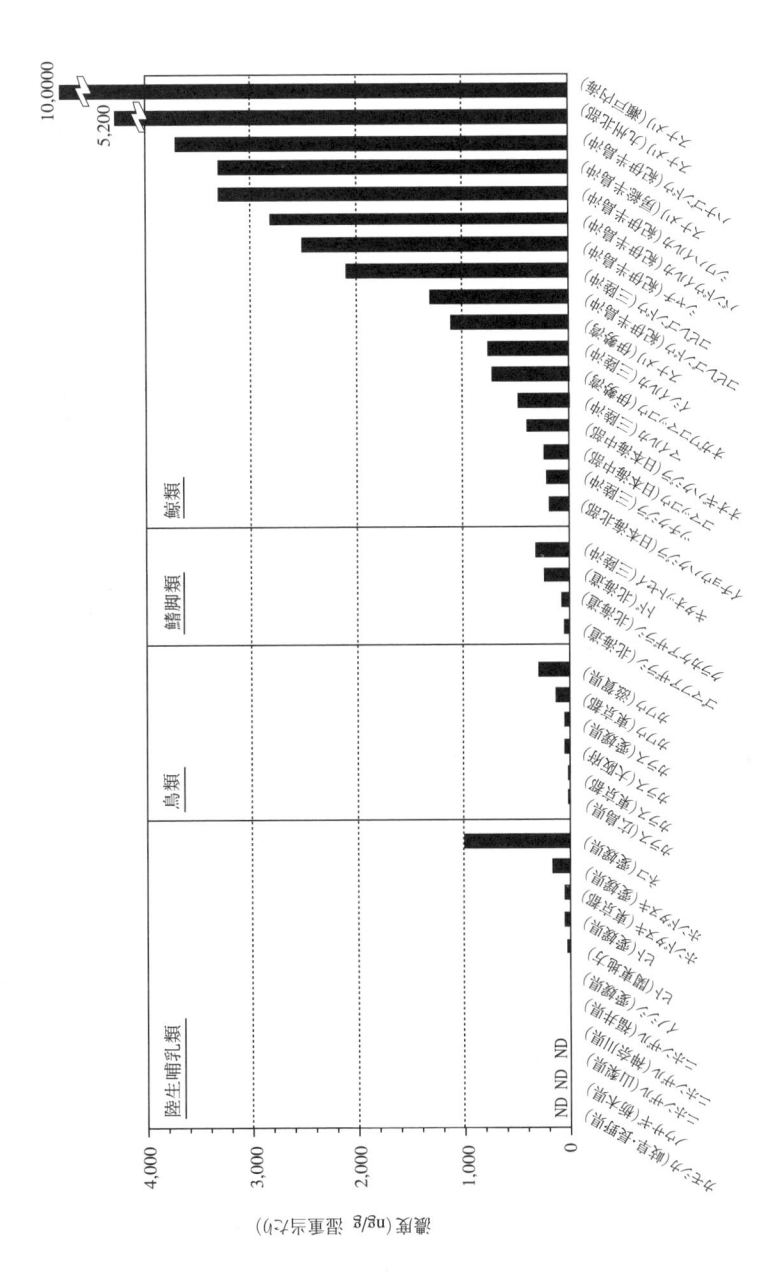

図3・44　高等動物（陸生哺乳動物・鳥類・鰭脚類・鯨類）肝臓中のブチルスズ化合物濃度

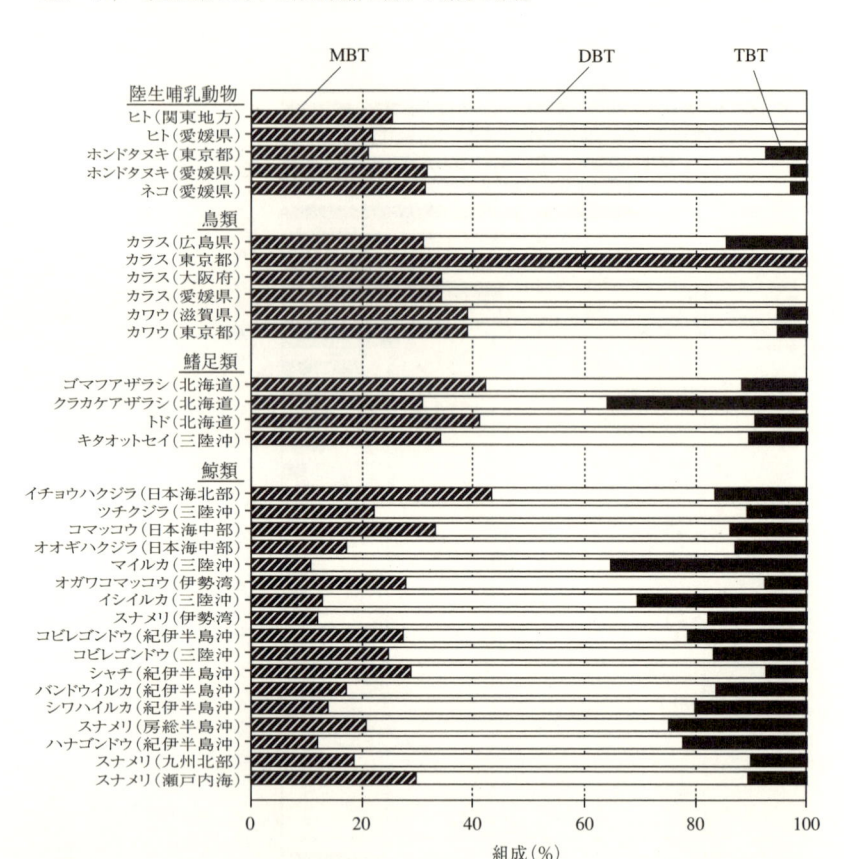

図3・45 高等動物（陸生哺乳動物・鳥類・鰭脚類・鯨類）肝臓中のブチルスズ化合物組成

大きいことから，今後はネコや鯨類などの「ハイリスクアニマル」に着目したモニタリングや毒性評価が求められる．

3・4 広域汚染の実態

ブチルスズ化合物による広域汚染の実態を明らかにするため，米国南東部沿岸[184]，地中海[185]，黒海[186]，ベンガル湾やアジア周辺海域[178, 182]など世界各地から集めた沿岸性および外洋性鯨類（成熟個体）の肝臓を供試して，グローバルモニタリングを行った．その結果，分析に供したすべての鯨類からブチル

スズ化合物が検出され,その汚染は地球規模で拡がっていることが明らかとなった(図3·46).とくに米国のフロリダ沿岸に漂着死したバンドウイルカ[184],瀬戸内海産のスナメリ[182],香港沿岸のシナウスイロイルカ[178]では,10 μg/g(湿重当たり)を超える高濃度のブチルスズ化合物が検出された.イギリス[187]やカナダ[188]の研究グループも鯨類を対象とした調査を実施しているが,上記の鯨種を超える汚染は見つかっていない.

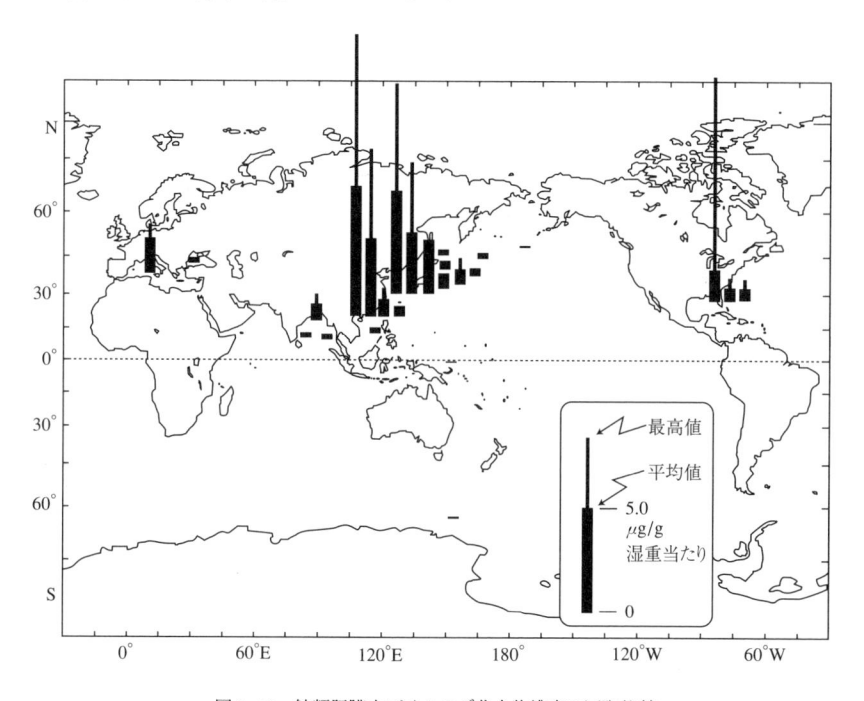

図3·46 鯨類肝臓中ブチルスズ化合物濃度の国際比較

また,日本の沿岸および周辺海域に分布する鯨類のブチルスズ化合物残留濃度は,沿岸種に比べ外洋種で明らかな低値を示した[178,182].このような顕著な濃度差はイカを用いたグローバルモニタリングの結果でも見られている[189].類似の分布パターンは鯨類のダイオキシン類汚染調査でも報告されており,この種の物質の低い移動拡散性,すなわち低い蒸気圧や水溶解度,高い粒子親和性が沿岸域の汚染を局在化し,沿岸性鯨類の残留濃度を相対的に高くしたと見られている[190].蒸気圧が低く,粒子親和性の高いブチルスズ化合物も,移動拡

散性が乏しく沿岸域に局在するため,外洋性の鯨類やイカで低濃度の残留が認められたものと考えられる.また,現状では,途上国で捕獲した鯨類のブチルスズ化合物残留濃度は,香港のイルカを除けば,先進諸国周辺の個体よりも低い.類似の結果は,アジア地域の魚類[191]でも認められており,ブチルスズ化合物の汚染源は今のところ先進国の工業地域や港湾地区に集中しているものと推察される.しかし,アジア産のイガイを対象とした最近の調査では,韓国や途上国の一部港湾地区,養殖漁業の活発な海域で日本沿岸の汚染レベルを超えるような例が見つかっている[192, 193].途上国の大半は,有機スズ化合物使用に対する法的規制がなく,汚染のモニタリング調査も行われていない.途上国における有機スズ汚染の監視体制の強化は今後の重要課題である.また,国際海事機構(IMO)において有機スズ系防汚塗料の国際的な使用禁止条約が採択されており,途上国も含めた条約の批准と早期発効が望まれる.

3・5 リスク評価

有機スズ化合物は多様な毒性を示すが,比較的低濃度の暴露で哺乳動物に起こる疾病として神経系や免疫系,肝臓の薬物代謝酵素系などへの影響が注目されている[81, 194-196].イルカやアザラシの血液を用いてリンパ球に対するブチルスズ化合物の影響を in vitro で調査した研究では,33 ng/ml(DBT)~44 ng/ml(TBT)の低濃度でリンパ球の増殖が阻害されている[197].最近筆者らが日本沿岸で捕獲または座礁した鯨類の血中ブチルスズ化合物濃度を測定したところ,瀬戸内海や伊勢湾のスナメリから,上記の閾値を超えるDBTやTBTが検出された(図3・47).スナメリなど一部の沿岸性鯨種では,ブチルスズ化合物の免疫毒性が懸念される.免疫機能の失調は,ウイルスや細菌などに対する抵抗力を低下させ,感染症のリスクを高める.実際,北海や地中海では感染症で多数のアザラシやイルカが死亡しており,PCBsなど免疫系を攪乱する化学物質の関与が示唆されているが,有機スズ化合物の影響も疑う必要がある.日本では今のところ感染症による大量死は発生していないが,沿岸性のスナメリの個体数が減少するなど,気がかりな事象が報告されている[198].また,日本沿岸の海生哺乳動物は有機スズ化合物とともにPCBsなどの有機塩素化合物も高濃度で蓄積していることから,免疫系や薬物代謝酵素系,内分泌系に対する複合的な影響も懸念される.今後は有害物質の化学分析に加えバイオマーカーを

用いた生態毒性学，病理学的な研究を展開し，海生哺乳動物に対する化学物質の影響を包括的に理解する必要がある．

鯨類に加えヒト（日本，香港，インド人）の血中ブチルスズ化合物濃度も測定したところ，検出限界以下から数ppbレベルの濃度でDBTやTBTが検出された（図3・47）．これらの濃度は，沿岸性の鯨類などに比べ明らかに低値であり，肝臓を対象に実施した高等動物の調査結果とも一致している．またヒトの血中TBT，DBT濃度は上記免疫毒性の閾値と比べてもかなり低く，ヒトに対するこれら物質の毒性上のリスクはそれほど高くないと思われる．しかしながら，米国の一般人を対象に実施したKannanらの調査[199]では，血中のTBT濃度が最高85 ng/mlに達する検体も見つかっている．このことは，ヒトは居住環境や食生活の中で，相当量のブチルスズ化合物に曝露される機会があることを示唆している．

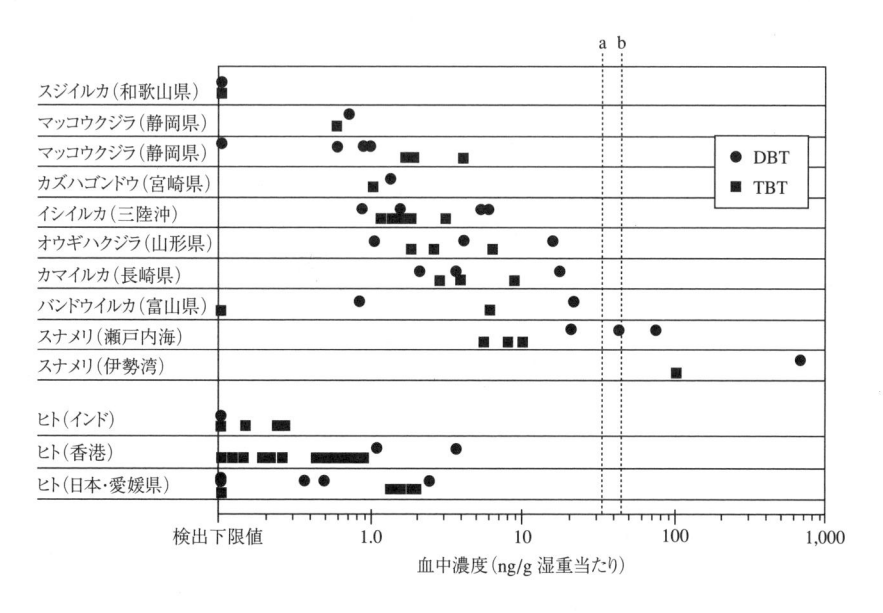

図3・47 鯨類およびヒトの血中TBT・DBT濃度（図中の破線はNakataら[197]による実験結果から求めたTBTおよびDBTのリンパ球増殖阻害に対するEC$_{50}$値．a：EC$_{50}$（DBT）= 33 ng/g，b：EC$_{50}$（TBT）= 44 ng/g）

3・6 人為起源の負荷

人為起源のスズの蓄積を理解するため，海生哺乳動物の臓器・組織の総スズ（有機＋無機スズ）濃度を測定し，ブチルスズ化合物の調査結果と比較した．その結果，臓器・組織中の総スズ濃度は，ブチルスズ化合物と類似の分布パターンを示した[178, 200]．さらに肝臓中の総スズ濃度とブチルスズ化合物濃度を比較すると，両者の間には有意な正の相関 ($r = 0.85$, $p < 0.001$) が認められた[178, 200]（図3・48）．とくに沿岸性鯨類および一部の外洋性鯨類では，ほぼ1：1の総スズ／ブチルスズ化合物濃度比を示し，総スズ蓄積の大半はブチルスズ化合物で占められることが判明した．そこで，これら動物の肝臓中総スズ蓄積に占めるブチルスズ化合物の割合を求めたところ，沿岸性の鯨種では50％以上に達しており（図3・49），これらの動物に蓄積しているスズの大部分は，ブチルスズ化合物など有機態であることが明らかとなった[178, 200]．一方，鰭脚類におけるブチルスズ化合物の割合は，鯨類に比べ低値であった．鯨類に比べ薬物代

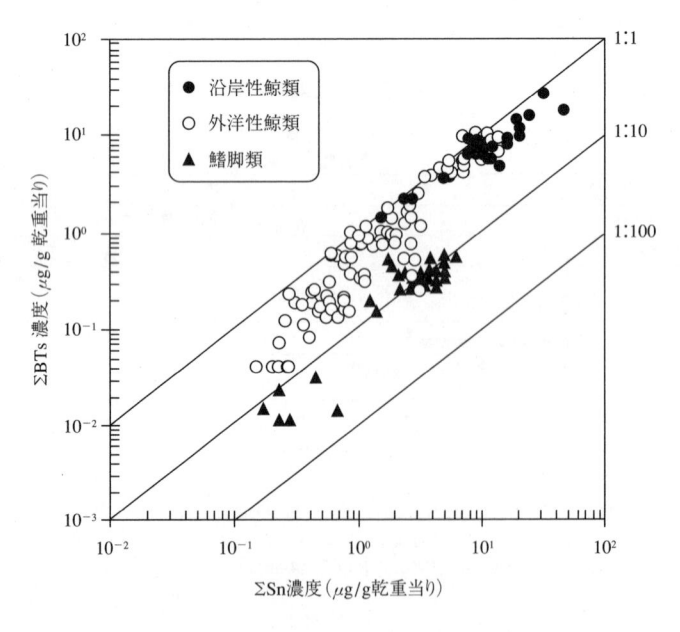

図3・48　海生哺乳動物の肝臓中総スズおよびブチルスズ化合物濃度の関係

§3. 海生哺乳類の汚染と影響　265

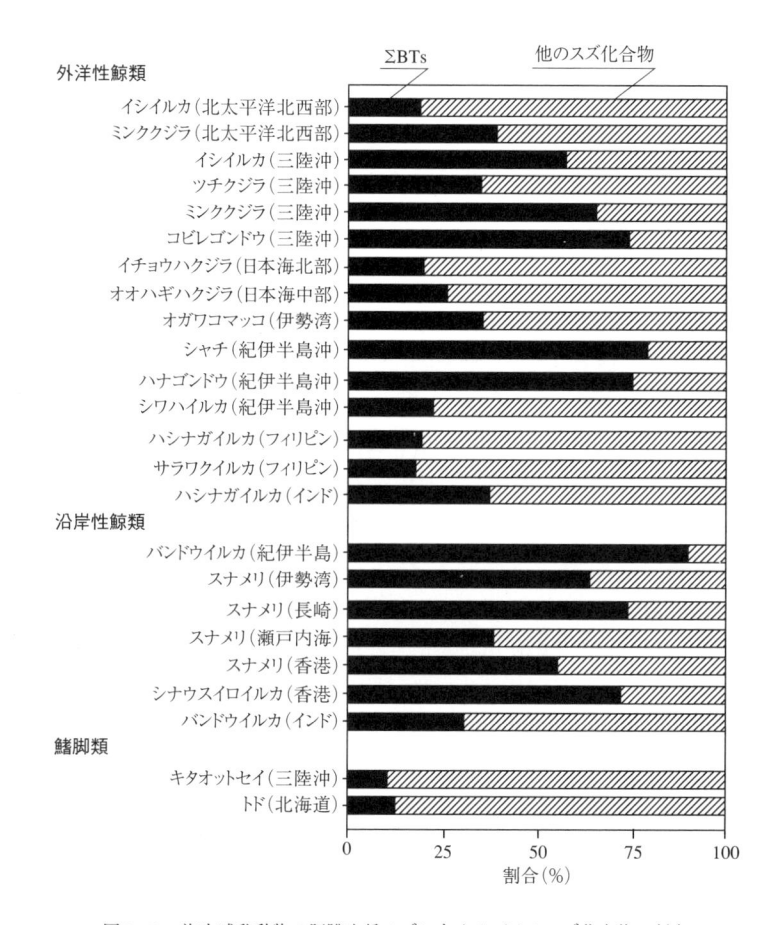

図3・49　海生哺乳動物の肝臓中総スズに占めるブチルスズ化合物の割合

謝能の強い鰭脚類では，ブチルスズ化合物が分解され，無機スズとして蓄積しているものと考えられる．

また，ブチルスズ化合物以外の有機スズ化合物もこうしたスズ蓄積量の中に含まれていると予想される．実際，様々な水圏環境や生物からメチルスズやフェニルスズ，オクチルスズ化合物などが検出されている[81, 189, 190]．魚類や貝類，藻類を対象とした研究では，メチルスズとブチルスズ化合物が総スズ蓄積量の約60〜80％を占めることが報告されている[201]．こうした研究や上記の海生哺乳動物の結果から考えると，有機態のスズ化合物は無機スズに比べ生体内に濃

縮されやすく，またこれら生物に蓄積している総スズの大半はブチルスズ化合物など人為起源の負荷に由来するものと推察される．類似の蓄積パターンは，有機・無機態の水銀についても報告されている[202-204]．海洋の表層水中に存在する水銀の約60〜70％は，人間活動に由来するとの試算[205]があるが，スズの場合も沿岸表層水における人為起源の割合はかなり高いことが予想される．環境中や生体内スズ化合物の形態分析をすすめ，その地球化学的，生化学的な動態について理解することが今後の課題であろう．

3・7　汚染の経年変化と非捕殺的モニタリング

日本における有機スズ化合物（TBT・TPT）の使用規制は，化審法により1989年にトリブチルスズオキシドが第1種特定化学物質に指定され，その他TBT関連物質13種，TPT関連物質7種が1990年に第2種特定化学物質に指定された．また，化審法による規制と前後して，業界の自主規制や水産庁および運輸省からの通達により，沿岸一帯の漁船や魚網，内航船舶に対する有機スズ化合物含有塗料や防汚剤の使用が禁止された．これらの使用規制後，海生哺乳動物において汚染の低減が見られたどうかについては，不明であった．そこで，筆者らは三陸沖で捕獲されたキタオットセイやイシイルカの保存試料（肝臓）を用いて，汚染の経年変化を調査した．その結果1990年から2000年にかけて両種におけるブチルスズ化合物の蓄積濃度は低減していることが確認された（図3・50）．しかしながら，これら海生哺乳動物における蓄積濃度の低減は，水質や魚介類などでみられる減少傾向[206, 207]に比べ緩慢であり，その汚染は長期化することが予察

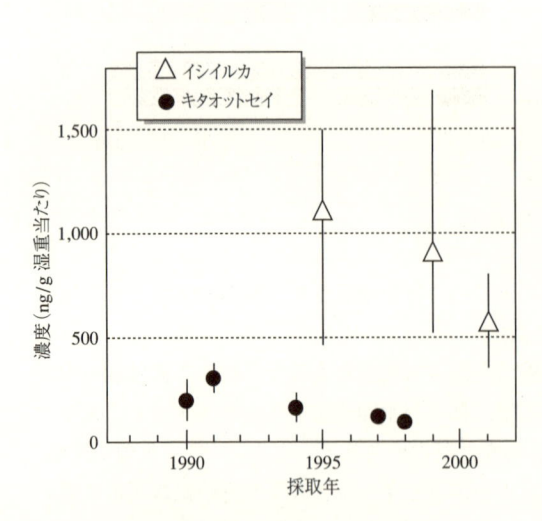

図3・50　キタオットセイおよびイシイルカ肝臓中のブチルスズ化合物蓄積濃度の経年変化

され，今後しばらくの間汚染の推移を継続的に監視する必要がある．

一方，鯨類の汚染モニタリングに利用できる試料は，国際捕鯨委員会により認められた捕鯨対象種以外，漂着・座礁した死亡個体などに限られ，このことは長期のモニタリングや生態毒性学的研究を実施する際の隘路となっている．この問題を解決するためには，生存個体の「キャッチ＆リリース」を前提とした非捕殺的なモニタリング法の確立が望まれる．具体的には，野生の生存個体から体毛や脂皮，血液などの試料を採取し，有害物質のモニタリングやバイオマーカーなどの生化学指標を測定する方法が有効であり，実際に欧米では一部の海生哺乳動物で調査が実施されているが[208, 209]，有機スズ化合物については未だ例がない．そこで筆者らは，カワウ[173]およびキタオットセイ[178]を対象に，肝臓など内臓と羽毛中ブチルスズ化合物濃度の関係を調べ，羽毛を用いた非捕殺的モニタリングの可能性を検証した．その結果，肝臓と羽毛中濃度の間には有意な相関のあることが確認された（図3・51）．さらにこれまで測定した鯨類

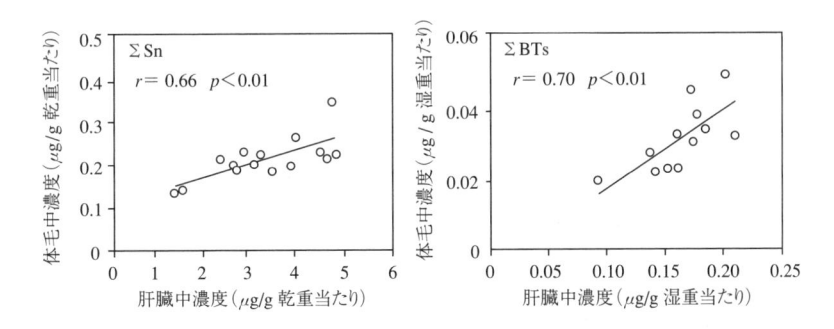

図3・51 キタオットセイの肝臓中総スズおよびブチルスズ化合物濃度と体毛中濃度の相関

や鰭脚類，鳥類の肝臓および血中のブチルスズ化合物濃度について解析したところ，有意な相関が得られ，血中濃度に対する肝臓中濃度の比は概ね1：25であることが示された．以上の研究結果は，硬組織や血液を用いた非捕殺的モニタリングが可能なことを示唆しており，今後さらに検証を重ね，有機スズ化合物の長期モニタリングやリスク評価に本手法を適用していくことが課題であろう．

（高橋　真・田辺信介）

268   3章 水生生物に対する作用機構に関する研究の深化

文　献

1) T. Colborn, D. Dumanoski and J. P. Myers: Our Stolen Future, Dutton, 1996.
2) D. Mangelsdorf, C. Thummel, M. Beato, P. Herrlich, G. Schultz, K. Umesono, B. Blumberg, P. Kastner, M. Mark, P. Chambon and R. M. Evans: *Cell*, 83, 835-839 (1995).
3) C. Bettin, J. Oehlmann and E. Stroben: *Helgolander Meeressunters*, 50, 299-317 (1996).
4) M. J. J. Roins and A. Z. Mason: *Mar. Environ. Res.*, 42, 161-166 (1996).
5) E. Oberdörster and P. McClellan-Green: Mar. Environ. Res., 54, 715-718 (2002).
6) T. Kanayama, N. Kobayashi, S. Mamiya, T. Nakanishi and J. Nishikawa: *Mol. Pharmacol.*, 67, 766-774 (2005).
7) A. Chawla, J. J. Repa, R. M. Evans and D. J. Mangelsdorf: *Science*, 294, 1866-1870 (2001).
8) H. Escriva, R. Safi, C. Hanni, M-C. Langlois, P. Saumitou-Laprade, D. Sthehelin, A. Capron, R. Pierce ,and V. Laudet: *Proc. Natl. Acad. Sci. USA*, 94, 6803-6808 (1997).
9) V. Laudet: *J. Mol. Endocrinol.*, 19, 207-226 (1997).
10) J. W. Thornton, E. Need and D. Crews: *Science*, 301, 1714-1717 (2003).
11) K. yagi, Y. Satou, F. Mazet, S. M. Shimeld, B. Degnan, D. Rokhsar, M. Levine, Y. Kohara and N. Satoh: *Dev. Genes Evol.*, 213, 235-244 (2003).
12) K. King-Jones and C. S. Thummel: *Nature Rev.* ,6, 311-323 (2005).
13) A. De Loof and R. Huybrechts: *Gen. Comp. Endocrinol.*, 111, 245-260 (1998).
14) G. A. LeBlanc, P. M. Campbell, P. den Besten, R. P. Brown, E. S. Chang, J. R. Coats, T. P. L. de Fur, T. Dhadialla, J. Edwards, L. M. Riddiford, M. G. Simpson, T. W. Snell, M. Thorndyke, and F. Matsumura: The endocrinology of invertebrates (ed. by P. deFur, M. Crane, C. Ingersoll and L. Tattersfield), SETAC Press, 1999, pp. 23-106.
15) T. Nishihara, J. Nishikawa, T. Kanayama, F. Dakeyama, K. Saito, M. Imagawa, S. Takatori, Y. Kitagawa, S. Hori and H. Utsumi: *J. Health Sci.*, 46, 282-298 (2000).
16) J. Nishikawa, S. Mamiya, T. Kanayama, T. Nishikawa, F. Shiraishi and T. Horiguchi: *Environ. Sci. Technol.*, 38, 6271-6276 (2004)
17) F. Grun, H. Watanabe, Z. Zamanian, L. Maeda, K. Arima, R. Chubacha, D. M. Gardiner, J. Kanno, T. Iguchi , and B. Blumberg: *Mol. Endocrinol,.* 20, 2141-2155 (2006).
18) J. J. Heindel: *Toxicol. Sci.*, 76, 247-249 (2003).
19) S. Liu, K. M. Ogilvie, K. Klausing, M. A. Lawson, D. Jolley, D. Li, J. Bilakovics, B. Pascual, N. Hein, M. Urcan , and M. D. Leibowitz: *Endocrinology*, 143, 2880-2885 (2002).
20) N. J. Snoeij, P. M. Punt, A. H. Penninks , and W. Seinen: *Biochemica Biophys. Acta*, 852, 234-243 (1986).
21) P. Kastner, J. Grondona, M. Mark, A. Gansmuller, M. LeMeur, D. Decimo, J. L. Vonesch, P. Dolle , and P. Chambon: *Cell*, 78, 987-1003 (1994).
22) H. M. Sucov, E. Dyson, C. L. Gumeringer, J. Price, K. R. Chien and R. M. Evans: *Genes Dev.*, 8, 1007-1018 (1994).
23) P. Kastner, M. Mark, M. Leid, A. Gansmuller, W. Chin, J. M. Grondona, D. Decimo, W. Krezel, A. Dierich and P. Chambon: *Genes Dev.*, 10, 80-92 (1996)
24) W. Krezel, V. Dupe, M. Mark, A. Dierich, P. Kastner and P. Chambon: *Proc. Natl. Acad. Sci. USA*, 93, 9010-9014 (1996).

25) S. Takahashi, S. Tanabe, I. Takeuchi , and N. Miyazaki: *Arch. Environ. Contam. Toxicol.*, 37, 50-61 (1999).
26) L. W. Hall, Jr. and A. E. Pinkney: *CRC Crit. Rev. Toxicol.*, 14, 159-209 (1985).
27) S. C. U'ren: *Mar. Pollut. Bull.*, 14, 303-306 (1983).
28) K. Johansen and F. Møhlenberg: *Ophelia*, 27, 137-141 (1987).
29) R. B. Laughlin, K. Nordlund and O. Linden: *Mar. Environ. Res.*, 12, 243-271 (1984).
30) J. S. Weis and J. Perlmutter: *Estuaries*, 10, 342-346 (1987).
31) J. S. Weis, J. Gottlieb and J. Kwiaikowski: *Arch. Environ. Contam. Toxicol.*, 16, 321-326 (1987).
32) J. S. Weis and K. Kim: *Arch. Environ. Contam. Toxicol.*, 17, 583-587 (1988).
33) G. W. Bryan, P. E. Gibbs, L. G. Hummerstone , and G. R. Burt: *J. Mar. Biol. Ass. U. K.*, 66, 611-640 (1986).
34) P. E. Gibbs, P. L. Pascoe and G. R. Burt: *J. Mar. Biol. Ass. U. K.*, 68, 715-731 (1988).
35) M. Ohji, I. Takeuchi, S. Takahashi, S. Tanabe and N. Miyazaki: *Mar. Pollut. Bull.*, 44, 16-24 (2002a).
36) M. Ohji, T. Arai and N. Miyazaki : *Mar. Pollut. Bull.*, 46, 1263-1272 (2003).
37) M. Ohji, T. Arai and N. Miyazaki: *Mar. Ecol. Prog. Ser.*, 235, 171-176 (2002b).
38) G. E. Walsh: *Oceans '86*, 23-25 (1986).
39) J. E. Thain: *ICES. C. M.*, 1983/E, 13 (1983).
40) S. J. Bushong, W. S. Hall, W. E. Johnson and L. W. Hall, Jr.: *Oceans '87*, 1499-1503 (1987).
41) L. W. Hall, Jr., S. J. Bushong, M. C. Ziegenfuss, W. E. Johnson, R. L. Herman and D. A. Wright: *Environ. Toxicol. Chem.*, 7, 41-46 (1988).
42) J. S. Alabaster: *Int. Pesticide Control*, 2, 287-297 (1969).
43) R. F. Lee: *Mar. Biol. Lett.*, 2, 87-105 (1981).
44) R. S. Anderson: *Mar. Environ. Res.*, 17, 137-140 (1985).
45) D. R. Livingstone and S. V. Farrar: *Mar. Environ. Res.*, 17, 101-105 (1985).
46) R. A. Henry and K. H. Byington: *Biochem. Pharmacol.*, 25, 2291-2295 (1976).
47) D. W. Rosenberg and G. S. Drummond: *Biochem. Pharmacol.*, 32, 3823-3829 (1983).
48) M. Ohji, T. Arai and N. Miyazaki: *J. Mar. Biol. Ass. U. K.*, 84, 345-349 (2004).
49) M. Ohji, T. Arai and N. Miyazaki: *Mar. Environ. Res.*, 59, 197-201 (2005).
50) I. Takeuchi, S. Takahashi, S. Tanabe , and N. Miyazaki: *Mar. Environ. Res.*, 52, 97-113 (2001).
51) I. Takeuchi and A. Hino: *Fisheries Science*, 63, 327-331 (1997).
52) 布施慎一郎:生理生態, 11, 23-45 (1962).
53) I. Takeuchi: *Mar. Biol.*, 130, 417-423 (1998).
54) AY. Chiu, MW. Hunkapiller, E. Heller, DK. Stuart, LE. Hood and F. Strumwasser : *Proc. Na'tl. Acad. Sci. U.S.A.*, 76, 6656-6660 (1979).
55) RHM .Ebberink, H. Loenhout, WPM. van Geraerts and J. Joosse : Proc. *Nat'l. Acad. Sci. U.S.A.*, 82, 7767-7771 (1985).
56) J. Joosse and WPM. Geraerts : The Mollusca Vol.4 Physiology Part 1 (Saleuddin ASM, Wilbur KM, eds.) New York: Academic Press, 1983, pp.317-406.
57) N. Takeda : Comp. Biochem. Physiol., 62A, 273-278 (1979).

58) N.Takeda : Molluscan Neuro-endocrinology (Lever J, Boer HH, eds.) Amsterdam: North Holland Publishing, 1983, pp.106-111.
59) D. Le Guellec, MC. Thiard, JP. Remy-Martin, A. Deray, L .Gomot and GL. Adessi : *Gen. Comp. Endocrinol.*, 66, 425-433 (1987).
60) T. Horiguchi : *Environ. Sci.*, 13, 77-87 (2006).
61) 陸　明・堀口敏宏・白石寛明・柴田康行・安保　充・大久保明・山崎素直：分析化学, 50, 247-255 (2001).
62) T. Horiguchi, H. Shiraishi, M. Shimizu, S. Yamazaki and M.Morita : *Mar. Pollut. Bull.*, 31, 402-405 (1995).
63) P.E. Gibbs, G.W. Bryan, P.L. Pascoe and G.R. Burt : *J. Mar. Biol. Ass. U.K.*, 67, 507-523 (1987).
64) G.W. Bryan, P.E. Gibbs, and G.R. Burt : *J. Mar. Biol. Ass. U.K.*, 68, 733-744 (1988).
65) T. Horiguchi, H. Shiraishi, M. Shimizu and M. Morita : *Environ. Pollut.*, 95, 85-91 (1997).
66) 堀口敏宏・趙　顯書・白石寛明・柴田康行・森田昌敏・清水　誠：平成9年度日本水産学会秋季大会講演要旨集, 105, 1997.
67) L.E. Hawkins and S. Hutchinson : *Funct. Ecol.*, 4, 449-454 (1990).
68) U. Schulte-Oehlmann, B.Watermann, M. Tillmann, S. Scherf, B. Markert and J. lmann : *Ecotoxicology*, 9, 399-412 (2000).
69) P. Matthiessen, T. Reynoldson, Z. Billinghurst, D.W. Brassard, P. Cameron, G.T. Chandler, I.M. Davies, T. Horiguchi, D.R. Mount, J. Oehlmann, T.G. Pottinger, P.K. Sibley, A. Thompson and A.D. Vethaak : "Endocrine Disruption in Invertebrates: Endocrinology, Testing and Assessment" (de Fur, P.L., Ingersoll, C. & Tattersfield, L. eds.), SETAC Press, Florida, U.S.A., 1999, pp.199-270.
70) C. Féral and S. Le Gall : Molluscan Neuro-endocrinology (ed. by J. Lever and H.H. Boer), North Holland Publishing, Amsterdam, The Netherlands, 1983, pp.173-175.
71) E. Oberd örster and P. McClellan-Green: *Peptides*, 21, 1323-1330 (2000).
72) B. Bauer, P. Fioroni, I. Ide, S. Liebe, J. Oehlmann, E. Stroben and B.Watermann : *Hydrobiologia*, 309, 15-27 (1995).
73) T. Horiguchi, N. Takiguchi, H.S. Cho, M. Kojima, M. Kaya, H. Shiraishi, M. Morita, H. Hirose and M. Shimizu : *Mar. Environ. Res.*, 50, 223-229 (2000).
74) T. Horiguchi, M. Kojima, M.Kaya, T. Matsuo, H. Shiraishi, M. Morita and Y.Adachi : *Mar. Environ. Res.*, 54, 679-684 (2002).
75) T.Horiguchi, M.Kojima, N.Takiguchi, M.Kaya, H.Shiraishi and M.Morita : *Mar. Pollut. Bull.*, 51, 817-822 (2005).
76) P.E. Gibbs, G.W. Bryan, P.L. Pascoe and G.R. Burt : *J. Mar. Biol. Ass. U.K.*, 70, 639-656 (1990).
77) 山田　久：瀬戸内海区水産研究所報告, 1, 97-162 (1999).
78) R. B. Laughlin Jr., H. E., Guard and W. M. Coleman: *Environ. Sci. and Technol.*, 20, 201-204 (1986).
79) C. G. Arnold, A. Weidenhaupt, M. M. David, S. R. Müller, S. B. Haderlein and R. P. Schwarzenbach: *Environ. Sci. Technol.*, 31, 2596-2602 (1997).
80) WHO: *Environmental Health Criteria 116: Tributyltin Compounds* ; World Health

Organization: Geneva, pp 55-60 (1990).
81) K. Fent: *Crit. Rev. Toxicol.*, **26**, 1-117 (1996).
82) 鈴木　隆：食品衛生学雑誌, **44**, 269-280 (2003).
83) M. R. Coelho, M. J. Bebianno and W. J. Langston: *Mar. Environ. Res.*, **54**, 193-207 (2002).
84) M. R. Coelho, M. J. Bebianno and W. J. Langston: *Mar. Environ. Res.*, **54**, 179-192 (2002).
85) I. Yamamoto, K. Nishimura, T. Suzuki, K. Takagi, H. Yamada, K. Kondo and M. Murayama: *J. Agric. Food Chem.*, **45**, 1437-1446 (1997).
86) W. M. R. Dirkx, W. E. Van Mol, R. J. A. Van Cleuvenbergen and F. C. Adams: *Fresenius Z. Anal. Chem.*, **335**, 769-774 (1989).
87) T. Suzuki, R. Matsuda and Y. Saito: *J. Agric. Food Chem.*, **40**, 1437-1443 (1992).
88) K. Sasaki, T. Suzuki and Y. Saito: *Bull. Environ. Contam. Toxicol.*, **41**, 888-839 (1988).
89) K. Fent and J. J. Stegeman: *Aquatic Toxicology*, **24**, 219-240 (1993).
90) R. Matsuda, T. Suzuki and Y. Saito: *J. Agric. Food Chem.*, **41**, 489-495 (1993).
91) R. H. Fish, E. C. Kimmel and J. E. Casida: *J. Organomet. Chem.*, **118**, 41-54 (1976).
92) T. Ishizaka, T. Suzuki, and Y. Saito: *J. Agric. Food Chem.*, **37**, 1096-1011 (1989).
93) R. H. Adamson: *Fed. Proc.*, **26**, 1047-1055 (1967).
94) R. E. Lee: *Mar. Environ. Res.*, **17**, 145-148 (1985).
95) P. F. Seligman, A.O. Valkirs, P. M. Stang and R. F. Lee: *Mar. Pollu. Bull.*, **19**, 531-534 (1988).
96) T. Suzuki, H. Yamada, I. Yamamoto, K. Nishimura, K. Kondo, M. Murayama, and M. Uchiyama: *J. Agric.Food Chem.*, **44**, 3989-3995 (1996).
97) H. Yamada and K. Takayanagi: *Water Res.*, **26**, 1589-1595 (1992).
98) R. B. Laughlin Jr. and W. French: *Environ. Toxicol., Chem.*, **7**, 1021-1026 (1988).
99) Y. Oshima, K. Nirmala, J. Go, Y. Yokota, J. Koyama, N. Imada, T. Honjo and K. Kobayashi: *Environ. Toxicol. Chem.*, **16**, 1515-1517 (1997).
100) Y. Shimasaki, Y. Oshima, Y. Yokota, T. Kitano, M. Nakao, S. Kawabata, N. Imada and T. Honjo: *Environ. Toxicol. Chem.*, **21**, 1229-1235 (2002).
101) W. J. Shim, J. K. Jeon, J.R. Oh, N.S. Kim and S.H. Lee: *Environ. Toxicol. Chem.* 21, 1451-1455 (2002).
102) A. A. Akhtar, R.K. Upreti, and A.M. Kidwai: *Toxicol. Let.*, **38**, 13-18 (1987).
103) B. M. Elliott and W. N. Aldridge: *Biochem. J.*, **163**, 583-589 (1977).
104) M. S. Rose and W. N. Aldridge: *Biochem. J.*, **106**, 821-828 (1968).
105) M. S. Rose: *Biochem. J.*, **111**, 129-137 (1969).
106) Y. Oshima, K. Nirmala, Y. Yokota, J. Go, Y. Shimasaki, M. Nakao, R.F. Lee, N. Imada, T. Honjo and K. Kobayashi: *Mar. Environ. Res.*, **46**, 587-590 (1998).
107) 堀　英夫・角埜　彰・池田久美子・山田　久：水研センター研報, **11**, 1-10 (2004).
108) M. Yotsu-Yamashita, A. Sugimoto, T. Terakawa, Y. Shoji, T. Miyazawa and T. Yasumoto: *Eur. J. Biochem.*, **268**, 5937-5946 (2001).
109) H. Tawara, Y. Oshima, and Y. Shimasaki: 投稿準備中
110) Y. Shimasaki, Y. Oshima, S. Inoue, Y. Inoue, I. J. Kang, K. Nakayama, H. Imoto and T. Honjo: *Mar. Environ. Res.*, **62**, s245-s248 (2006).
111) K. Nakayama, Y. Oshima, T. Yamaguchi, Y. Tsuruda, I. J. Kang, M. Kobayashi, N. Imada

and T. Honjo: *Chemosphere*, 55, 1331-1337（2004）.
112) Y. Oshima, I. J. Kang, M. Kobayashi, K. Nakayama, N. Imada and T. Honjo : *Chemospheres*, 50, 429-436（2002）.
113) K. Nakayama, Y. Oshima, K. Nagafuchi, T. Hano, Y. Shimasaki and T. Honjo: *Environ. Toxicol. Chem.*, 24, 591-596（2005）.
114) S. G. Kim, Y. Oshima, I. J. Kang, Y. Shimasaki and T. Honjo: 投稿準備中
115) Y. Shimasaki, T. Kitano, Y. Oshima, S. Inoue, N. Imada, and T. Honjo: *Environ. Toxicol. Chem.*, 22, 141-144（2003）.
116) T. Kitano, K. Takamune, Y. Nagahama and S. I. Abe: *Mol. Reprod. Dev.*, 56, 1-5（2000）.
117) B. G. McAllister and D. E. Kime: *Aquat. Toxicol.*, 65, 309-316（2003）.
118) M. M. Santos, J. Micael, A. P. Carvalho, R. Morabito, P. Booy, P. Massanisso, M. Lamoree, and M. A. Reis-Henriques: *Comp. Biochem. Physiol. C Toxicol. Pharmacol.*, 142, 151-155（2006）.
119) M. Matsuda, Y. Nagahama, A. Shinomiya, T. Sato, C. Matsuda, T. Kobayashi, C. E. Morrey, N. Shibata, S. Asakawa, N. Shimizu, H. Hori, S. Hamaguchi and M. Sakaizumi: *Nature*, 417, 559-563（2002）.
120) T. Hano, Y. Oshima, S. Kim, T. Kitano, S. Inoue, Y. Shimasaki and T. Honjo: *Chemosphere*, （submitted）.
121) A. Suzuki, M. Tanaka, N. Shibata and Y. Nagahama: *J Exp. Zoolog. A Comp. Exp. Biol.*, 301, 266-273（2004）.
122) J. Y. Kwon, V. Haghpanah, L. M. Kogson-Hurtado, B. J. McAndrew and D. J. Penman: *J Exp. Zool.*, 287, 46-53（2000）.
123) D. Uchida, M. Yamashita, T. Kitano, and T. Iguchi: *Comp. Biochem. Physiol. A Mol. Integr. Physiol.*, 137, 11-20（2004）.
124) S. Takahashi, S. Tanabe and T. Kubodera: *Environ. Sci. Tech.*, 33, 3103-3109（1997）.
125) H. Nakata, Y. Sakai and T. Miyawaki: *Arch. Environ. Contam. Toxicol.*, 42, 222-228（2002）.
126) S. Inoue, S. Abe, Y. Oshima, N. Kai and T. Honjo: *Environ. Toxicol.*, 21, 244-249（2006）.
127) H. Harino, M. Fukushima, Y. Yamamoto, S. Kawai and N. Miyazaki: *Environ. Pollut.*, 101, 209-214（1998）.
128) A. B. S. Poréo, J. Schjolden, H. Hansen, T. A. Bakke, T. A. Mo. B. O. Rosseland and E. Lydersen: *Parasitology*, 128, 169-177（2004）.
129) 矢野友紀：生物生産と生体防御（村上浩紀・緒方靖哉・松山宣明・河原畑勇・矢野友紀編），コロナ社，1995, pp. 172-254.
130) 森　勝義・神谷久男：水産動物の生体防御，恒星社厚生閣，1995, 129pp.
131) 渡辺　翼：魚類の免疫系，恒星社厚生閣，2003, 163pp.
132) 鈴木　譲・末武弘章：海洋生物の機能（竹井祥郎編），東海大学出版会，2005, pp.137-147.
133) P. W. Wester, A. D. Vethaak and W. B. Van Muiswinkel：*Toxicology*, 86, 213-232（1994）.
134) B.Köllner, B.Wasserrab, G.Kotterba and U.Fischer: *Toxicology Letters*, 131, 83-95（2002）.
135) A.F. Rowley: Techniques in Fish Immunology（ed. By J. S. Stolen, T. C. Fletcher, D. P. Anderson, B. C. Roberson and W. B. van Muiswinkel）, SOS Publications, 1990, pp.113-136.
136) C. Chung and C. J. Secombes: *Comp. Biochem. Physiol.*, 89, 539-544（1988）.

137) J. W. Fournie, J. K. Summers, L. A. Courtney, V. D. Engle and V. S. Blazer: *J. Aquat. Anim. Hlth.*, 13, 105-116 (2001).
138) M. Faisal, M. S. M. Marzouk, C. L. Smith , and R. J. Huggett: *Immunophamacol. Immunotoxicol.*, 13, 311-327 (1991).
139) B. A. Weeks and J. E. Warinner: *Mar. Environ. Res.*, 14, 327-335 (1984).
140) B.M.L. Verburg-van Kemenade: Techniques in Fish Immunology-3 (ed. By J.S. Stolen, T. C. Fletcher, A.F. Rowley, J.T. Zelikoff, S.L. Kaattari and S.A. Smith), SOS Publications, 1994, pp.79-84.
141) T. Moritomo, K. Serata, K. Teshirogi, H. Aikawa, Y. Inoue, T. Itou and T. Nakanishi: *Fish & Shellfish Immunol.*, 15, 29-38 (2003).
142) A. Nakayama, Y. Kurokawa, E. Kawahara, N. Kitayoshi, H. Harino, T. Miyadai, T. Seikai and S. Kawai: *Jpn. J. Environ. Toxicol.*, 8, 23-35 (2005).
143) K. Serata, T. Moritomo, K. Teshirogi, T. Itou, T. Shibashi, Y. Inoue and T. Nakanishi: *Fish & Shellfish Immnol.*, 19, 363-373 (2005).
144) C. D. Rice and B. A. Weeks: *J. Aqua. Ani. Health*, 1, 62-68 (1989).
145) A. Wishkovsky, E. S. Mathews and B. A. Weeks: *Arch. Environ. Contam. Toxicol.*, 18, 826-831 (1989).
146) R. P. Regala, C. D. Rice, T. E. Schwedler and I. R. Dorociak: *Arch. Environ. Contam. Toxicol.*, 40, 386-391 (2001).
147) K. O'Halloran, J.T. Ahokas and P.F.A. Wright: *Aqua. Toxicol.*, 40, 141-156 (1998).
148) G. Peters, A. Nüßgen, A. Raabe , and A. Möck: *Fish & Shellfish Immunol.*, 1, 17-31 (1991).
149) Y. Suzuki, T. Otaka, S. Sato, Y. Y. Hou , and K. Aida: *Fish Physiol. Biochem.*, 17, 415-421 (1997).
150) M. R. van den Heuvel, K. O'Halloran, R. J. Ellis, N. Ling and M. L. Harris: *Arch. Environ. Contam. Toxicol.*, 48, 520-529 (2005).
151) 加藤隆一・鎌滝哲也編：薬物代謝学，東京化学同人，2000.
152) 大村恒雄・石村 巽・藤井義明編：P450の分子生物学，講談社サイエンティフィク，2003.
153) R. A. Khan: *Bull. Environ. Contam. Toxicol.*, 59, 139-145 (1997).
154) M.E. Mcardle, A.E. Mcelroy and A.A. Elskus: *Environ. Toxicol. Chem.*, 23, 953-959 (2004).
155) R. Orrego, G. Moraga-Cid, M. Gonzāles, R. Barra, A. Valenzuela, A. Burgos and J. F. Gavilān: *Environ. Toxicol. Chem.*, 24, 1935-1943 (2005).
156) A. Behrens and H. Segner: *Environ. Pollut.*, 136, 231-242 (2005).
157) M. Teles, M. Pacheco and M. A. Santos: *Ecotoxicol. Environ. Saf.*, 55, 98-107 (2003).
158) J. Padrōs, É. Pelletier , and C. O. Ribeiro: *Toxicol. Appl. Pharmacol.*, 192, 45-55 (2003).
159) Y. Oshima, J. Koyama, K. Nakayama, Y. Inoue, Y. Shimasaki, S. Inoue and T. Honjo: *Jpn. J. Environ. Toxicol.*, 7, 123-129 (2004).
160) A. Nakayama and S. Kawai: Human Sciences, No. 9, Kobe College, 47-52 (2006).
161) C. M. Couillard, M. Lebeuf, M. G. Ikonomou, G. G. Poirier and W. J. Cretney: *Environ. Toxicol. Chem.*, 24, 2459-2469 (2005).
162) A. A. Elskus: *Mar. Environ. Res.*, 58, 463-467 (2004).
163) C. J. Kennedy, D. Higgs and K. Tierney: *Arch. Environ. Contam. Toxicol.*, 47, 379-386 (2004).

164) W. J. Shim, J. K. Jeon, S. H. Hong, N. S. Kim, U. H. Yim, J. R. Oh and Y. B. Shin: *Arch. Environ. Contam. Toxicol.*, **44**, 390-397 (2003).
165) Y. Morcillo, G. Janer, S. C. M. O'Hara, D. R. Livingstone and C. Porte: *Environ. Toxicol. Chem.*, **23**, 990-996 (2004).
166) E. A. Carlson, Y. Li and J. T. Zelikoff: *Toxicol. Appl. Pharmacol.*, **201**, 40-52 (2004).
167) Colborn. T and M. J. Smolen: *Rev, Environ, Contam. Toxicol.*, **146**, 91-172 (1996).
168) M. Simmonds: Proceeding of the Mediterranean Striped Dolphin Mortality International Workshop (eds. by X. Pastor and M. Simmonds), Greenpeace International Mediterranean Sea Project, 1991, pp. 9-19.
169) S. Tanabe, H. Iwata and R. Tatsukawa: *Sci. Total Environ.*, **154**, 163-177 (1994).
170) H. Iwata, S. Tanabe, T. Mizuno and R. Tatsukawa: *Environ. Sci. Technol.*, **29**, 2959-2962 (1995).
171) S. Tanabe, R. Tatsukawa, H. Tanaka, K. Maruyama, N. Miyazaki , and T. Fujiyama: *Agric. Biol. Chem.*, **45**, 2569-2578 (1981).
172) G. B. Kim, J. S. Lee, S. Tanabe, H. Iwata, R. Tatsukawa and K. Shimazaki: *Mar. Pollut. Bull.*, **32**, 558-563 (1996).
173) K. S. Guruge, S. Tanabe, H. Iwata, R. Tatsukawa and S. Yamagishi: *Arch. Environ. Contam. Toxicol.*, **31**, 210-217 (1996).
174) K. Noda, H. Ichihashi, T. L. Loughlin, N. Baba, M. Kiyota and R. Tatsukawa: *Environ. Pollut.*, **90**, 51-59 (1995).
175) E. Y. Kim, K. Saeki, S. Tanabe, H. Tanaka and *R. Tatsukawa*: *Environ. Pollut.*, **94**, 261-265 (1996).
176) A. G. Davies and P. J. Smith: *Adv. Inorg. Chem. Radiochem.*, **23**, 1-77 (1980).
177) G. B. Kim, S. Tanabe, R. Iwakiri, K. Tatsukawa, M. Amano, N. Miyazaki and H. Tanaka: *Environ. Sci. Technol.*, **30**, 2620-2625 (1996).
178) S. Takahashi, L. T. H. Le, H. Saeki, N. Nakatani, S. Tanabe, N. Miyazaki and Y. Fujise: *Wat. Sci. Technol., Water Sci. Technol.*, **42**, 97-108 (2000).
179) G. B. Kim, S. Tanabe, R. Tatsukawa, T. R. Loughlin and K. Shimazaki: *Environ. Toxicol. Chem.*, **30**, 2043-2048 (1996).
180) 田辺信介・高橋 真：医学の歩み, **201**, 153-156 (2002).
181) S. Takahashi, H. Mukai, S. Tanabe, K. Sakayama, T. Miyazaki and H. Masuno: *Environ. Pollut.*, **106**, 213-218 (1999).
182) S. Tanabe, M. Prudente, T. Mizuno, J. Hasegawa, H. Iwata and *N. Miyazaki*: *Environ. Sci. Technol.*, **32**, 193-198 (1998).
183) 河村葉子・前原玉枝・鈴木　隆・山田　隆：食品衛生学雑誌, **41**, 246-253 (2000).
184) K. Kannan, K. Senthilkumar, B. G. Loganathan, S. Takahashi, D. K. Odell and S. Tanabe: *Environ. Sci. Technol.*, **31**, 296-301 (1997).
185) K. Kannan, S. Corsolini, S. Focardi, S. Tanabe and R. Tatsukawa: *Arch. Environ. Contam. Toxicol.* **31**, 19-23 (1996).
186) B. Madhusree, S. Tanabe, A. A. Öztürk, R. Tatsukawa, N. Miyazaki, E. Ödamar, O. Aral, O. Samsun and B. Öztürk: *Fresenius J. Anal. Chem.*, **359**, 244-248 (1997).
187) R. J. Law, S. J. Blake and C. J. H. Spurrier: *Mar. Pollut. Bull.*, **38**, 1258-126 (1999).

188) R. St.-Louis, S. de Mora, E. Pelletier, B. Doidge, D. Leclair, I. Mikaelian and D. Martineau: *Appl. Organomet. Chem.* 14, 218-226 (2000).
189) H. Yamada, K. Takayanagi, M. Tateishi, H. Tagata and K. Ikeda: *Envirom. Pollut.*, 96, 217-226 (1997).
190) N. Kannan, S. Tanabe, M. Ono and R. Tatsukawa: *Arch. Environ. Contam. Toxicol.*, 18, 850-857 (1989).
191) K. Kannan, S. Tanabe, H. Iwata and R. Tatsukawa: *Environ. Pollut.*, 90, 279-290 (1995).
192) S. Kan-atireklap, S. Tanabe, J. Sanguansin, M. S. Tabucanon and M. Hungspreugs: *Mar. Pollut. Bull.*, 97, 79-89 (1997).
193) A. Sudaryanto, S. Takahashi, I. Monirith, A. Ismail, M. Muchtar, J. Zheng, B. J. Richardson, A. Subramanian, M. Prudente, N. D. Hue and S. Tanabe: *Environ. Toxicol. Chem.*, 21, 2119-2130 (2002).
194) I. J. Boyer: *Toxicology*, 55, 253-298 (1989).
195) S. Ueno, N. Susa and Y. Furukawa: *Arch. Toxicol.*, 69, 30-34 (1994).
196) 荒川泰昭 : *Biomed. Res. Trace Elements*, 11, 259-286 (2000).
197) H. Nakata, A. Sakakibara, M. Kanoh, S. Kudo, H. Watanabe, N. Nagai, N. Miyazaki, Y. Asano and S. Tanabe: *Environ. Pollut.*, 120, 245-253 (2002).
198) T. Kasuya: *Raffles Bull. Zool., Suppl.*, 10, 57-65 (2002).
199) K. Kannan, K. Senthilkumar and J.P. Gies: *Environ. Sci. Technol.*, 33, 1776-1779 (1999).
200) T. H. L. Le, S. Takahashi, K. Saeki, N. Nakatani, S. Tanabe, N. Miyazaki and Y. Fujise: *Environ. Sci. Technol.*, 33, 1781-1786 (1999).
201) S. Shawky and H. Emons: *Chemosphere*, 36, 523-535 (1998).
202) B. C. Suedel, J. A. Boraczek, R. K. Peddicord, P. A. Cliffort, and T. M. Dillon: *Rev. Environ. Contam. Toxicol.*, 136, 21-89 (1994).
203) R. Dietz, F. Riget and P. Johansen: *Sci. Total Environ.*, 186, 67-93 (1996).
204) R. Wagemann, E. Trebacz, G. Boila and W. L. Lockhart: *Sci. Total Environ.*, 218, 19-31 (1998).
205) R. P. Mason, W. F. Fitzgerald and F. M. M. Morel: *Geochim. Cosmochim. Acta*, 58, 3191-3198 (1994).
206) H. Harino, M. Fukushima and S. Kawai: *Environ. Pollut.*, 105, 1-7 (1999).
207) 環境省環境保健部環境安全課：平成14年度版「化学物質と環境」, 環境省, 2003, pp.249-271.
208) Ø. Wiig, A. Renzoni and I. Gjertz: *Polar Biol.*, 21, 343-346 (1999).
209) A. Aguilar and A. Borrell: *Marine Environmental Research*, 59, 391-404 (2005).

4章

まとめと今後の課題

§1. 最近の研究成果のまとめ

1・1 微量有機スズ化合物の分析法の高度化

　環境中での化学物質の動態や汚染実態を把握するためには，環境媒体中における当該化学物質濃度を正確に把握する必要があり，分析方法は調査・研究の基礎となる技術である．これまで環境汚染物質として問題になってきた有機塩素系化合物などは，化学的に安定であるため，分析方法を開発するのは比較的容易であった．しかし，有機スズ化合物は，水中に含まれている塩類の影響を受けるなど不安定で，ガラスへの吸着性も高い．また，有機スズ化合物の種類により物理化学的性状も大きく異なる．さらに，水生生物に影響を与える濃度が数 ng/L と非常に低いため，このレベルを精度よく測定できることが必要不可欠である．これらのことから，有機スズ化合物は，環境汚染物質の中では分析が非常に困難なグループに属するといえる．1章にも述べられているように，これまで，数多くの分析方法が提案されてきている．汚染実態や環境中での挙動を把握するために用いられてきた初期の分析法は，誘導体化後，GC/MS で分析するという方法が主流であった．最近，固相マイクロ抽出，超臨界流体抽出，マイクロ波抽出および高速溶媒抽出法などの新しい抽出方法が考案されたことや，LC/MS の目覚しい発達により，さらに分析方法の選択範囲が広まった．検出感度の向上という面では，田尾氏らが報告しているように，水中の有機スズ化合物を $NaBH_4$ でエチル化した後，大量試料導入法（PTV 法）により多量な試料を GC/ICP-MS に導入する手法により，インポセックスが生じるといわれている 1 ng/L 以下の濃度を測定可能にしたことは画期的なことである．しかし，なおもそれぞれの方法には一長一短があることから，分析者が分析方法の内容をよく理解した上で，目的にあった分析法を選択することが重要である．

1・2 汚染状況の変遷

1・2・1 沿岸・沖合域

　わが国では，法律による規制，関係省庁による通達および関係団体による自主的な対策により有機スズ化合物の使用が禁止あるいは制限されてきた．これらの使用規制や対策の後2～3年は，沿岸域の水やムラサキイガイ中の濃度は低下したが，それ以後は濃度低下が小さいか横這いで推移している．また，魚類中濃度にも低下傾向が見られるもののその変化は小さく，最近でもμg/kgレベルで検出されている．これは，魚類は1ヶ所に止まらず移動範囲が広いため，どこかに有機スズ化合物の高濃度汚染域（hot spot）が局所的に存在し，そこでの底泥の舞い上がりによる懸濁物質や底泥から再溶出したTBTやTPTを暴露した可能性が考えられるが，現在のところ科学的には解明されていない．一方，底泥では，規制後も濃度低下傾向が見られず，一度底泥に蓄積した有機スズ化合物は，長期間残留していることがわかる．この傾向は，日本のみならず他国の沿岸域でも認められている．底泥中に残留している有機スズ化合物は，このまま放置しておいても自然浄化は期待できない．浚渫という作業が必要となるであろうが，コスト的に考えても汚染された底泥をすべて除去するのは不可能である．幸い，底泥中の有機スズ化合物汚染は局所的な場合が多く，造船所などの汚染源から遠ざかるにつれ濃度が低下する傾向が見られている．

　有機スズ化合物は，沿岸域のみならず沖合域の海水において，その濃度は沿岸域に比較して低いが，検出されることが明らかになった．また，廃棄物の海洋投棄水域の底泥には比較的高濃度の有機スズ化合物が検出されることが明らかになった．これらの地点の水深は深く，漁場として利用されておらず，海底付近に生息する魚介類を摂取することはないために，人の健康に影響を及ぼす可能性は小さい．しかし，沖合域での汚染場所の特定およびその水域から周辺域への汚染の拡大についてモニタリングする必要があると考えられる．また，TBTの使用が禁止されたにもかかわらず，瀬戸内海の東部で有機スズ化合物濃度が高く，特に大阪湾でng/Lの濃度が検出されたことは，いまだに船舶および底泥からの溶出が継続していることを示唆している．さらに，瀬戸内海，東シナ海および日本近海では，プラスチックの安定剤に由来するDBTやオクチルスズ化合物が高濃度で検出されており，沖合域の水生生物への影響を評価す

る場合は船底塗料由来のTBTやTPTのみに注目するのではなく他の化学種も含めて検討することが重要である．

1・2・2 深海における汚染状況

日本周辺の沖合域には，大和堆，南海トラフ，東北や駿河湾沖にいくつかの深海域が存在する．そこに生息する水生生物からも有機スズ化合物が検出された．また，沿岸域と同様，TPTなどは深海生物の食物網において，栄養段階が高い生物は濃度も高い傾向も認められている．深海への有機スズ化合物の移行経路については，水の上下混合や有機スズ化合物を吸着している海中懸濁物の沈降といったことが仮説としてあげられているが，まだ明らかにされていないのが現状である．

1・2・3 グローバルな汚染実態

有機スズ化合物の汚染状況をグローバルな視野で見るため，地球全域で採取されたイカの肝臓を分析し，濃度を比較している．一般に有機スズ化合物は，南半球に比べ北半球で濃度が高かったが，TBTとTPTの分布パターンは若干異なり，TPTは日本近海で著しく高い傾向が認められた．これは，日本ではTPTも船底塗料として使用された実態を反映した結果であると考えられている．有機スズ化合物濃度の南北半球間の差異は，PCBsのそれに比較すると大きかった．有機スズ化合物はPCBsに比較して大気へ移行し難いために，北半球の先進工業国で使用された有機スズ化合物はPCBsに比べて南半球に移行，拡散していないと推察された．

1・2・4 インポセックス発症状況から見た汚染の変遷

TBTとTPTは，ng/Lの低濃度で巻貝類にインポセックスを引き起こす．この有機スズ化合物の特徴的な影響を指標としてイボニシやレイシガイを対象に全国調査が行われた．規制導入前後では，インポセックスの出現率はほぼ100％であり，マリーナや漁港の近傍などの船舶存在量の多い海域および航行の激しい海域では，重症な個体が多く見られた．その後も症状の重さや地点間の差はあるもののインポセックスが観察され続けた．これらの結果から，近年，水中での有機スズ化合物の濃度は次第に低下したものの，なおインポセックスを引き起こす程度の汚染（1 ng/L）が残存していることが明らかである．また，

海域ごとにインポセックスの改善率が異なっていることも注目すべき点であり，各種規制の効果が水域によって異なることが推察できる．

造船所近傍の有機スズ化合物の汚染水域においてアワビ類の生殖腺異常が研究され，雌雄間で性成熟時期の不一致および雌の雄性化の現象（卵巣中に精子が形成される）が認められた．清浄水域のアワビの汚染水域への移植試験およびTBTを含有する飼育水中での飼育試験により，現場で観察されたのと同様に雌の雄性化現象が確認され，有機スズ化合物が雌アワビ類の雄性化を引き起こしていることが疑われた．

1・3 水域環境における動態

1・3・1 微生物による分解過程

有機スズ化合物の環境中での消失を担う要素として，微生物分解がある．ただ，環境水中の濃度が高いと微生物が死滅し分解を期待することができないが，幸い，現状の有機スズ化合物濃度では十分微生物が生育できる濃度であるので，環境水中の濃度を決定する要因として，微生物による分解の寄与が大きいと考えられる．環境水では，微生物により分解されTBTやTPTは，ジ体さらにはモノ体となり最終的には無機スズとなることが実験室レベルの研究で証明されている．分解速度を見積もると，TBTの場合，培養液中の初期濃度を$10\,\mu$g Sn/Lに調製した時，見かけ上の半減期は12日であった．現在の環境中の濃度はその約1/1000程度であることから，かなり速やかに微生物により分解されることが予測できる．一方，TPTはTBTに比べ微生物分解を受け難い物質であることもわかった．また，TBTの分解菌も単離されているが，残念なことに水域浄化に役立てることは難しいと述べられている．しかし，このような分解に関する研究は，環境中での挙動および運命を解明することや予測モデルを構築するための基礎資料として有効であるため，今後も水質汚濁レベルの異なる水域での分解の差異，底泥中での分解との比較などさまざまな条件での分解性を検討し，その結果を実海域での状況にフィードバックし環境中から有機スズ化合物の消失を推測することは重要な課題である．

1・3・2 水生生物への蓄積過程の解析
1) 食物網を通した蓄積

水生生物は，水中に溶存する有害物質を呼吸器官である鰓を通しての蓄積（経鰓濃縮）および餌料中の有害物質を摂餌に伴う経口的な蓄積（経口濃縮）の2つの経路で蓄積する．前者の経路の濃縮は生物濃縮係数（BCF）を指標として評価され，二枚貝，魚類などの水生生物によるBCFが多くの研究者により測定された．有機スズ化合物のBCFは$10^3 \sim 10^4$であるが，酸化トリブチルスズ（TBTO）のBCFは10^4以上であるために，化学物質の審査および製造等の規制に関する法律においてTBTOが第1種特定化学物質にTBTCやTPTCなどのその他の有機スズ化合物が第2種特定化学物質に指定され，使用などが規制された．しかし，水域環境における有機スズ化合物の生物濃縮機構については不明な点が多かった．

河野・山田は，日本海（山陰沖合水域および大和堆）の底層魚介類の食物連鎖構造を解析するとともに，魚介類の栄養段階と魚介類中TBTおよびTPT濃度の関係を解析した．魚介類中TBT濃度は栄養段階と関連した濃度変化を示さず，栄養段階の高い生物において必ずしもその濃度は高くならなかった．一方，TPT濃度は，底泥から底生生物，エビ類を経由して底層魚に至る食物網の栄養段階の上昇に伴って次第に高くなることが認められた．すなわち，TPT化合物は食物網を通して次第に濃縮されるのに対し，TBT化合物は食物網を通して濃縮されない結果であった．魚類に飼育実験により，①TPTはTBTに比較してより経口的に蓄積されやすいこと，②体内に蓄積されたTPTはTBTに比べて排泄が困難であり，長期間体内に残留することが明らかにされている．すなわち，TPTはTBTに比べ，経口的に蓄積されやすいが排泄され難い特徴を有する．このようなTBTとTPTの蓄積特性の差異が，両化合物の食物網を通した生物濃縮の差異の原因となることが解明された．

日本海底層の海水中のTBTおよびTPT濃度は，それぞれ，$0.3 \sim 0.8$ ng/Lおよび検出限界（0.9 ng/L）以下の非常に低濃度であった．一方，底泥中の有機スズ化合物濃度は，TBTで$4.6 \sim 16$ ng/g乾重，TPTで$3.9 \sim 12$ ng/g乾重であり，底泥中濃度は海水中濃度の1万倍以上であった．したがって，日本海底層の魚介類中有機スズ化合物の大部分は，底泥に由来すると考えられた．したがって，底生生物が底泥中有機スズ化合物を濃縮し，さらに食物網を通して高次栄養段階生物へ移行・蓄積する生物濃縮機構が重要であることが明らかにな

った.

2）イガイによる蓄積と排泄

鈴木は，有機スズ化合物非汚染水域で採集したイガイを汚染水域へ移植，あるいは，汚染水域で採集したイガイを非汚染域へ移植の現場における長期間の飼育試験を実施した．イガイ中有機スズ化合物（代謝生成物も含む）濃度の変化を動力学モデルで解析する方法により，自然環境下におけるTBT化合物およびその代謝生成物の蓄積および排泄機構を研究した．

海水中のTBT濃度の変動とイガイ中TBT濃度の間には良い対応が認められ，イガイ中濃度は環境汚染状況を反映していることが明らかであった．しかし，代謝生成物も含めて詳細に見ると，イガイ中TBTC，D4OHおよびT3OH濃度が比較的短時間に頭打ちになるのに対し，T3CO，DBTCおよびMBTCは，試験期間中に定常状態に達せず，増加し続けた．このことは，T3COが長い半減期を有し，排泄され難いこと，DBTCおよびMBTCは複数の代謝生成物の分解産物であることに起因すると考えられた．

排泄試験開始時におけるイガイ中TBTCおよび代謝生成物の濃度は以下の順番であった．TBTC＞T3CO＞DBTC＞D3OH＞D3CO＞T3OH＞MBTC 一方，イガイ中濃度がほぼ平衡状態に達した試験開始後48日の濃度は，T3CO＞DBTC＞TBTC＞D3CO＞D3OH＞MBTC＞T3OHの順に高かった．すなわち，TBTCおよび代謝生成物の排泄速度はそれぞれ異なっていた．その結果，①TBTC代謝生成物の中で最長の生物学的半減期（$t_{1/2}$）を示すT3COと最短の$t_{1/2}$のT3OHの比（T3CO/T3OH）は排泄試験期間の延長とともに増加する．②TBTCはT3COより速く減少するのでT3CO/TBTC比は排泄試験の初期には＜1であるが，時間の経過とともに＞1になる．③D3CO/D3OH比は排泄試験の初期には＜1であるが，D3OHの急激な減少により時間の経過とともに＞1に転じる．また，④T3CO/DBTCの比も排泄試験の時間経過とともに変動するが，DBTCがT3COあるいはT3OHを経由して生成されるために，この比の変化は複雑である．これらの比を比較するとある程度汚染の履歴を評価することができ，汚染が継続しているかどうかの検討において有益であることが明らかになった．

イガイなど二枚貝は生体外異物を代謝する能力がないか，あるいはあったとしてもその能力は小さいと考えられ，水域汚染モニタリングのための指標生物として使用されてきた．しかし，イガイはTBTCを吸収した後に速やかに代

謝・排泄する能力を有することが明らかであり，また，代謝生成物のT3COが親化合物のTBTCより長い生物学的半減期を示し，残留することが明らかになった．したがって，汚染指標としてのイガイの分析結果の解釈においては，単に濃度のみならず代謝生成物間の比較など慎重な配慮が必要であることが明らかとなった．

1・4　環境生物に対する作用機構

1・4・1　甲殻類に対する有害性

有機スズ化合物の水生生物に対する有害性は多くの研究者により研究され，その概要は次第と明らかになっている．しかし，水域生態系を構成する重要な生物群でありながら，動物プランクトンや甲殻類の幼生に対する有害性は，これらの生物の飼育の困難さのために，詳細に検討されていない．

大地は，地球規模で分布し，わが国沿岸域でも100種が報告されているワレカラ類（甲殻綱，端脚目，ワレカラ亜目）に対する塩化トリブチルスズ（TBTC）の有害性を調べた．ワレカラ類のLC_{50}は1.2～6.6 μg/Lであった．これらの値はヨコエビ類（17.8～23.1 μg/L），ミジンコ類の遊泳阻害（70 μg/L）に比較すると小さく，ワレカラ類はTBTCに対して感受性の高い生物であった．大槌湾で採集された生物のTBTおよびそれらの代謝産物（DBTおよびMBT）の組成を調べると，ワレカラ類では70％以上がTBTであるのに対し，ヨコエビ類では逆に代謝産物（DBTおよびMBT）が70％以上を占めた．すなわち，ワレカラ類はヨコエビ類よりTBTの分解代謝能力が低いためにワレカラ類はTBTに対して強い毒性を発現すると考えられた．

成熟期に達した雌をTBTCに暴露し，卵形成，卵発生に対する影響および孵化幼生に対する有害性を調べた結果，性比はTBTC暴露により変化しないものの，幼生の生残率は0.01～1 μg/Lで8.3～25.0％まで低下した．また，成熟の遅延（0.01～0.1 μg/L），卵形成阻害や抱卵数の減少（0.01～0.1 μg/L）が認められた．一方，卵発生期および幼生にTBTCを暴露する実験では，対照区では雌の比率が36.0％であったのに対し，TBT濃度の上昇に伴って雌が増加し，0.1 μg/L区では85.7％，1 μg/L区では81.8％であった．また，卵の生残率は0.01 μg/L区で69.2％に低下した．これらの結果から，低濃度のTBTCがワレカラ類の成熟の遅延，卵形成阻害や抱卵数の減少および幼生の生残率お

よび性比の変化（雌化）を引き起こして再生産に影響していることが明らかになった．

ワレカラ類など感受性の高い生物に対して影響を及ぼす濃度（0.01 μg/L）が汚染源近傍では検出されることがあり，ワレカラ類のような感受性の高い水生生物はTBTの影響を受けていることが危惧される．さらに，ワレカラ類は繁殖サイクルが約1ヶ月と短く，また，海藻に付着する生活型のために移動範囲が極めて狭い．すなわち，繁殖毒性試験の試験生物あるいは海域環境変化をモニタリングする指標生物として有効であることが明らかになった．

1・4・2 受容体の解明

微量な生理活性物質の作用は，核内受容体と呼ばれる転写因子群によって仲介されている．核内受容体は，これら生理活性物質のシグナルを遺伝子発現という形で表現することにより，生体内の様々な営み（細胞の増殖や分化，生殖，代謝，恒常性の維持など）を制御しており，重要な生物学的機能を有している．核内受容体のリガンドが低分子で脂溶性が高い物質であることと，有機スズ化合物を含む環境化学物質の多くが低分子で脂溶性が高いという類似点から環境化学物質（有機スズ化合物）が核内受容体を介して毒性を発現している可能性が高いと考えられる．

西川は，ヒトの核内受容体の中から，生体内における役割がよく知られているエストロゲン受容体（ERα，ERβ），アンドロゲン受容体（AR），レチノイドX受容体（RXRα，RXRβ，RXRγ），ペルオキシソーム増殖剤活性化受容体（PPARα，PPARγ，PPARδ）など12種類の受容体に対するTBTおよびTPTの影響を調べ，有機スズ化合物がRXRとPPARにアゴニスト活性を有することを確認した．この活性は，これまでに知られている最強のリガンドと同等あるいはそれ以上の強さであり，また，トリフェニルメタンやトリフェニルエチレンでは活性が全く検出できないために，分子中のスズ原子の存在がこれらの活性に重要な役割を果たしていることを確認した．

PPARγとRXRは，哺乳動物において，脂肪細胞の分化に重要な役割を有することが知られている．前駆脂肪細胞株3T3-L1細胞を用いて，培養細胞レベルの実験で有機スズ化合物の脂肪細胞分化への影響を調べた．有機スズ化合物がPPARγおよびRXRのリガンドして働くとすると，有機スズ化合物は3T3-L1細胞を成熟した脂肪細胞へ変化させる結果が得られるはずである．有

機スズ化合物添加後の3T3-L1細胞は脂肪滴を蓄積する結果が得られ，有機スズ化合物は哺乳動物においてPPARγおよびRXRを仲介して作用を及ぼすことが解明された．

哺乳動物に存在する有機スズ化合物の標的受容体XRXが巻貝に存在するかどうかを確認するために，イボニシからRXR相同遺伝子のクローニングが西川により試みられた．イボニシRXRの塩基配列を決定し，それから推定されるアミノ酸配列に相同性の高いタンパク質を検索すると，イボニシ由来RXRに最も類似するタンパク質はヒト由来RXRαであった．イボニシは無脊椎動物（軟体動物）でありながらそのRXRは脊椎動物型であり，イボニシ由来RXRはビタミンAの代謝物9cisRAに結合することがわかった．また，有機スズ化合物もイボニシ由来RXRに結合するので，巻貝の雄性化現象（インポセックス）はRXRを介した作用，すなわちレチノイドシグナルの活性化に起因することが世界で初めて明らかになった．

1・4・3　巻貝のインポセックス発症機構

堀口は，茨城県ひたちなか市平磯で採集したイボニシを3グループに分け，対照区（牛胎児血清），9cisRA区および陽性対照区（TPTC）として，試験溶液をイボニシの足部に注射して流水条件下で1ヶ月間飼育した．その結果，9cisRA区でインポセックス発症率が50％であり，対照区の10％に対して1％の危険率で有意差が認められた．また，ペニス長や輸精管順位（輸精管の発達の程度を示す定性的な尺度）においても，それぞれ，1％および0.1％の危険率で対照区と有意差が見られた．9cisRA区で認められたペニスは，陽性対照のTPTC区で認められたペニスとほぼ同様に6 cmに達し，組織学的にもペニスであると確認された．すなわち，有機スズ化合物でない9cisRAがインポセックスを惹起することが生物飼育試験でも確認され，西川が指摘するようにレチノイドシグナルの活性化がインポセックスを惹起することが初めて証明された．今後，雌にペニスや輸精管が形成される詳細な機構，インポセックスと類似の現象（ヨーロッパタマキビガイの間性やアワビ類の雄化現象）の発症機構などについて詳細な検討が期待される．

1・5 魚類に対する作用機構

1・5・1 代謝と体内動態

　魚類に対する有機スズ化合物の作用機構は，①魚類による代謝と代謝生成物の体内動態，②血液への蓄積と次世代への影響および③生体防御系や薬物代謝系に対する影響の視点で研究が行われ，新たな知見が得られている．

　海水中に溶存するTBTOを鰓を通してマダイに蓄積させた飼育試験において，鈴木は生物濃縮係数（BCF）が肝臓＞鰓＞消化管＞筋肉の順に大きく，筋肉に比べて肝臓に高濃度に蓄積されることを確認した．筋肉中に検出されたTBT化合物はTBTCとDBTCであり，その96％がTBTCであった．一方，肝臓，鰓および消化管には親化合物のTBTC（TBTO）以外にも脱アルキル化体，水酸化体およびオキソ体など10種類のTBTOの代謝生成物が確認された．マダイでは，TBTCはアルキル基の1位あるいは2位での段階的酸化によって分解され，DBTCおよびMBTCを生成する．この経路が最大であると考えられる．他の代謝経路として，TBTCのアルキル基の3位および4位が酸化されたT3OH，T3CO，T4OH，TCOOHといったトリ置換体を経た代謝経路も存在することが解明された．すなわち，魚類も哺乳類と同様にTBTOを代謝する能力を有するが，魚類肝臓中における代謝パターンはDBTCのカルボン酸誘導体（DCOOH）が主代謝産物である哺乳類とは大きく異なることが明らかになった．

　TBT化合物は血液中に最も高濃度に存在し，また，トリブチルスズ結合タンパク質（TBTBP）に結合して存在することを大嶋が確認した．このタンパク質は分子量約5万のリポカリン類の糖タンパク質であり，このタンパク質の遺伝子は約10種の魚類から見つかった．TBTBPに対する抗体を作成して体内分布を調べた結果，血液の他皮膚の囊状細胞と体表粘液に存在することから，TBTの一部はTBTBPと結合して体表から排泄されると考えられる新しい知見が得られた．

1・5・2 生体防御系に及ぼす影響

　有機スズ化合物は肝臓に蓄積され，また，TBTOに暴露した魚類の肝臓や胸腺の組織は壊死あるいは萎縮することが組織学的検査により確認されている．

したがって，魚類の生体防御系（免疫機構）や薬物代謝系に対する影響も危惧される．中山・川合は，生体防御系への影響評価手法として，食細胞（好中球）の活性酸素生産能および食細胞から産生される抗微生物因子である血漿中のリゾチーム活性を測定する方法を検討した．TBT化合物に暴露したニジマスの頭腎から調製した全白血球中に占める好中球集団の比率が，対照区のそれと比べ増加したが，一方，好中球の活性酸素産生能はTBT暴露区で低下した．また，TBT暴露によりリゾチーム活性も対照区に比べて低下することを解明し，これらが生体防御系への障害の指標となることが示された．

TBT化合物は，薬物代謝系の酵素である肝ミクロソーム中のチトクロームb5含有量を変化させなかったものの，P420含有量を増加させた．一方，TBT投与量が16.3mg/Kgの時，P450含有量が大きく減少した．すなわち，TBTがチトクロームタンパク質の変性を誘発することが解明された．

1・5・3 魚類次世代に対する影響

TBT化合物の魚類の次世代への影響を魚類胚の飼育試験で調べた結果，シロギスの胚発生に対するTBTCの最小影響濃度（LOEC）は160 ng/g-eggsであった．メダカに対するLOECは123 ng/g-eggsであり，TBTCとPCBsを同時に暴露するとLOECはTBTおよびPCBsのいずれについても7.5 ng/g-eggsと非常に小さくなり，有害性は相乗的に発現することが明らかになった．

また，遺伝的雌のヒラメに対して，TBTCを性決定時期に暴露すると，アロマターゼ活性の低下を通して性分化を阻害して雄へと誘導することを実験的に確認した．しかし，メダカではTBTCを投与しても遺伝的雌の雄へ性分化は起こらず，この原因として，性分化機構が魚種により異なることによるものと推察された．

実験によって明らかになったLOECは環境中で時々検出される濃度であるので，TBT化合物が，魚類胚の発生過程の阻害を通して魚類再生産に影響する可能性が危惧された．

1・6 海生哺乳類の汚染実態と影響

高橋らは有機スズ化合物の中でもとくにブチルスズ化合物に着目し，海生哺乳動物における汚染実態や影響を研究した．

鯨類では肝臓，鰭脚類では肝臓および毛で高濃度の蓄積が認められ，鯨類では加齢に伴って肝臓中濃度が上昇したが，鰭脚類ではその傾向が不明瞭であった．両種の成長に伴った濃度変化の差異は，鯨類では脱毛によるブチルスズ化合物の排泄がないこと，また薬物代謝酵素の一部が欠落し，分解能力が鰭脚類よりも弱いことに起因すると考えられた．さらに，ブチルスズ化合物の濃度に顕著な雌雄差は認められず，胎盤や授乳を通したこの物質の母子間移行は少ないことが明らかとなった．

陸上動物も含めて海生哺乳類中濃度を比較すると，鯨類のブチルスズ化合物濃度は陸上哺乳動物，鳥類，鰭脚類より高い傾向であった．また，鯨類肝臓中のブチルスズ化合物に占めるTBTの割合は他の生物に比べ高く，鯨類によるTBT化合物の代謝分解能力は，上述したように一部の薬物代謝酵素が欠落しているために，弱いことが確認された．すなわち，鯨類はブチルスズ化合物の影響を受けやすい生物であることが明らかになった．

世界の鯨類におけるブチルスズ化合物濃度を比較した結果，先進国の沿岸に生息する鯨類で高く，イカ肝臓中TBT化合物濃度で考察されたようにTBT化合物による汚染は沿岸域で顕著であることが確認された．

三陸沖のキタオットセイやイシイルカ中ブチルスズ化合物濃度は経年的に低下していた．しかし，その低下傾向は，海水や魚介類などに比べ緩慢であり，海生哺乳類の有機スズ化合物汚染は長期化することが推察された．

§2. 今後の課題

有害物質の水生生物に対する影響を解明，評価するためには，暴露の実態と各種の水生生物に対する有害性を詳細に把握することが重要であると考えられる．そのためには，水域環境における動態に関する環境化学的研究と水生生物に対する有害性を解明する環境毒性学的研究をさらに深化させる必要性があり，中でも下記の課題を中心に研究を発展させていくことが望まれる．

1）底泥に蓄積する有機スズ化合物の動態と水生生物への影響の解明

有機スズ化合物の使用は，わが国においては1972年から関係省庁により各種の対策が取られてきた．それに伴い関係団体も自主的に使用を規制した．特に，1990年に化学物質の審査及び製造等の規制に関する法律によりTBTOが第1種特定化学物質に，またTBTO以外のTBTおよびTPT化合物が第2種特

定化学物質に指定されたことによりその使用規制は強化された．これらの対策により水中濃度は低下したものの，過去に排出された有機スズ化合物の一部分は底泥に堆積しており，底泥が二次的汚染源となることが危惧される．

そこで，底泥中に蓄積した有機スズ化合物の水域環境に及ぼす影響の解明・評価のためには，泥粒子や間隙水における有機スズ化合物の存在状態，底泥の底層水への再懸濁と懸濁した底泥粒子からの有機スズ化合物の離脱機構および底泥からの再溶出の機構など底泥と底層水の境界面における挙動・動態について詳細に研究する必要がある．一方，底泥中の有機スズ化合物の底生生物に対する作用機構，汚染底泥の有害性の解明および底生生物への移行・蓄積機構の解明を通して，汚染した底泥の水生生物に対する影響評価手法を確立することも重要である．これらの研究成果を踏まえて，汚染した底泥の水域環境に対する影響評価と水域環境に悪影響を及ぼす汚染底泥の除去・浄化手法の開発は今後の重要な課題であると考えられる．

2）深海環境における濃度変動などの把握

有機スズ化合物は，外洋域に生息するイカ類肝臓から検出され，さらに，張野は深海の底泥中に有機スズ化合物が分布することを確認した．すなわち，過去に使用された有機スズ化合物は，その濃度は低いものの，海洋環境中に平面的にも鉛直的にも広く拡散したことが明らかである．

特に，深海は，環境条件や生態系が浅海域とは大きく異なることから，有機スズ化合物の挙動を再考する必要がある．例えば，有機スズ化合物の分解速度は，低水温の深海では遅いと考えられ，深海へ移行した有機スズ化合物は，浅海域に比べ長期間残留することが予測できる．したがって，今後も深海における有機スズ化合物濃度の変化を追跡し，減衰を監視していくことが必要である．また，深海への有機スズ化合物の進入経路を明らかにするとともに，そこに生息する生物に対する有害性を解明し，残留する有機スズ化合物の深海生態系に対する影響を予測し，評価していくことも重要な課題であると考えられる．

3）水生生物に対する作用機構の深化

有機スズ化合物は，低濃度で雌の巻貝にペニスを形成する現象（インポセックス）や水生生物の繁殖・再生産に対して悪影響を及ぼしていることが示唆され，研究者の関心を集めた．本書においても，雌巻貝にペニスを形成（雄性化），雌ヒラメの雄性化およびワレカラの雌性化が確認された．レチノイドシグナルの活性化がインポセックスを惹起することが堀口により解明され，また，大嶋

はTBTCがアロマターゼ活性の低下を通して性分化を阻害して雌ヒラメを雄化させることを実験的に確認した．つまり，水生生物の生殖内分泌系は魚類，巻貝，甲殻類（ワレカラ）の生物種により異なり，それに対する有機スズ化合物の作用機構も異なると考えられる．水生生物の作用機構に関する今後の重要な課題として，個々の生物の正常な内分泌系の特性を解明するとともに，レチノイドシグナルの活性化がペニスや輸精管形成に如何に関係するかなどの作用機構の詳細な検討が残された重要な研究課題であると考えられる．

有機スズ化合物の水生生物に対する急性毒性（生残，ミジンコの遊泳阻害），亜急性毒性（成長阻害）については，多くのデータが集積された．しかし，魚類などの水生生物の繁殖・再生産（受精率，受精卵の生残，孵化率，仔魚の生残および仔魚の奇形など発生過程の異常）過程に着目した有害性に関する知見は少ない．水生生物の種の保存，多様性の確保および水産資源の維持，増大のためには，繁殖・再生産の視点からの有害性評価の研究をさらに深化させることが今後重要であると考えられる．

有機スズ問題は，2008年の世界的な規制とともに終わったと考えられがちである．本書に記載したように，有機スズ化合物に関する研究はかなり深化したが，上述した3つの主要課題の他にも，複合汚染や海棲哺乳類への蓄積の問題など残された課題は山積みされており，未だ不明な部分が多く残されている．また，有機スズ化合物は有機物的な側面と金属的な側面を持ち合わすことから，これまで問題となり解明されてきた有機塩素化合物や金属類とはまったく異なった挙動や生物への影響を示すため，新たな汚染物質といっても過言ではない．一方，有機金属化合物は，有機スズ代替品をはじめ，さまざまな分野で使用が増加されつつある．有機スズ化合物について，環境中での動態および生物への影響を評価することは，今後ますます多種多量となる有機金属化合物が環境汚染物質として問題となったときの有益な基礎情報となることから，今後も推進しなければならない研究課題である．

（山田　久・張野宏也）

付章

「船舶の有害な防汚方法の規制に関する国際条約」(AFS条約) について

　船舶の航走に伴って受ける抵抗としては，船体と水との摩擦，空気との摩擦，波の形成などがあるが，水との摩擦抵抗は全抵抗の半分以上を占めるといわれ，これが船舶の速度や燃費に直結する．そのため摩擦抵抗のもととなる生物付着の防止は経済面だけでなく，CO_2による地球温暖化防止の観点からも重要である．例えば，30万t級の超大型原油タンカーは日本と中東の往復に約42日を要するのが，船腹への生物付着が進み速力が低下すると，往復に要する日数が3日程度増え，燃料消費が300tほど増加するといわれる[1]．あるいは船舶に生物が付着すると最大速力は25％低下し，標準巡航速度を維持するには30％の燃料使用量が増加するともいわれる[2]．そのため古くから生物付着を防止するために，船腹に銅板を貼り付けたり，タール，あるいはヒ素や水銀化合物，DDTを含む塗料などが塗布されてきた．本書で取り上げられている有機スズ化合物に関しては，1960年代にトリブチルスズ（TBT），あるいはトリフェニルスズ（TPT）を含む塗料が開発され，その優れた防汚性能のために広く使用されるようになった．特に自己研磨型といわれるTBTメタクリレート共重合体は樹脂中のTBT基がエステル結合部の加水分解によって溶出することによって常に新しい表面が海水に接するようになるため優れた防汚性能を示し，ほとんどの船舶が使用するに至った．しかし，そのもたらした副作用は本書に記載の通りである．このような環境破壊を防ぐため，国際海事機関（International Maritime Organization：IMO，註1）では2001年に「2001年の船舶の有害な防汚方法の規制に関する国際条約」（International Convention on the Control of Harmful Anti-fouling Systems on Ships, 2001，AFS条約）[3] を採択した．これが発効すれば2008年1月からはすべての外航船舶に有機スズを含む防汚システムの使用が禁止されることになっている．

　本稿では，時系列的には逆になるが，まずAFS条約の概要を紹介し，続いてAFS条約採択に至る経緯を振り返り，最後に今後の防汚塗料規制に向けた

動きを展望したい．

§1. AFS 条約の内容[3,4]

1・1 条約の構成

2001年10月5日に IMO で採択された AFS 条約は防汚方法によって生じる海洋環境および人の健康への悪影響を軽減・除去することを目的としている．単に問題が顕在化した有機スズ化合物を禁止するだけでなく，将来において他の有害な物質の規制を実施できるメカニズムも含んでいる．条約は付表1に示すように序文と21ケ条と4つの附属書からなるが，規制の具体的内容の多くは附属書で規定される．また，別個に実施上のガイドラインも定められている．

付表1 AFS 条約の構成

第1条	一般的義務
第2条	定義
第3条	適用
第4条	防汚方法に関する規則
第5条	附属書1に関連して生じる廃棄物の規則
第6条	防汚方法に関する規制の改正を提案するための手続き
第7条	技術部会
第8条	科学的及び技術的研究並びに監視（モニタリング）
第9条	情報の送付および交換
第10条	検査及び証明
第11条	船舶の監督及び違反の発見
第12条	違反
第13条	船舶の出向の不当な遅延または抑留の回避
第14条	紛争解決
第15条	海洋に関する国際法との関係
第16条	改正
第17条	署名，批准，受託，承認及び加入
第18条	効力発生
第19条	廃棄
第20条	寄託者
第21条	用語
附属書1	防汚方法に関する規制
附属書2	当初の提案（Initial Proposal）に関し必要とされる事項
附属書3	包括的な提案（Comprehensive Proposal）に関し必要とされる事項
附属書4	防汚方法に関する検査（Survey）及び証明（Certification）の要件

1・2 規制の内容

AFS条約の規制内容は次の2点のように要約されるが，この内容は附属書1で規定されている．

①2003年1月1日以降，すべての船舶において有機スズ化合物を含む防汚方式（TBTを含有した防汚塗料）を新たに塗布してはならない．

②2008年1月1日以降，船舶は有機スズ化合物を含む防汚方式を船体などの表面に帯びてはならない．ただしTBTが溶け出さないように上からコーティング塗料（シーラーコート）を施すことは認められている．

上記①は「塗布の禁止」，②は「存在の禁止」と呼ばれることがある．

ここで，何が「有害な防汚方法」であるかについては，条約では序文で有機スズ化合物の影響に言及しているが，条文中では特定の物質について言及せず，それを附属書1で規定する構成となっている．（第4条(1)）さらに，附属書1の規定は "Organotin compounds which act as biocides in anti-fouling system"（「防汚方法において殺生物剤として作用する有機スズ化合物」）とされているだけで，トリブチルスズやトリフェニルスズといった物質名の記述はない．これは，一部の船底塗料にはジブチルスズやモノブチルスズを樹脂の硬化剤などとして用いることがあり，これらを「殺生物剤として作用する」物質とみなさないための措置である．

規制対象となる船舶は，軍艦，補助艦艇，政府艦艇を除くすべての船舶であり（第3条(2)および附属書1），締約国を旗国(註2)としない船舶であっても締約国の権限の下で運航される場合は対象となる．また，プラットフォーム，浮体の貯蔵設備などは対象とされない．IMOの条約は新造船から適用されるものが多いが，塗装は船舶の一生を通じで何回も繰り返して施されるものであることから，AFS条約では既存船も規制対象となっている．

また造船所などの塗装の作業場などで発生する廃棄物の安全性に関しては締約国が自国内で適切な措置をすることとなっている．（第5条）

1・3 規制物質の追加方法

今後TBT含有防汚塗料以外の塗料などが有害と判断される場合には附属書1

の規制対象に追加することができる．そのための手続きは，まず，「当初提案（Initial proposal）」として付表2に示すような環境へのリスクに関する情報をIMOへ提出する．IMOは条約締約国へこれらの情報を周知し，海洋環境保護委員会（Marine Environment Protection Committee；MEPC）において詳細検討の必要性の有無を審議する．必要と判断された場合は，提案国は付表3に示す内容を含んだ「包括的提案（Comprehensive proposal）」を提出し，MEPCの下に設けられる技術グループで人の健康への影響，環境への影響，規制の効果，規制の可能性や費用対効果，代替方法の有効性などについて検討を行い，規制の是非およびその方法についてMEPCへ勧告する．技術グループのメンバーは締約国で構成され，勧告案の作成は全会一致を原則としている．MEPCは締約国および関連諸機関に技術グループの勧告を周知し，附属書1の改正の決定を行う．これらの過程において，「深刻または回復不可能な損害のおそれがあるときは，科学的な不確実性を，その提案の評価を先に進めるための決定を行わない理由としてはならない．」という予防原則の適用が指示されている．（第6章，7章）

付表2　「当初提案（Initial proposal）」に含まれるべき情報（附属書2）

CAS番号，防汚方法の構成要素
毒性や生物蓄積性に関する情報
環境リスクを生む可能性を示す証拠（溶出特性や生物や底泥中の残留状況など）
環境影響と環境濃度との関係
暫定的な対策・規制方法

付表3　「包括的提案（Comprehensive proposal）」に含まれるべき情報（附属書3）

物理化学的特性（融点，沸点，密度，蒸気圧，水溶性，pHまたはpKa，酸化還元電位，分子量，分子構造など）
海洋環境に対する非意図的な影響に関連する情報（分解性，残留性，底泥と水間の分配，溶出速度，物質収支，生物蓄積性，分配係数，Kow，関連する反応や相互作用など）
人への健康影響に関する情報
影響評価に関する研究成果
環境モニタリングデータ（海域と船舶航行量を含む）
数学モデルによる暴露量の推定
不確実性に関する定量的見解
リスク削減のための対策案

また，締約国には環境影響のモニタリングが要請されている．(第8章)

1・4 検査と証書

船舶が規制対象の塗料を塗布しているか否かについては，旗国が検査 (survey) により確認を行い，その検査に合格した船舶には証書「国際防汚方法証書 (International Anti-fouling System Certificate)」が発給される．400 t 以上の外航船舶は就航前あるいは第1回目の証書発給前および防汚方法変更時に条約適合のための検査を受けなければならない．また，24 m 以上であっても 400 t 未満の外航船舶は防汚方法の宣誓書の携行が要求される．なお，証書は締約国でない国を旗国とする船舶には発給されない．

また，締約国は，条約の対象となる船舶について，有効な証書または宣誓書を有しているか否かのポート・ステート・コントロール (註3) による監督 (Inspection) および防汚方法のサンプリング検査 (sampling) を実施できる．違反が発見された場合，監督を行う締約国は「警告を与え，抑留し，退去させまたは自国の港から排除するための措置をとることができる．」(第11条 (3)) とされ，条約締約国および関係国の国内法令に従って処理される．なお，条約が発効しなくとも，旗国はその船舶に国内法に基づいて規制を行うことは可能である．

1・5 発効条件

AFS条約の発効のためには，25ヶ国以上によって批准され，かつそれらの条約加入国の保有する商船船腹量 (註4) が世界の総商船船腹量の25％以上となることが必要である (第18条)．海洋汚染防止を目指したMARPOL条約では15ヶ国で船腹量50％，バラスト水管理条約では30ヶ国で船腹量35％とされているのに比べ低目の発効条件となっている．これは，大気汚染防止を目指したMARPOL条約の附属書Ⅵが，採択後もなかなか発効できないでいた状況から，AFS条約の早期発効を目指して合意されたものである．(なお，MARPOL条約の附属書Ⅵは平成17年の5月に発効しているが，後述のように2005年6月現在でAFS条約は未発効である．)

1・6 付帯決議とガイドライン

条約の採択に際して4つの付帯決議も採択された．そのうちの2つは各国に生物殺滅剤を含む防汚物質の認証，登録，許可制度を制定すること，および批准の促進，条約実効性確保のための国内制度整備，訓練教育の実施を要請するものであった．もう1つは，条約の施行上欠かせない簡易サンプリング，検査，監督のガイドラインの作成であり，これらに関しては後にMEPCなどの場で審議が進み，検査と証書（MEPC.102（48）），サンプリング（MEPC.104（49）），監督（MEPC.105（49））のガイドラインが制定された．なお，これらのガイドラインにおいて，条約適合の閾値として乾燥塗料中のスズの含有量が重量で0.25％を超えないことと規定された．有機スズ化合物を含む海水中を航行した船舶の外板塗装には微量の有機スズが付着・含有されることから何らかの閾値が必要であるだけでなく，本章1・1でも触れたように一部の塗料には樹脂硬化剤として微量（0.1％程度）の有機スズ化合物（例えばジブチルスズ化合物）が使用されることがあり，"Organotin compounds which act as biocides in anti-fouling system" に当らないそれらを許容することを考慮して設定された値である．

サンプリングに関しては，条約文面では「サンプリング」とのみされているが，実質的には試料の採取だけでなくその分析方法を含んでいる．実際の船舶に塗布されている塗料に禁止物質が含まれているか否かの検査のために，ドイツと日本がそれぞれ提案した方法がその例として提供されている．どちらの方法も，ごく微量の塗料を船腹から採取し，そこにスズが含まれているか否かを検査し，規定（0.25％）以上のスズが検知されたものについては，それが条約で規定されている有機スズ化合物であるかの確認を行うという2段階の方法である．ドイツ方式ではガラス繊維を織りこんだ布を，日本方式は研磨紙をいずれも回転器具にとりつけ塗膜の表層のみを採取する．一次検査としてのスズの検出にはICP-MS法がドイツから，蛍光X線法が日本から提案され，二次検査はいずれもGC-MS法によるとされている．

1・7 批准状況

前述したように，AFS条約の発効条件は25ヶ国，船腹量25％の批准と比較的低目に設定されている．しかし，2006年4月末段階で批准した国はAntigua and Barbuda, Bulgaria, Cyprus, Denmark, Greece, Japan, Latvia, Luxemburg, Nigeria, Norway, Poland, Romania, St. Kitts and Nevis, Spain, Sweden, Tuvalu（以上，英語表記のアルファベット順）の計16ヶ国，船腹量は17.27％に留まっている[5]．欧州諸国や船舶保有量の大きな国のいくつかが批准の準備を進めているという情報はあるものの，現状では2008年1月発効の見通しは得られていない．条約採択に当たって積極的であった諸国の中にはすでに国内で有機スズ化合物などの規制を行っているために，あるいはさらに包括的な有害化学物質の規制制度の制定の動きがあるために，AFS条約の批准の政治的優先順位が高くならないなどの事情があるものと推察される．

しかし，発効すれば2008年1月以降，あるいは2007年以降の発効であればその1年後には規制が始まることから，ドック入り間隔を考慮すれば，船主はすでに現時点からあらかじめAFS条約に適合した塗料に転換しておく必要がある．すでに大手の塗料メーカは有機スズ含有塗料の販売を中止しており，その使用量はゼロに近づくものと期待される．

§2. AFS条約へ至る経緯

2・1 TBT塗料の誕生

1960年代の日本では防汚塗料として亜酸化銅に有機ヒ素・水銀などを配合したものが使用されていたが，1970年に日本造船工業会は作業安全性と環境への影響の観点からそれらの使用禁止を決定し，日本塗料工業会と共同で1973年に，代わりに日本国内で使用できる防汚物資として有機スズ化合物を認めた[6]．同様に国際的にも有機スズ化合物の防汚物質としての利用は広まり，特に1970年代後半にはトリブチルスズメタクリレート共重合体を用いた自己研磨型塗料が開発され，さらに広く使用されるようになった．自己研磨型塗料とは塗料樹脂中のエステル結合の部分が海水による加水分解反応を受け，その

結果，常に新しい表面が更新され，防汚物質の溶出速度も長期にわたって維持されるため優れた防汚性能を示すものであった．

有機スズ化合物の産業上の使用は1940年代後半からであり，ポリ塩化ビニル製品の安定化剤として有機鎖が2つついたジ体が，船底防汚物資や木材防腐剤，農薬として有機鎖3つのトリ体が使用されていた．1980年における有機スズ化合物の世界における生産量は約35,000 tであったといわれる[7]．

2・2 諸外国での規制動向[8]

TBTの船底防汚塗料としての使用開始は1970年代であるが，すでに1976年に牡蠣の殻の成長異常が観察され，1980年代半ばには牡蠣生産への経済的被害が報告されているという．英仏の研究者がTBTと海生生物に不可逆的影響の関係を示唆しているのも1980年代半ばである．

このような状況に対し，世界で最も早く有機スズ化合物の規制を始めたのはフランスである．1982年1月には，大西洋岸と英国海峡沿岸における25 m以下の船を対象に，2年間の暫定規制として，有機スズ濃度が3重量％を超えるTBT塗料の使用を禁止し，さらにその年の秋には規制を全沿岸，全TBT塗料に拡張した．ただし，この段階では25 mを超える船やアルミニウム製船は禁止の適用除外であった．

イギリスでも1985年7月に小型船への分散型非共重合体塗料の禁止を狙いとして小売販売を禁止し，新規防汚物質の届出制度の確立や塗膜除去と再塗装のガイドライン制定を行っている．これらの規制は環境水中での濃度を20 ng/L以下とすることを目標したものであったが，1987年には2.0 ng/Lへ強化された．禁止されたのは，乾燥塗膜中のスズ量7.5 ％以上（1986年に5.5 ％に強化）の共重合体塗料，2.5 ％以上の分散型非共重合体塗料である．また，各国においてよく見られるアルミニウム製船や船外機関船の除外規定はない

アメリカ合衆国では1980年代半ばから環境保護庁（USEPA）がレビューを開始した．連邦レベルでのTBTの規制法成立は1988年であり，環境水濃度の許容レベルは10 ng/Lとされ，溶出速度が4.0 μg/cm^2/日以上の有機スズ塗料の小売，配送，購入，塗布が禁止された．ただし，フランスと同様に，25 mを超える船舶およびアルミニウム製船，船外機関船が除外されている．一方，海軍は1986年に報告書を発表し，欧州でのTBT汚染は小型レジャー用ボート

への分散型非共重合体TBT塗料の使用が主要な原因であり，海軍艦船は共重合体の溶出速度が小さな塗料を使用し，かつ沿岸での航行は少ないこと，およびTBT含有塗料の使用が1億から1.3億ドルの燃費削減に寄与しているとしてTBT塗料の使用を正当化していたが，1989年には使用を中止した．また，沿岸諸州は独自に規制を検討している．なかでも，ヴァージニア州はチョサピーク湾における牡蠣の被害や造船所従業員の被爆健康被害に注目し，いち早く環境基準として1.0 ng/L，溶出速度4 μg/cm^2/日以上の塗料の禁止，および造船所やドライドックからの排水基準50 ng/Lを定めている．なお，カリフォルニア州では環境基準は6.0 ng/Lとなっている．

カナダでも25 m以下の船舶について，4 μg/cm^2/日以上の溶出速度のTBT塗料の使用を禁止している．

スイスとオーストリアは内水面のみであるが，すべての防汚塗料へのTBTの使用を禁止している．ドイツでも25 m以下の船舶に対して共重合体で3.8％のスズ含有量以上の塗料を使用禁止とし，小売販売の禁止，剥離塗料の安全な投棄方法に関して規制を設けている．EU加盟15ヶ国（2001年当時）では2003年の1月から有機スズ含有防汚塗料の市販を禁止する措置をとり，さらにより包括的なバイオサイド規制の枠組みのなかで防汚物質の登録制度を構築しようとしている．

その他，25 m以下の船舶に対するTBT塗料の使用禁止措置は南アフリカ，オーストラリアなどで実施されており，防汚物質あるいは防汚塗料自体の登録制度は米国，カナダ，英国，アイルランド，オランダ，ベルギー，スウェーデン，スイス，マルタ，香港，オーストラリア，ニュージーランドで定められている．

2・3　わが国の対応

2・3・1　化審法

1974年に施行された「化学物質の審査および製造等の規制に関する法律（化審法）」は新規の化学物質の製造・輸入を行おうとするものが，通産省（現経済産業省）に届出を行い，化審法番号の付与を得たもののみ，国内で使用可能な物質として登録される制度である．各物質は分解性，生物蓄積性，慢性毒性の観点から審査され，第1種特定化学物質に指定されると，製造・輸入は許可を得た場合を除き禁止される．また，第2種特定化学物質となると毎年の製

造・輸入見込み量の届出が必要となる．

1988年度にトリブチルスズ化合物13物質，トリフェニルスズ化合物7物質が当時の指定化学物質に指定された．さらに，1990年1月にはトリブチルスズ化合物の一種であるビス（トリブチルスズ）オキシド（TBTO）が第一種特定化学物質に，トリフェニルスズ化合物7物質（トリフェニルスズ-N, N-ジメチルジチオカルバマート，トリフェニルスズフルオリド，トリフェニルスズアセタート，トリフェニルスズクロリド，トリフェニルスズヒドロキシド，トリフェニルスズ脂肪酸塩（脂肪酸の炭素数が9～11もの），トリフェニルスズクロロアセタート，1990.1指定）とTBTOを除くトリブチルスズ化合物13物質（トリブチルスズメタクリラート，ビス（トリブチルスズ）フマラート，トリブチルスズフルオリド，トリブチルスズ2,3-ジブロモスクシナート，トリブチルスズアセタート，トリブチルスズラウラート，トリブチルスズフタラート，アルキルアクリラート・メチルメタクリラート・トリブチルスズメタクリラート，共重合物（アルキル基の炭素数8のもの），トリブチルスズスルファマート，ビス（トリブチルスズ）マレアート，トリブチルスズクロリド，トリブチルスズシクロペンタカルボキシラートおよびこの類縁化合物の混合物，トリブチルスズ-1, 2, 3, 4, 4a, 4b, 5, 6, 10, 10a-デカヒドロ-7-イソプロピル-1, 4a-ジメチル-1-フェナントレンカルボキシラート，1990.9指定）が第二種特定化学物質に指定された．

2・3・2　船主，造船業界の対応[8, 9]

次節で述べるIMOの動向と同様に，1990年がわが国においても有機スズ防汚塗料の規制にむけた転機であった．まず，日本船主協会は1990年6月に1年程度のドック間隔の船舶については有機スズ含有塗料の全面自粛，その他の船舶については船側部分のみ低含有率の塗料を使用し，船底部への使用禁止を骨子とする自主規制を開始した．さらに9月には有機スズ化合物が「第二種特定化学物質」に指定されたことを受けて，内航船および港湾運送事業に従事する船舶への塗布を全面的に禁止する自主規制を行い，10月には運輸省が同じ内容の通達を行った．12月には，日本船主協会と日本造船工業会とが協議し，1991年以降の新造契約船および1992年4月以降の修繕着工船について国内造船所での有機スズ系船底塗料の使用を全面的に禁止する自主規制を実施するに至った．

一方，塗料業界でも自主規制によってこれらに先立ち1989年5月からTPT化合物を含む船底防汚塗料の製造を中止し，TBTを含む防汚塗料についても国内での製造は1997年に完全に中止されている．

また，1992年には造船工業会が世界的な使用規制について働きかけを開始し，代替塗料の性能評価を実施し，防汚性能，コスト面でも差はほとんどないとの見解を示した．

2・4　IMOにおける議論[8-11]

1990年4月の第29回MEPCで有機スズと海洋環境，人の健康に関する情報収集開始が提案され，同年11月の第30回MEPCでは25 m未満の小型船舶への有機スズ系船底塗料による影響を抑制する手段をとることを加盟国に呼びかけるMEPC決議46（30）が採択された．具体的には，平均溶出速度$4\,\mu\mathrm{g/cm^2}$/日を超えるTBT塗料の使用中止，塗布・洗浄の作業マニュアルの作成，代替塗料の開発，モニタリング実施と全面禁止に向けた適切な対応の検討を呼びかける内容であった．なお，日本などは上記の暫定的な手段は不十分であり可能な限り早期にTBT含有防汚塗料の使用を完全に禁止すべきであると指摘した．この段階で実質的には禁止措置をとっている国は少なくなかったが，世界的禁止の意味を主張したわけである．しかしながらその後，先進諸国を中心にモニタリングが実施されたものの，直ちには全面的な禁止に向けた動きには至らなかった．

1996年7月の第38回MEPCで，日本と欧州諸国から有機スズ系塗料の世界規模での使用規制の提案がなされ，その具体的な方法の検討がMEPCの作業計画に取り上げられることになった．まず，MEPCの会期と会期の間に条約原案を作成する作業を行うコレスポンデンスグループがオランダを議長国に結成された．ここでは有機スズ化合物を含有する船底防汚塗料の削減あるいは廃止のための強制力のある手段，すなわち条約が必要という見解が多数を占め，その最終報告書を第41回のMEPC（1998年開催）に提出した．これを受けて，第42回のMEPCから会期中のワーキンググループでさらに詳細な条約内容の議論がなされた．1998年の第42回MEPCでは日本を中心にベルギー，デンマーク，フランス，ドイツ，ノルウェー，オランダ，スウェーデン，英国が10年間でTBTをフェーズアウトする法的手段を提案した（MEPC42/22）．これが条

約の骨子となっている.

　ここでの議論のポイントは規制対象および実施の時期であったようである．規制対象として有機スズ化合物を規制対象とすること自体には異論がないものの，それ以外の防汚物質を含めるか，あるいは対象を全船舶とするか除外規定を設けるか，さらに規制開始時期と有機スズの代替物質の利用可能性の関連などについて議論がなされた．当初は海洋汚染防止条約（MARPOL条約）の枠組みの中に防汚塗料を含める方向で検討がなされていたが，前述のようにMARPOL附属書VIの発効が困難になっていた反省から，早期規制導入を推進するため，MARPOL条約に拘束されない独立した新条約を作成し，短期間で発効させる方針にまとまった．そして，第42回MEPCで「2003年1月1日以降の塗布禁止，2008年1月1日以降の使用・存在の完全禁止」が合意された．なお，国際条約では一定数の国が批准した段階でその条約の施行時期が決まるものが多いが，AFS条約では規制開始時期を明示的に規定している．

　ところで，IMOにおける条約採択は閣僚レベルが出席する外交会議によってなされる．この外交会議開催を要請するか否かの審議がなされた1999年の第43回MEPCでは，一部の船主や船主の意見を代表する国から，適切な代替塗料がないことを理由として禁止時期について再考を求める議論があり，最終的にはIMOの場では異例のRoll Call Vote（議長が点呼を取りながら賛否を確認する）となった．その結果，賛成35，反対12，棄権（欠席を含む）25で，理事会に対し条約採択のための外交会議開催を要請することになったが，この段階でも海運関係者の中にはかなりの抵抗感があったことがうかがえる．その後，1999年11月の第21回IMO総会でTBT塗料の2003年1月1日以降の塗布，2008年1月1日以降の存在を禁止するための新条約を策定する旨の総会決議（A.985 (21)）を採択し，新条約採択のための外交会議を2001年に開催することが合意された．そして，2000年10月の第45回MEPCで新条約案を承認，2001年10月の外交会議で新条約が採択されるに至った．

　なお，その後もMEPCなどIMOの場で，証書の発給，検査，サンプリング，監督などのAFS条約施行に必要なガイドラインが作成された．また，有機スズ化合物含有塗料の上にその溶出を遮断するためのシーラコート塗布の是非などが議論された．

2・5 国内関連法の改正[12]

わが国がAFS条約を批准するにあたっては,防汚方法を直接的に規制するための国内基本法が存在しない.そのため,「船舶安全法」および「海上における人命の安全のための国際条約および満載喫水線に関する国際条約による証書による証書に関する省令」(改正後後者は「海上における人命の安全のための国際条約などによる証書に関する省令」)にAFS条約関連事項を加え,関連施行規則を改正することで対応することとなった.なお,超えてはならないスズの含有量は,「船舶安全法施行規則」ならびに「船舶構造規則」で定めるとされ,「塗料が十分に乾燥した状態において質量で0.25%とする」とされた.

2・6 日本塗料工業会のAFS条約対応[13]

日本塗料工業会(以下,日塗工)では2004年1月から,船主,船舶運行者,所轄官庁ならびに関係者に,同会の会員が製造販売する製品のAFS条約適合性および関連する情報の提供を行うことを目標に船底防汚塗料の自主審査・登録制度を行っている.その仕組みは,日塗工は審査委員会を設置し,会員および非会員から登録申請された製品のAFS条約適合性の審査を委託し,その合否決定を申請者に書面で通知し,AFS条約に適法と評価された製品を「日塗工登録非有機スズ防汚塗料リスト」に掲載するとともに,日塗工のホームページに公開している.AFS条約によれば前述のように条約発効後,船主・船舶運航会社は所轄官庁の発行する「国際防汚方法証書」を本船に携帯することが義務付けられており,この登録リストは各国船級協会が事務手続きをする上で参照されると期待されている.

同制度には2006年6月8日現在で,11社から443件が登録されている.このリストによれば防汚物質は付表4に示す16種である.なお,現在使用されている防汚塗料で使用量の比較的多いものは,主に亜酸化銅(Cuprous oxide)に亜鉛ピリチオン(Zinc 2-pyridinethiol-1-oxide),銅ピリチオン(Copper 2-pyridinethiol-1-oxide),Seanine 211(4,5-Dichloro-2-*n*-octyl-3-isothiazolone),Diuron(3,4-Dichlorophenyl-*N*,*N*-dimethylurea),Irgarol 1052(2-Methylthio-4-*t*-butylamino-6-cyclopropylamino-*s*-triazine),Dichlofluanid (N, N'-Dimethyl-N'-phenyl-N'-((fluorodichloromethyl) thio) sulfamide) などを配合したものと言われる.

付表4　日本塗料工業会自主管理登録品中の防汚物質

14915-37-8	Copper, bis (1,hydroxy- (2 (1H) -pyridinethionate O, S) -T-4
1317-39-1	Cuprous oxide
12122-67-7	Zinc ethylenebis (dithiocarbamate)
28159-98-0	2-methyltion-4-tert-butylamino-6-cyclopykamino-s-triazine
13462-41-7	Zinc-2-pyridinethiol-1-oxide
1897-45-6	2,4,5,6-Tetrachlorosophtalonitrile
330-54-1	3- (3,4-Dichlorophenyl) -1, 1-dimethyl urea
1111-67-7	Cuprous Thiocyanate
13108-52-6	2,3,5,6-Tetrachloro-4- (methylsulphonyl) pyridine
971-66-4	Pyridine-triphenylborane
13167-25-4	N- (2,4,6-Trichlorophenyl) maleimide
64359-81-5	4, 5-Dichloro-2-n-octyl-4-isothiazolin-3-one
137-26-8, 1634-02-2	Tetramethylthiuram disulphide
1085-98-9	N, N-dimethyl-N'-phenyl-N'- (dichlorofluoromethylthio) sulphamide
137-30-4	Zinc dimethyl dithiocarbamate
1338-02-9	Naphthenic scids, copper salts

§3. まとめにかえて

わが国がAFS条約の採択に積極的に動いた理由の1つとしては，国内で実質的に有機スズ防汚剤を禁止した結果，修繕船の需要が有機スズ防汚塗料の塗布が許容される海外へ流出し，国際的な競争の場における公平性を実現したいという意図があったと思われる．しかし，わが国が国際的な規制策定のリーダシップをとった数少ない例の1つであり，誇ることができる成果であったと言える．ただし，その後の防汚塗料規制に対する動きは決して活発とはいえなかった．

有機スズ化合物の禁止移行，毒性が低く，あるいは分解性に優れ，蓄積性の少ない防汚物質の開発が進められてきたが，依然としてなんらかの有毒性を有する物資に頼る状態である．一部の国では有機スズ代替として開発された防汚物質が禁止されるに至った例がある．

一方，化学物質の管理はAFS条約のように禁止すべきものを定めたブラック

（ネガティブ）リストから，予防原則の観点によって安全であるか，あるいはリスクが許容できると判明したものを登録するホワイト（ポジティブ）リストへと変わりつつある．すでに欧州や米国では防汚物質に限らず生物殺滅物質の規制の枠組みができている．欧州における制度はBiocidal Products Directive（BPD）であり，EU諸国内で製造・輸入されるバイオサイド製品とそれに含まれる活性物質の安全性評価に基づく登録制度の指針とされている．基本的にはOECDによって開発されたエミッション・シナリオに基づいて予測する環境濃度PECと無影響濃度PNECの比でリスクの有無を判定し，問題がないとされたものが附属書へ登録され，用途別に使用が許される．審査・登録には化学的・生物学的な多くのデータの提供が求められる．米国でも類似のFederal Insecticide, Fungicide and Rodenticide Act（FIFRA）に基づき，EPAによって申請データが審査され，承認が得られたものには許可ラベルが添付される．

防汚塗料が燃料消費の抑制，すなわち炭酸ガス排出の抑制や，生物の越境異動の防止にも寄与することを考え合わせるならば，単に毒性のあるものを排除するのではなく，ある程度の毒性を許容しながらそれに伴うリスクとベネフィットのバランスを図る，あるいはリスクを許容可能なレベル以下に管理する方法の確立が求められている．防汚物質に関しては，欧州塗料工業連合会（CEPE）が環境リスク評価のためのシミュレーションモデルを公開している[14]．わが国においても産業技術総合研究所が東京湾や伊勢湾における防汚物質の環境リスク評価結果を発表している[15]．これらはまだモデル構成上の仮定や環境中での防汚物質の挙動の科学的理解に改善の余地があるが，合理的な意思決定に向けた一歩と評価したい．しかし，BPDやFIFRAのような詳細なリスク評価に基づく審査登録を制度化することは懸念の声も聞かれる．すなわち，登録申請のためのデータ収集に要する費用が膨大な場合，防汚物質の市場がさほど大きくないことを考えれば，防汚物質の新規開発の意欲をそぐものにもなりかねないという心配である．前述の欧州におけるBPDあるいは米国におけるFIFRAをどのように受け容れるか，あるいは独自の認証制度を構築するかの展望が求められている．

究極的にはそのような生体に有害な物質を含まない防汚塗料の開発が望まれる．シリコーン樹脂系の塗料は，価格が高いこと，あるいは強度が十分でないことなどのため，一部の高速航行船にその利用が限られている．シリコーン樹脂系の塗料に限らず，さらなる新技術とその普及に期待したい．　　　　（柴田　清）

—註—

註1：IMO 組織

国際海事機関（International Maritime Organization：IMO）は政府間の協力を促進するための国際連合の専門機関の1つであり，1948年に採択された政府間海事協議機関条約に基づき設立された政府間海事協議機関（Inter-governmental Maritime Consultative Organization：IMCO）を前身とし，1975年の条約改正を経て1982年に改称されている．船舶の安全，海洋汚染防止，海難事故発生時の対応などのために，船舶の構造や設備などの安全基準，積載限度に係る技術要件，船舶からの排出物規制などに関する条約などの作成や改正を行っている．現在の加盟国は158ヶ国，また準加盟国として香港，マカオの2ヶ国がある．環境問題に関しては海洋汚染防止条約（MARPOL73/78条約）などが制定されており，関連する問題を議論する場として，海洋環境保護委員会（Marine Environment Protection Committee：MEPC）が設置されている．

註2：旗国（Flag State）

船舶を登録し船籍をおく国を旗国と呼び，旗国がその船の管理を行う．国際条約への適合を証明は原則的に旗国が検査（Survey）を実施し，証書を発行するが，民間組織である船級協会（イギリスのロイド，日本の日本海事協会など）が代行することもできる．

註3：ポートステートコントロール

Port State とは寄港国のことで，外国籍船舶が入港した時に，その船に関して寄港（入港）国が実施する安全検査を「ポート・ステート・コントロール」という．

外航船舶については，船および人命の安全，また環境保全のため，様々な国際的基準が制定されている．本来，これらを遵守する責任は船舶の船籍国（旗国）にあるが，近年の傾向として旗国が自国船舶の検査義務を十分に果さない事実があることから，これを補完するため寄港国が検査を行う制度が生まれた．PSC検査は一般的に，まず船舶の条約適合を示す書類・証書類のチェックおよび現状検査から行うが，不審な点があった場合には詳細検査を行い，問題があれば改善の命令，重大な問題の場合はそれが解消されるまで出港が差し止められる．

註4：世界の船腹量シェア

世界の主要な船籍国別船腹量を表に示す．IMOにおける条約の発効には表（付表5）の上位の国の批准も大きな要素となる．日本は第11位のマーシャル諸島，12位の英国につぎ第13位であり，割合では2.2％である．

付表5　世界の主要な船籍国別船腹量　2003年12月31日現在

順位	国名	隻	千総トン	割合(%)
	世界合計	89,899	605,218	
1	パナマ	6,302	125,722	20.8
2	リベリア	1,553	52,435	8.7
3	バハマ	1,297	34,752	5.7
4	ギリシャ	1,558	32,203	5.3
5	マルタ	1,301	25,134	4.2
6	シンガポール	1,761	23,241	3.8
7	キプロス	1,198	22,054	3.6
8	ノルウェー	2,253	20,509	3.4
9	香港	901	20,507	3.4
10	中国	3,378	18,430	3.0

日本船主協会；http://www.jsanet.or.jp/data/excel_data/data1-2.xls

文　献

1) 太田垣二郎；日本マリンエンジニアリング学会誌，40，22（2005）．
2) 山盛直樹；日本マリンエンジニアリング学会誌，40，17（2005）．
3) International Maritime Organization；"International Convention on the Control of Harmful anti-fouling Systems on Ships, 2001",（2001）
4) International Maritime Organization；http://www.imo.org/home.asp
5) International Maritime Organization；
http://www.imo.org/includes/blastDataOnly.asp/data_id%3D14678/status.xls
6) 宮嶋時三；造船技術，55，（1979）．
7) 高橋一暢；日本マリンエンジニアリング学会誌，40，161（2005）．
8) 日本船主協会；http://www.jsanet.or.jp/environment/index.html
9) 日本造船研究協会；「基準研究成果報告会「TBT含有船底塗料の使用禁止IMOにおける規制の動向」」http://nippon.zaidan.info/seikabutsu/1999/00913/contents/003.htm
10) M.Champ；The Science of the Total Environment, 258, 21 （2000）．
11) 本田芳裕；日本マリンエンジニアリング学会誌，40，36（2005）．
12) 官報（号外），平成15年7月10日
13) 日本塗料工業会；http://www.toryo.or.jp/jp/anzen/index.html
14) CEPE；http://www.antifoulingpaint.com/downloads/mampec.asp
15) 中西準子，堀口文男；「詳細リスク評価書シリーズ，トリブチルスズ」，丸善，2006．

索　引

アルファベット

AFS 条約　291, 292, 293
APGW-amide 関与説　116, 212
aromatase 遺伝子　236
BCF　→生物濃縮係数（経鰓濃縮係数）
Caprella danilevskii　196
critical period　116, 217
CYP1A　249, 251
CytochromeP450　→チトクロム P-450
DBT　→ジブチルスズ
EC_{50}　120
EROD 活性　248, 250
GC/ICP-MS　11
GC/MS　10, 277
HeLa 細胞　100
hot spot　130
IMO　→国際海事機関
LC/ICP-MS　15
LC/MS　13, 277
LC_{50}　→半数致死濃度
log P_{ow}　→オクタノール-水分配係数
MBT　→モノブチルスズ
MEPC　294, 301
PCBs　84, 93, 94, 95, 253
PPAR　→ペルオキシソーム増殖剤活性化受容体
PPAR γ　187
RAR　191
Relative Penis Length（RPL）Index　116
River die-away 法　101
Roe's abalone (*Haliotis roei*)　133
RPL Index　120, 129
RXR　→レチノイド X 受容体
SBSE　4
SPME　4
$t_{1/2}$　→生物学的半減期
TBP　106
TBP 分解菌　107
TBT　→トリブチルスズ
TBT 結合タンパク質　231
TPT　→トリフェニルスズ
TPT 化合物　92
Vas Deferens Sequence Index; VDS Index　129
XANES　17
Σ PCBs　93
Σ PCBs 濃度　93

あ　行

アゴニスト活性　185, 215
アミノ酸配列　285
アロマターゼ　180, 211
アロマターゼ活性　287, 290
アロマターゼ阻害説　116, 212
アワビ資源　139
アワビ類　130, 131, 138
アンドロゲン受容体（AR）　185, 211, 284
アンドロゲン排出阻害説　116, 212
イガイ　139, 282
イカ肝臓　84, 88, 89, 90, 92, 93
イカ類　84, 85, 88
閾値　116, 118, 120, 129, 217
イギリスヨウラクガイ *Ocenebra erinacea*　217
移植試験　134
イソゴカイ　156
1 日摂取許容量　138
遺伝子　285

遺伝子発現　179, 181, 284
移動拡散性　261
イボニシ Thais clavigera　112, 113, 212
インド洋　90
インポセックス（imposex）　112, 120, 129, 133, 136, 193, 210, 279
インポセックス出現率　120, 129
陰門閉塞個体の出現率　129
栄養段階　84, 160, 281
液体クロマトグラフ　13
エストロゲン受容体（ER）　185, 211, 284
エチニルエストラジオール（EE$_2$）　211
エレクトロスプレーイオン化（ESI）法　13
沿岸域　35, 83, 84, 278
塩基配列　285
大阪港　38
大槌湾　42
沖合域　89, 278
オクタノール−水分配係数（K_{ow}）　194, 218
オクチルスズ　61
オクチルスズ化合物　278
汚染実態　84
汚染状況　278

か　行

海水　83
海水モニタリング調査　66
海生哺乳動物　252
開発途上国　46
海洋汚染　84, 92, 93
外洋海水　84
海洋環境モニタリング調査　55
海洋食物連鎖　84
貝類　49
化学形　218
化学合成依存　78
化学物質環境実態調査　54
化学物質審査規制法　127
核内受容体　179, 181, 182, 185, 284

化審法　299
ガスクロマトグラフ　8
ガスクロマトグラフ法　8
可塑剤　94
活性酸素産生能　241, 243, 287
加入　139
空試験液　22
環境生物　283
観察精度の管理　132
換算係数　36
間性個体　195
肝臓X受容体　185
肝臓中TBT　93
肝臓ミクロソーム　225
肝ミクロソーム画分　246
鰭脚類　288
規制　298
北大西洋　88, 89
北太平洋　87, 92
北半球　90, 92, 93, 94, 95
揮発性有機スズ化合物　68
吸収速度係数　219
競合阻害活性　215
行政指導　120, 127
漁獲量　138
漁網防汚剤　112
魚類　51
グルココルチコイド受容体　185
クローニング　285
グローバルモニタリング　260
クロルデン　84
経口濃縮　155
経鰓濃縮　155
形態異常　202
経年変化　266
鯨類　288
血液　231
血漿リゾチーム活性　244
血清タンパク　230

原始腹足目　138
原始腹足類　131
懸濁物質への吸着係数　47
コウイカ目　85
甲殻類　192, 283
光合成依存　78
高次栄養段階生物　169
甲状腺ホルモン受容体　185
高速溶媒抽出法　8
好中球　243
公定法　18
港湾　83
ゴカイ類　49
国際海事機関　209, 291, 292, 293, 294, 301
国際条約　130
固相マイクロ抽出　4, 277
混獲率　139

さ　行

細菌の増殖　96
再循環　170
細胞増殖阻害濃度　100
細胞毒性　100
殺生物剤　92
サロゲート物質　19, 22
山陰沖合域　164, 166
酸解離恒数（pKa）　218
サンプリング　2
産卵障害　114, 129
産卵不能　113
産卵不能個体　117
産卵不能個体の出現率　120
飼育試験　156
シグモイド曲線　130
自己研磨型塗料　297
自主規制　300
雌性化　195
餌生物　160, 162
次世代への影響　233

シトクロム P-450　→チトクローム P-450
指標生物　198
ジブチルスズ　193, 278
脂肪細胞　187, 284
雌雄差　256
樹脂製品　258
受精　132, 139
主成分分析（PCA）　61
受精卵　133
受精率　133
出現率　133
使用規制　266
初期生活史　114
食細胞　243, 287
食細胞の活性酸素産生能　241
食物網　163, 281
試料前処理法　2
試料の採取・運搬　20
人為起源　264
深海　70
深海域　279
神経節　135, 137
神経ペプチド　137, 210
新腹足類　131
水域生態系　283
水質試料　20
水素化物　68
水中の細菌　96
スーパーファミリー　181
ステロイド産生細胞　211
ステロイドホルモン　137, 210
駿河湾　72
駿河湾沖　72
生菌数　97
生残　139
生残率　129, 201
成熟盛期　133
成熟の遅延　283
成熟卵　133

生殖異常　203
生殖細胞　131
生殖周期の乱れ　134
生殖巣組織　131
生殖内分泌系　290
生殖年周期の乱れ　137
性成熟　139
性成熟時期　280
性成熟盛期　131, 133
性成熟盛期の不一致　133, 280
性成熟度　131, 137
性成熟度の抑制　133
生息量　129
生体防御機構　241
生体防御系　239, 245, 287
成長率　203
性比　283, 284
生物　83
生物学的半減期（$t_{1/2}$）　145, 150, 224, 228, 282
生物指標（bioindicator）　112, 139
生物試料　21
生物濃縮機構　281
生物濃縮係数（経鰓濃縮経数，BCF）　145, 167, 218, 219, 227, 281, 286
生物モニタリング調査（スクイッドウォッチ）　65, 84, 88
性分化　235, 290
性分化機構　287
性ホルモン　137
瀬戸内海　59, 89, 90
全球（的）　84, 89
前駆脂肪細胞株　284
前鰓類　131
先進国　45
船底塗料　89, 92
船底防汚塗料　112
造血組織　243
操作ブランク試験　27

増殖阻害　97
総スズ　264
相対ペニス長指数　116
装置検出下限値　26
造雄腺　207
造雄腺ホルモン　207
藻類　49
組織内分布　222

　　　　　た　行

第1種特定化学物質　94
大気圧化学イオン化（APCI）法　13
大気経由　68
代謝　222, 224
代謝経路　143, 230, 286
代謝生成物　282
代謝物　148, 227
体内動態　218
大量試料導入法（PTV法）　9, 277
脱皮障害　202
タンカールート　66
蓄積　146
蓄積過程　145
蓄積機構　168
蓄積実験　139, 142
地中海　67, 81
チトクロームタンパク質　287
チトクロームb5　287
チトクロームP-450　205, 246, 249, 254
チトリプロピルスズ（TPrT）　212
着底　139
中腹足類　131
超臨界流体抽出　277
超臨界流体抽出法　6
ツツイカ目　85
底質試料　20
底層海水　158
底泥　83, 84, 159, 278
転写因子群　284

転写調節因子　179
頭腎　243
頭足綱　85
糖タンパク質　286
東北地方沖　74
動力学モデル　144, 282
動力学係数　149
特異的生体防御系　239
土佐湾沖　73
途上国　262
富山湾　87, 88
トラベルブランク試験　28
トリフェニルスズ（TPT）　84, 87, 88, 90, 92, 93, 94, 212
トリブチルスズ（TBT）　83, 84, 87, 88, 89, 90, 92, 93, 94, 192, 211
トリブチルスズ結合タンパク質　286
トリプロピルスズ（TPrT）　114, 212
貪食細胞　239

な 行

内標準物質　23
内分泌攪乱作用　179
内分泌攪乱物質　179
南海トラフ　76
軟体動物　85
難燃剤　94
二次的汚染源　289
二重測定　27
日本沿岸域　37
日本海　89
日本海底層　165
日本近海　63
日本造船工業会　300
日本塗料工業会　303
日本船主協会　300
二枚貝　84
熱媒体　94
年齢蓄積　257

濃縮係数　157, 169, 170
脳神経節障害説　116, 212

は 行

胚細胞　100
排水基準　299
排泄　149, 222, 257
排泄過程　145
排泄実験　141, 142
排泄速度係数　219
白血球　239
白血球中　243
発効　295
半減期　48, 104, 110, 151, 154
半数致死濃度　194
東シナ海　63
光分解　96
ビス（トリブチルスズ）オキシド（TBTO）　300
ビスケー湾　86, 89, 92
微生物分解　95, 101, 105, 280
ビタミンD受容体　185
非特異的生体防御系　239, 244
非捕殺的モニタリング　267
標準液　22
標準作業手順（SOP）　25, 26
標準物質　28
表層ミクロレイヤー　47
ファーネソールX受容体　185
複合毒性　235
浮遊幼生　129
フローサイトメーター　241
プロゲステロン受容体　185
プロピル化/GC-FPD法　129, 134, 135, 137
分解　257
分解経路　230
分解代謝能力　283
分析検出下限値　27

分析精度管理　25
分析法　277
米国EPA法　25
ヘキサクロロシクロヘキサン　84
ヘッドスペース（SPME）　5
ペプチドホルモン　210
ベリジャー幼生　139
ペルオキシソーム増殖剤活性化受容体（PRAR）
　　　180, 185, 189, 284
ベンガル湾　66
変質卵嚢塊　113, 114
法規制　130
放精　132
放卵　132, 139
抱卵数の減少　283
北西太平洋　87, 88
母子間移行　256, 288
ホソワレカラ　196
ホルモン様作用　180

ま　行

マイクロ波抽出法　7
マダカアワビ Haliotis madaka　130, 131
マッセルウォッチ　84
マラッカ海峡　66
マリーナ　83
水と底泥間の分配係数　48
南半球　89, 90, 92, 93, 94
ミネラルコルチコイド受容体　185
メガイアワビ H. gigantea　130, 134
雌の雄性化　112, 130, 133, 134
雌の雄性化現象　133, 136
メチル化　68
免疫機構　287
免疫機能　262
免疫系　238
免疫毒性　239, 241, 263
免疫能の測定　240
モニタリング　54, 139

モニタリング生物　88
モニタリング調査　39
モノブチルスズ　193, 194

や　行

薬物代謝　246
薬物代謝系　238, 287
薬物代謝酵素　223, 288
薬物代謝能力　258
大和堆　72, 164, 166
有害物質　84
有害物質濃度　84
有機金属化合物　290
有機スズ汚染　120, 130, 139
有機スズ化合物　89, 94, 95, 112, 130, 131
有機スズ化合物濃度　83
有機スズ化合物の沸点　3
有機スズ化合物の分布　37
有機物濃度　107
雄性化　195
輸精管順位指数　129
溶出速度　298, 299, 301
要調査項目等調査マニュアル　18
ヨーロッパチヂミボラ Nucella lapillus
　　　115, 212
ヨコエビ類　198
48時間半数致死濃度　129

ら　行

卵形成阻害　283
卵精巣　137
卵巣における精子形成　133, 135, 136, 137
卵嚢腺の開裂　217
リガンド　179
リスク　237
リゾチーム活性　287
流水式曝露試験　135
リンパ球　239
レチノイドX受容体（RXR）　116, 180, 185,

186, 187, 189, 191, 213, 284
レチノイドX受容体 (RXR) 関与説　116, 137, 213
レチノイドシグナル　285, 289
9-*cis* レチノイン酸 (RA)　116, 191, 213, 285

レチノイン酸受容体　185

わ　行

ワレカラ類　192

有機スズと環境科学—進展する研究の成果

2007年3月30日　初版発行

（定価はカバーに表示）

編　者　山田　久ⓒ
発行者　片岡一成

発行所　株式会社　恒星社厚生閣
〒160-0008　東京都新宿区三栄町8
Tel　03-3359-7371　Fax　03-3359-7375
http://www.kouseisha.com/

印刷・製本：シナノ

ISBN978-4-7699-1061-9　C3045

好評発売中！

環境ホルモン
―水産生物に対する影響実態と作用機構

「環境ホルモン―水産生物に対する影響実態と作用機構」編集委員会　編
A5判／上製／200頁／3,360円

　1990年代から大きな問題となっている環境ホルモン。本書は農水省が推進した「農林水産業における内分泌かく乱物質の動態解明と作用機構に関する研究」（1999～2002年）にふまえ、内分泌かく乱物質による漁場環境、水生生物への影響を集約するとともに、新たに開発した測定技術を紹介。今後の調査・研究に必須の内容を記載。

環境配慮・地域特性を生かした
干潟造成法

中村　充・石川公敏編
B5判／146頁／並製／3,150円

　干潟造成事業は近年多く進められているが、環境への配慮という観点からはまだまだ不十分だ。本書は、環境への配慮に重点を置き、干潟造成の企画立案（目標の設定、環境への配慮・住民との合議など）から具体的な造成の手順を分かり易く解説したマニュアル書。人工干潟造成の事例も紹介。沿岸域の自然再生をはかる上での絶好の参考書。

瀬戸内海を里海に
―新たな視点による再生方策

瀬戸内海研究会議　編
B5判／120頁／並製／2,415円

　自然再生のための単なる技術論やシステム論ではなく、人と海との新しい共生のあり方を探り、保全しながら利用する、また楽しみながら自然を再構築していくという視点のもと、瀬戸内海の再生の方途を包括的に提示する。本書で示された指針は瀬戸内海に限らず自然の豊饒さを取り戻すための大いなる糧となるだろう。

有明海の生態系再生
をめざして

日本海洋学会　編
B5判／224頁／並製／3,990円

　諫早湾締切り・埋立は有明海生態系に如何なる影響を及ぼしたか。日本海洋学会海洋環境問題委員会の4年間にわたる調査・研究・シンポジウムでの議論を基礎に、生態系劣化を引き起こした環境要因を探り、具体的な再生案を提案。環境要因と生態系変化の関連を因果関係の面から、また疫学的にも考察。

水産環境における内分泌攪乱物質
水産学シリーズ126巻

川合真一郎・小山次朗編　環境ホルモン物質を含んだ化学物質が最終的に流れつく水環境で水産生物はどのような影響を被るのか。既往の知見を整理し課題を提言する。2,625円

微量人工化学物質の生物モニタリング
水産学シリーズ140巻

竹内一郎・田辺信介・日野明徳編　人工化学物質の生産・利用・流通量が増え環境へのリスクが心配される。本書は環境化学物質の汚染実態、分析技術等をまとめた注目の書。2,940円

価格表示は税込み価格です。

恒星社厚生閣